2019

多元·共栖

DIVERSITY MUTUALISM

第四届中建杯西部“5+2”环境艺术设计双年展成果集｜优秀作品

EXCELLENT WORKS

THE 4th “CSCEC” CUP WESTERN 5+2 BIENNALE EXHIBITION OF ENVIRONMENTAL ART DESIGN

云南艺术学院设计学院　编

主　编 / 陈劲松

副主编 / 潘召南　张宇锋
杨凌辉　杨春锁

中国建筑工业出版社
CHINA ARCHITECTURE & BUILDING PRESS

图书在版编目（CIP）数据

多元·共栖：2019第四届中建杯西部“5+2”环境艺术设计双年展成果集／云南艺术学院设计学院编；陈劲松主编．—北京：中国建筑工业出版社，2019.10
ISBN 978-7-112-24161-3

Ⅰ．①多… Ⅱ．①云… ②陈… Ⅲ．①环境设计－作品集－中国－现代Ⅳ．①TU-856

中国版本图书馆CIP数据核字（2019）第202303号

环境、建筑、人居，一直以来都是国家、社会发展所依托的物质平台。从“绿色环保”到“乡村振兴”，从“城市开发”到“文化传承”，关注和探讨基于不同语境下当代社会中的种种现象，正在成为时代的重要话题。在信息化时代的今天，多元文化不断交织融合，人们对生活环境的需求也从物质上升到了精神需求。在室内空间的营造中也愈发重视人性化的人文关怀。创新发展作为设计行业的生命力也十分契合乡村振兴的治理模式。因此，本书以多元·共栖为主题，共分为多元文化的地域建筑设计、诗意栖居的环境景观营造、人文生态内空间营造、综合设计创新几个主题方向，汇集了四川美术学院、西安美术学院、云南艺术学院、广西艺术学院、四川大学等院校的学生成果。成果集分为学术研究和优秀作品两个部分，通过不同的主题呈现，向读者展示了西部地区环境设计的教学水平和教学成果，以促进西部地区环境设计教学和人才培养。本书适用于环境设计以及相关专业师生、从业人员阅读使用。

责任编辑：唐　旭　张　华　李东禧
责任校对：赵　菲

多元·共栖　2019第四届中建杯西部“5+2”环境艺术设计双年展成果集

云南艺术学院设计学院　编
主　编　陈劲松
副主编　潘召南　张宇锋　杨凌辉　杨春锁
*
中国建筑工业出版社出版、发行（北京海淀三里河路9号）
各地新华书店、建筑书店经销
天津图文方嘉印刷有限公司印刷
*
开本：880×1230毫米　1/16　印张：25¾　字数：999千字
2019年11月第一版　2019年11月第一次印刷
定价：218.00元
ISBN 978-7-112-24161-3
（34647）

云南省哲学社会科学艺术科学规划项目 项目批准号：A2018YS14 /
云南省高校本科教育教学改革研究项目 项目编号：JG2018154、JG2018156 /
云南艺术学院创作展演项目资金支持 /
红星美凯龙昆明盘龙商场经费支持 /

前 言

PREFACE

改革开放 40 年来，全国的设计教育呈现出多元化、多层次的发展局面，社会对设计类的人才需求日益倍增，高校设计学类专业的办学规模也迎来了迅猛的发展形势。与此同时，伴随着学科专业快速发展的势头，全国高校设计学类专业办学和人才培养的同质化现象也越发严重起来。

2019 第四届中建杯西部“5+2”环境艺术设计双年展在云南艺术学院举办，围绕“多元 · 共栖”的主题开展。

环境、建筑、人居，一直以来都是国家、社会发展所依托的物质平台。从“绿色环保”到“乡村振兴”，从“城市开发”到“文化传承”，关注和探讨基于不同语境下当代社会中的种种现象，已成为时代的重要话题。作为直观反映其中各种元素间的关系与变化的室内、环境与建筑设计，必须对上述这些“标准性”的变化加以解答，让设计创意本身具有积极的时代意义和时代价值。

作为对上述问题进行求导的设计过程，需要在理性思维的指导下，融入感性思维，将专业与技术、社会与文化等内容中的各种元素在多层面、多维度上加以综合考虑，从而生成“多元 · 共栖”的时代主题。这其中的“多元”所指的是基于不同“背景”和“方式”中所蕴育的复杂和生动，它给予了这个世界许多精彩；而“共栖”则指的是我们所追求的存在状态和复合目标。多元与共栖，正如硬币之两面，共同营造构建出今后我们所希望构建的当代发展格局。

本届双年展共邀请到来自全国西部地区院校和受邀境外及我国港、澳、台地区的 51 所高校和科研院所参加，征集到参赛作品909件。经过评审专家组初评和终评，最终评选出景观类金奖1项，银奖5项，铜奖 10 项，优秀奖 25 项，入围奖 58 项；室内类金奖 1 项，银奖 5 项，铜奖 10 项，优秀奖 30 项，入围奖82项；建筑类金奖1项，银奖5项，铜奖10项，优秀奖30项；综合类金奖1项，银奖3项，铜奖5项，优秀奖 3 项，入围奖 18 项；优秀论文 28 篇；优秀指导教师奖 111 项；优秀组织奖 23 项。

本届双年展旨在倡导设计的服务特性，以设计的介入，改善西部地区生存与发展的空间条件，改善西部地区的人居环境面貌；旨在以人才培养推动西部地区设计水平的整体提升，为西部的发展提供人才储备和支持；旨在促进西部地区环境艺术设计教学与应用的交流，进一步地挖掘利用西部地区丰富的自然地理和历史人文资源，并将其运用于当代社会的发展需求；旨在放眼中国以及国际的设计教育思想，交流先进的设计教育理念与方法，推动西部地区设计教育水平的提升。

第四届中建杯西部“5+2”环境艺术设计双年展组委会

2019年10月

2019年第四届中建杯
西部“5+2”环境艺术设计双年展
作品评审专家名单

初评专家名单

景观 / 建筑类

周维娜　西安美术学院建筑环境艺术系主任 / 教授

林　海　广西艺术学院建筑艺术学院院长 / 副教授

赵　宇　四川美术学院设计艺术学院环境设计系主任 / 教授

杨茂川　江南大学设计学院 / 教授

玉潘亮　广西艺术学院建筑艺术学院建筑系主任 / 教授级高级工程师

杨春锁　云南艺术学院设计学院环境设计系主任 / 副教授

陈　新　云南艺术学院设计学院建筑学系主任 / 副教授

室内 / 综合类

潘召南　四川美术学院创作科研处处长 / 教授

周炯焱　四川大学艺术学院艺术设计系主任 / 副教授

骆　娜　中建城镇规划发展有限公司副总经理

张　月　清华大学美术学院 / 教授

林　迪　云南室内装饰行业协会设计专业委员会会长

邓　鑫　CIID云南省旅游业协会环境与艺术设计分会会长

邹　洲　云南艺术学院设计学院环境设计系副主任 / 副教授

终评专家名单

潘召南　四川美术学院创作科研处处长 / 教授

周维娜　西安美术学院建筑环境艺术系主任 / 教授

张　月　清华大学美术学院 / 教授

杨茂川　江南大学设计学院 / 教授

林　海　广西艺术学院建筑艺术学院院长 / 副教授

林　迪　云南室内装饰行业协会设计专业委员会会长

周炯焱　四川大学艺术学院艺术设计系主任 / 副教授

骆　娜　中建城镇规划发展有限公司副总经理

杨春锁　云南艺术学院设计学院环境设计系主任 / 副教授

CON
TEN
TS/

目录

景观类

LANDSCAPE

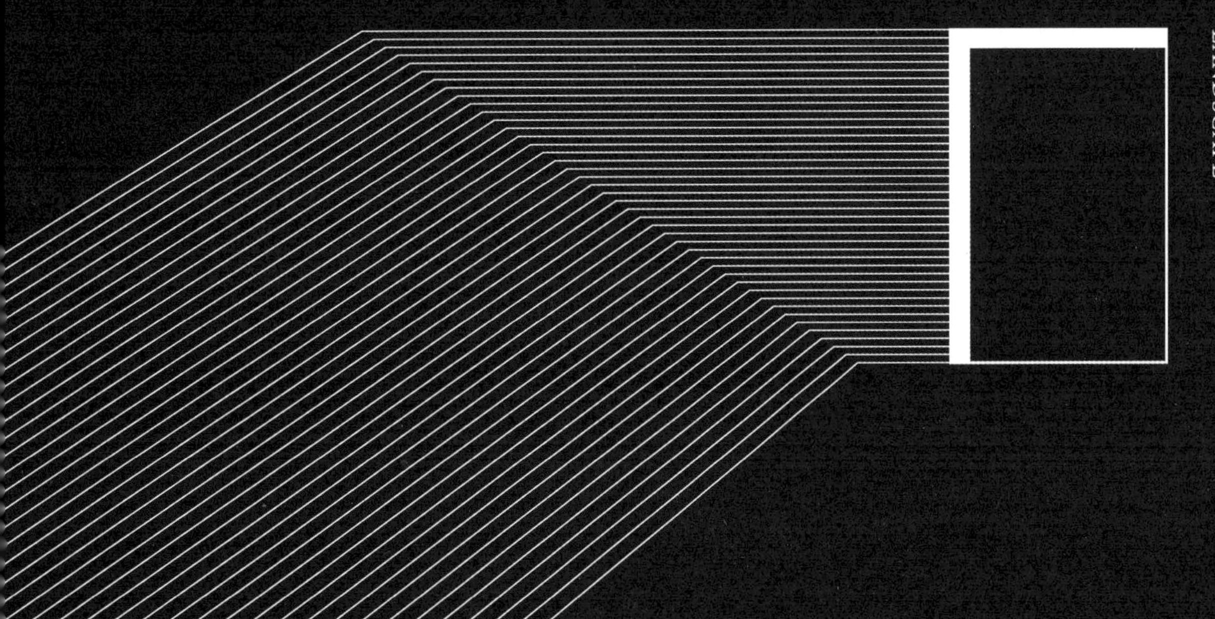

作　　者： 王雯　张潇予　袁敏　徐晨照　彭梅平　薛啸龙　邹鹏晨

作品名称： 花载时分倚东风——弥勒市东风韵花海景区民宿景观设计

所在院校： 云南艺术学院

指导教师： 杨春锁　穆瑞杰

设计说明：

此项目位于中国云南省弥勒市"东风韵"风景区的东南部分，在东风韵风景区内现有的花海地形上，进行了进一步的规划和设计，丰富了场地的功能性和娱乐性，以带给游客不同的体验。

花海项目区，以鲜花的生态性、艺术性为主题，结合女性的温柔以及爱情的浪漫为特色，依托场地内的山地山谷，将山川的大曲线与花朵的小曲线融入设计各处。以情景式场景、参与性项目、故事性旅游线来策划旅游产品和路线，做到观有美景、食有佳肴、行有好路、住有民宿、购有特产、玩有体验，形成全方位、立体式的游览体验，真正让游客流连忘返、回味无穷。结合生态养生、艺术养心理念，广泛利用旅游区各类资源，让游客来东风韵，赏花海、闻花香、尝花酒、走花径、宿山居，在湖光山色中感受艺术慢生活。

而设计内容主要为接待大厅造型和民宿造型。

民宿的设计采用了花苞的造型，内部空间划分精致。木材、竹材这样的乡土材质会使空间更加具有生态性和亲切感。周围点缀的鲜花衬托了花海的主题。花海民宿以建设芳香烂漫氛围为重点，以独特的芬芳活动体验为特色，完善旅游度假配套设施的空间布局规划设计。让游客在这样湖光山色的环境中感受艺术慢生活。

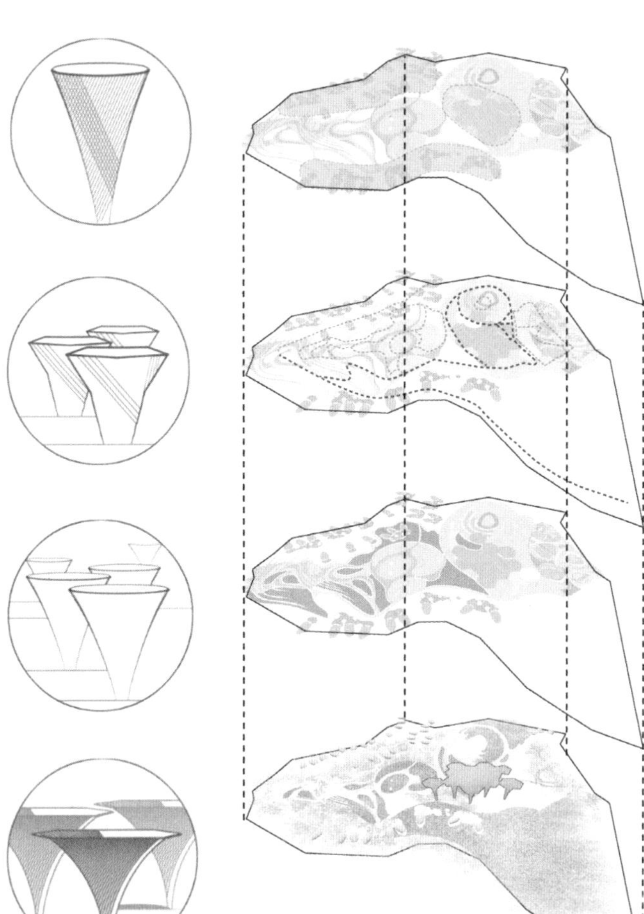

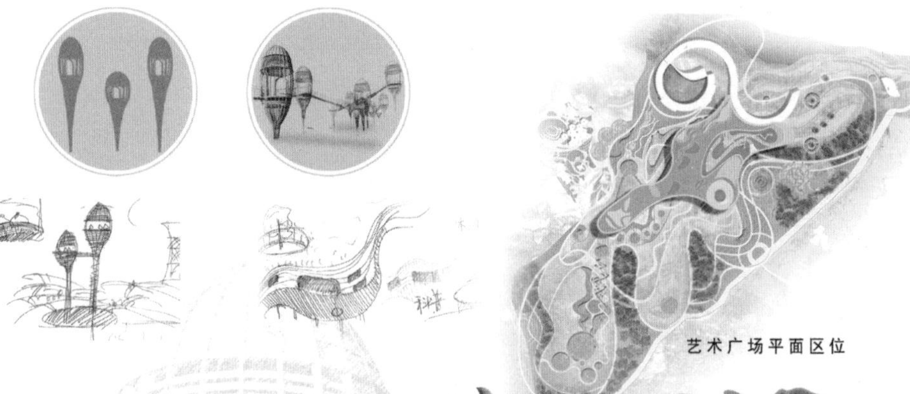

艺术广场观光廊架设计构思

此廊架的设计造型依据花苞与枝干的造型衍生
从立面的视角就宛如刚刚萌芽的花苞
若干个组合在一起成为一个整体
廊架的材料依旧运用竹子材料制作而成。

艺术家工作坊设计构思

花海艺术家园坐落在弥勒东风韵园区内山行起伏，小山包天际线蜿蜒曲折，带来自然清新的原始美感。艺术家工坊主要以艺术家手工作品制作空间，展览成陈列空间。主体建筑坊造型镶嵌在陡坡山地，和自然山形完美融合，外立面材质由竹编制作而成，横向拼贴形成的肌理附有极强的视觉冲击和艺术感。

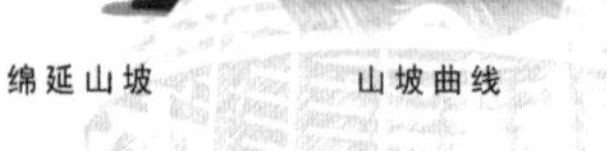

绵延山坡　山坡曲线

工坊边缘线起伏

艺术广场平面区位

艺术工作坊平面图

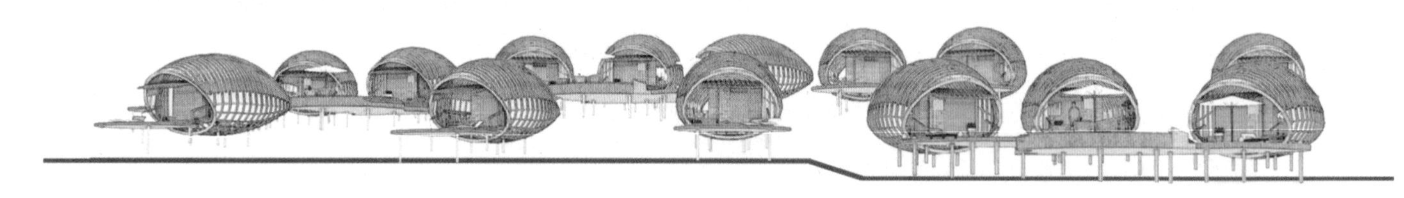

作　　者：李梦诗　李和　郭映　刘星月

作品名称：林盘艺术居所设计

所在院校：四川大学

指导教师：周炯焱

设计说明：

在我国旅游事业不断繁荣发展的现状下，乡村旅游业也迎来了崭新的局面。以茶文化为中心的乡村旅游模式越来越被大众关注，同时这种以传播传统文化为内涵的旅游策略也得到了人们的青睐。在休闲观光的茶园景观方面，也需要依托旅游规划和景观特色来展开，围绕以“茶园”为主题的生态景观，注重游客的体验感，与自然的近距离接触，营造和谐、自然的茶文化氛围，为乡村旅游的发展提供新的模式。本设计主要围绕生态茶园景观进行探索和研究。

场地位于雅安市合江镇塘坝村，是一处相对独立的林盘，属于散居的形态。场地地形呈三面围合状，原建筑坐落于东侧地势较高处，被层层绿树遮蔽，茶田环绕，形成一种包围、观望的态势。本次方案设计主要功能包括物间的工作室、精品酒店、民俗研究所，面向的人群主要为游客、艺术家和设计师。我们用方案名中的“亼”字概括设计理念，先建立功能、场地、人群之间的联系。从字义上理解，“亼”代表“聚散统一”，“聚”体现在功能的集合、人群的聚集、生活与建造的联系，并在这之间探寻更多的可能性；“亼”也有“独立一个”的意思，即体现“散”，是指林盘散居的形态。从字形上理解，“亼”字形同屋顶，是对屋顶特殊造型的回应，同时，让人联想“屋顶下的故事”；“亼”也可以看作“茶”字中拆解的一部分，暗示设计中建筑、景观与茶田的联系。

希望人们在这里能够体验到充满烟火气的独立，隐逸与世俗本一念之隔，聚与散都是随心的选择。

作　　者： 汤昊朗

作品名称： 木林森·城市树空间设计意象

所在院校： 四川大学

指导教师： 吴兵先

设计说明：

城市的设计通常以实用为主，今天的城市规划者很少有浪漫主义或诗意的空间。但自然诗意浪漫主义都是城市的特色，这些生活质量至关重要，能够引起大众的关注和对抗寂寞。

此研究提出更多能够让多种树木和不同地区适用的树空间意念，让不同地方能应当地所需而采用或改良。设计可以让对保护林木冷感的人群从中体验自然的洗礼；吸引城市居民在那里休憩，消除城市生活压力和抑制心理孤立；就小孩而言也是一个相当难得的学习基地，可以了解与人类关系密切的树木。

所展出的意象，当中五个是木空间，另外五个则是林空间，十个意象构成了一个树木的生命循环。以水滴为先，种子获得水分得以成长，及后"教堂"呈现了种子破土而出的境象并得到阳光洗礼，然后生命得到繁衍，成为丛林，丛林孕育其他的生命，弱小的植物也能在其支撑中攀爬，然后又到一个生命的完结成为枯树，然而这并不是一个终结，在潮湿的环境下，苔藓在枯树上长出。可惜现实中人类就如寄生植物一样贪婪地吸收着自然的资源，却又忘记了这是一个唇亡齿寒的关系，取之无道，直至带领人类走到尽头。被人类砍剩树根的森林在一场大雨后又能孕育新生命，但值得我们反思的是自然的自我恢复能力能否跟得上人类的消耗速度。

CLIMB ZONE
DESIGN BY LANG IN 2019

THE CHURCH
DESIGN BY LANG IN 2019

RAIN DROP
DESIGN BY LANG IN 2019

PARASITIC PLANT
DESIGN BY LANG IN 2019

RIVER RAIN
DESIGN BY LANG IN 2019

THE CIRRUS
DESIGN BY LANG IN 2019

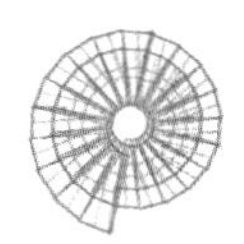
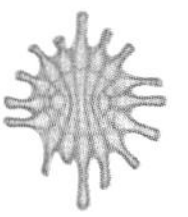

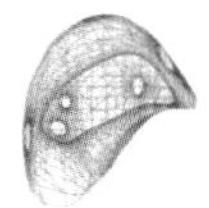

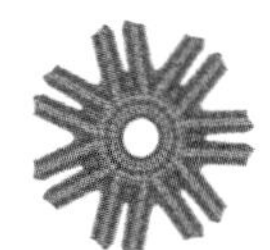
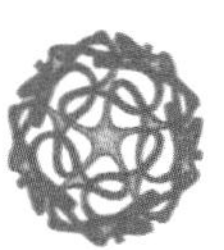
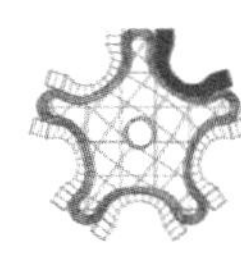
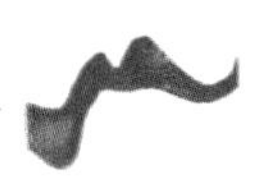

作　　者： 张雅雯　程树梅

作品名称： 同形异构 —— 萤火谷生态种植农业体验基地

所在院校： 四川美术学院

指导教师： 黄红春

设计说明：

“三河村农业体验式育苗棚”位于重庆市萤火谷农场，它立于田野之上，用竹和木构方式，连接着这片稻田的乡村记忆。作品除了满足农业育苗、生态农业技术展示推广、种苗销售的农业生产功能外，还希望给在城市忙碌生活的人们一个体验农耕生活、回归花田野趣味的乡土空间。

作品是基于传统育苗棚的再生设计，考虑到当地的气候、环境、农作物种植、人群体验等多方面要素，打造集观光游览、体验互动为一体的农业体验基地。

设计采用了形式算法的设计思路，用形态推演的方法创造了“同形异构”的趣味构造系统。设计的同时将本土的竹编技艺引入构筑之中，延续了乡土的艺与忆。

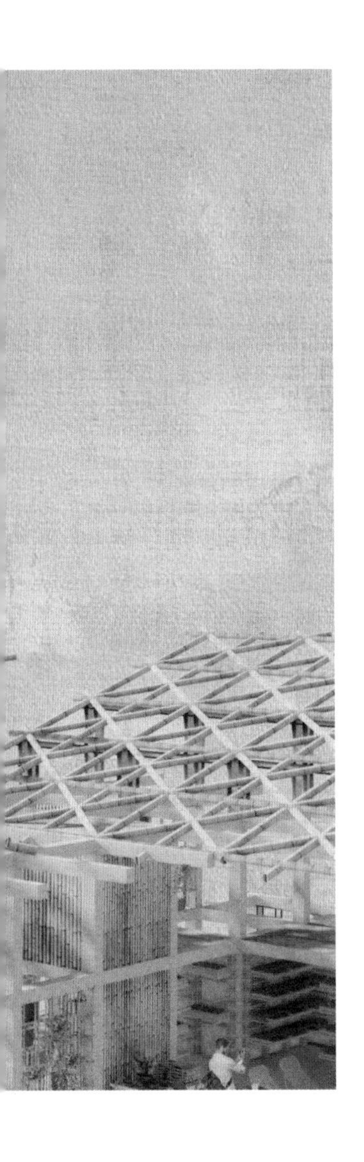

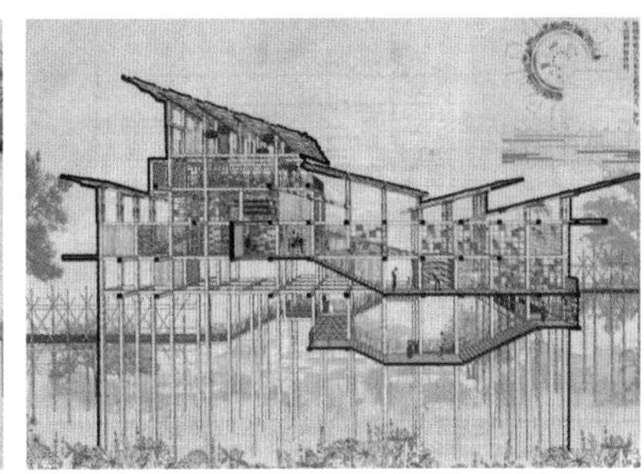

作　　者：曾雅丽　邓宇婷　王义颖

作品名称：山绿 —— 网络互助生态补偿计划

所在院校：西安美术学院

指导教师：王娟　海继平　李建勇　金萍

设计说明：

本设计利用“互联网＋公益”通过线上APP虚拟种植，与某平台结合的公益方式加强青中村与城市人们生活的衔接，改变环境的真实景象。用户通过自己的努力也能在现实世界中种下真实的树木，为绿化世界做一些贡献。正确的价值导向，激起用户的正反馈与行动力，同时用户还收获了因为做出环保贡献而获得的成就感。更重要的是，让广大群众切切实实看到了互联网公益改变环境的真实景象。与青中村当地实际结合，打造了一个多方共赢的产品。

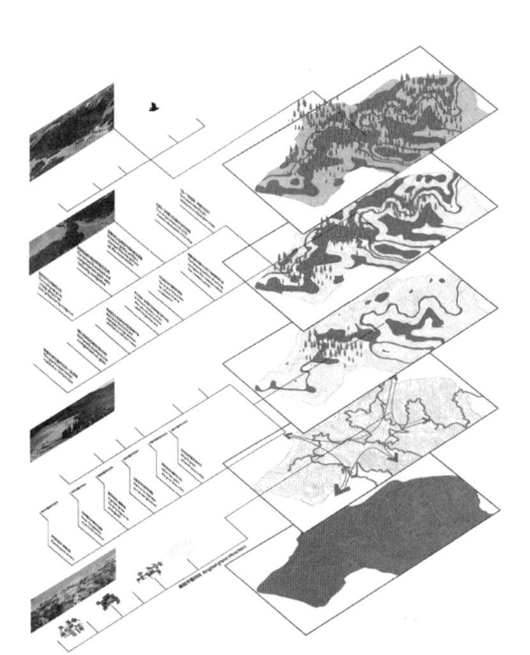

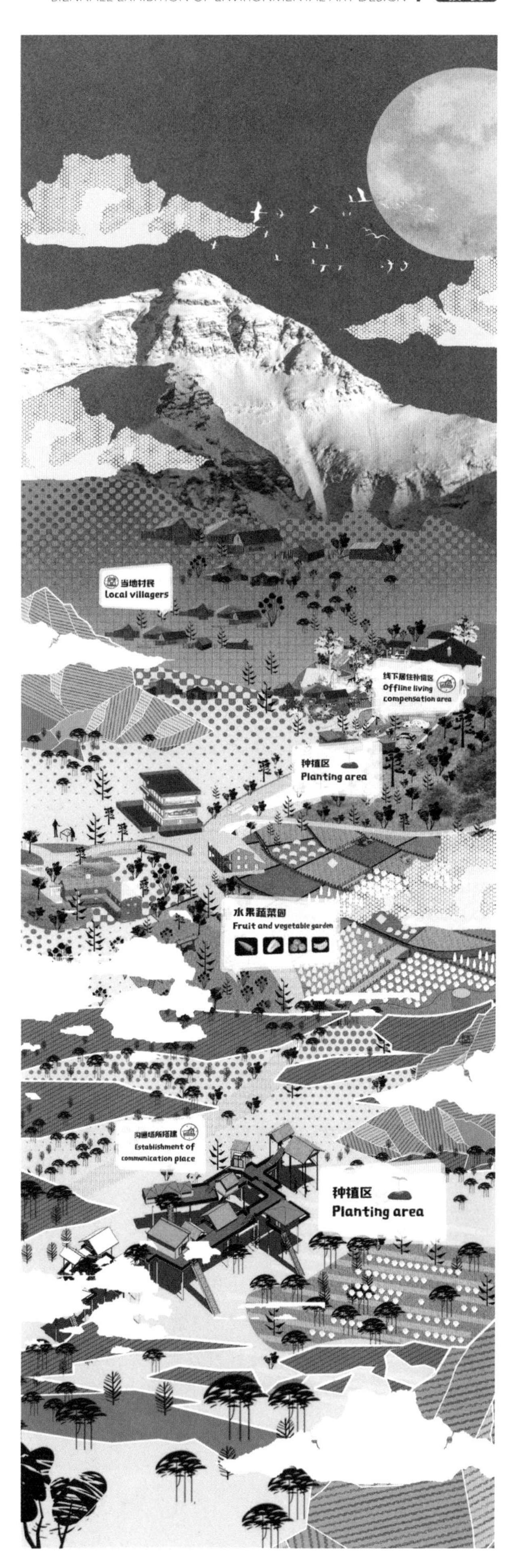
当地村民
Local villagers
线下居住补偿区
Offline living compensation area
种植区
Planting area
水果蔬菜园
Fruit and vegetable garden
沟通场所搭建
Establishment of communication place
种植区
Planting area

作　　者：李淑君　李金铭　王代君　陈年妍

作品名称：预见未来——基于过去百年景观发展下的对未来二十年景观设计发展研究

所在院校：西安美术学院

指导教师：孙鸣春　吴文超

设计说明：

我们通过梳理过去二十年中人的行为及意识变化、社会发展变化趋势以及百年来景观发展中的转折节点，寻求发现历史中节点阶段的发展倾向、转变趋势。将二者结合，从工作、交通、娱乐、生态几个方面构思二十年后新的生活模式和城市发展模式。现在的城市是1998年的人们不敢想象的景象。我们通过从1998年至今的发展，探讨了人的行为方式和生活状态以及思想上的变化和更新。在景观的百年发展史中，我们研究了景观行业的起源和蓬勃发展，以新型区域外挂模式注入城市中心刺激城市再发展。以安徽省六安市月亮岛作为设计场地，对其中五个区域用五种方式进行再探讨、再设计，以此期望引起外界的探讨与思辨。目的是让社区景观空间获得再生，并维持社区原有的稳定社会关系网络，延续人文特质，激发社区居民的社区感，推动社区自治建设，用旧社区的市井文脉状态丰满城市社会的多元性，将其编入城市脉络当中，成为市井文脉且具有内涵的新生文化。

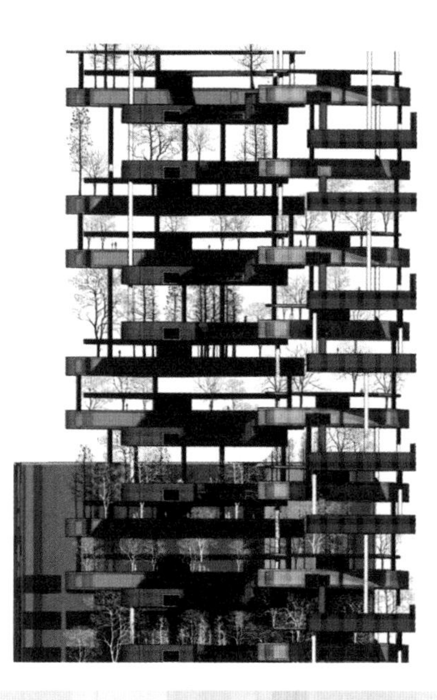

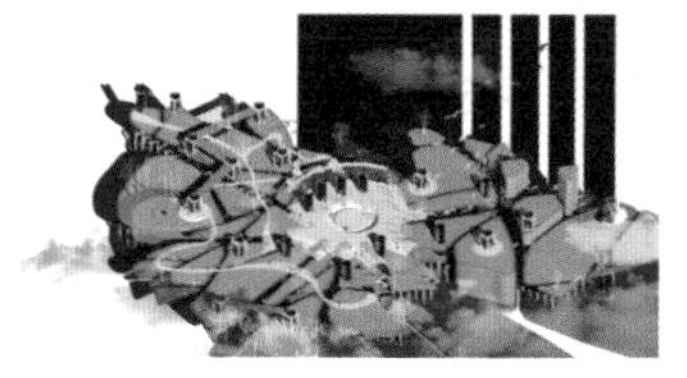

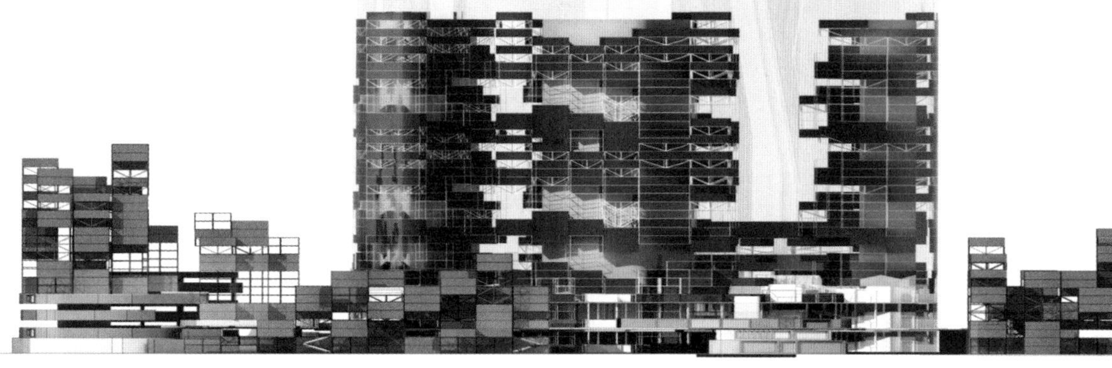

作　　者： 郑智嘉　杨旭　刘延东

作品名称： 知否，知否。田园将芜胡不归？—— 南宁市刘圩镇罗坡村景观规划方案

所在院校： 广西艺术学院

指导教师： 林海

设计说明：

罗坡村景观规划依托于刘圩镇整体性的“市民农庄”规划发展项目，对于上位规划的解读主要从“农民、农业、农村”三个角度出发。针对规划区域村民自身群体而言，以自然环境、自然人文资源为基础，以乡企合作为契机，以乡村旅游为依托，转变农民生产方式，以提高农民收入、改善生活环境为最终目的。对于乡村发展结构中占比较重的农业，依托现有农业资源，发展特色农业景观，增加特色农业观光以及生产性景观体验活动，拓展乡村发展渠道，带动村庄发展。农村整体环境是农民生存、发展的基础和前提，在考量罗坡村村民生产生活、农业发展问题之后，也需要以乡土改造、村屯美化、村落景观提升、乡村休闲旅游运营、打造怡然乐业、完善基础配套设施的模式对村落环境进行综合整治。

基于对上位规划的研究解读，结合罗坡村景观现状实际问题，罗坡村景观总体规划设计提出传统景观空间重塑、公共活动空间提升、村落水景观空间优化、特色村落景观风貌，打造四种核心策略。

沟渠文化——
从水库通过一定的坝，经过一定的渠，经过一定的措施，把水库里的水引入田间的各级渠道，一般情况下分为五级：干渠、支渠、斗渠、农渠、毛渠。对于分布在罗坡村域周边，联通水体、水域方便农业灌溉生产的水渠，其生产功能性较为合理，但罗坡村现存灌溉水渠主要由硬质砖石所修建，水渠四周也并无专门的防护、过滤、涵养区域，致使水渠空间整体的景观内容不突出，生态合理性也较低。
建筑文化——
壮族喜欢依山傍水而居。在青山绿水之间，点缀着一栋栋木楼，构成独特的一派风景图，这就是壮族人的传统民居。传统景观空间重塑策略中将对于村落滨水淘洗、洗衣、洗澡的水景观场景，树底、水边聊天纳凉的场景，村口或水口大树的场景，巷口吆喝的场景进行恢复再现，将传统空间中的村落场所记忆以景观化的手法与表现进行重现，从而有利于在村落景观规划中起到延续地域文脉，增强村民归属感、家园感、认同感的作用。
书院文化——
书院是中国古代民间教育机构。开始只是地方教育组织，最早出现在唐朝，正式的教育制度则是由宋朝创立，发展于宋代。罗坡村倚靠斑山，斑山顶部现存有斑峰书院，是罗坡村周边现存有历史建筑代表之一，也是其书院文化的典型。

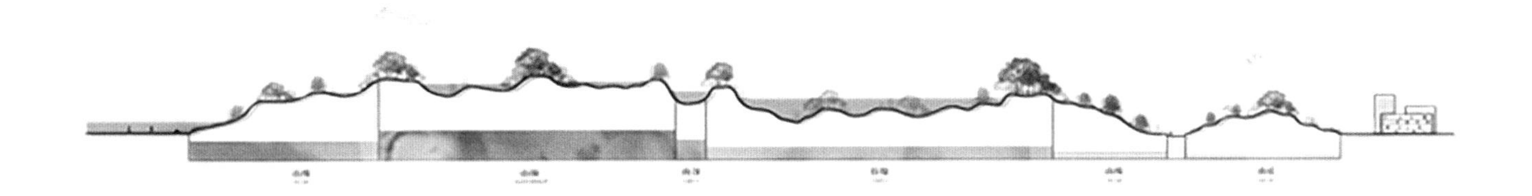

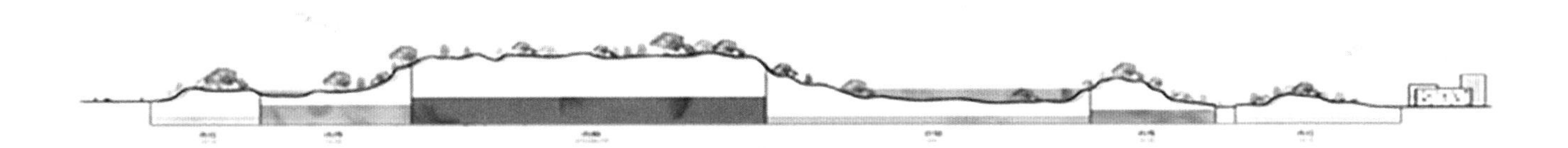

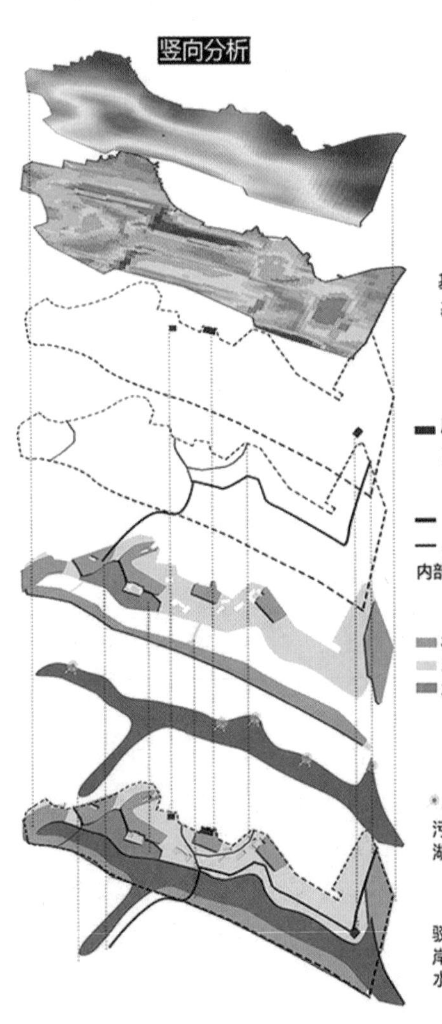

问题

基地高程
基地高差较大(452～473m)

基地坡度
基地坡度明显（0°～18°）

■ 历史遗迹、遗址
文化资源未有效开发

— 乡村主要干道
— 基地现存主要干道
内部交通秩序混乱，可达性差；

■ 林地
■ 旱地
■ 水田

* 水域污染源头
污水排放无控制，水质严重受损；
湖区蓄水能力差，受季节影响大；

驳岸侵蚀严重，亲水岸线被挤压、
岸线无序，景观效果差；
水生植物缺乏多样性

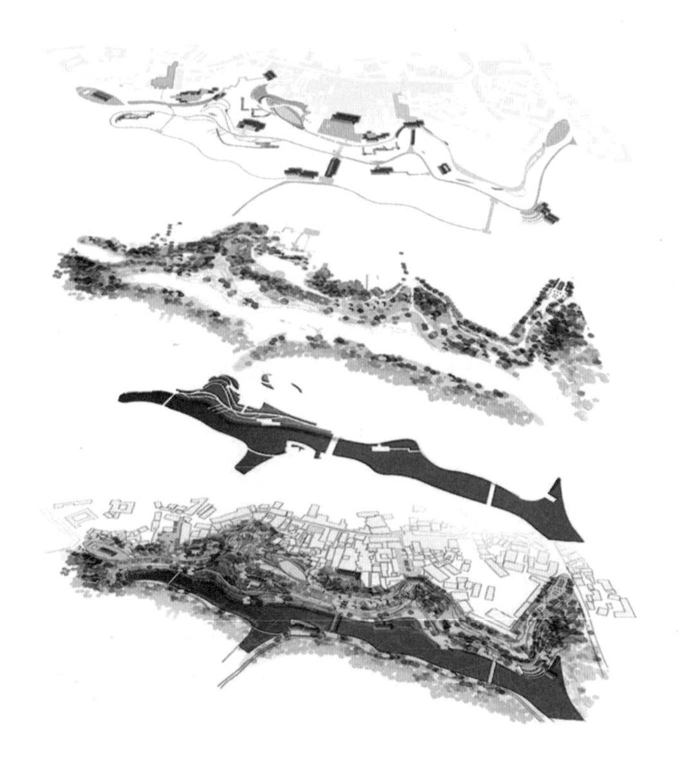

作　　者： 王方圆

作品名称： 基于共生理念的古镇滨水景观设计研究——以罗城古镇滨湖区为例

所在院校： 四川大学

指导教师： 段禹农

设计说明：

基地位于四川省乐山市犍为县罗城古镇（四川十大古镇之一）。2018年罗城古镇“升级”为国家AAAA旅游景区，古镇滨湖区也在旅游发展的规划下，承载着文化宣传、活力提升的作用。罗城古镇滨湖区位于铁山湖的一级支流，全长0.96公里，宽约0.7公里，总面积10公顷。

在进行罗城古镇滨湖区共生策划时，力求实现古镇滨湖区与古镇镇域以及原生林地实现共生，地域文化、地形与功能的共生，人类活动与水域空间的共生，由此提出了人和、古承、山清水秀的设计目标以及“船在水中行，人在画中游”的设计主题。

在场地功能结构方面，建立活动干预递减的圈层式功能板块，实现层次开发以及功能分区。在山清水秀方面，利用自然力以及人工技术，实现生态治理、提升枯水期的观赏效果以及建立柔性的种植规划。在古承方面，根据场域以及地域的历史文化结合线形场地的地形地貌，实现“起承转合”的罗城古镇文化的历史叙述。在人和方面，建立智慧景区、游憩活动策划以及基础服务设施的智能化，提升滨湖区的便利性、娱乐性以及安全性，使罗城古镇滨湖区成为创造效用、特色运营、持续发展的景区。

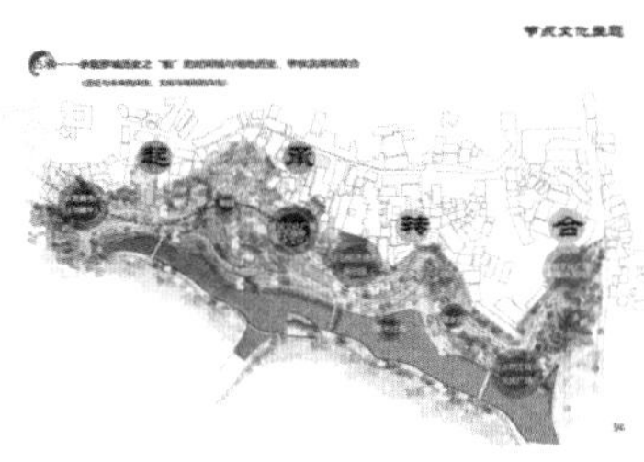

作　　者： 王一平

作品名称： 旧宇唤新知——重庆市石柱县中益乡关口岩农村院落环境修复与利用设计

所在院校： 四川美术学院

指导教师： 赵宇

设计说明：

“旧”指老旧，“宇”指房屋，“知”指认知、理解、支持。“旧宇唤新知”是指通过设计老旧的（闲置）农房对乡村建设唤起新的认知。

设计以挖掘价值、充分利用，合理保护、传承文脉，人性设计、科学创新，为主要的设计原则，采用了环境评估、空间修复和闲置再利用三种设计方法，力求改变乡村景观与过去脱节、环境水平与城市脱节、乡村传统与现实脱节的现状。在完善和优化村落环境，改善当地村民的生活质量的基础上，还要做到让途经此地的人愿意逗留，专程游玩的游客有景可寻。结合闲置农房及院落的空间和建筑环境，深入挖掘特色，设计出一个个具有文化主题、特色鲜明的空间节点，做出一个“一处一景，自然生动”的村落景观设计。

作　　者：牛云

作品名称：模术 —— 重庆市石柱县中益乡龙河村生土再生景观设计

所在院校：四川美术学院

指导教师：赵宇

设计说明：

本次设计针对龙河村村落进行整体规划设计，在景观规划设计成熟、各功能分区合理有序的基础之上，对重点院落进行环境表达。设计主要侧重于对生土建造在具体景观方面的应用进行思考，如：整体生土景观氛围的有机统一，建筑外立面的改造创新，对景观中生土构筑物或小型建筑物的用材、造型与地域特征表现进行强化等。对龙河村的设计定位为：契合当地农业景观资源特征，做到既满足当地居民的生活居住需求，又可兼顾旅游观光、游玩体验的功能。在村落景观中多角度展现生土文化和乡土风情，使游客在物质和心理上获得更深层次的体验。

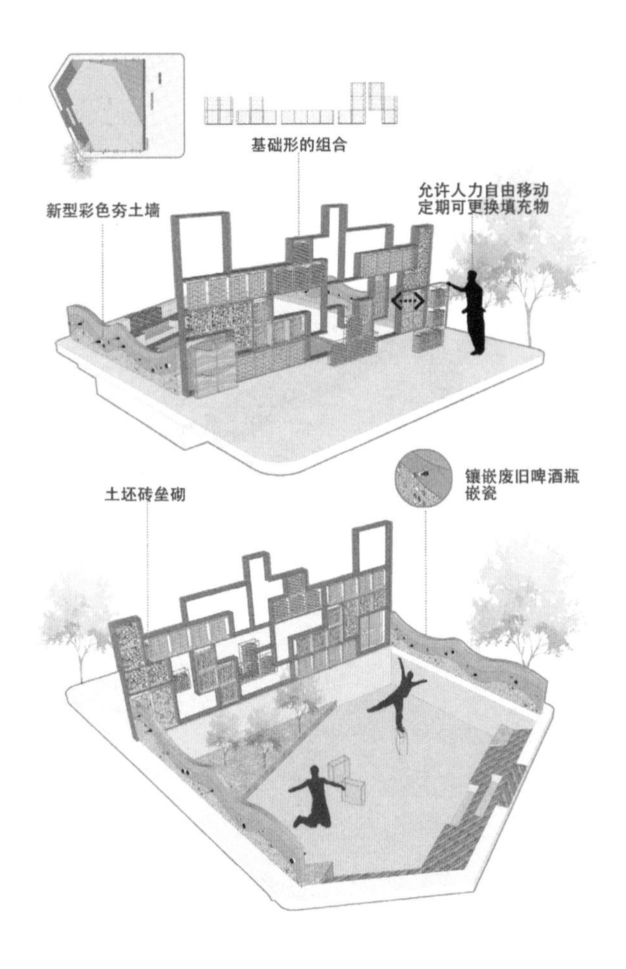
基础形的组合
新型彩色夯土墙
允许人力自由移动
定期可更换填充物
土坯砖垒砌
镶嵌废旧啤酒瓶
嵌瓷

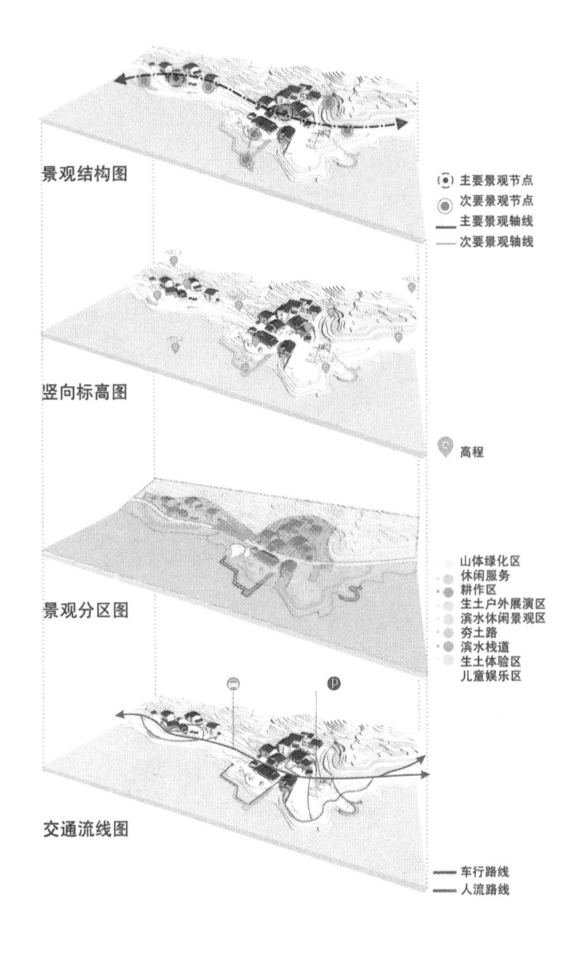
景观结构图
主要景观节点
次要景观节点
主要景观轴线
次要景观轴线
竖向标高图
高程
景观分区图
山体绿化区
休闲服务
耕作区
生土户外展演区
滨水休闲景观区
夯土路
滨水栈道
生土体验区
儿童娱乐区
交通流线图
车行路线
人流路线

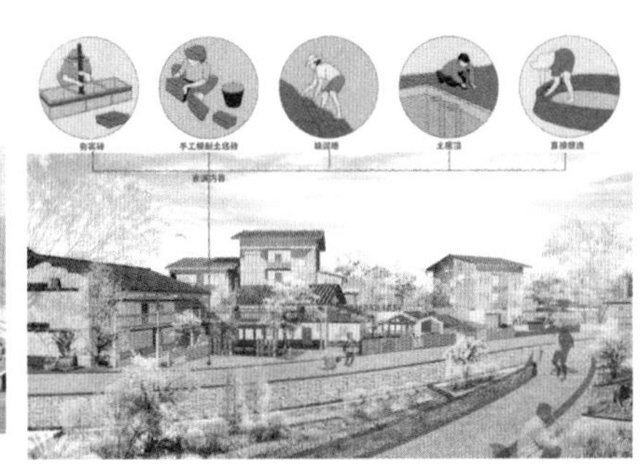

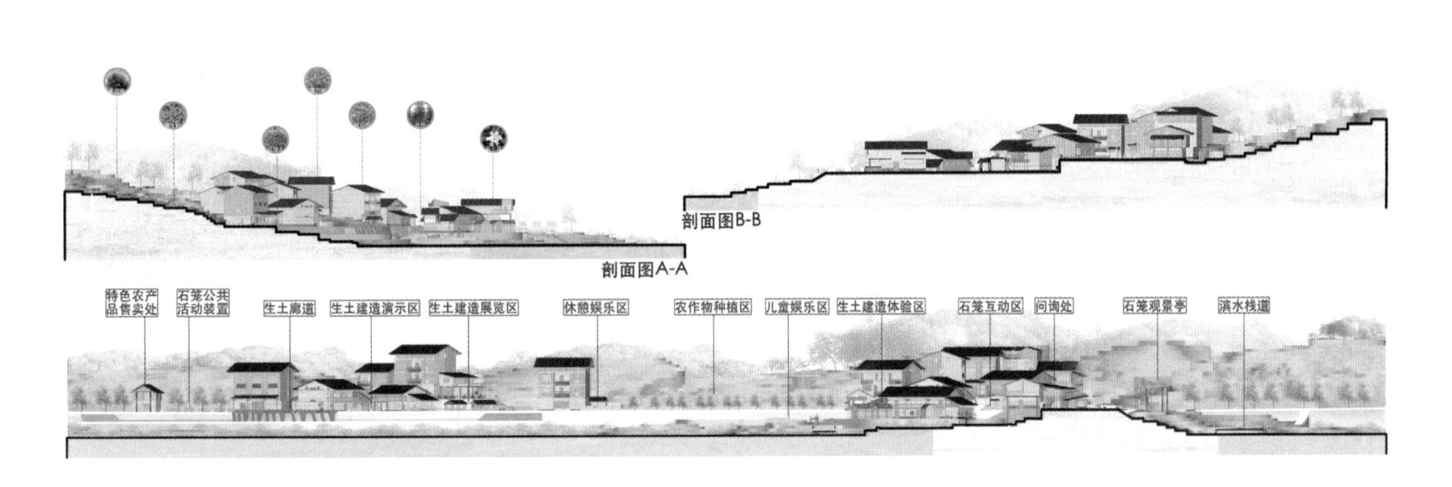
剖面图B-B
剖面图A-A
特色农产品售卖处
石笼公共活动装置
生土廊道
生土建造演示区
生土建造展览区
休憩娱乐区
农作物种植区
儿童娱乐区
生土建造体验区
石笼互动区
问询处
石笼观景亭
滨水栈道

巷世界

巷世界

巷世界

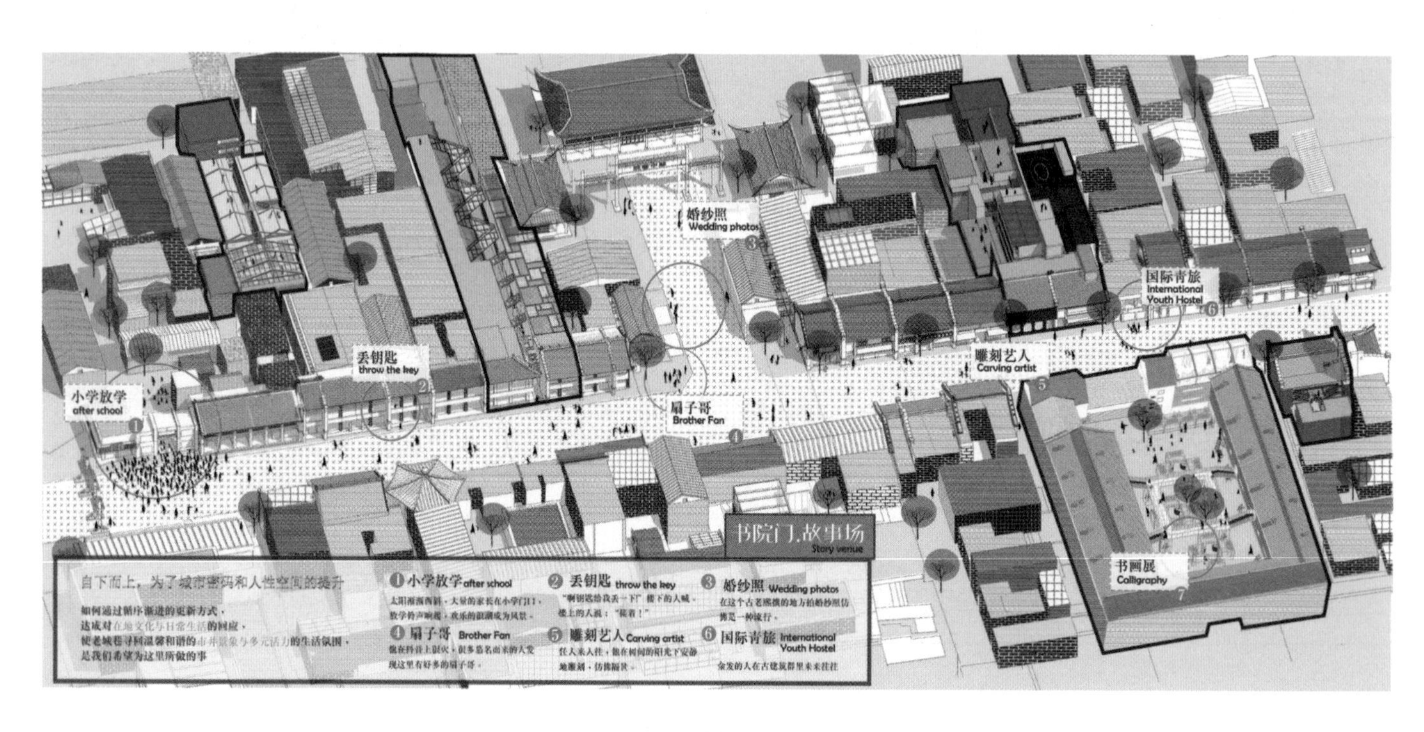
婚纱照 Wedding photos
国际青旅 International Youth Hostel
丢钥匙 throw the key
雕刻艺人 Carving artist
小学放学 after school
扇子哥 Brother Fan
书院门.故事场 Story venue
书画展 Calligraphy
自下而上，为了城市密码和人性空间的提升
如何通过循序渐进的更新方式，
达成对在地文化与日常生活的回应，
使老城巷寻回温馨和谐的市井景象与多元活力的生活氛围，
是我们希望为这里所做的事
❶ 小学放学 after school
❷ 丢钥匙 throw the key
❸ 婚纱照 Wedding photos
❹ 扇子哥 Brother Fan
❺ 雕刻艺人 Carving artist
❻ 国际青旅 International Youth Hostel

作　　者：周姝伶　沈悦　肖骊娟　张园茜

作品名称：巷世界

所在院校：西安美术学院

指导教师：李媛

设计说明：

本次设计在景观规划设计成熟、各功能分区合理有序的基础之上针对龙河村村落进行整体规划设计。书院是一个大家都很熟悉的地方，但我们想要着手设计的是书院门里那些像树的分支一样的小巷子。

巷子作为承载人们日常生活的场所，本应是市井繁荣、充满活力、多元融汇、各有特色的，而它们却在城市发展的快速进程中，逐渐显现活力下降、体验单调、特色迷失等问题。

我们以书院门及除主街道以外的巷内环境问题出发，从如何改善空间布局、提高公共空间利用率与结合书院门特殊的文化背景等为切入点，深入满足人的心理需求，以人、文化、场所三者之间的关系为核心，将书院门的巷内空间按功能分类，针对不同的巷内大小与类型，总结符合其特性的巷道空间营造策略。缓解场地居民对长时间居住于高密度空间的压抑感来实现“以人为本”主旨的人性化景观设计，使这些小巷寻回温馨和谐的市井景象与多元活力的生活氛围，是我们希望为这里所做的事。

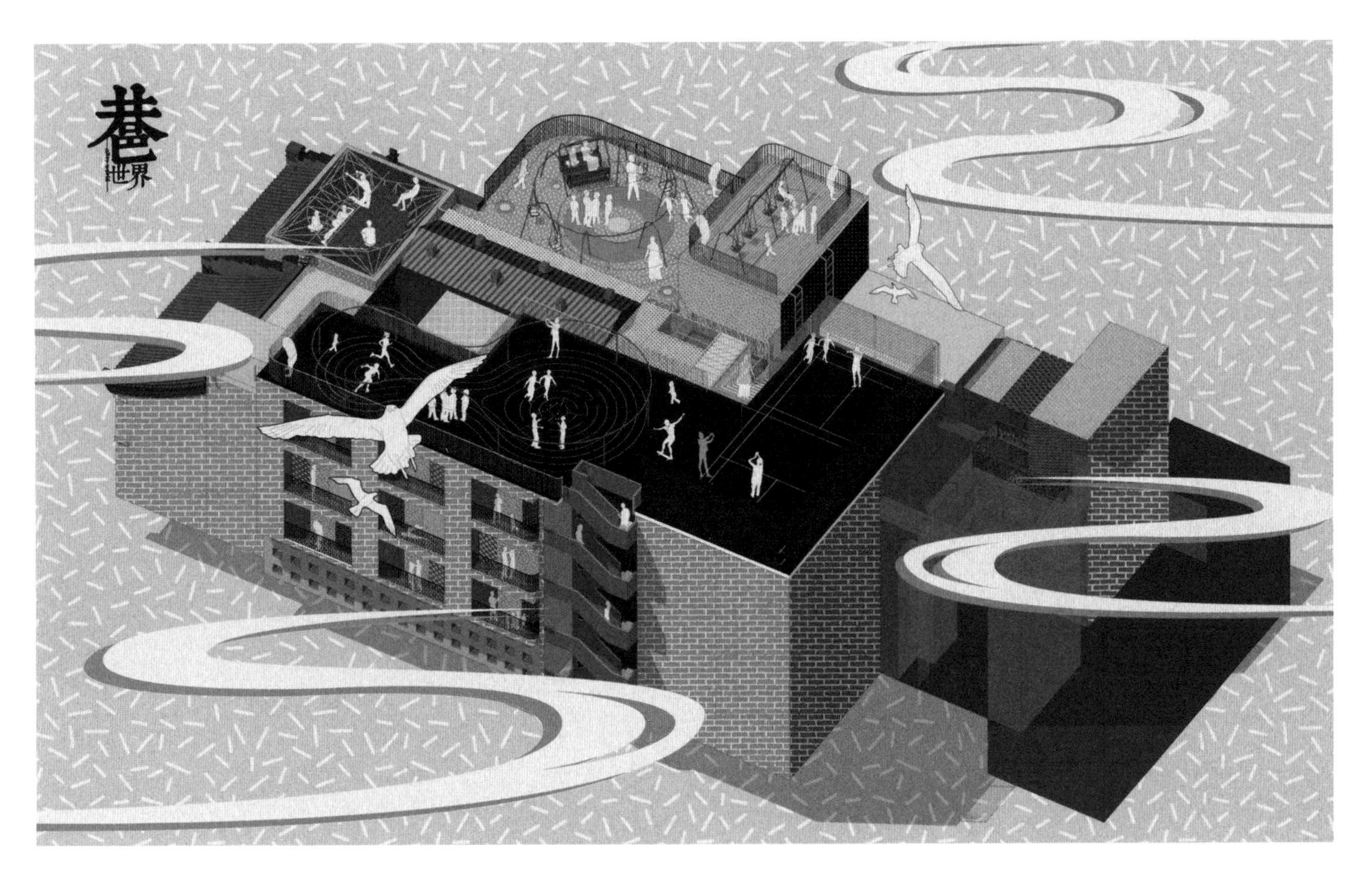

作　　者： 王淑铭

作品名称： 春风又度玉门关——甘肃玉门工业废弃地生态修复与景观改造

所在院校： 西安欧亚学院

指导教师： 刘凡祯

设计说明：

玉门市是中国石油工业发祥地，由于资源开采进入后期，当地企业纷纷破产，玉门油城经济遭到严重破坏。针对玉门场地的特殊情况提出生产性景观视角下“退城还耕”的构想。从城市到农村，重新激活这个城市，发展新兴产业，治理生态环境，治理土壤污染和河流污染，促进第二产业的发展。以旅游业为主，吸引更多的外来游客，增加当地人的经济收入。同时尊重历史，对工业遗产部分保留，唤醒这个城市的时代记忆。从城区和石油分析工业遗迹现状和周边的生态现状，圈出需要改造的工业遗迹分布。中期，针对主要问题提出相应的针对策略，分析设计场地每块区域存在的问题。第一，城市转型后如何发展？提出策略：将部分废弃场地改为生产性景观。通过对土壤水体的恢复，发展旅游业，发展体验农业。第二，工业遗产如何处理？提出策略：工业保留及改造，发展体验观光旅游。第三，生态环境怎么处理？提出策略：植物修复法、建立土壤安全处理区、石油河进行生态治理。通过网上调研以及资料搜集，选择了芦苇作为净化污染物的主要植物，芦苇形态优美，既可以对河流污染物的净化起到很强的作用，还能起到景观观赏的作用。在芦苇河道边设立木栈道，可供游人欣赏景色与停留休息，也能为骑行爱好者打造优美的骑行环境。土壤污染区域分为重污染区与轻度污染区，将可利用土壤重新定位，种植农作物，发展农业，促进农民的经济收入。工业遗迹部分保留，建设英雄人物纪念馆以及石油文化纪念馆，发展旅游业，打造文化城市形象。玉门市不仅仅是中国石油工业的发祥地，还是一代石油人精神的发扬地，更是中国抗日战争时期的重要资源地。目前，玉门市进入衰败时期，经济下滑，生态破坏。能够对玉门老城重新设计，并且在尊重历史的前提下进行改造具有很重要的意义。

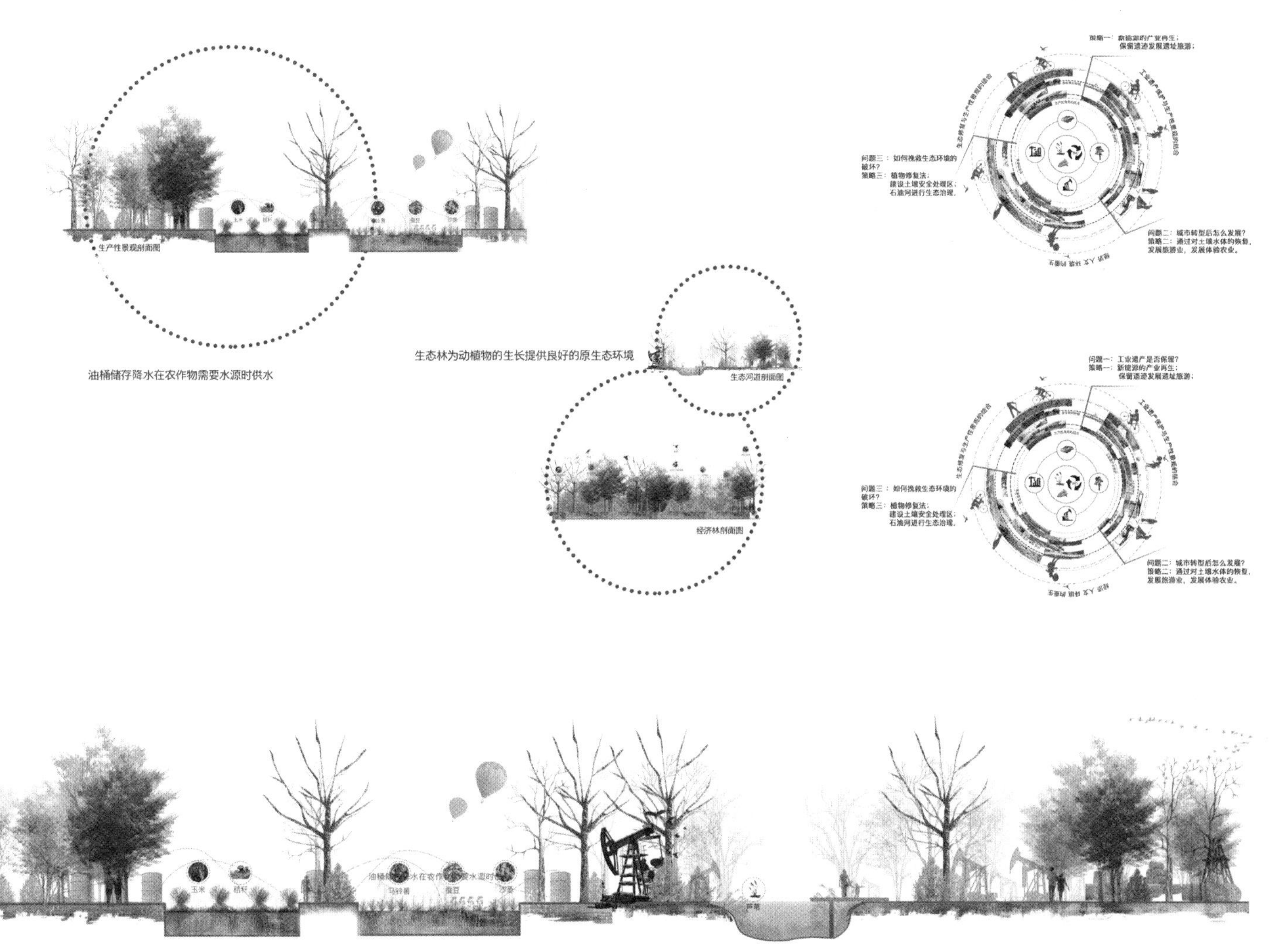
生产性景观剖面图
油桶储存降水在农作物需要水源时供水
生态林为动植物的生长提供良好的原生态环境
生态河道剖面图
经济林剖面图
保留遗迹发展遗址旅游；
问题三：如何挽救生态环境的破坏？
策略三：植物修复法：
建设土壤安全处理区；
石油河进行生态治理。
问题二：城市转型后怎么发展？
策略二：通过对土壤水体的恢复，
发展旅游业，发展体验农业。
问题一：工业遗产是否保留？
策略一：新能源的产业再生；
保留遗迹发展遗址旅游；
问题三：如何挽救生态环境的破坏？
策略三：植物修复法：
建设土壤安全处理区；
石油河进行生态治理。
问题二：城市转型后怎么发展？
策略二：通过对土壤水体的恢复，
发展旅游业、发展体验农业。

作　　者： 陈红　郝薇

作品名称： 侧坐莓苔草映身

所在院校： 新疆师范大学

指导教师： 李群

设计说明：

本案将新疆地域背景下形成的水文化理念，延伸至当下的艺术设计营造理论展开推演。通过探析新疆绿洲传统聚落水景观遗存的各种特征延伸至当下的艺术设计营造理论展开研究。探析新疆绿洲传统聚落水景观遗存的各种特征，重新认识干旱区域水文化与水艺术的哲学思辨，并运用到具体的区域城市特色水景观的营造设计之中。一个人文历史积淀深厚的城市，其水文化遗产是构成这座独特城市风貌的重要内容。水文化是干旱地区绿洲聚落文化的重要组成部分。为了让我们的后代都能触摸到这延续生命的“未来心跳”，不仅要保护好祖辈留下的水文化遗存，更要珍惜有限的水资源，怀着一颗对自然敬畏的心，延续绿洲聚落水文化。为建设好地域资源制约下的聚落水文化景观艺术，把我们生活的每一座城市，不仅设计成为“能用、好用、耐用”的水文化景观艺术，而且还要把它们建设成为“能看、好看、耐看”的城市水景观艺术。

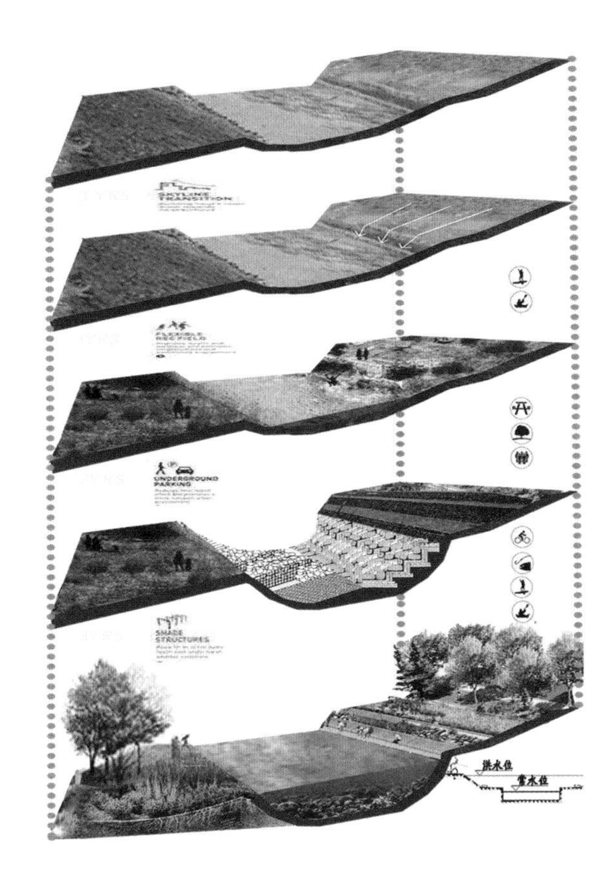
SKYLINE TRANSITION
FLEXIBLE RECFIELD
UNDERGROUND PARKING
SHADE STRUCTURES
洪水位
常水位

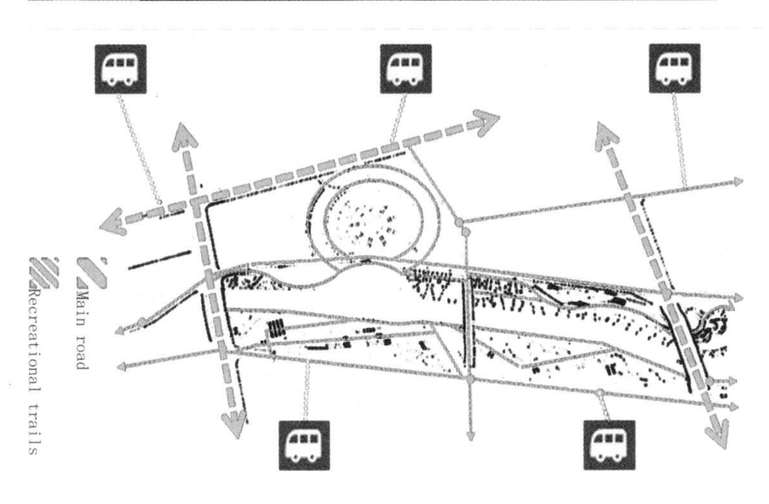
Main road
Recreational trails

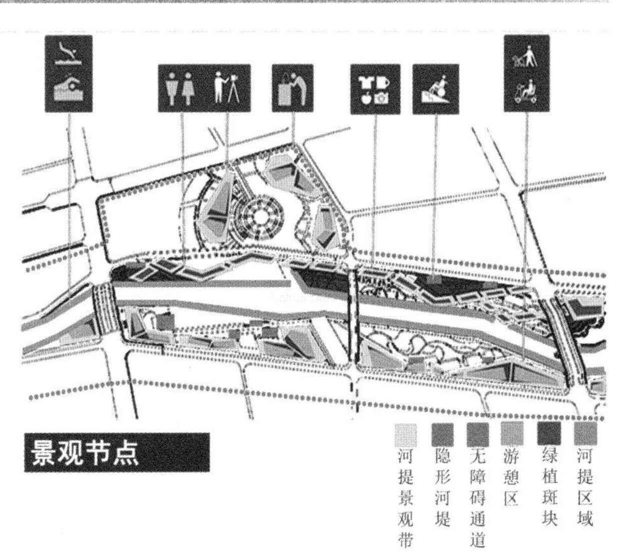
景观节点
河提景观带
隐形河堤
无障碍通道
游憩区
绿植斑块
河提区域

作　　者：孟贺雪琳

作品名称：大芬艺术博物馆景观设计

所在院校：新疆师范大学

指导教师：姜丹

设计说明：

大芬艺术博物馆的设计风格是以现代简约为主体的设计风格，因为主题是“留白”，所以我在博物馆及周边环境的设计中运用了大量的几何元素，借以体现“留白”的空间氛围。

主建筑物采用现代简约的风格进行设计，设计中采用了大量的围栏，将整个建筑物的三楼向阳面进行半包围式处理，这样的处理既可以保证艺术博物馆有足够的采光，又可以起到一定的遮阳作用。建筑的背阳面开设大面积的落地窗，以保证采光及通风。一楼采用半包围式密封处理，只有一面墙开窗，其他地方依靠三楼的阳光和灯光照明。周边景观为山水组合景观，在主建筑物后面有山进行陪衬，以达到突出主建筑物的作用，景观中的水系贯穿整个设计，运用不同的水系特点塑造不同的景观效果。

作　　者： 曾莹　王晓华

作品名称： 太平湖湖滨艺术游览区景观规划设计

所在院校： 云南艺术学院

指导教师： 马琪

设计说明：

项目地位于弥勒市区东南角至东北角，直线距离弥勒市 9 公里。20 分钟车程，交通便利。同时，广昆高速和云桂高铁也是该区域交通的一个便利条件。

本次景观设计位置位于太平湖三区规划的一段滨水线，功能定位主要为湖滨艺术游览区。主要功能分区包括游客工作坊、花田景观区、亲水平台雕塑园、儿童乐园、游园、沙滩游玩区，同时辅助一些必要的公共基础设施和服务型建筑。该处湖滨游览区域的设计概念吸纳中国传统文化及山水绘画精神，摄取弥勒地域特色，结合太平湖场地环境和四季之美景，营建太平湖畔天光云影。天水一色的滨水景观设计风貌，而“曲径迷踪”中的“曲径”意为整块区域的游览线路，都尽量跟随地形和原本的路径布置。尽量保持其自然生态性，而在如此自然原生态的滨湖景观中游览让人感觉置身仙境，迷失其中，流连忘返，不忍离去，试图尽力探寻一种新型人与自然共同和谐相处的新型景观设计理念。

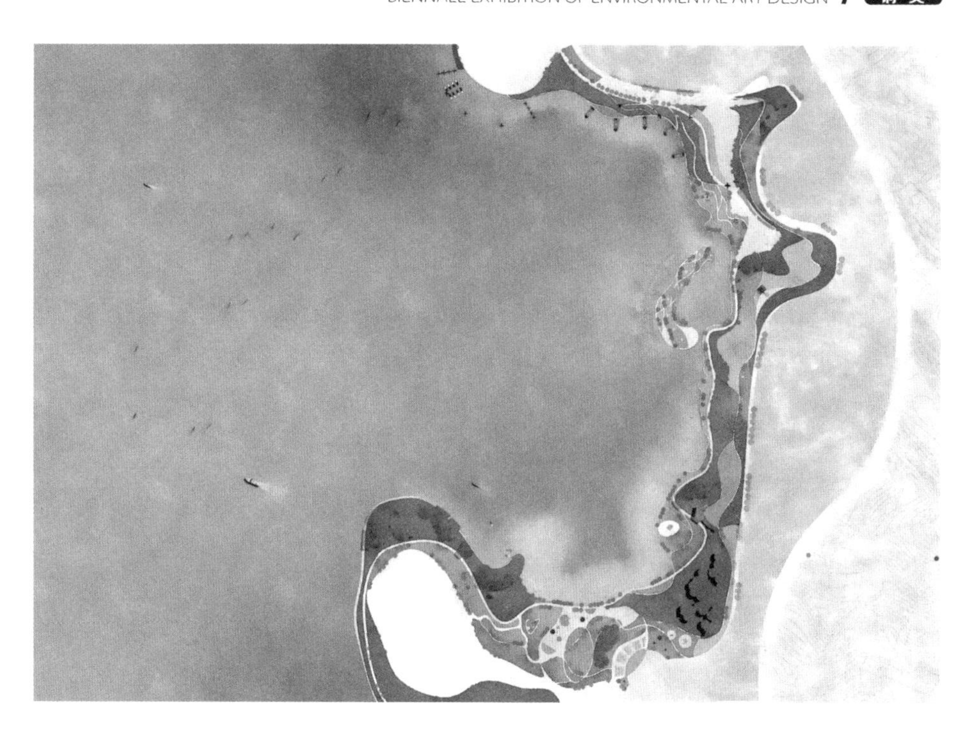

作　　者： 杨雅淇　刘弋莉　陆馨怡　李松俊　宋丽艳　王金秋　查丽桃　张玉良　赵志霖　张海

作品名称： 野生蛮长

所在院校： 云南艺术学院

指导教师： 杨霞　彭谌

设计说明：

宇宙无法更改，艺术却伴随力量与希望泛起涟漪，当不同的艺术汇聚一起，就会彰显出无限魅力，而魅力的形成源自各艺术陨石的分布。

该项目“野生蛮长——弥勒东风韵文化艺术园”则以艺术商业区为中心轴带向两边分散，主要以艺术展示区为主，横向延伸到艺术交流区，纵向延伸至艺术生活区，各景观节点则以点状形式散布于各个片区之中，环环相扣，主次分明。景观视线主要根据人流走向，辐射到各个景观节点，同样沿中心轴带呈横向层层深入到各大片区中。在整个规划设计中，始终遵循“折·造型之韵，言·野性之感”的原则，使得至园内之人，身心饱受艺术的熏陶。生活因艺术交融而美妙，生命因色彩装点而夺目。

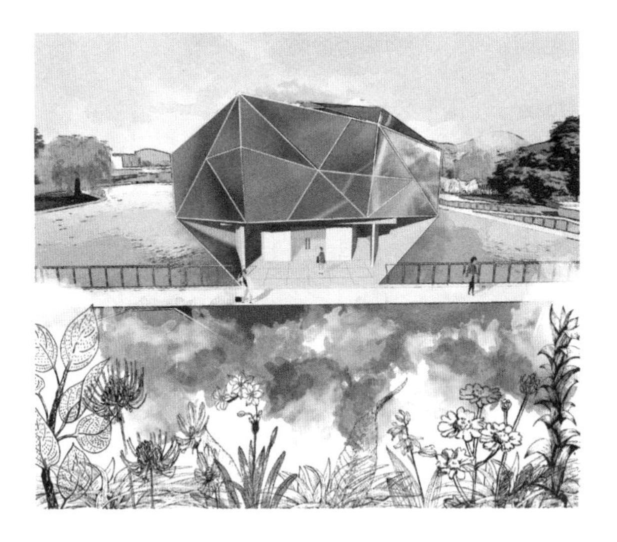

作　　者： 梁杰　黄寿屏

作品名称： 耕耘丨树艺

所在院校： 广西艺术学院

指导教师： 莫媛媛　黄一鸿

设计说明：

以农业文化展示为主题，传承农业文化和教育科普，打造文化休闲空间，提升生活品质的同时促进第三产业的发展，提升经济增长。项目主要以建筑与场地的空间改造、农业活动空间改造、水体问题处理三方面内容进行深入设计。设计以农耕文化为打造元素，建筑外形结合农作物与自然山形进行设计，增加与场地空间功能的互动性，增强记忆文化和科普教育。农田的设计以当地农业历史变迁的特色农作物为设计主题，体现时代变迁感，增加农田耕种的参与性，让游客与自然有更进一步的互动，提升场地活力。水体的自然驳岸和人工驳岸相互穿插设计，整体以阶梯式的设计方法，人工调节水位变化使得水体保持在一定的水位，增加水体景观、亲水空间，从而聚集人流，活化整个场地。

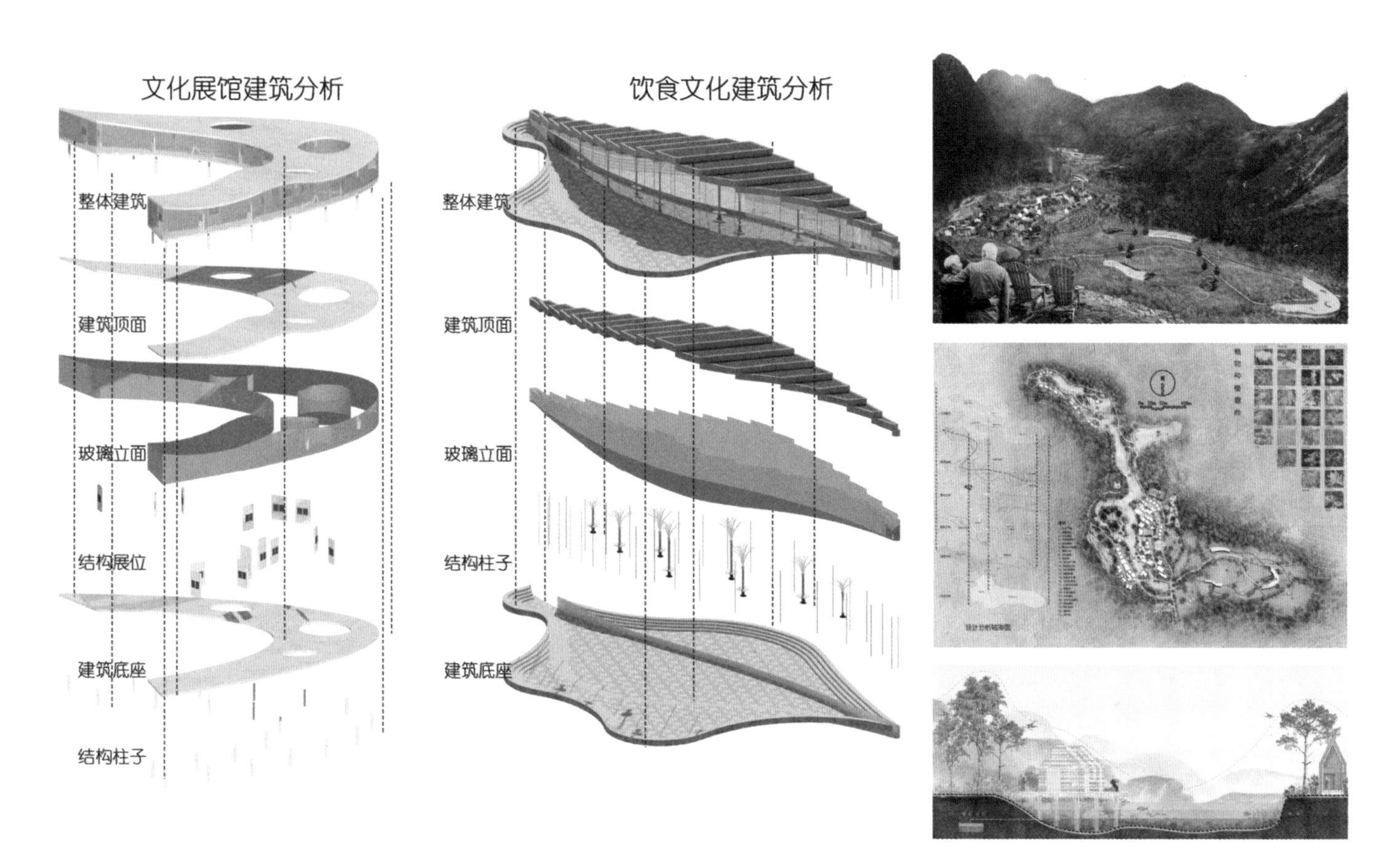
文化展馆建筑分析
整体建筑
建筑顶面
玻璃立面
结构展位
建筑底座
结构柱子
饮食文化建筑分析
整体建筑
建筑顶面
玻璃立面
结构柱子
建筑底座

作　　者： 彭英颇　蒙金钊　张珂玮

作品名称： 栖于壮乡

所在院校： 广西艺术学院

指导教师： 莫媛媛　黄一鸿

设计说明：

乡村空间作为乡村最关键的一道风景线，是乡村改造中必不可少的重要一环。为了打造美丽乡村建设，围绕乡村民宿建设，发展旅游业。本次课题以广西百色市田阳县五村镇巴某村加旭屯为设计改造对象进行景观改造设计。本设计以“栖于壮乡”为主题，“山环壮乡，水绕稻香”为策略，延续文脉、提取山形、水形元素，结合当地人文还原乡土，以生态循环、自我更新、融入产业、互为支撑为改造原则，以乡村旅游和林下养殖经济、林下作物经济为基础，以壮乡体验、农业观光产业为特色和驱动，以融合农业休闲、亲自体验和乡村食宿服务为一体建设风景体验园。美丽乡村建设从实际出发，因地制宜，重点放在基础设施建设上，匠心独运地保留传承，体现出社会主义新农村的前进方向。

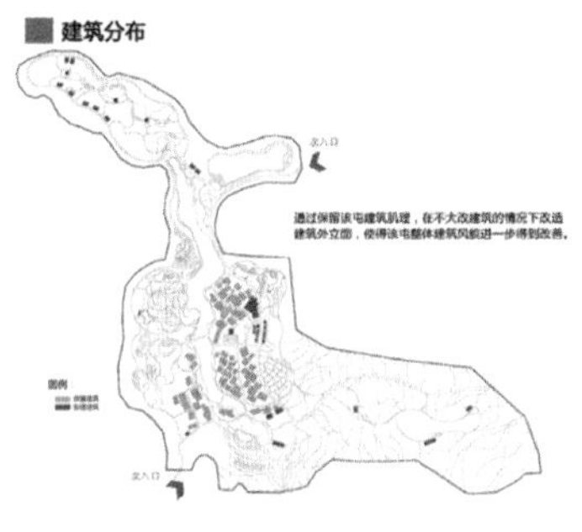
建筑分布
通过保留该屯建筑肌理，在不大改建筑的情况下改造建筑外立面，使得该屯整体建筑风貌进一步得到改善。

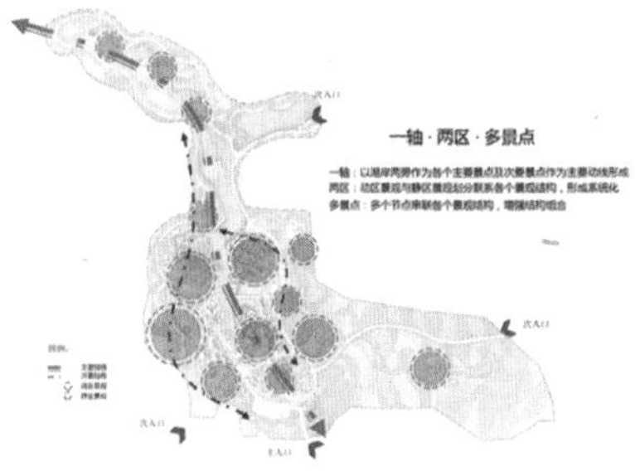
景观结构
一轴 · 两区 · 多景点

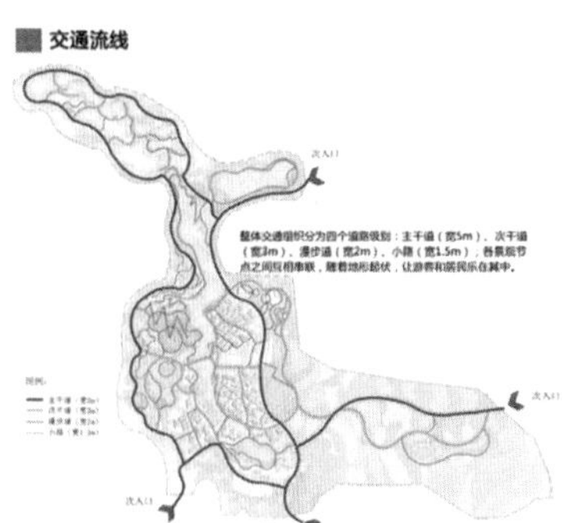
交通流线
整体交通组织分为四个道路级别：主干道（宽5m）、次干道（宽3m）、漫步道（宽2m）、小路（宽1.5m），各景观节点之间相互串联，随着地形起伏，让游客和居民乐在其中。

种植区 8000
人行道 3000
九曲花径 31500
栈道 5500
河岸景观 32000
栈道 7500
村民居住区、儿童游乐区 113000

作　　者： 王冠英

作品名称： "重拾芳华"——成都钢管厂三区适老性环境更新设计

所在院校： 四川大学

指导教师： 周炯焱

设计说明：

钢管厂三区的改造主题为"重拾芳华"，在使钢管厂三区满足养老和多代共享功能的基础上，将能够唤起时代记忆、集体记忆的元素运用到空间设计之中，使老年人在良好的社区环境内找到精神归属，重拾青春芳华。

整个社区规划主要分为休息交流、精神文化、集体活动、健身运动和代际互动五大功能模块，每一功能模块下又有相对应的景观节点。因老年人易有孤独感、失落感，充分考虑老年人的交往与交流，从单位社区老年人的交往习惯和行为特征入手，在入口、单元门口的中庭空间营造邻里交往空间，并提供老年人休息、交谈的场所。随着老年人身体机能不断下降，根据问卷调查发现散步是社区内老年人选择最多的锻炼方式，因此在 1 号楼和 2 号楼之间的公共场地设置慢行步道为老年人提供休闲散步的场所，以达到康体健身的效果。根据老年人喜爱农业的特点，设置参与型种植空间和农场种植塔楼，增强老年人的体验感。在社区较大的公共区域内营造精神文化空间与代际互动空间，将两种空间融合在一起，满足亲子互动的同时唤醒多代人的回忆，以此作为整个社区的空间重心。

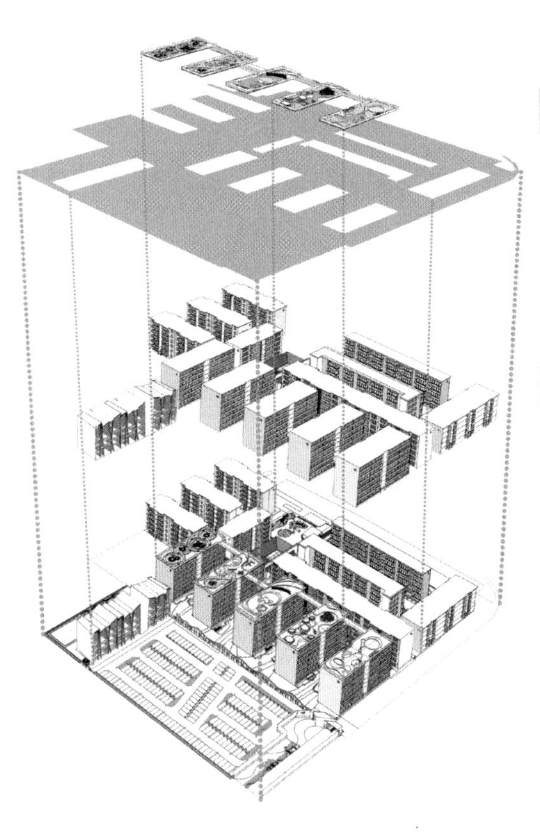

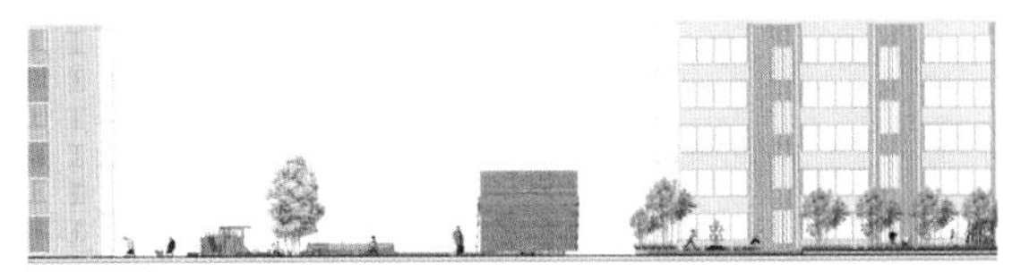

代际活动区+公益放映点+1-2栋间中庭空间立面图

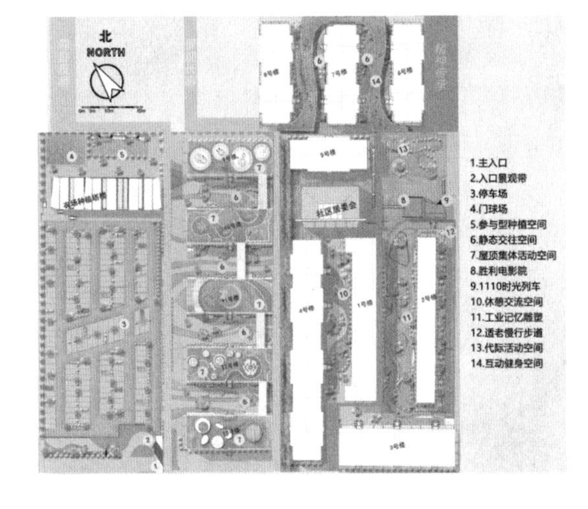

作　　者： 孙旖旎　唐瑭　王兴琳　肖洒　廖素冰

作品名称： “文化与传承·一桥一故事”——四川遂宁桥梁主题设计

所在院校： 四川美术学院

指导教师： 龙国跃

设计说明：

蜀韵桥：以传统竹元素作为出发点，用竹子的形态使桥的观赏性与功能性得到满足。用传统竹子造型与现代钢材料结合，突出了传统文化与现代风貌的交融与碰撞，启发人们在视觉上联想相思的文化体验。

观音桥：以观音文化为设计元素来打造观音桥。外形设计上以莲花及观音瓶的形态为设计语言，形成四组文雅的屏风，与观音文化街形成呼应。

百福桥：设计灵感来源于中国传统新年福字中国结，四方体的立面采用窗花雕刻花纹装饰，着力打造一个“百福博物馆”。

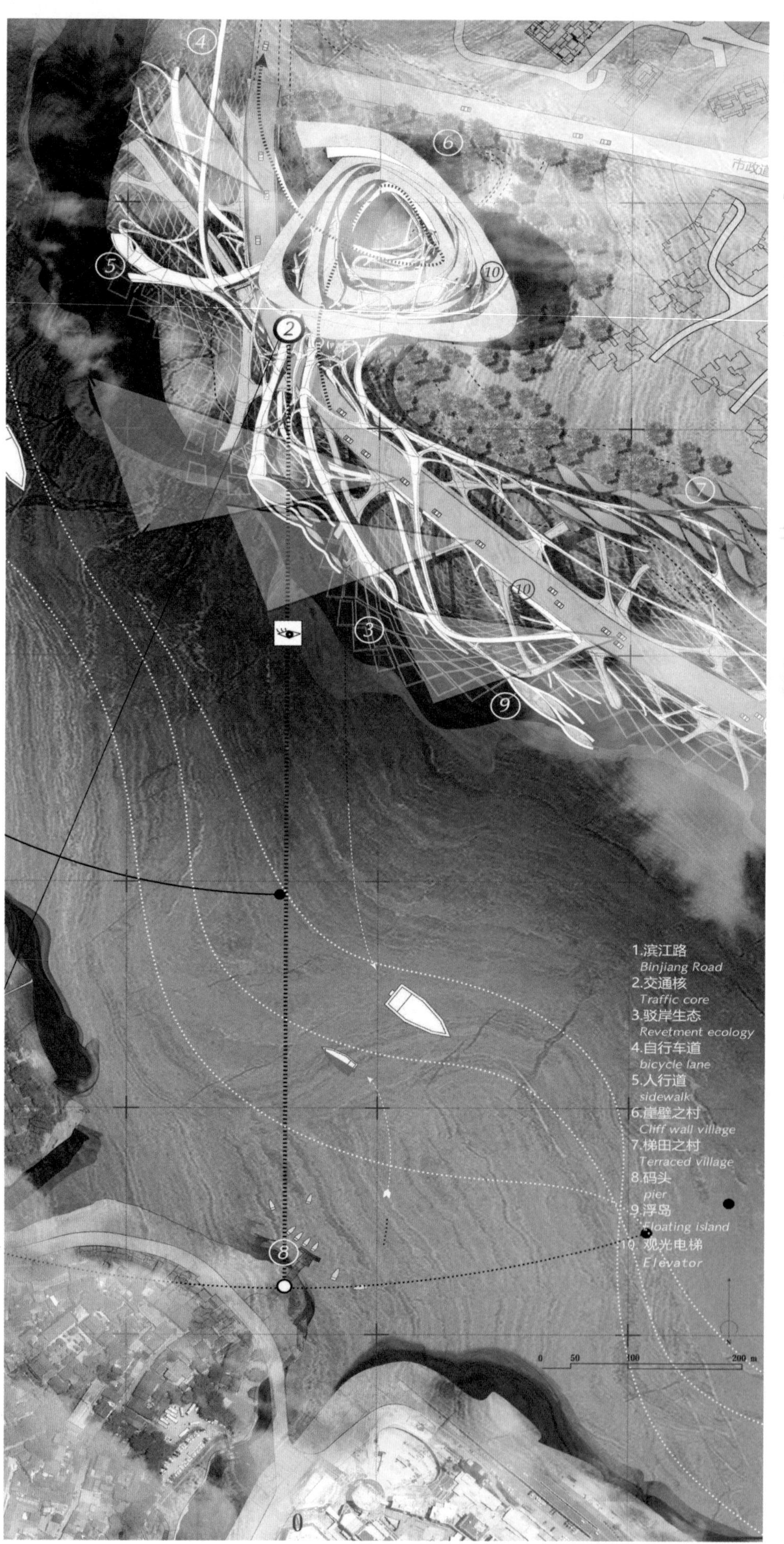
1.滨江路
Binjiang Road
2.交通核
Traffic core
3.驳岸生态
Revetment ecology
4.自行车道
bicycle lane
5.人行道
sidewalk
6.崖壁之村
Cliff wall village
7.梯田之村
Terraced village
8.码头
pier
9.浮岛
Floating island
10.观光电梯
Elevator
0
50
100
200 m

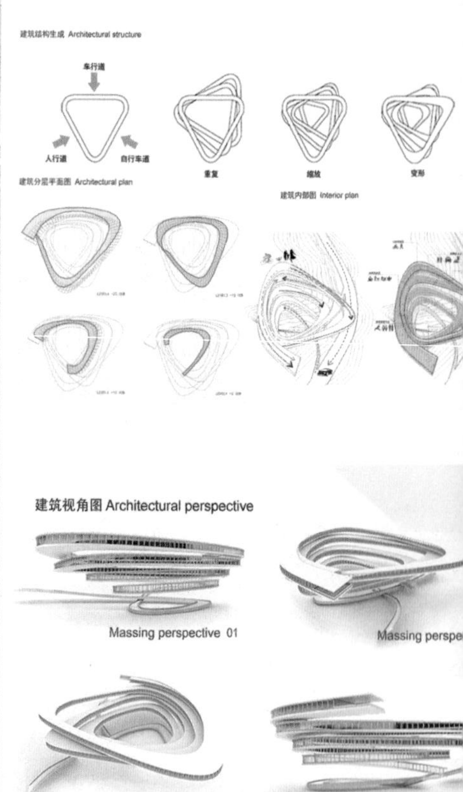
建筑结构生成 Architectural structure
车行道
人行道
自行车道
建筑分层平面图 Architectural plan
建筑内部图 Interior plan
建筑视角图 Architectural perspective
Massing perspective 01
Massing perspe
Massing perspective 03
Massing perspe

作　　者：张方舟　王雪凌　罗紫月

作品名称：根脉2049

所在院校：四川美术学院

指导教师：韦爽真

设计说明：

1. 选题理由

把表达人与城市、人与自然、人与人的密切关系作为目标，通过选址城市中的山地、滨水空间，研究其场所特征、情感营造、空间感知、驳岸形态等要素，重构城市珍贵的自然驳岸环境，满足城市生态、人文、活力的需求。

2. 创作/设计内容

以重庆黄桷树的“根”为设计定位，从文化属性、形态属性上建立场所意象，通过对滨水空间慢行环境的交通动线梳理、人文多元交互、功能植入更新、自然生态驳岸再造等策略方法，塑造一个体验性丰富的城市滨江景观长廊。

3. 表现形式

总体设计价值体现中的重点在于激发亲水活力的滨江慢行系统，使之更具有：

体验性，山地城市中的滨水场域特征，强化人与山、水、城的空间交互体验，凸显独有的城市滨水特色。

共享性，集交通、商业、文创、生态为一体混合杂糅，将共享的理念确立为创作的价值核心。

生态性，将山地滨水的自然风貌与地表特征为创作的基底，以黄桷树的根系生长精神与形态，重构城市滨水生态意象。

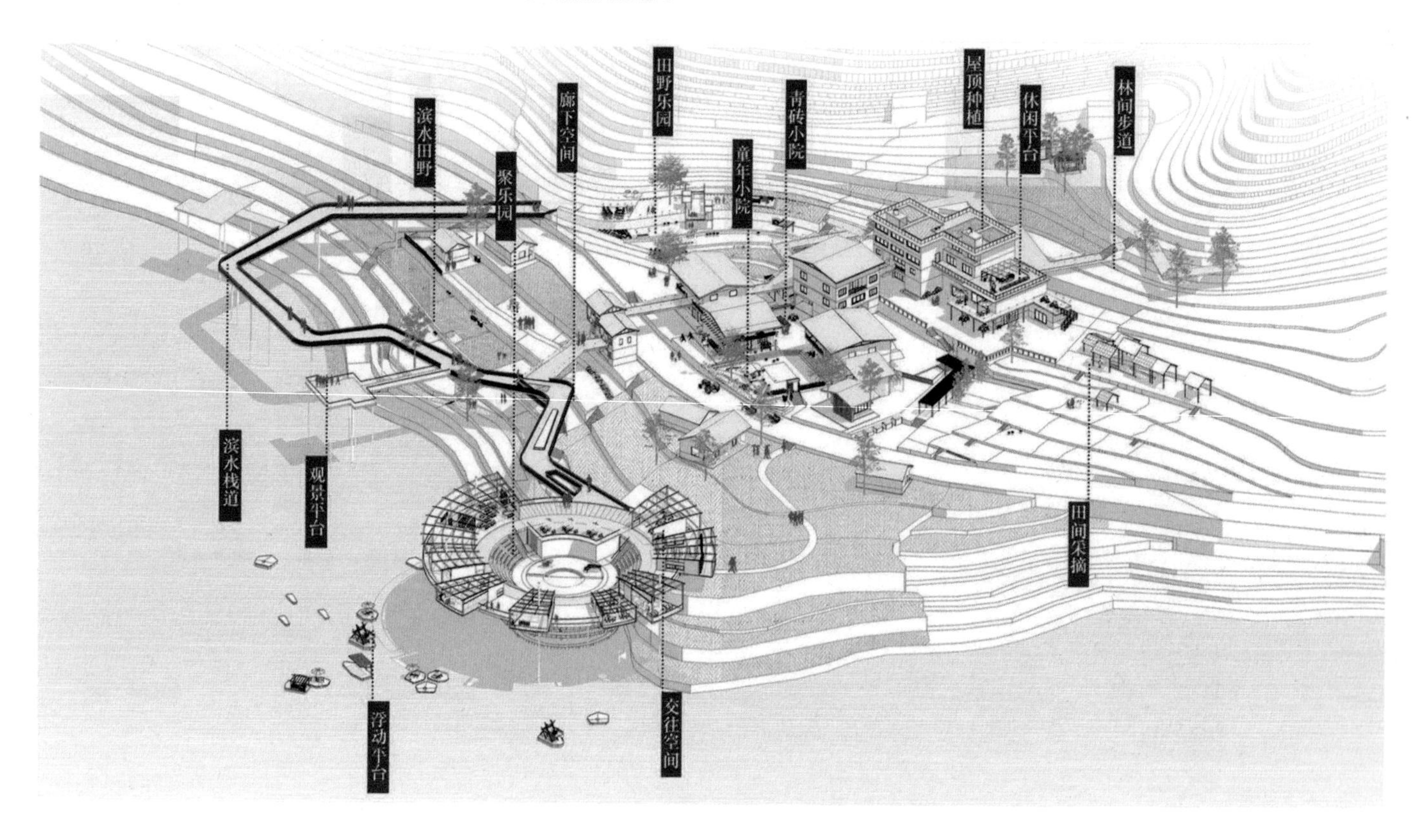

作　　者：梁倩　雷丽

作品名称：乌托邦日记——石柱县中益乡"适应退休生活"的乡村户外景观改造设计

所在院校：四川美术学院

指导教师：赵宇

设计说明：

希望通过我们的设计，老年人可以在乡村创造属于他们的人生价值。通过塑造景观，把老人的故事与想法转化成场景，并在有限的场景内，通过景观讲故事，与老人一起创造属于自己的理想园。在这里，一次次有意义的体验，一个个满脸笑意的老人，便是这片乐土的证明。

他们喊着不服衰老的宣言，这是对生活、对未来的向往和追求，也是对青春活力的召唤。

通过对老年人户外行为以及乡村户外活动空间的研究与设计，为适龄的、仍处于身体与精神层面较为健康老龄人群（男性60岁/女性55岁–75岁之间）创造一个属于自己的理想园。

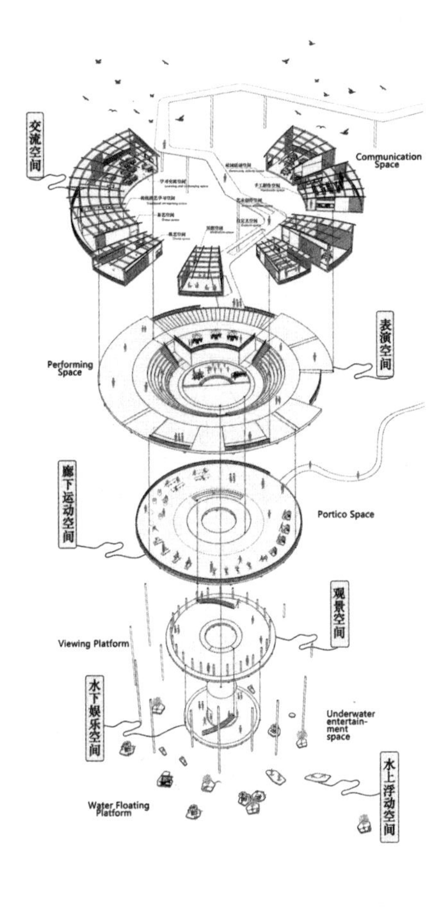
交流空间
Communication Space
表演空间
Performing Space
廊下运动空间
Portico Space
观景空间
Viewing Platform
水下娱乐空间
Underwater entertainment space
水上浮动空间
Water Floating Platform

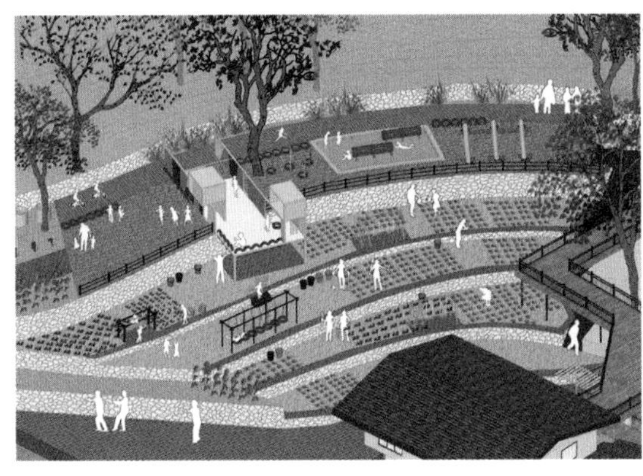

A-A 剖面图

1-1 立面图
聚乐园
居乐园

作　　者： 孙旖旎　唐瑭　夏瑞晗　秦涵钰　王子豪

作品名称： 渝韵江风 · 行桥之路 —— 重庆江北市政人行天桥景观照明设计

所在院校： 四川美术学院

指导教师： 龙国跃　张倩

设计说明：

本次方案是江北区路线一（嘉陵江大桥北桥头 —— 建新南路、建新北路至渝通宾馆沿线），路线二（渝澳大桥北桥头 —— 渝澳大道沿线）及观音桥沿线隧道的概念设计方案。天桥方案以 LED 灯、钢结构及漆作为设计的主要材料。通过 LED 灯的运用把江北区的城市文化和空间形态重新塑造，灯光与江北文化融合，行人与空间互动、体验，从而形成城市文化的新窗口。钢结构有材质轻、刚韧性强、可塑性高、易于施工等特点，为桥梁不同的空间造型提供了可能。漆的色彩不仅丰富了空间效果，同时具备防腐、防蚀、耐用的优点。本方案丰富了江北区道路沿线的形态，提升了江北区城市的品质。时尚、现代的特色桥梁景观形态彰显了城市的无限活力。

作　　者： 赵砚博　冯宇航

作品名称： 云峦记——华蓥山矿业遗址生态公园概念设计

所在院校： 四川美术学院

指导教师： 黄红春

设计说明：

"云峦记"，指设计似云霞、环境为山峦、体验如游记。"云峦记"主题为"希望的山峦，发展的源泉"（Mountain of Hope,Productivity for HuaYing），旨在展现在国家科学发展观的指引下，华蓥市坚持"工业城，旅游市"的战略定位，有效利用环境优势，保障自然生态平衡，以及未来将华蓥山建设成为国家级旅游示范区的展望。"山峦"暗指华蓥山，石华蓥"红岩精神"、"工业辉煌"和"旅游文化"的发源地，是华蓥未来的发展之源。"希望"是期待与展望。"发展的源泉"则揭示了自然生态环境与城市的政治、经济、文化发展间的密切关系。游线设计结合主题，提取自然的云气和泉水的动态形式、矿山的工业运输通道运行方式以及中国古典园林路径"错综参差，曲折回环"的布置方式，结合现代设计思潮，将"环境、设计、艺术"的概念和圆、云霞、烟气、清泉、轨道的元素融入设计，创造出具有特征性的游线形态，如同希望山峦间的一片云霞（彩霞）。

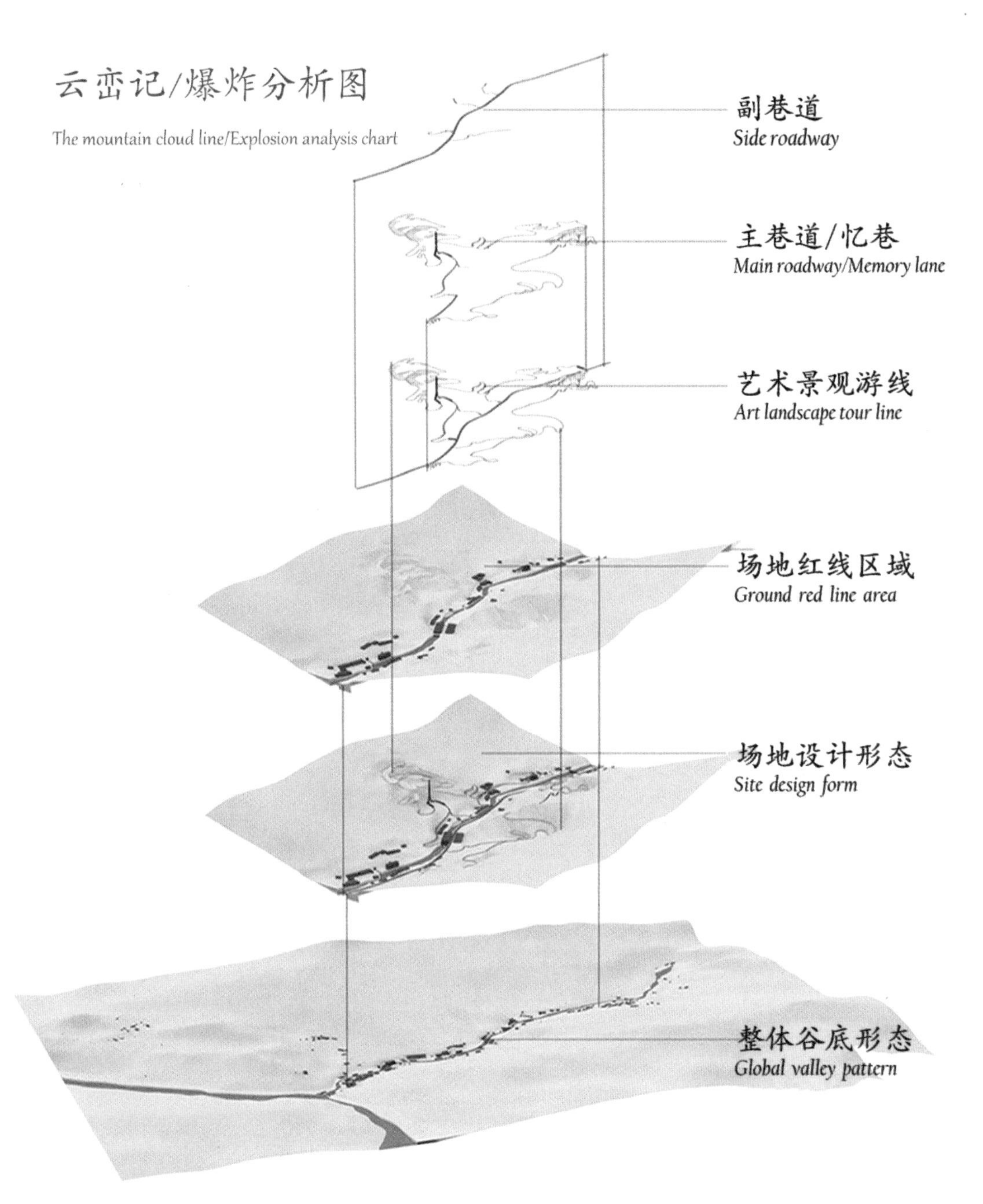
云峦记/爆炸分析图
The mountain cloud line/Explosion analysis chart
副巷道
Side roadway
主巷道/忆巷
Main roadway/Memory lane
艺术景观游线
Art landscape tour line
场地红线区域
Ground red line area
场地设计形态
Site design form
整体谷底形态
Global valley pattern

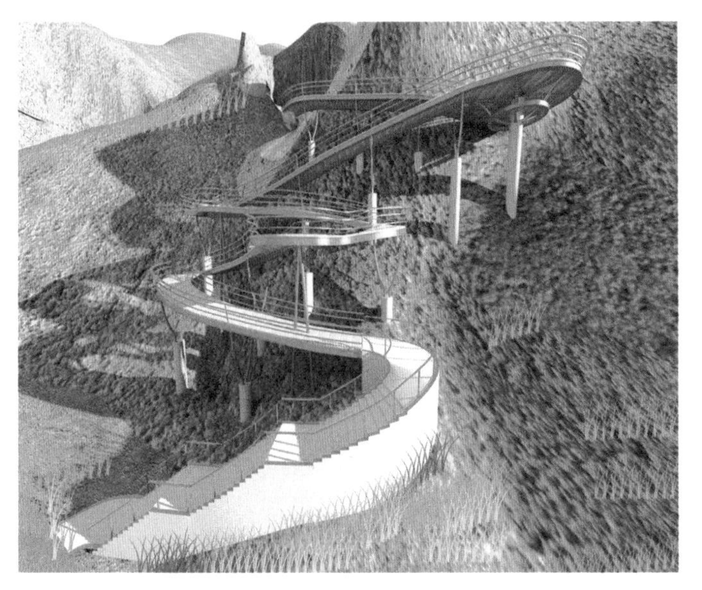

明月出天山，
苍茫云海间。
长风几万里，
吹度玉门关。
天水传统民俗街区
这里有个下沉广场呢！我们要不要下去看看！听说晚上还有活动呢！
嘿！这里还有个大草坪空间！快上来坐会儿！
听说昨天这里有舞狮表演耶！不知道今天还会不会有呢！

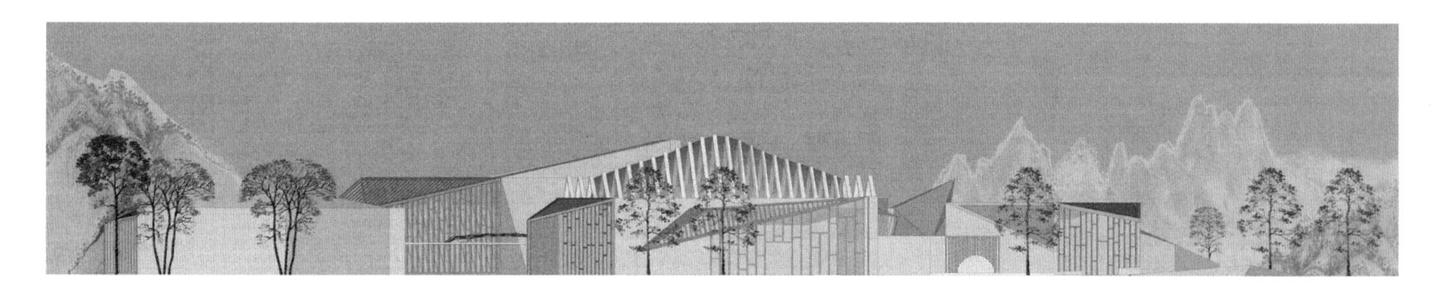

作　　者：刘子晨　魏欣冉　王佳祯

作品名称："如见天水"传统民俗街区设计

所在院校：西安理工大学

指导教师：苏义鼎

设计说明：

在生态设计上，注重乡村特色文化的保护与激活，将其作为品牌特色的重要组成部分加以宣传，同时完善乡村基础设施建设，整合内部以及周边产业。

抓住丝绸之路政策机遇，完善乡村整体设施建设，构建乡村特色文化旅游，整合乡村特色产业，形成完整的产业链，打响品牌特色，扩大品牌效应。

作　　者：石军军　曹新月

作品名称：“时光逆旅”纪念空间的叙事性表达

所在院校：西安理工大学

指导教师：乔治

设计说明：

张学良公馆作为“西安事变”旧址，它的现实发展与历史文化之间存在矛盾与冲突，场地历史文化特色连续遭遇困境。在此次设计中，立足于“西安事变”张学良旧址叙事，将精神文化转化为景观语言，构建空间话语。通过建立叙事性景观，重塑精神文化，并进一步放大精神文化，建立较为成熟的爱国主义教育基地，让场地历史文化得以保留和延续。

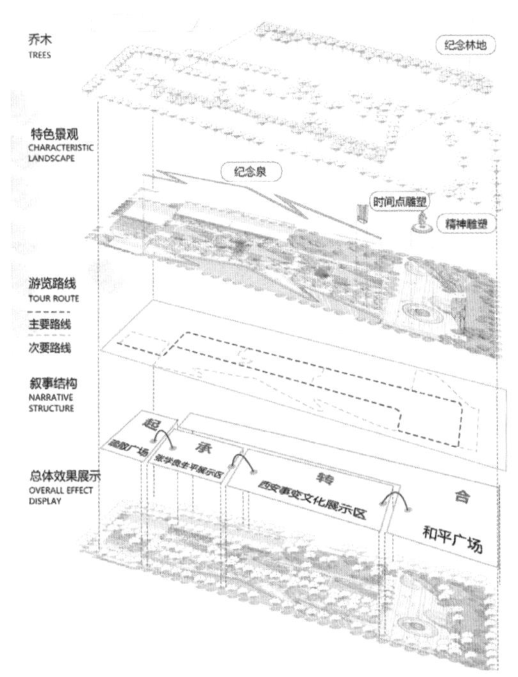

SITE SPATIAL ANALYSIS场地空间分析

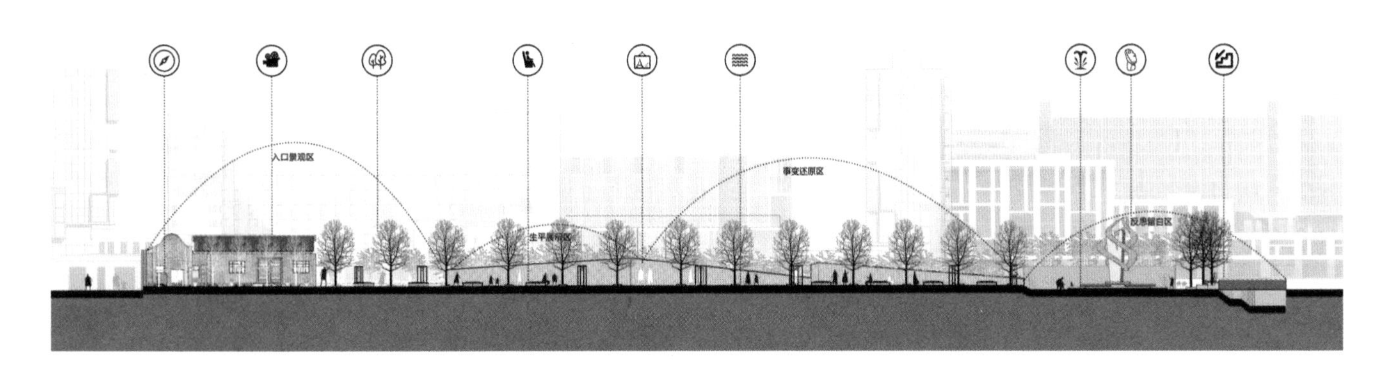

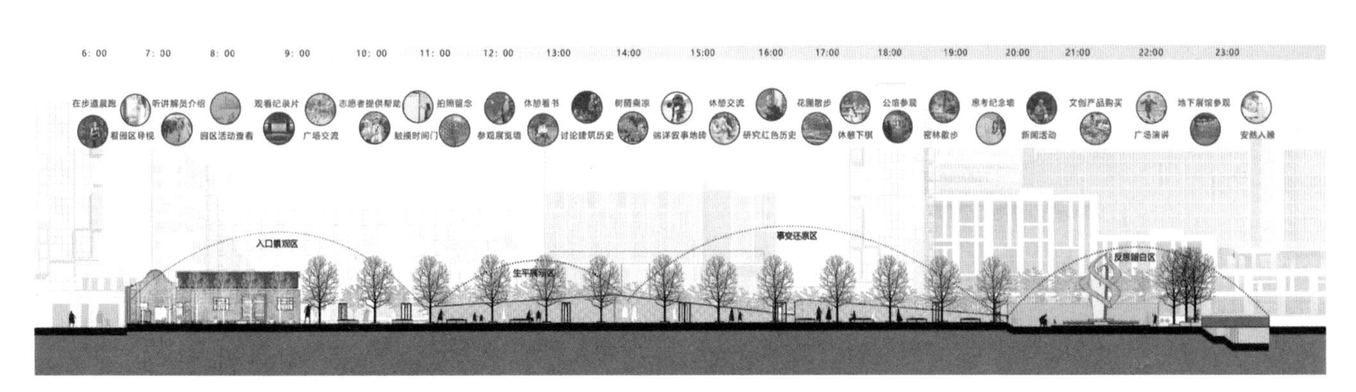

作　　者： 吴雨泽

作品名称： 走失的“记忆”——基于微更新理念下的社区公共空间改造

所在院校： 西安理工大学

指导教师： 黄君怡

设计说明：

随着社会环境的快速发展，人们也开始了所谓“背井离乡”的生活，记忆也被蒙上了时间的痕迹，此次设计以找寻记忆为主线，以空间记忆（对老村庄社区记忆的回忆，爷爷讲给我的故事，我也可以讲给我的孩子），岁月记忆（不同年龄段人对社区空间的需求），感受记忆（社区环境的营造）三个方面为链接，旨在这个人际交往相对淡漠的时代，能唤醒人们那份对记忆的渴望与追求。

休闲娱乐
半墙
多功能活动空间
框景
展览
座椅

作　　者：侯燕玉　蔡丽云　李智飞

作品名称："深呼吸"——基于疗愈景观理念下的山地景观初探

所在院校：西安美术学院

指导教师：金萍　海继平　王娟　李建勇

设计说明：

建设美丽乡村不仅是满足农村居民的生活需求，也是满足都市居民的精神需求，更是满足整个社会的生态需求。现代都市人群每天生活在钢筋水泥的城市之中，过着紧张焦虑的生活，压力得不到有效释放，心理隐疾愈加严重。心理问题间接导致身体亚健康甚至不健康。

美国19世纪下半叶最著名的规划师和景观设计师奥姆斯特德认为："观看自然景色能使都市居民放松身心，解除都市生活压力，并对情绪以及生理的状态有益处。"

青中村位于陕西省安康市紫阳县城关镇，是一个深度贫困村。当地民风淳朴，气候温和，森林资源丰富。基于地势高差显著、山路曲折多变，本次设计从青中村山间乡道入手，将疗愈景观理念、森林康养理念、幸福生活理念三者相结合，采用行走疗法创意设计，改善人居环境，为青中村营造一个具有疗愈功效，能舒缓压力、放松身心、感悟生命的绿色山地景观系统。

享路线
憩路线
心情 活动 视线
森林行跑路线
木探险路线

作　　者：李佩垚　朱志浩　刘骕　刘航

作品名称：待到山花烂漫时——延安枣园生土景观体验示范区环境设计

所在院校：西安美术学院

指导教师：郭贝贝

设计说明：

本次毕业设计作品约为10公顷的生土景观体验示范区的环境设计，大部分为生土美术展示区、生土餐饮区、生土文化住宿区、滨水景观区、山丹丹花培育采摘区。整体场地呈细长流线型，位于两山体之间，有天然的湖泊及传统窑洞。场地整体自然条件较为优越，为我们的设计提供了便利。构思中吸取了延安窑洞的拱形元素，在景观和建筑设计时，主要利用拱形和倒圆角元素进行推敲和演变。在景观设计中，将现代园林和传统园林造景手法相结合，打造怡人舒适的滨水景观带。在建筑设计中采用夯土材质和木结构结合使得整个建筑外形既有疏密关系，又有虚实对比。将传统与现代、科技与艺术相结合，使得我们的设计更贴切主题——以人为本，打造低碳、环保、可持续发展的设计。

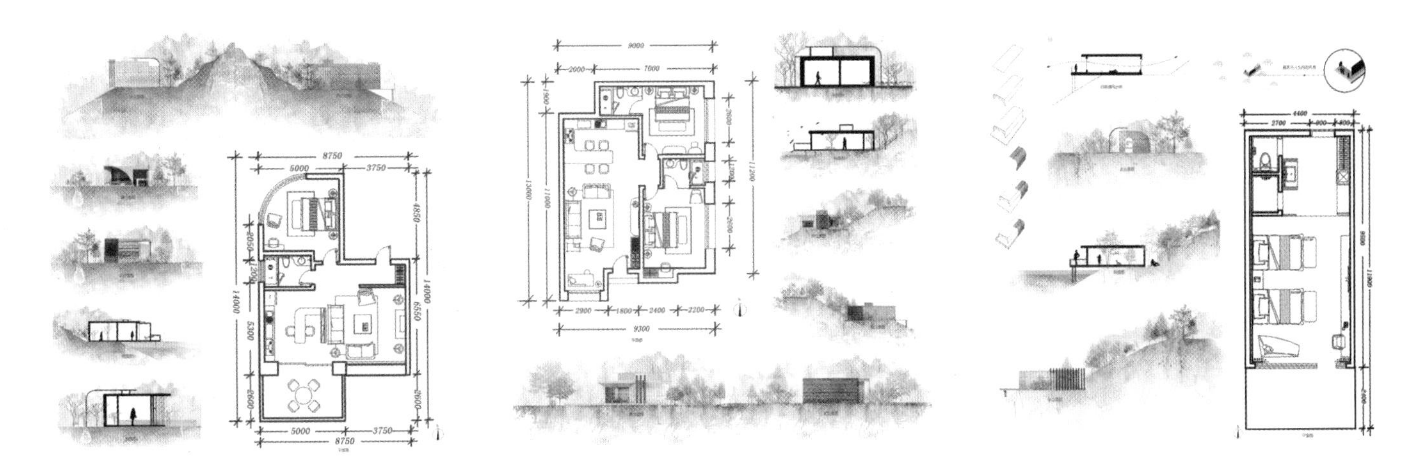

作　　者： 王灵　于一凡　居雯静

作品名称： 唤古听今——安康市紫阳县焕古镇保护计划

所在院校： 西安美术学院

指导教师： 海继平　王娟　李建勇　金萍

设计说明：

“唤古听今”，是对焕古镇已经丢失的历史文脉的追寻和唤醒，传承与更新，设计更从景观的角度开启了一场“寻根”之旅，帮助原住民找寻丢失的文化记忆。

设计不仅仅单从设计本身去涉入，更延续重建了千年的历史、文脉、礼俗等。

一个村落的文化传统、礼仪民俗由当地百姓共同创造，设计尊重了村民，积极表达了村民的意愿，顺应村民的日常生活习惯。焕醒古镇保护计划，以围绕“贡茶古镇，仙居焕古”为目标，注重历史记忆和文化传统的结合，全力构建一廊三区的格局，维护古镇遗韵，做到修旧如旧，同时利用现代工工艺装置，造景还原。

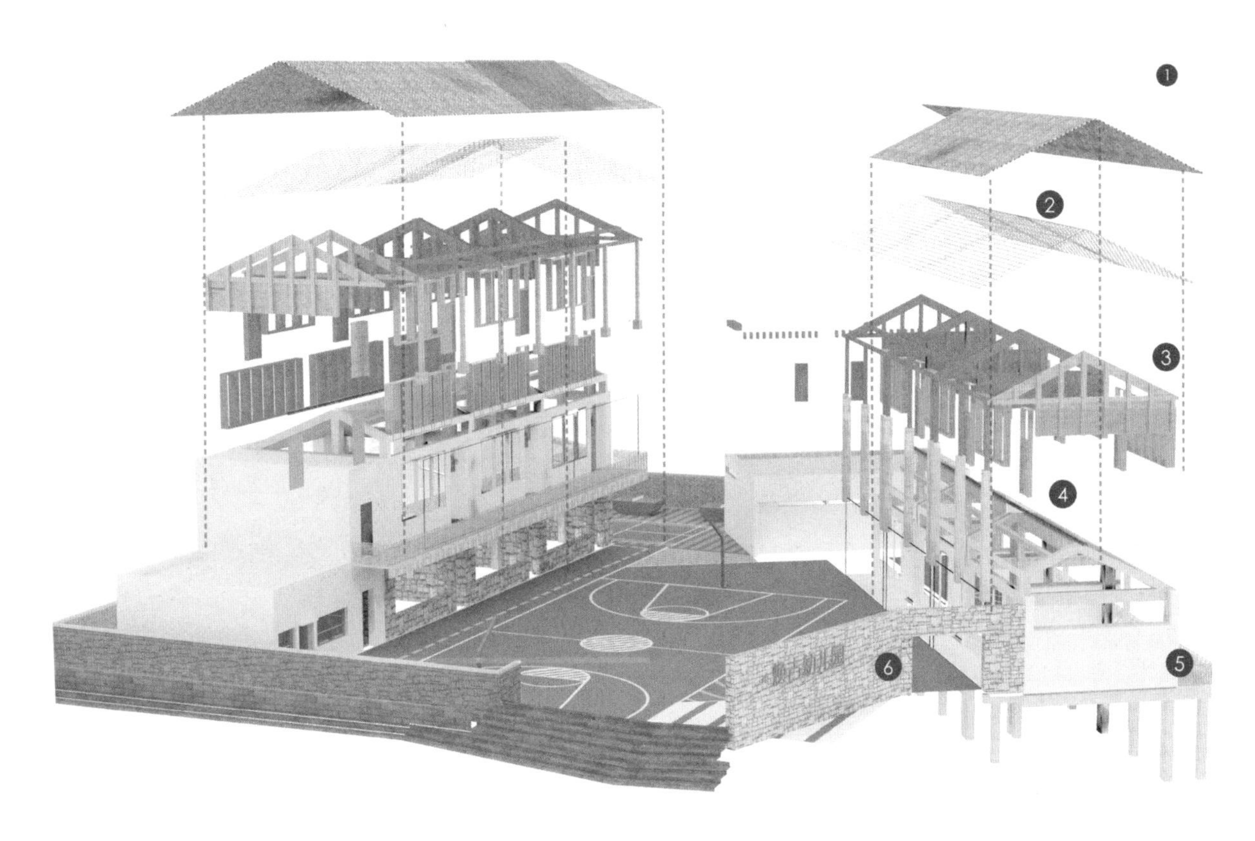
1
2
3
4
5
6

作　　者： 解颜琳

作品名称： 脉·落共生平台——福建省福州市台江区高架景观概念设计

所在院校： 西安美术学院

指导教师： 孙鸣春　余玲

设计说明：

该高架景观设计位于中国的福建省福州市台江区，台江区人口和车辆密集，商业繁华。而闽江大桥是南北交通的重要交通干线之一，是一条重要的交通枢纽和交通运输线，这些因素就使得我们在闽江大桥的正西方确定用地。设计中我们采用大量植物优化环境，来缓解热岛效应，降低二氧化碳污染。设计中采用几何拼接的形式呈现，主要展现一种现代化的构成感，强调“简单、野性、慢、静”。环境给人清新秀丽又心旷神怡的感觉。该设计建立了区域与区域之间的联系，创造了一种审视城市的新视角，通过空中步道带来独特的城市体验，为人们提供不一样的文化、运动、休闲等服务体验，深入城市的同时又远离城市。作为创新与可持续性的设计，它向人们证明了景观对城市生活质量带来的巨大改变。

天仙子 哈达铺整编
哈達整編師指北，海東根札先行覓。
同心全力志丹謀。英勇魄，陝甘集。
一片蘇區光熠熠。——海塘邊人

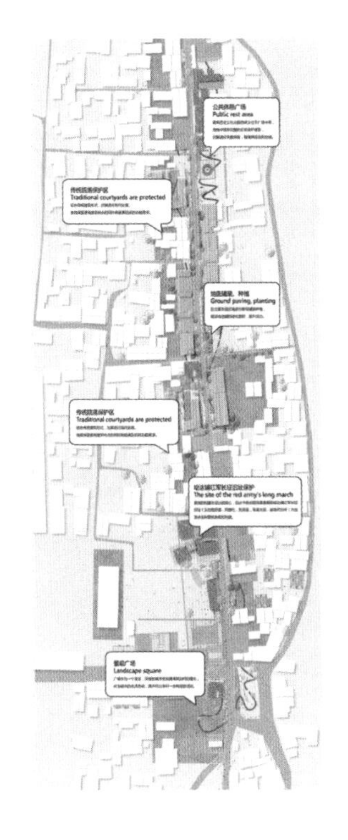

作　　者： 吴奕璇　张靓　杨依睿　张帅

作品名称： 闪闪红星——哈达铺长征历史文化街区景观改造设计

所在院校： 西安美术学院

指导教师： 乔怡青

设计说明：

对哈达铺长征街进行改造时我们重新梳理历史对文化主题进行提取和历史风貌营造，建筑与文化共同“觉醒”。基于历史老街区新的社会功能挖掘特色，使用文化植入的方式，进行功能规划，设计主题文化体验，活化场地，并借助文化产品来活跃市场需求。不过度的现代商业化，从细节上的街道铺砖与路灯等基础设施上体现，最大程度地回归历史街区的昔日风情。

作　　者： 左洵　吴浩平　潘一楠　吴韵琴

作品名称： 微世大美 —— 西安下马陵传统社区微更新改造

所在院校： 西安美术学院

指导教师： 李媛

设计说明：

本项目为对位于陕西省西安市碑林区的下马陵地区进行的一系列更新设计。通过对该场地为期半年的调研，在足够了解该场地的情况下，对其场地进行“自下而上”的人性化设计。通过原有场地提升设计、前瞻创新设计、城市历史人文设计等设计手法，对其场地进行改造，旨在设计之后能够让该地区的居民们获得更多的幸福感和便捷性。

During the preliminary investigation of the site, it was found that the site had a large number of designs that were not humanized. Although public furniture is available, it cannot provide convenient and comfortable use for different users in different seasons and weather. In view of its problem, it has been promoted and improved.

During the preliminary investigation of the site, we found its characteristic community blackboard. But in the trend of The Times, the role of the blackboard is gradually declining. According to this problem, the blackboard design of its site was updated.

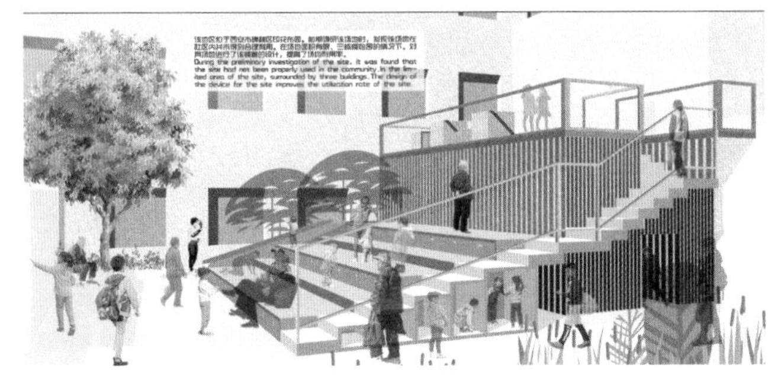
During the preliminary investigation of the site, it was found that the site had not been properly used in the community. In the limited area of the site, surrounded by three buildings. The design of the device for the site improves the utilization rate of the site.

When we investigated the site in the early stage, we found that the site was not fully and reasonably utilized and become a gray space. On the basis of this site, it further improves the vitality of the site by shaping its functional buildings and increasing its landscape.

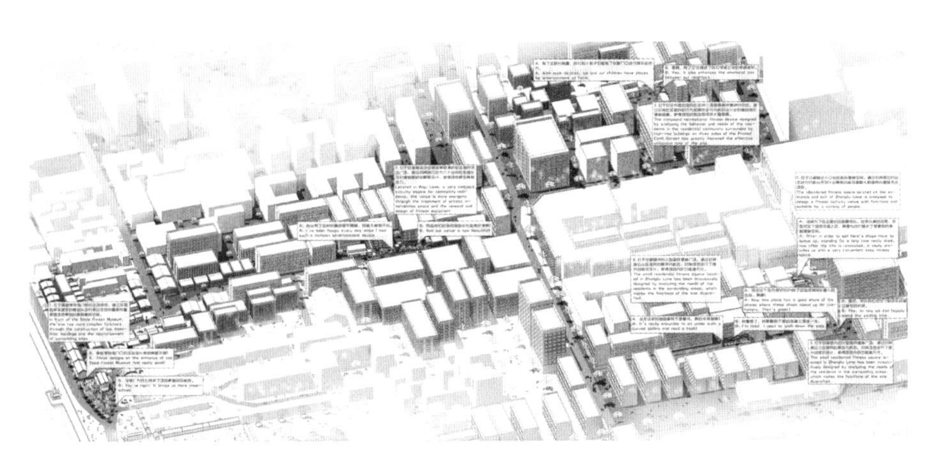

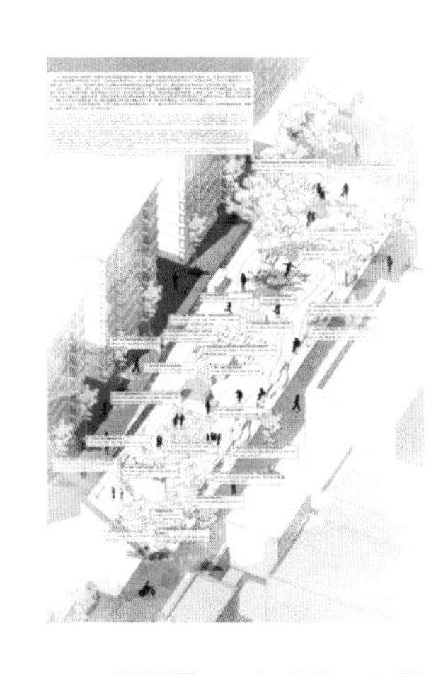

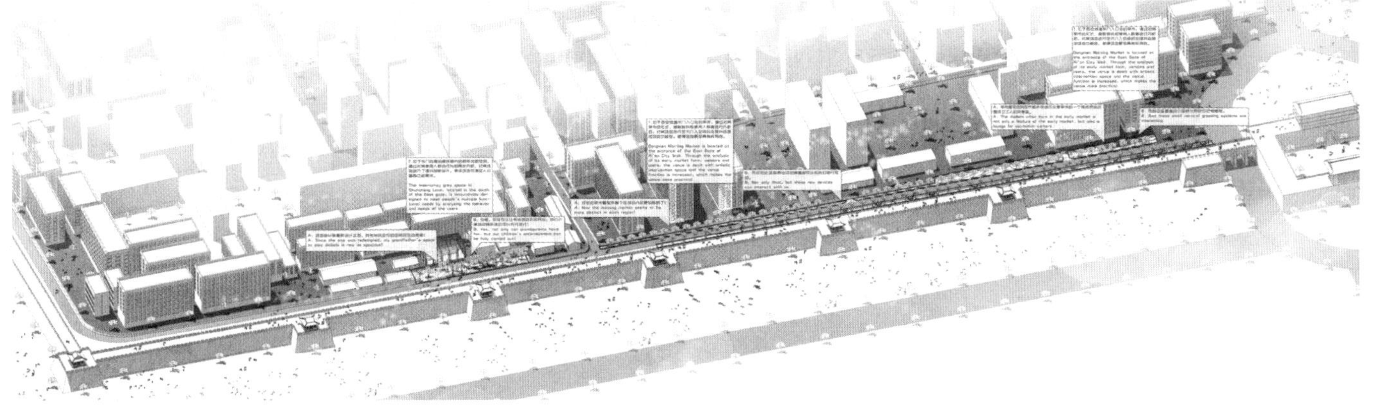

作　　者： 杨丰铭　王钦　马怡荷

作品名称： 新人居环境下基于城市高层间垂直空间再利用设计

所在院校： 西安美术学院

指导教师： 吴昊　华承军

设计说明：

该方案位于陕西咸阳市市中心的一个商业广场，周围是高楼大厦，为了充分利用空间使城市中心拥有更大面积的绿色活动场所，打破高层建筑对人的压迫，该方案摒弃了传统的大平面广场形式，在立面上创造了更加丰富的空间体系。空中廊桥允许人们从高层建筑直接进入绿地。

正门有一座雕塑，造型优美。值得一提的是，这座雕塑是用特殊材料制成的。人们可以在上面写下他们想说的话，过一段时间，这个标记就会消失。适合当地气候和土壤条件的植物种植在各级绿地上，与底层的植物不同，这些植物对景观的视觉影响更大，更像漂浮着的绿色岛屿。阶梯连接绿色空间之间的交通，不规则的阶梯扶手使穿梭空间不那么单调。与室内空间的楼梯不同，这些绿色空间的楼梯没有特别大的人流，因此休息平台可以用作人们欣赏的观景平台。从建筑大楼内开始，周围建筑的人们可以离开室内空间，穿过空中走廊桥，更方便、更有趣地到达绿地。广场上有许多小建筑，它们有不同的功能，如食堂、卫生间、精品店和礼品店，满足游客游览过程中的需求。小建筑外部玻璃窗的不规则形状使它们更加有趣和多彩，给室内带来了斑驳的光和影的效果。旋转楼梯连接两层绿地的交通，绿地上有一个视野开阔的小平台。

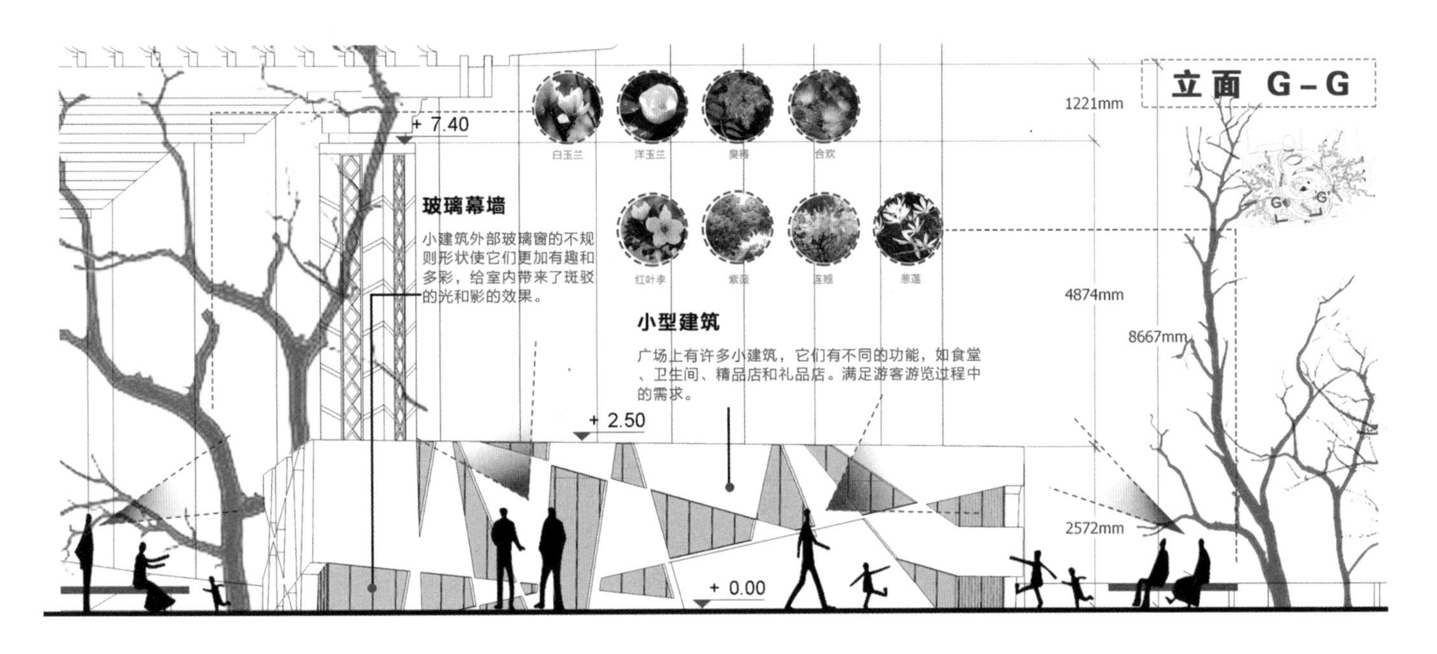
立面 G－G
+ 7.40
白玉兰
洋玉兰
臭椿
合欢
红叶李
紫薇
连翘
葱莲
玻璃幕墙
小建筑外部玻璃窗的不规则形状使它们更加有趣和多彩，给室内带来了斑驳的光和影的效果。
小型建筑
广场上有许多小建筑，它们有不同的功能，如食堂、卫生间、精品店和礼品店。满足游客游览过程中的需求。
+ 2.50
+ 0.00
1221mm
4874mm
8667mm
2572mm

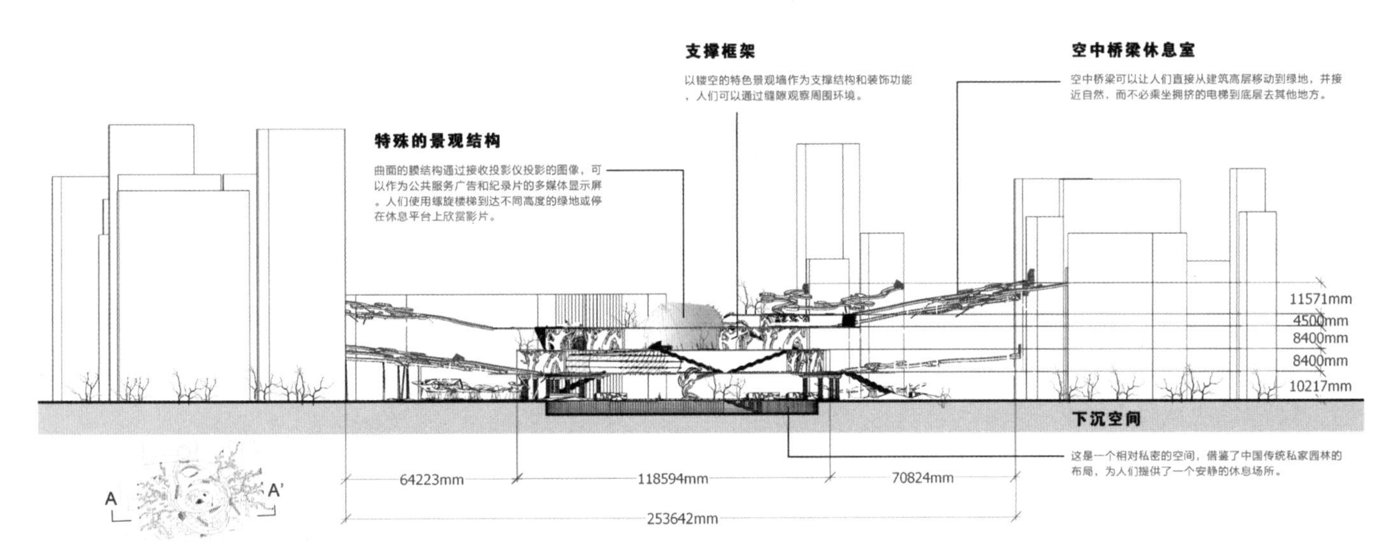
支撑框架
以镂空的特色景观墙作为支撑结构和装饰功能，人们可以通过缝隙观察周围环境。
空中桥梁休息室
空中桥梁可以让人们直接从建筑高层移动到绿地，并接近自然，而不必乘坐拥挤的电梯到底层去其他地方。
特殊的景观结构
曲面的膜结构通过接收投影仪投影的图像，可以作为公共服务广告和纪录片的多媒体显示屏。人们使用螺旋楼梯到达不同高度的绿地或停在休息平台上欣赏影片。
11571mm
4500mm
8400mm
8400mm
10217mm
下沉空间
这是一个相对私密的空间，借鉴了中国传统私家园林的布局，为人们提供了一个安静的休息场所。
A
A'
64223mm
118594mm
70824mm
253642mm

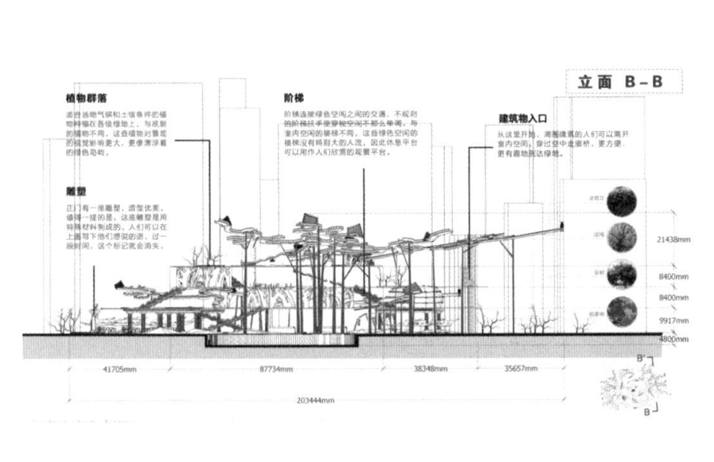
立面 B－B
植物群落
阶梯
阶梯连接绿色空间之间的交通，不规则的阶梯扶手使穿梭空间不那么单调。与室内空间的楼梯不同，这些绿色空间的楼梯没有特别大的人流，因此休息平台可以用作人们欣赏的观景平台。
建筑物入口
雕塑
21438mm
8400mm
8400mm
9917mm
4800mm
41705mm
87734mm
38348mm
35657mm
203444mm
B'
B

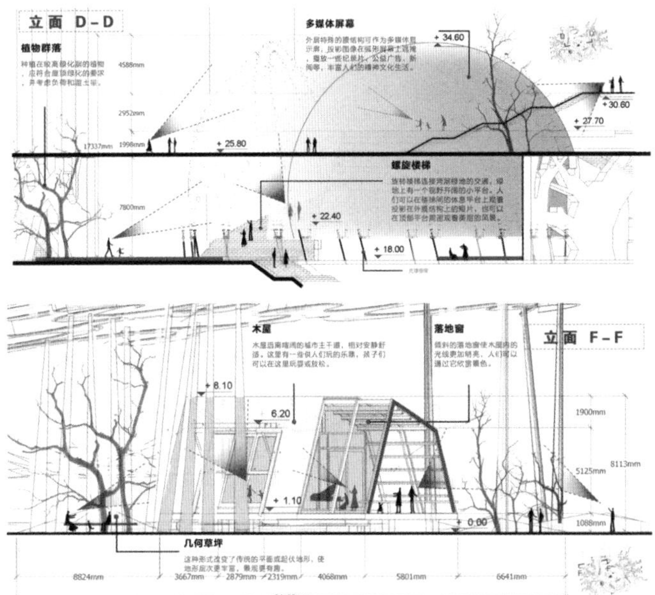
立面 D－D
植物群落
多媒体屏幕
螺旋楼梯
4588mm
2952mm
17337mm
1998mm
7800mm
+ 34.60
+ 30.60
+ 27.70
+ 25.80
+ 22.40
+ 18.00
立面 F－F
木屋
落地窗
几何草坪
+ 8.10
6.20
+ 1.10
0.00
1900mm
5125mm
8113mm
1088mm
8824mm
3667mm
2879mm
2319mm
4068mm
5801mm
6641mm
34198mm

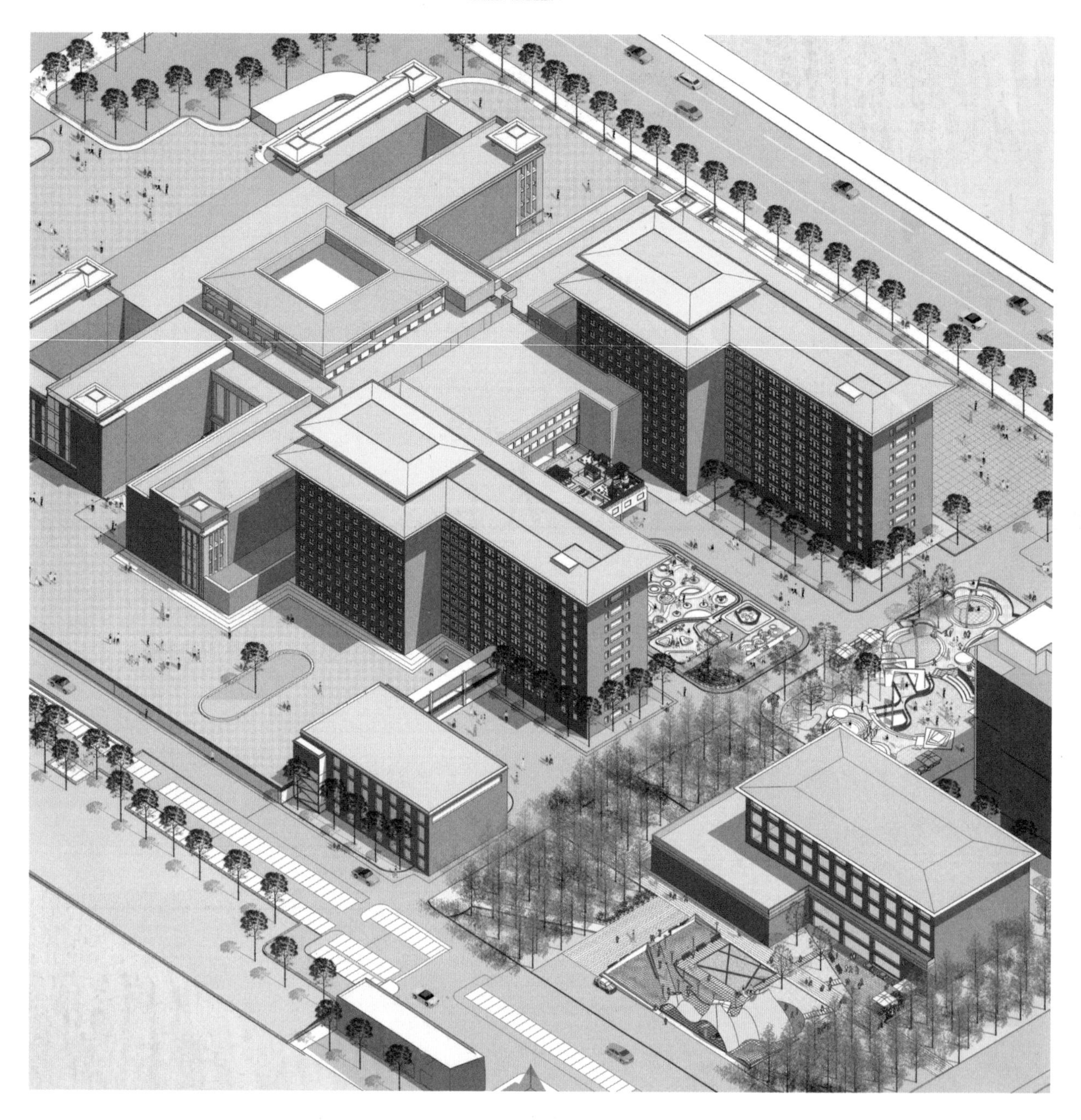

作　　者： 王双双　刘伟男　阳娜　赵颖雪

作品名称： 原力生长 —— 西北妇女儿童医院景观改造

所在院校： 西安美术学院

指导教师： 孙鸣春　吴文超

设计说明：

原力生长指的是生长以及成长的力量，基于儿童医院的特殊性，儿童的成长与景观的生长具有共通性，都是积极向上的，都代表了生命的原力。

儿童医院景观设计作为一种特殊的景观用地，在景观的设计和功能分区上要考虑到儿童这一类特殊的人群，还要考虑到医护人员、探访人员、陪护人员等人群。

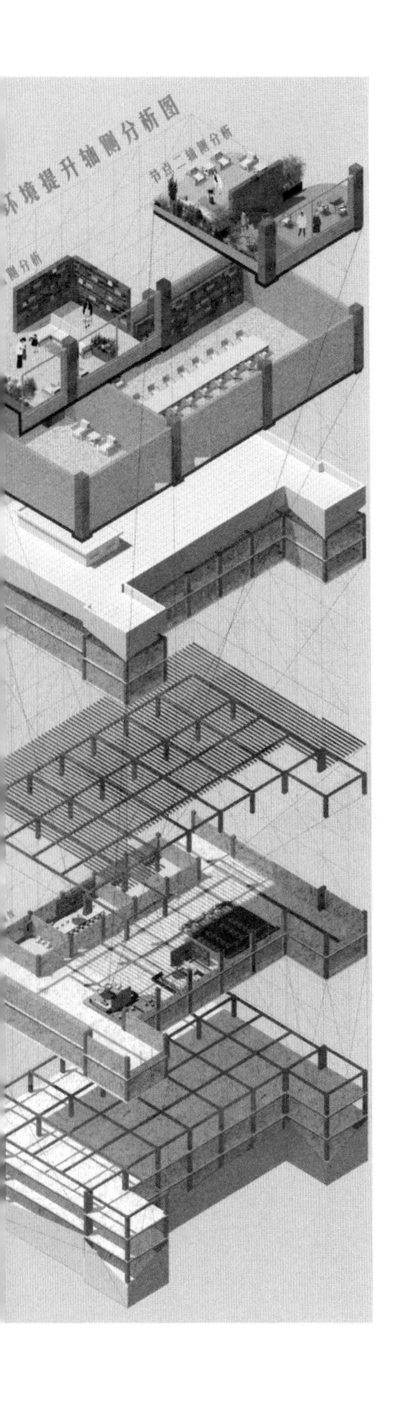

环境提升轴侧分析图
节点二轴侧分析

童趣园

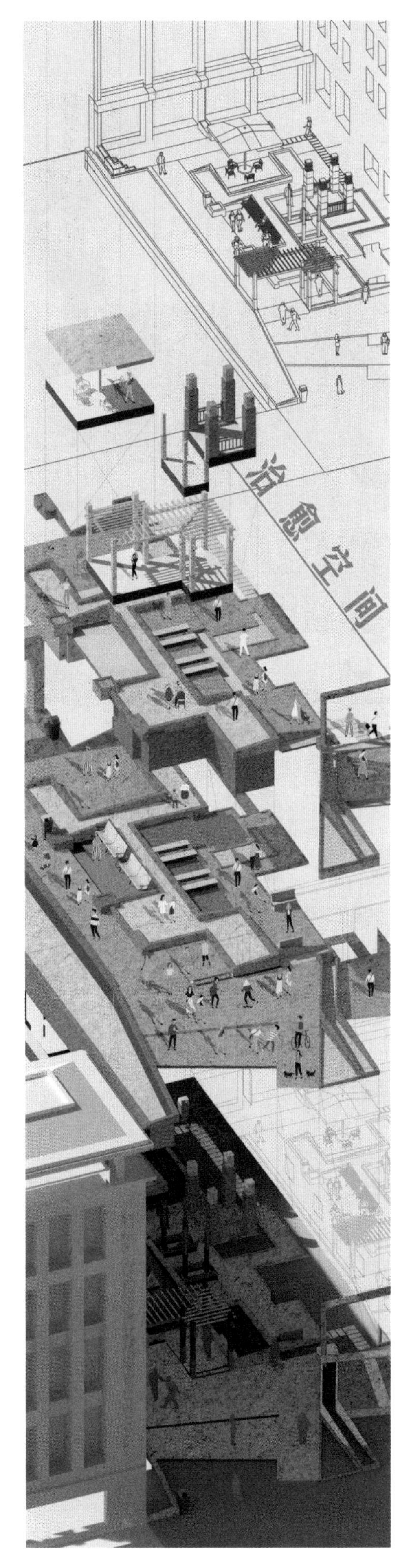

治愈空间

作　　者： 武阳西茜

作品名称： 再回延安——卷烟厂旧址改造设计

所在院校： 西安美术学院

指导教师： 华承军

设计说明：

我们一直在寻找时代发展迅速下面临被淘汰掉的文化历史遗迹应用怎样的更新方式，能够使遗迹类景观再生。

纵观城市发展历程，工业区用独特的建筑语言记载了城市工业文明的辉煌，具有独特城市记忆的符号场地，怎样使景观再生既满足时代的发展需求又续写城市的历史文明，具有极其重要的经济意义、生态意义和文化意义。

面对逐渐遗弃的工业地段，对工业遗产进行合理改造加利用，可以刺激城市的经济增长。且其遗留的工业基础设施，合理利用可以减少城市的经济投入。工业遗产保护与再利用能够树立政府优良形象，可以帮助人们记住历史、了解历史、增强人们对城市的归属感和自豪感，更加能够体现城市的独特性和区别于其他城市的地域性。合理开发与景观再创造有利于工业文化传承、城市文脉延续、对整个城市文化繁荣起到促进作用。生态问题上可以提高城市公共空间的质量，给城市添加活力，创造宜居城市。同时，减少了建筑垃圾对环境的污染力，减轻了施工对于城市交通、能源等压力，符合可持续发展原则。

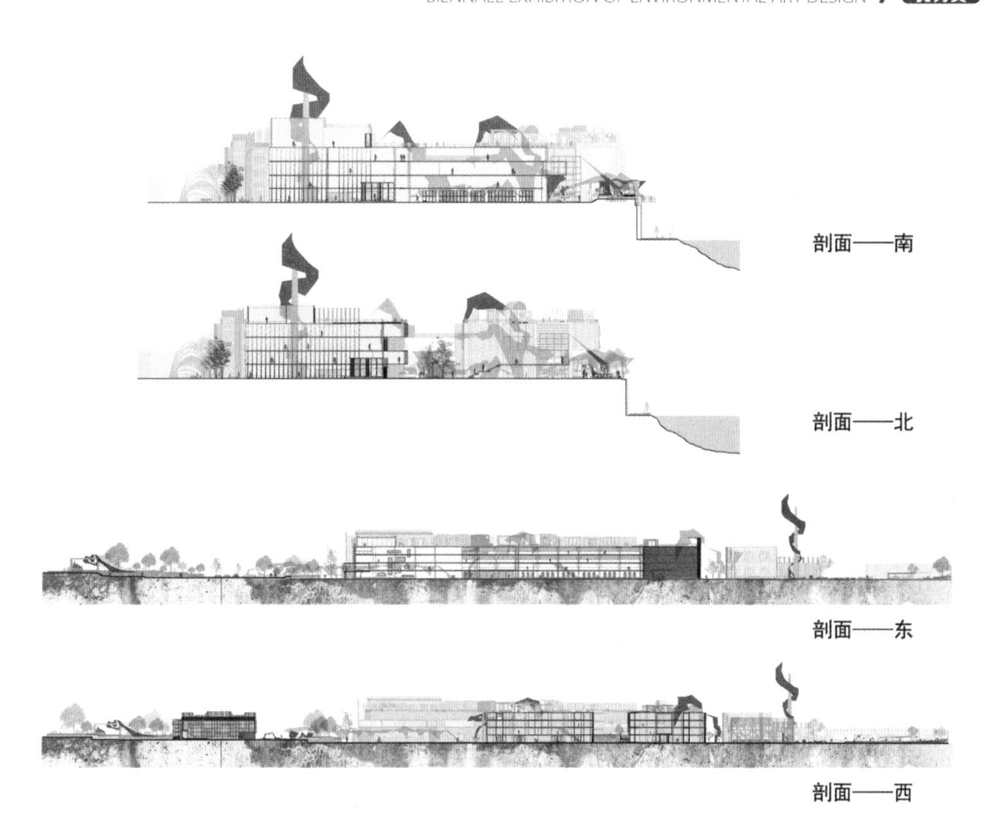
剖面——南
剖面——北
剖面——东
剖面——西

作　　者：孔得虎　张紫轩

作品名称：重生之境

所在院校：西安欧亚学院

指导教师：刘凡祯

设计说明：

刘家峡，位于甘肃省永靖县，是一所黄河经过的小镇。当地黄河两岸因每年夏季暴雨和当地大坝放水致水位上涨，河岸活动空间被淹没，慢性空间单一。我们以“弹性生态景观”为主题，通过高差的处理方式解决河岸被淹的空间以及设计新的慢行空间，使河岸在被淹的情况之下也能有不一样的体验空间。让河岸的空间有了新的生机与活力，增添了新的色彩。在枯水位和常水位时设计生态浮岛和湿地，并且设计了木栈道，让人与自然更接近，亲水性更强；将马路边的地势整体抬升 1 米，使洪水涨到最高而不会影响马路车辆的行驶，并且在抬升一米处设计台阶进入整个空间，在入口处设计高架桥，洪水涨到最高时人们可以在高架桥上进行观赏，在河岸设计慢行空间，在不同的高差设计不同的活动空间。将岸边的枯水位区到洪水位区的地块设计成为湿地，种植水体净化的植物和具有观赏性的水生植物；并且把最低处设计成生态浮岛，观赏性更强，而且可以将上涨的水可以引流，降低水位线，从而能很好地改善城镇环境质量，维护调节生态环境平衡。

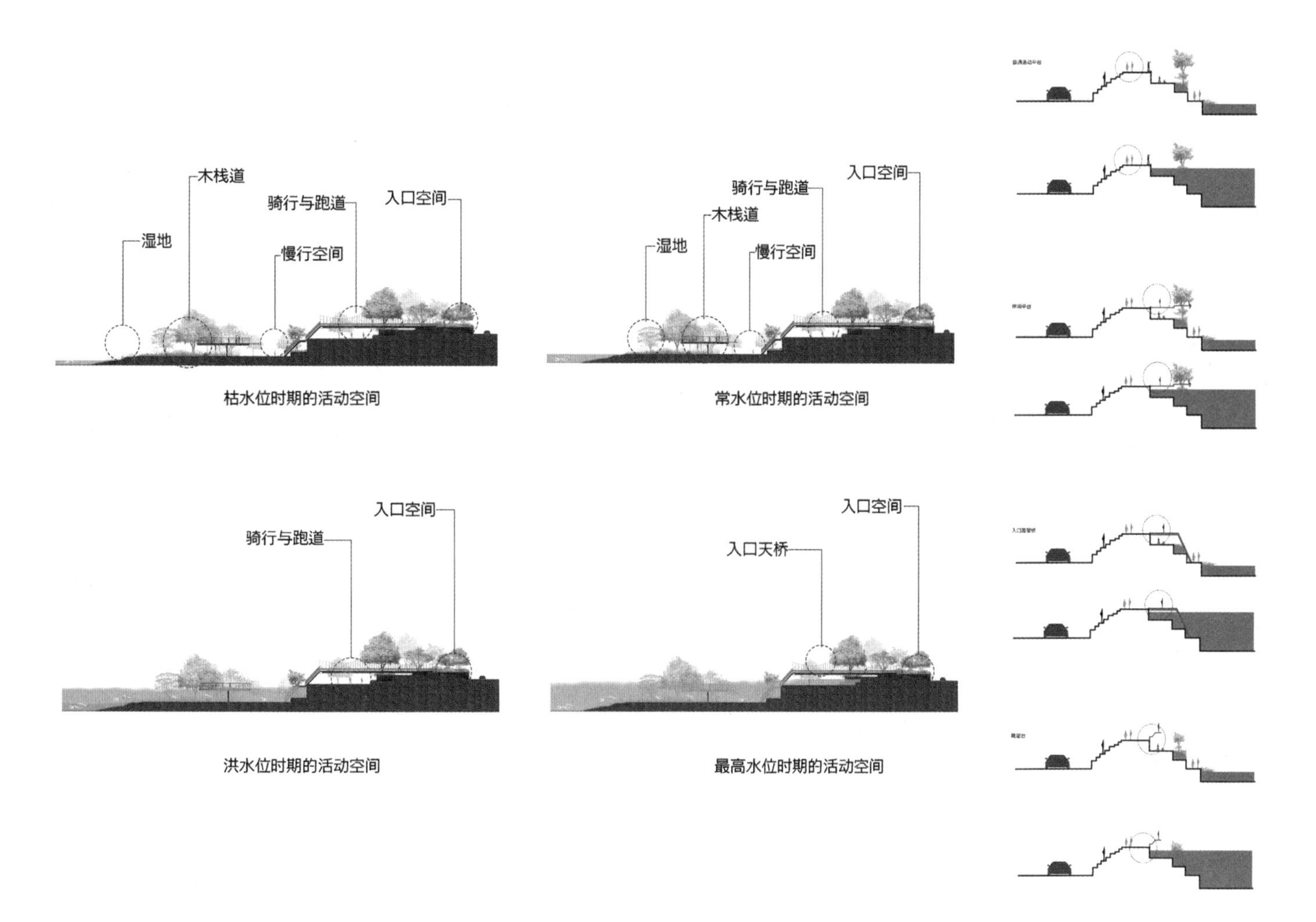
木栈道
骑行与跑道
入口空间
湿地
慢行空间
枯水位时期的活动空间
入口空间
骑行与跑道
木栈道
湿地
慢行空间
常水位时期的活动空间
入口空间
骑行与跑道
洪水位时期的活动空间
入口空间
入口天桥
最高水位时期的活动空间

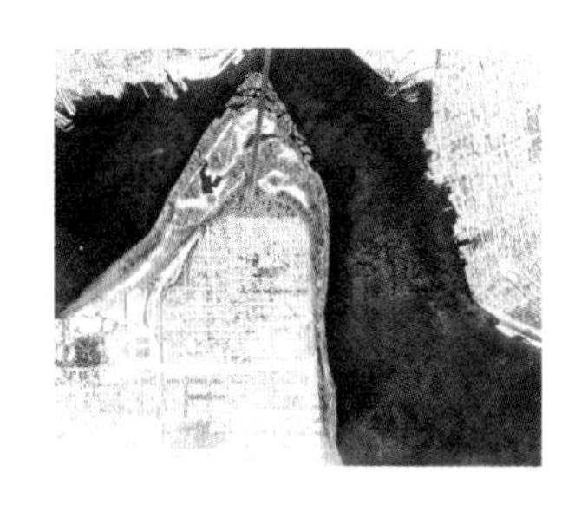

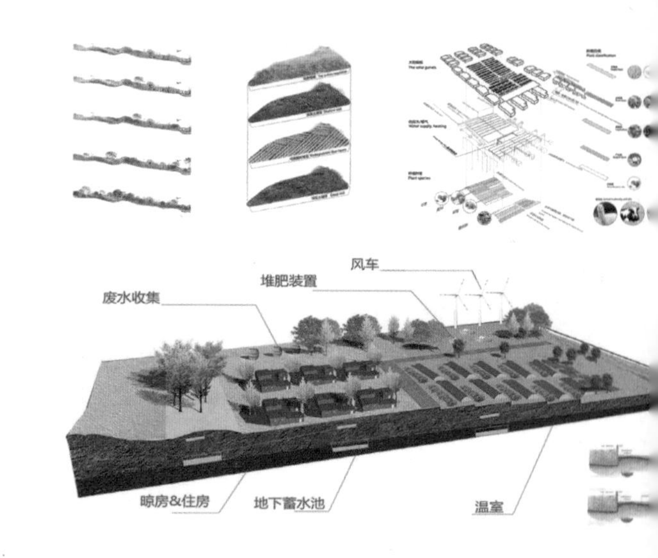

作　　者： 周启明

作品名称： 新疆生土乡村共栖空间构想

所在院校： 新疆师范大学

指导教师： 李群

设计说明：

本设计作品为伊犁州博物馆改造设计方案，伊犁州博物馆以展示草原文化和各民族民俗文化的展品为主，在伊犁地区民居中可以看出多元文化的融合。在本次设计方案中，将草原文化中的毡房与伊犁民居建筑中的装饰元素提取出来并将中式木棂元素、新疆花砖砖饰艺术融合在一起，在保留原先建筑承重结构的基础上对建筑和本体、门窗以及庭院重新进行改造设计。在庭院设计中在原有的地面上进行分区，将人行道、车道和景观部分重新布置，为博物馆添加生机。

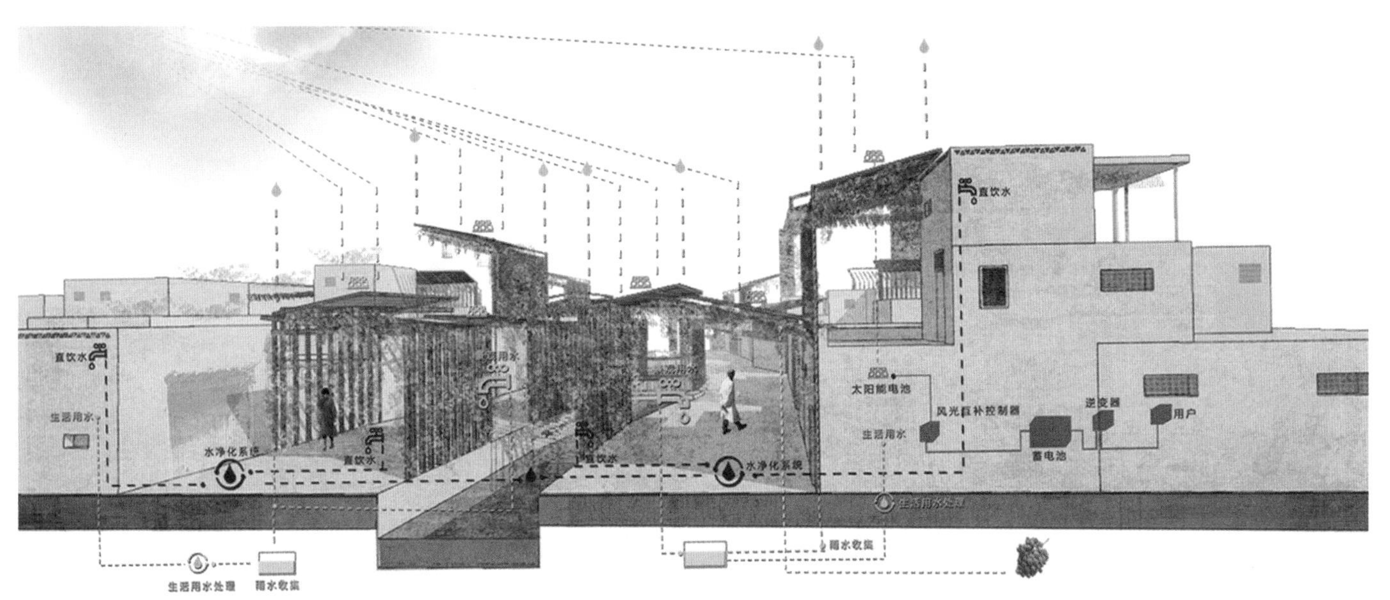
直饮水
生活用水
水净化系统
直饮水
直饮水
水净化系统
生活用水处理
雨水收集
直饮水
太阳能电池
风光互补控制器
生活用水
蓄电池
逆变器
用户
雨水收集

作　　者： 张琪　潘燕珍　曹畅　邹绍成　窦丽娜　张发萍　唐凤云

作品名称： 云南哈尼文化创意产业园

所在院校： 云南师范大学

指导教师： 余玲

设计说明：

本方案景观设计位于元阳，元阳是云南省河洲下辖县之一，位于云南省南部，土地全为山地，无一平川，由世代居住于此的哈尼族人开垦的梯田形成世界闻名的梯田景观。

哈尼族群居地处高山，遍布整个哀牢山山脉，海拔高、地势陡，交通不便，使哈尼族保留了原有的原始民族风态，但由于近年来的旅游业迅速发展，也使得部分原生态景观和民族淳朴习俗有所更改和破坏。为了满足人们日益增长的物质文化需求，民族产业园以哈尼族的民族文化为基础，规划以人文理念和生态理念为重点。景观规划是以棕榈（是哈尼族村寨的一种象征性标志）、水稻（哈尼族以种植水稻为主）的形状贯穿整个设计，结合哈尼梯田农业中的循环模式：森林—村寨—梯田—河流，四位一体的垂直绿化景观规划形式，遵循当地原有的水系统、梯田景观，融合民族传统文化理念，提取富有特色且极具代表性的文化符号，民族文化在整体景观规划中得以体现，提升价值空间和文化发展传承。结合现代建设和社会生活人群，将民族文化融入景观，从而使非物质文化遗产得以依附物质形态展现。

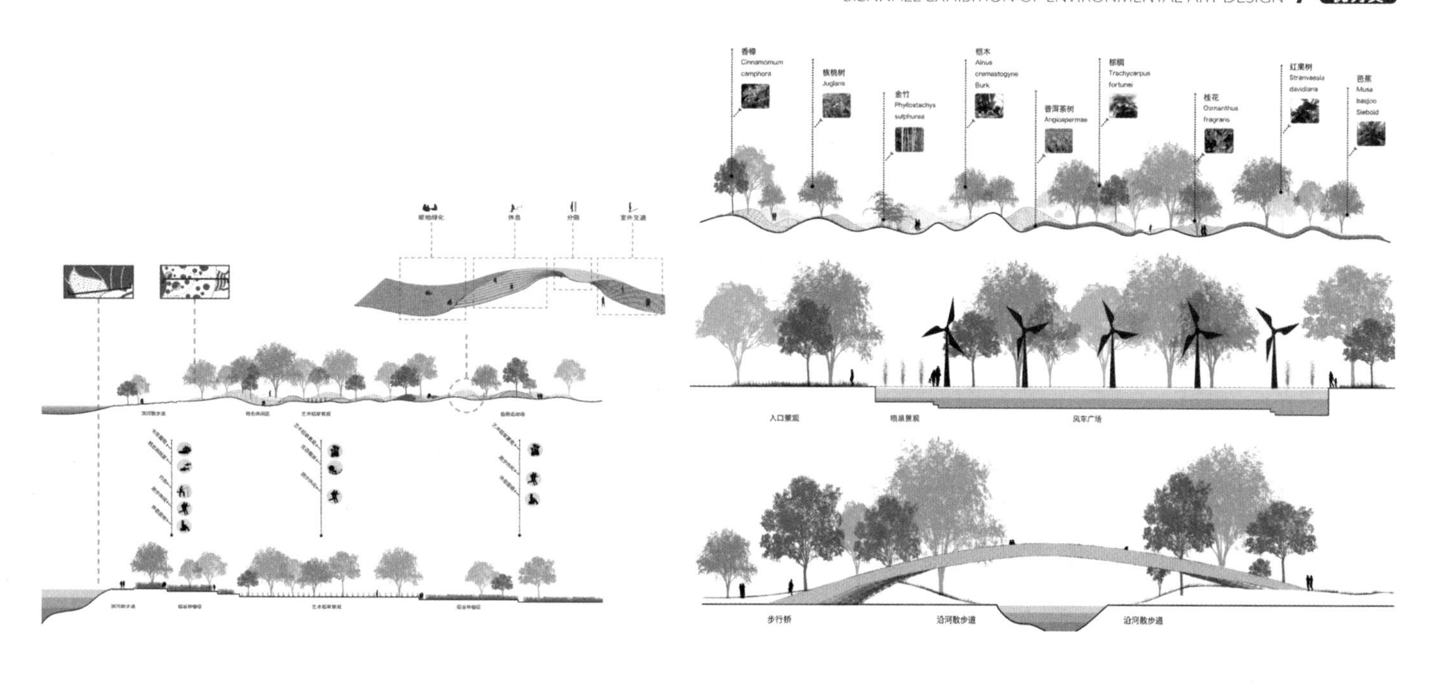
香樟
Cinnamomum camphora
核桃树
Juglans
金竹
Phyllostachys sulphurea
桤木
Alnus cremastogyne Burk
普洱茶树
Angiospermae
棕榈
Trachycarpus fortunei
桂花
Osmanthus fragrans
红果树
Stranvaesia davidiana
芭蕉
Musa basjoo Siebold
入口景观
风车广场
步行桥
沿河散步道
沿河散步道

特色酒店
植物山坡
滨河路

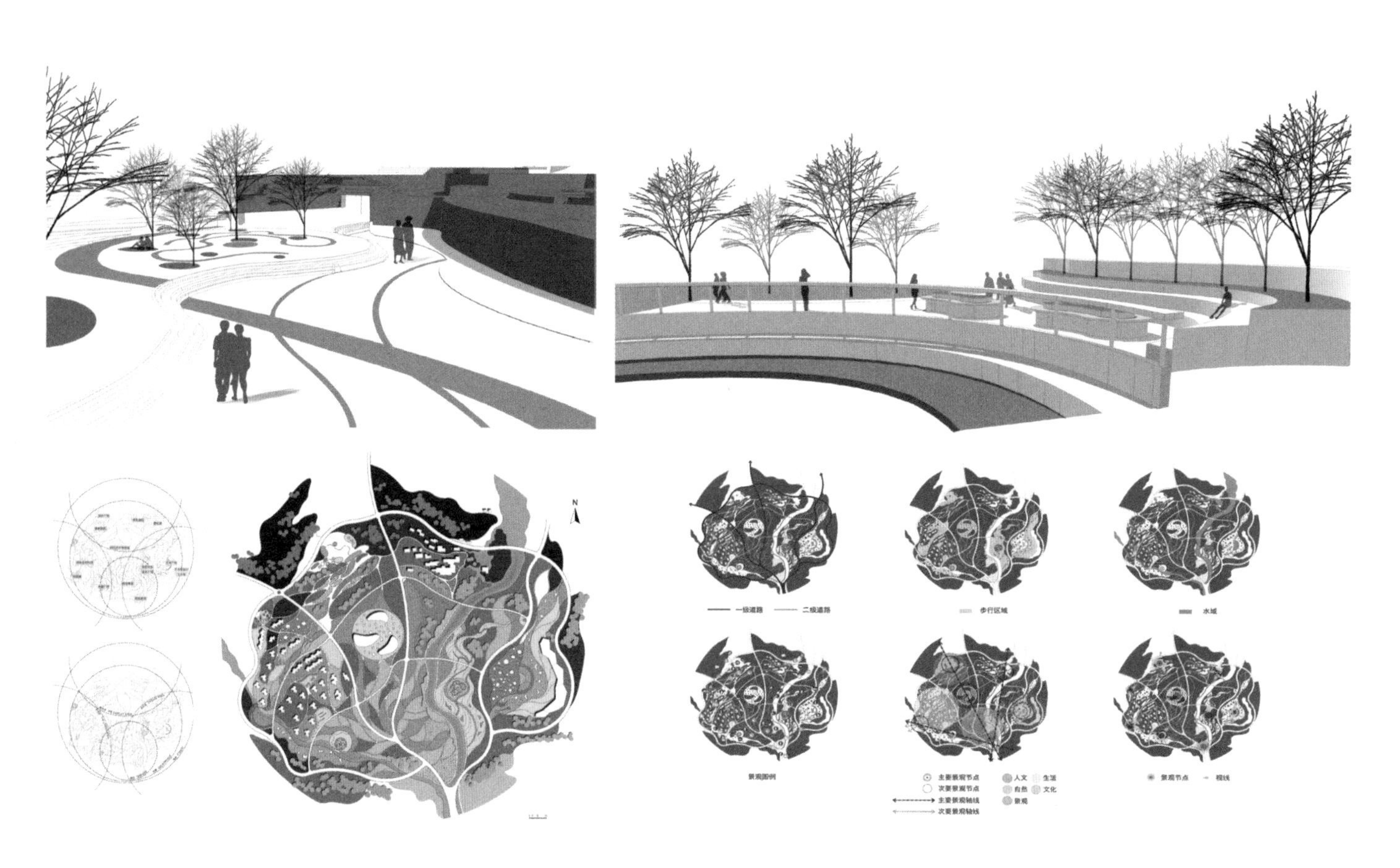

作　　者：张晨昕　章诗庭　王德富

作品名称：可邑小镇民宿设计

所在院校：云南艺术学院

指导教师：杨春锁　穆瑞杰　马真

设计说明：

民宿改造以可邑小镇民居建筑为原型，利用自用住宅空闲房间，结合当地人文、自然景观、生态、环境资源及农林生产劳作，为外出郊游或远行的旅客提供个性化住宿场所。漫山遍野的梨树、桃花，加上独具韵味的柿子树点缀其间，山间清爽的风，古城温暖的光，从清晨到夜晚，由山野到书房。置身可邑，聆听大自然的虫鸣鸟叫，息闻野花芬芳，做一个麦田里的守望者，视野所及尽是人间仙境，惬意悠闲，怡然自得。

作　　者： 杨璐皓　窦世宇　朱志裕

作品名称： 弥勒太平湖生态湿地景观规划设计

所在院校： 云南艺术学院

指导教师： 张琳琳　谷永丽

设计说明：

本方案位于弥勒市太平湖旅游风景区内，景区环境优美、风景宜人、生态多样，适于湿地生态旅游的开发，因此我们对景区内湿地片区的功能、景观进行系统的规划与设计。

湿地景观整体立意为“湫”，“湫”有歌颂水体湫然、清净之意，“湫拂”体现了在自然、安静、纯朴的水环境中拂摇、惬意之感，此为本方案的设计立意。“以山连居，以水聚湫”，方案多通过弧形与曲线的元素构成，取模仿自然之意，着趣味生态相合。让人们可以在湿地中享受休闲憩娱的同时，体验生态再创之美，追求“因寻野归，雨和廊斗”的景观意趣。

区域规划内大量运用曲线圆形图形，使得各个区块之间得以相互关联，增强区块之间的形式共同性，婉转曲折体现自然的恢弘与柔美。景区通过适当改造当地的植物生态结构布局来增加人与环境的互动性，并增加游客服务中心、景观节点、码头等景观建、构筑物。主打生态再创，将太平村等地生产的污水经过数道湿地景观的过滤，最终使区域水体通过净化可安全地排放入太平湖，并将这一过程浓缩为体验景观展示在游客面前。

服务中心建筑运用木质框架结构，遵循曲线动势，色调和谐统一。通过纵向条形排布的表皮构建出从外向内，从高到低的内凹式圆形空间结构。通过金属、玻璃与木条墙体的虚实对比形成较为强烈的视觉冲击，通透中可见自然，光影下妙趣横生。

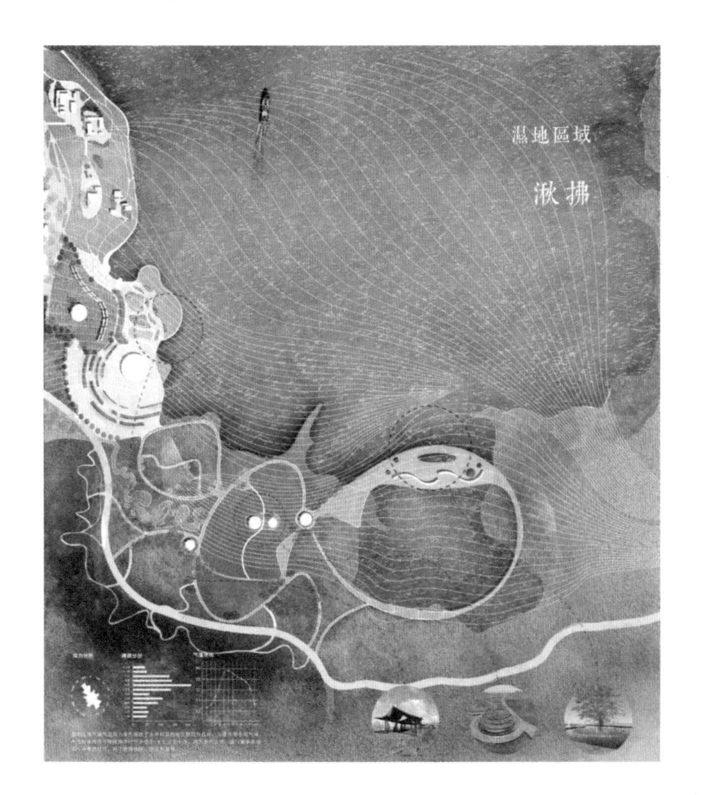
濕地區域
湫拂

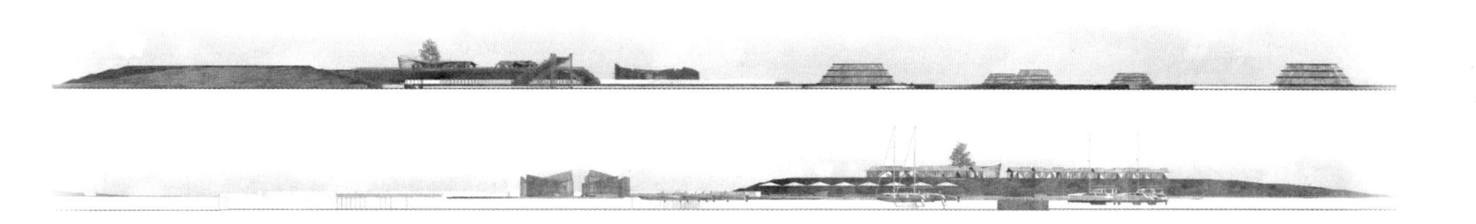

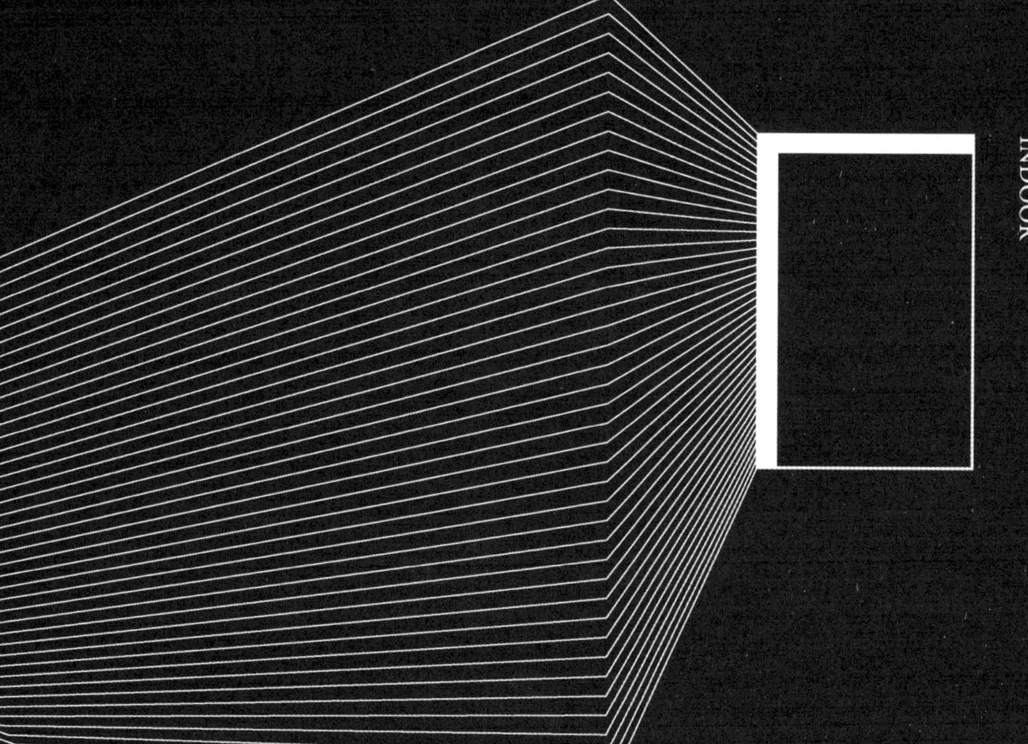

室内类

INDOOR

作　　者： 何嘉怡　王梓宇　赵睿涵

作品名称： 成都地铁 18 号线天府新站室内设计

所在院校： 四川美术学院

指导教师： 潘召南

设计说明：

天府新站位于天府新区，作为天府新区的一个重要交通枢纽，与待建的地铁 12 号线、19 号线、20 号线、26 号线实现换乘。为体现其面向世界、面向未来的特性，本次站内设计的整体风格是极具简洁大气的未来高科技风格。设计充分利用层高的优势，打造出一个视野宽广的空间，顶棚以不规则三角形作为元素，高低起伏的形态增强空间的丰富性，从顶棚衍生到柱子，使顶面与立面连接，形成整体的空间，给乘客带来极大的视觉冲击，让乘客感受到现代都市的魅力。呼应车站主题定位"世界窗口，魅力川蜀"。站内顶棚的灯光设计，根据三角形的造型布置点状的灯，通过线性的灯带来作为连接，打造出一个模拟星空的幻境。

A
21°C
天府新站
18号线
A口

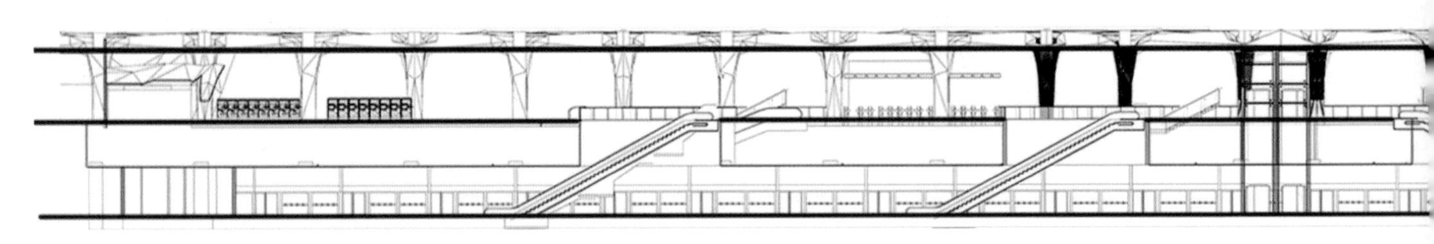

天府新站
Tianfu new station

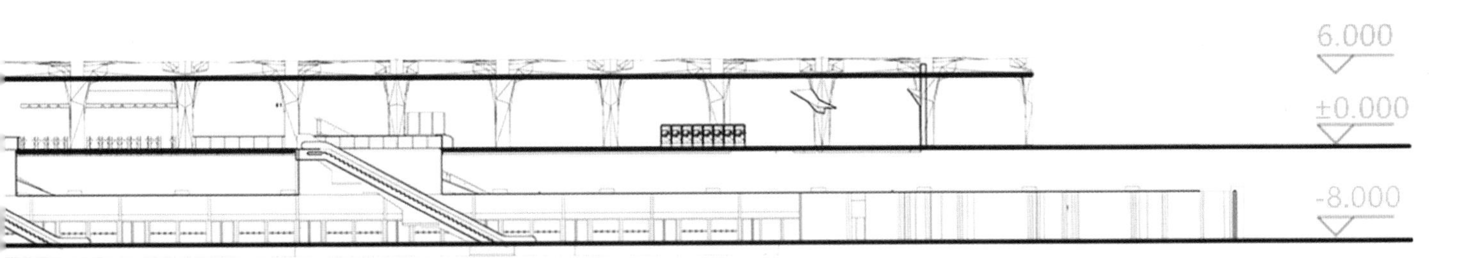
6.000
±0.000
-8.000

作　　者：寿亦安　海萌

作品名称：环纽之域——重庆轨道交通重庆西站地铁站室内设计

所在院校：四川美术学院

指导教师：龙国跃

设计说明：

重庆西站作为西南片区的重要交通枢纽之一，是重庆与云南、贵州、广西、四川、广州、新疆、上海、北京等地的连接纽带。同时也是国家"一带一路"政策的起点，所以我们计划以"交通—连接—纽带"文化元素为核心，提取其中的历史文化主题进行设计。

"重庆西站"轻轨站位于重庆西火车站内，为三线换乘站（5号线、环线、12号线），站内空间宽阔，四周连接停车场，空高较高，在设计时，紧贴"一带一路"文化特色，利用面积和空高这两个优势，打造富有变化的中心纽带装置，不影响流线的同时增加空间的变化和功能，黑白对比的主色调，低调且富有冲击力，简单的材质和形体的软硬对比增强了空间的丰富性。力图打造一个功能和形式相统一的空间，既有文化特色又有重庆印象，让不同地区的乘客感受到浓郁的文化氛围和耳目一新的站点"纽带"装置。

我们的设计范围锁定在公共区域，包括通道、站厅和站台。针对天地墙的形式做贴合主题元素文化特点的设计，统一归纳整体设计语言，并且将采用独特的表现手法让这个公共空间给人舒适、新颖，同时富有趣味性的感官体验。

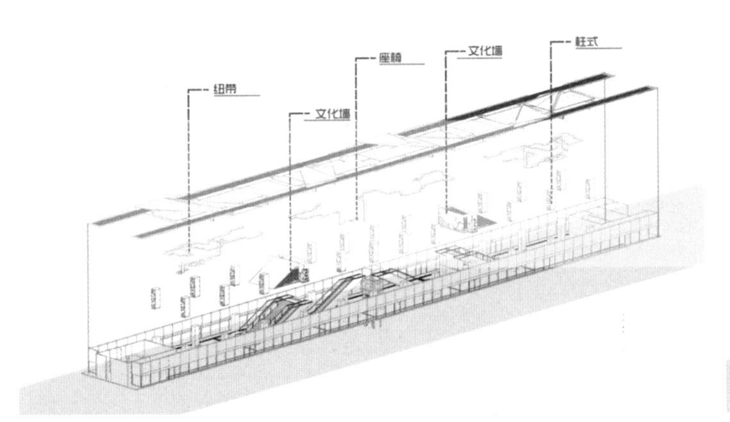

座椅
文化墙
柱式
纽带
文化墙

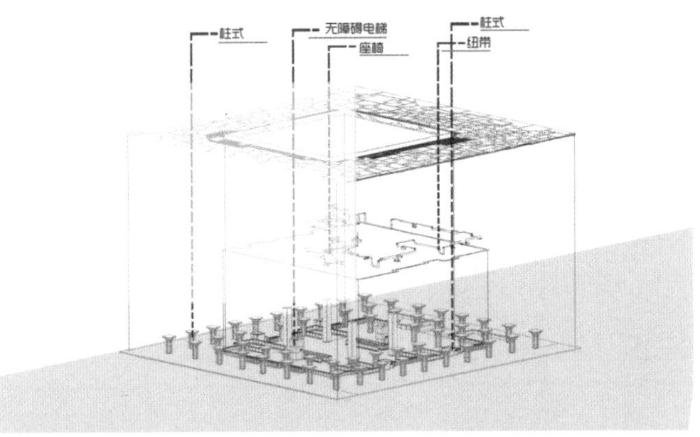

柱式
无障碍电梯
座椅
柱式
纽带

作　　者： 张美昕

作品名称： "纤纤繁华梦" —— 基于"chinoiserie"风格研究下的售楼处设计

所在院校： 四川美术学院

指导教师： 潘召南　颜政

设计说明：

此设计是基于课题：在文化互鉴下对"chinoiserie"的研究与应用所进行的设计风格的实践探索。在风格逐渐程式化的商业空间（售楼部）中，能否借助中西结合的"chinoiserie"风格形成全新的视觉感受。

设计通过研究西方贸易在接受中国文化与艺术的奇特现象和主观想象，并以西方对东方异域的接纳与欣赏的方式方法为基础，结合本土文化的再生与发展，形成新的艺术与设计风格。

银奖

作　　者：刘雨琳　刘浩然　孙菲　黄臻

作品名称：小隐于野，大通于物

所在院校：西安美术学院

指导教师：周维娜　胡月文　周靓

设计说明：

希望通过开放紫阳当地茶文化形成文化产业链和开发当地旅游业的方式，植入新的业态，留住人流，和空间改造同步。增加空间功能的多样性和文化内涵，如文化展示空间、文创产品和体验活动带动青中村经济发展，从而起到艺术扶贫的作用。

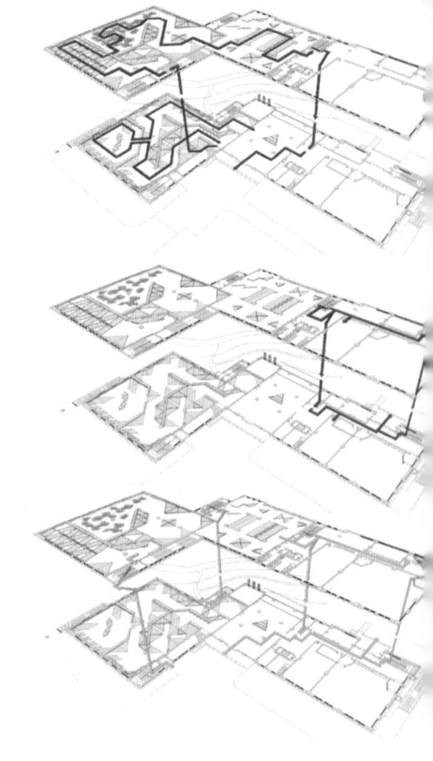

作　　者： 林加伟　张建松

作品名称： 体验——云南师范大学美术馆室内空间展陈设计

所在院校： 云南师范大学

指导教师： 何浩

设计说明：

由陈旧的展示方式过渡到新的体验方式，通过欣赏和体验相结合的方式来展示。为了吸引更多的参观者感受不同的美术馆，本设计打破了常规的美术馆布局，融入不同的观赏性，给参观者带来不同的体验性，使得作品不再简单地过目，而是留下更深的记忆，在观赏的过程中也不再单一，有俯、平、仰视，坐、躺、蹲。具有不同体验过程，使用了三角形元素，来融合云南师范大学校徽的形式，通过复制、旋转、折叠等不同的视觉角度来形成展板，给参与者不同的视觉冲击力。

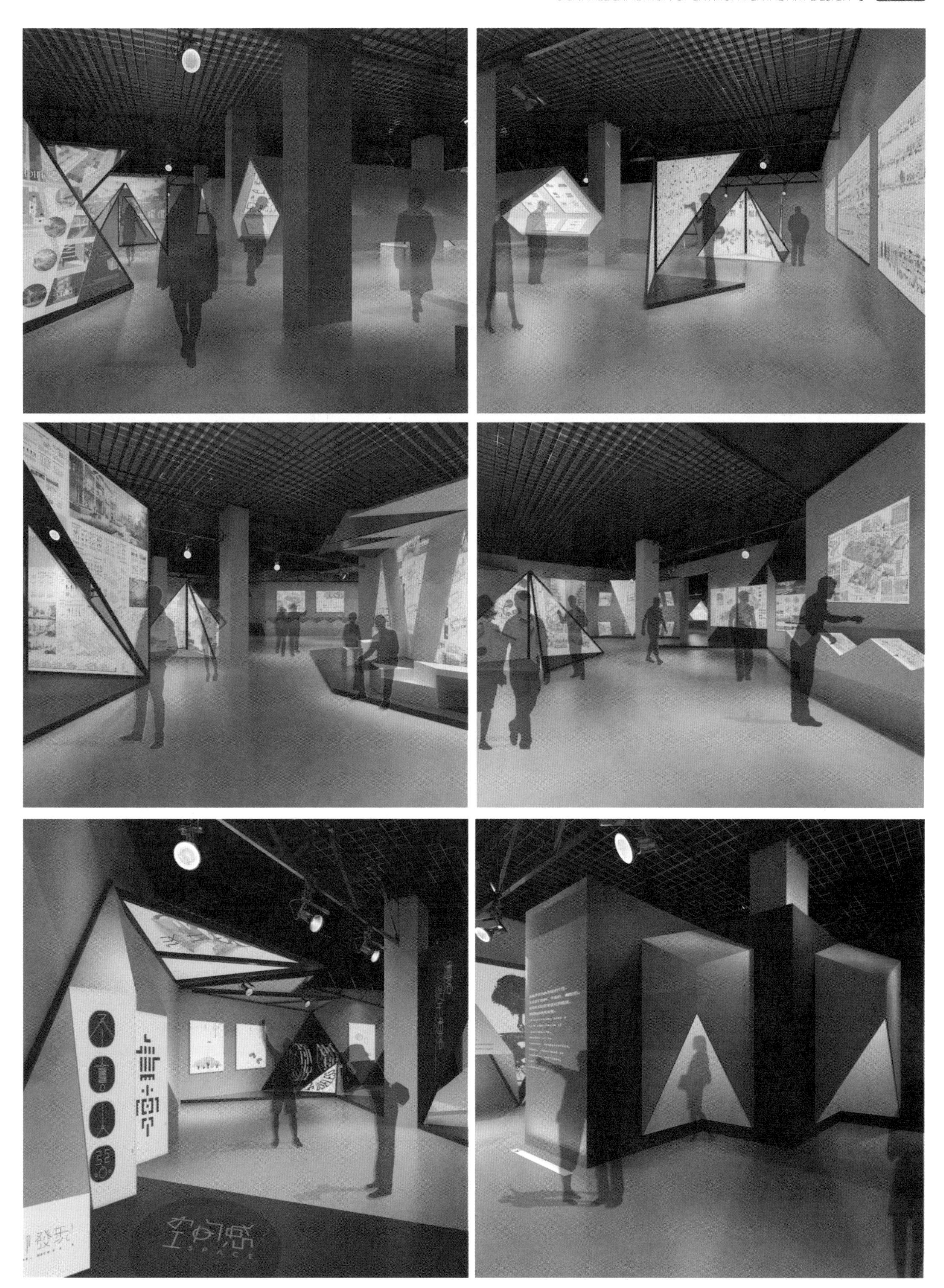

作　　者： 谢海龙

作品名称： “Cinderella”餐饮空间

所在院校： 云南艺术学院

指导教师： 甘映峰

设计说明：

把LOFT元素和工业元素、几何元素融入建筑和景观，并在室内设计中进行大量尝试。三角形螺旋上升空间被置于室内前台区也别有趣味，参差不齐，互相交错的几何平面也是一种“冷酷”。

本餐厅在功能分区上划分得十分明确，基本上满足了顾客的需求，所有空间互相联系。以餐厅入口正门为轴心，左右两边为用餐区，中间为前台区和两旁的三角形上升楼梯。面对入口的右边是一个人口流动隧道，再往下半部分是滨水景区。

用餐区包括自助用餐区和点餐区，分别设有卡座、散座和包间。整个餐厅的内部一共四层，每层设有约一百个餐位。设计合理分区才能让餐厅有效地运行。

室内用餐区的材质主要是木材和清水混凝土，还有灰黑色的金属。因为裸露的墙体材质为混凝土材质，它的色彩属性为冷灰色，如果一个空间里全是这种冷灰色会让整个空间的色彩失调，所以从中加入木材的暖色会与冷灰色发生强烈的对比，从而降低室内色彩的纯度，形成百看不厌的高级灰。分明的色调就算是搭配起来也不会太单调而缺乏味道，而且还会巧妙地为桌子上的菜品加分。

作　　者：沈理　吴柳红　吴雨溪　刘海珍　向明珠

作品名称：觅陶 —— 陶艺体验店

所在院校：重庆文理学院

指导教师：高小勇

设计说明：

此次方案通过对荣昌安陶不断地实地了解与考察，合理地安排平面各布局，科学设计每个方面，力求达到科学合理的最大化。保留老房子的原始结构，在其基础上进一步改造完善与加固，做到过去与现在相结合，并且引入了一套新的结构性语言，这套语言是对荣昌安陶的独特讲解。在空间格局里，简约陈设设计贯穿到底，竹质等当地特色元素始终穿插，流畅的线条空间，让畅通感应韵而生，身处之时使人平和祥静。在设计过程和后期，会加入具有地方特色的物件摆饰，在细节上更好地展现了特色。力图打破传统陶艺展示的单一形式，将安陶的特征贯穿于整个空间，从听觉、视觉、触觉等感官更新大众对陶艺的认识。整个空间的体验为两种：（1）实践操作，制作的体验；（2）身心感受 ，空间的体验。

练泥
拉坯
晾晒
刻花
施釉
烧窑

作　　者： 孙雪婷　李滋鑫　方园　马雪莹　陶思钰　梁婷　何温南　蓝天敏

作品名称： 托马斯和他的朋友们

所在院校： 广西民族大学

指导教师： 韦红霞　赵悟

设计说明：

热心助人的托马斯是一辆可爱的火车头，他是一个完美主义者，最喜欢帮助别人。他在行驶的过程中，结识了很多朋友。大家一起团结友爱，互相帮助。这正教导了小朋友们如何与人相处。多节车厢可以使小朋友们一起玩耍，共同成长，这就是“托马斯和他的朋友们”的意义所在！

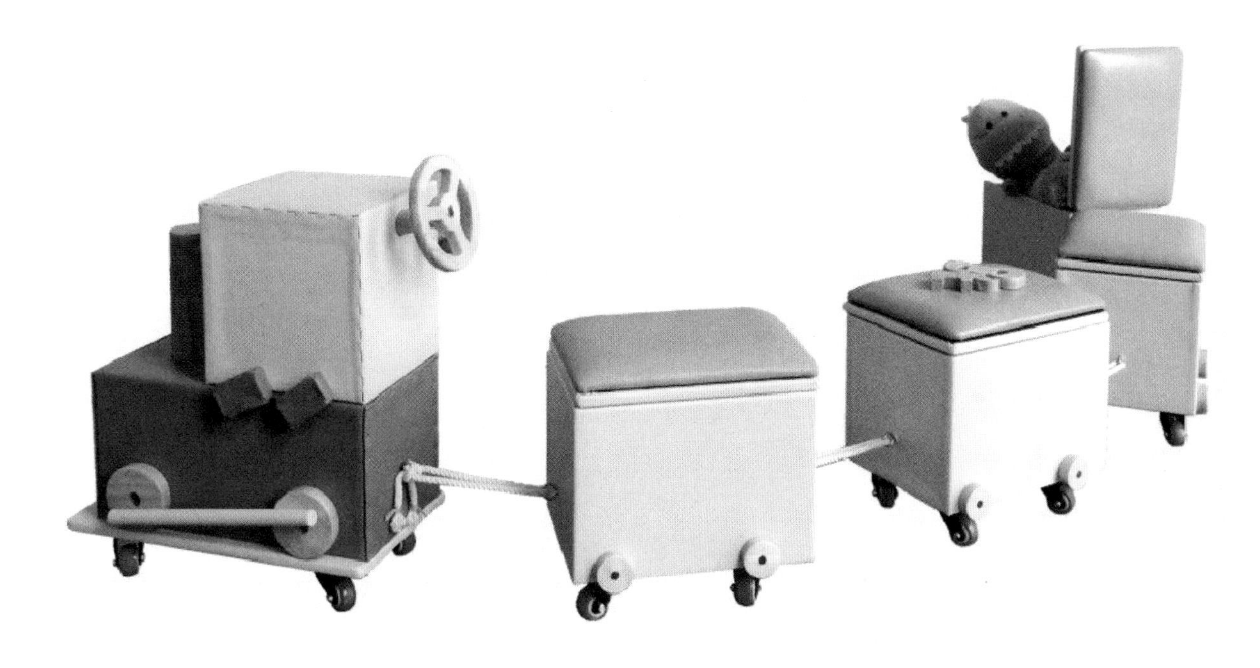

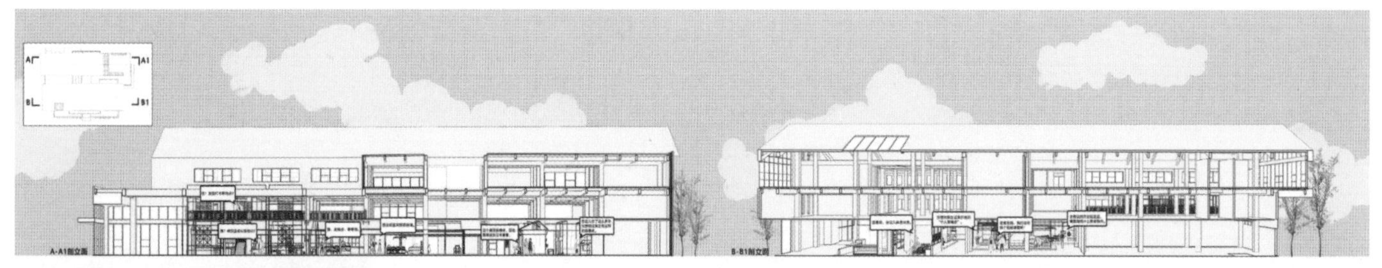

作　　者：陈鑫　赵梦曦　王馨　张璐瑶

作品名称：成都市曹家巷社区活态博物馆设计

所在院校：四川大学

指导教师：周炯焱

设计说明：

社区的定义，是在一定领域内相互关联的人群形成的共同体及其活动区域，并具有某种互动关系和共同文化维系力，因此社区在一定程度上是当地人生活、文化、心理等因素的体现。但随着我国都市化进程的加速，社区更新迭代的频率也在提升，在这样的进程中我们面临了诸多问题，例如：在社区的新建或改造中，社区街巷的传统特色文化在商业化背景下逐渐被摒弃，取而代之的是国际化、标准化空间的凭空出现。这样的做法缺乏因地制宜的考虑，也不利于社区文化的传承与保护。因此，我们需要在文化与功能的带领下，以当地原生文化为媒介，探索适宜的设计方法。设计具有日常生活记忆的空间，达到使新旧场所自然过渡并和谐共生的目的。本设计方案以成都市恒大曹家巷广场售楼部的改造案例加以说明，探索场所的营造是如何影响并唤起人们对原场地的回忆，以达到新老空间和谐共生的目的，并且这种方法是否适用于当下城市更新的背景。

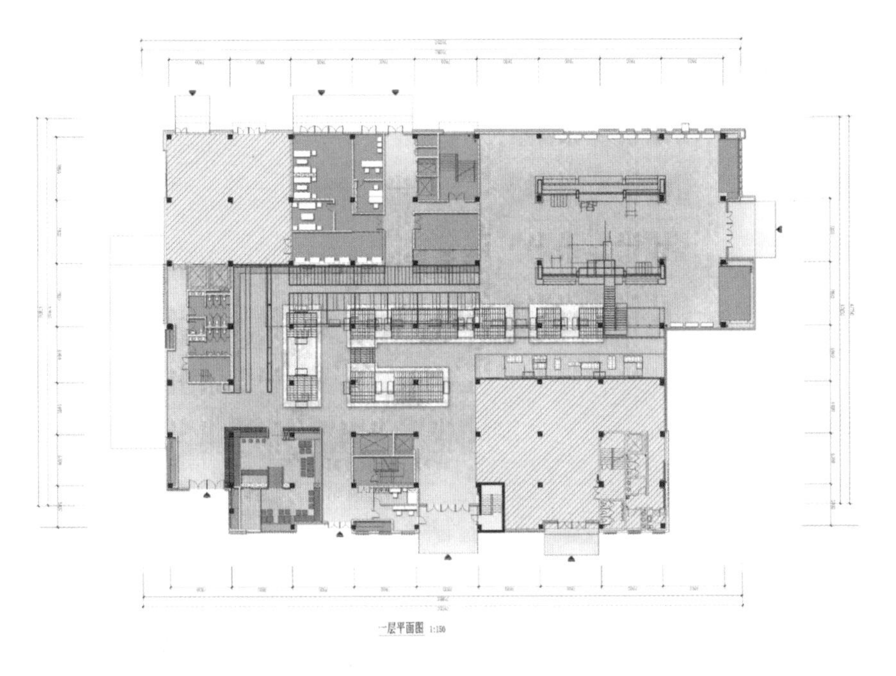

一层平面图 1:150

作　　者： 杨蕊荷

作品名称： 阆中桂香书院

所在院校： 四川美术学院

指导教师： 张宇峰　潘召南

设计说明：

本项目位于四川省阆中古城之南，清代"桂香阁"园林旧址，依托古"桂香阁"文化底蕴，建设一座与古城风貌协调的园林式建筑。此次传统院落更新设计需要达到传统文化的延续，同时要做到传统与现代相结合，因地制宜的目的。通过传统建筑空间进行重新塑造，在设计中融入当地地域文化特征，形成具有当地特色的建筑空间。

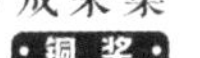
铜奖

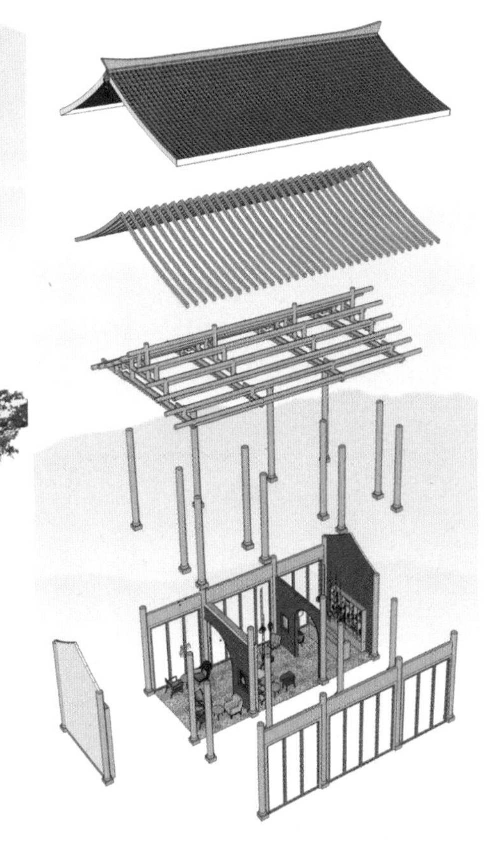

作　　者： 文一雅　刘倩

作品名称： 蚂蚁 —— 可移动的空间设计

所在院校： 四川美术学院

指导教师： 徐亮　刘蔓　方进

设计说明：

“蚂蚁”设计项目为应急式装配建筑设计，将建筑的机动性增强，可以在突发情况发生时快速应对紧急情况。目前西南地区灾害不断，有关灾后建设的设计仍处于发展中阶段。同时，社会上空间浪费、利用不足的情况普遍出现，从根源上破坏了自然环境。为了减少这种现象，以及这种现象带来的对环境的负面影响，我们的设计从循环利用、不破坏原生地貌等方面出发，希望对这种社会现象产生积极影响。

目前，社会条件以及自然环境每况愈下，人与人之间、人与自然之间的矛盾不断激化。希望我们的设计能为此做出一份努力。我们始终相信，未来 —— 值得期待。

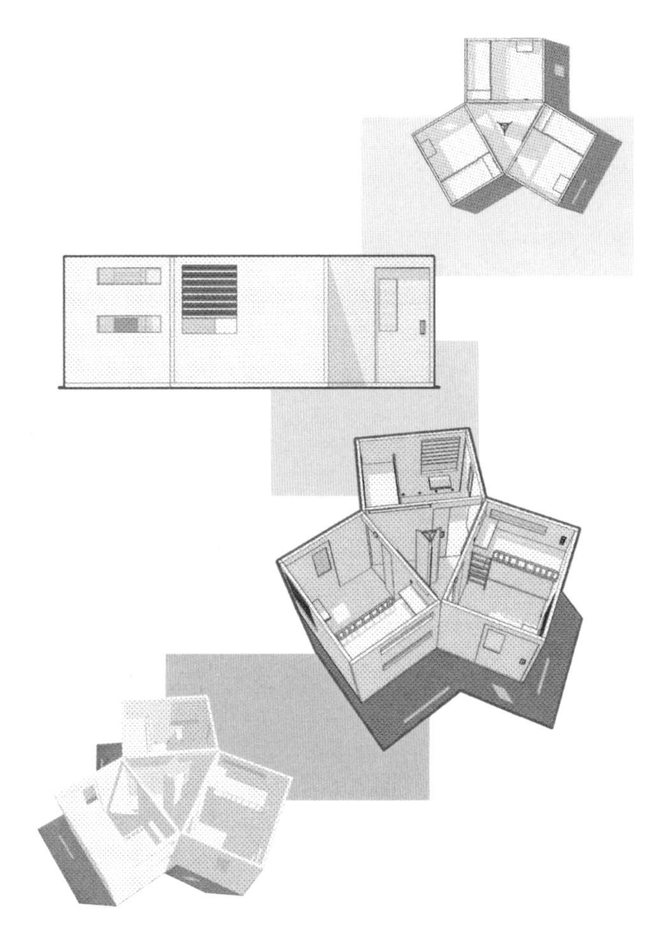

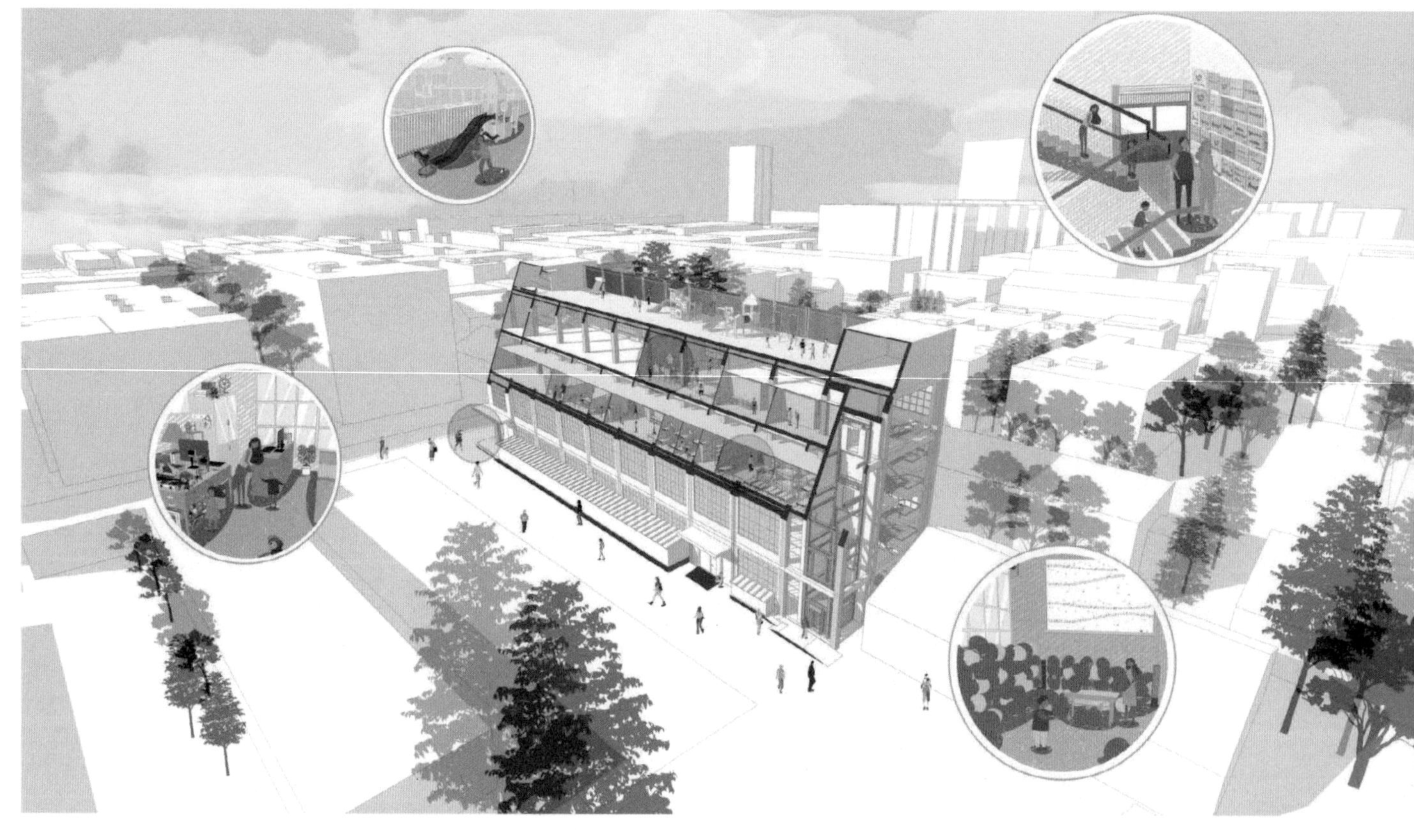

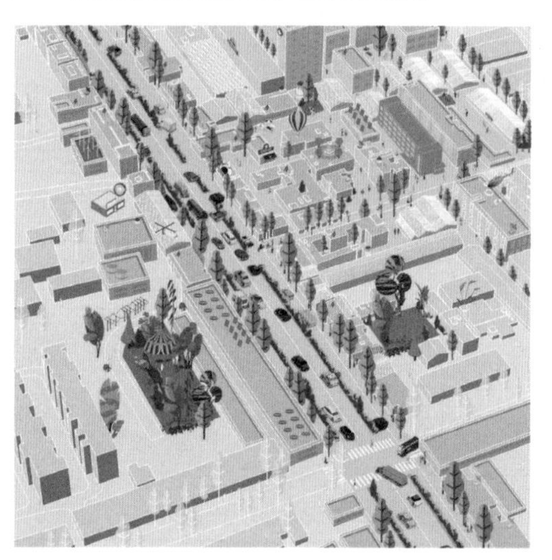

作　　者： 洪梦莎　王琼建　江子印　唐小渡

作品名称： b—612 心心特殊儿童发展中心更新改造计划

所在院校： 西安美术学院

指导教师： 石丽　张豪　濮苏卫

设计说明：

每一个孩子都像是从外星来到地球的天使，给予他们足够的接纳、尊重和守护，则体现了整个社会的温柔。尤其是对于特殊儿童。b612——心心特殊儿童发展中心建筑更新改造计划聚焦于智力残疾儿童，充分立足于其实际需求，旨在将原来破败陈旧的心心特殊儿童发展中心改造成一个功能实用多样，氛围童趣温馨，陪伴成长的建筑空间。

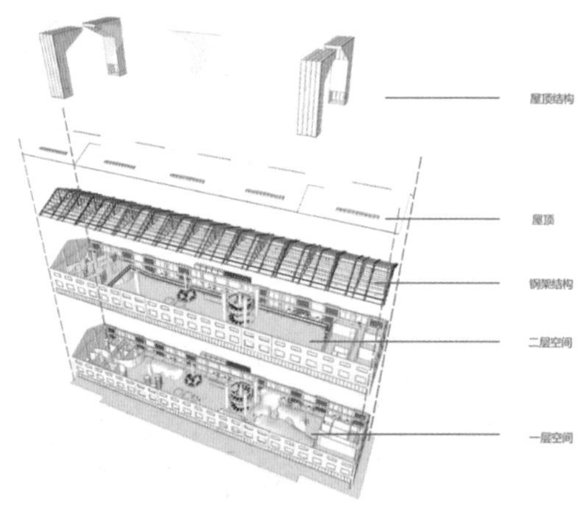

作　　者： 李博涵

作品名称： 驿站往事

所在院校： 西安美术学院

指导教师： 周维娜

设计说明：

作品通过对西凤酒历史文化的了解与体验，从而唤起人们重新审思西凤酒文化价值情怀及其空间文化的创新改造。作品以工业厂房特有的工业气息与历史痕迹为切入点，在设计中通过恰当的手法转换空间，利用新材料改造旧物，保留旧厂房原有的历史文化符号，融合现代设计符号，应用特别的情景元素，形成一种空间结构的变换节奏，使得原有工业厂房的价值得以传承与发扬。西凤酒主题空间设计在传统文化与现代设计相互交替中既保留原空间的历史韵味，又更新工厂空间，延续了西凤酒历史文化的精髓。

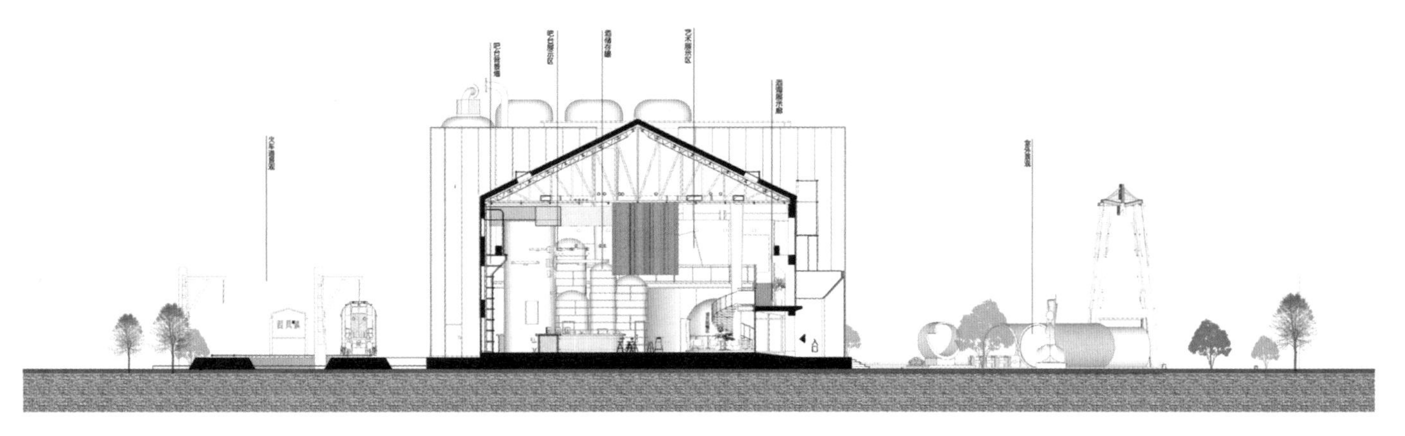

SectionC-C 剖面C-C

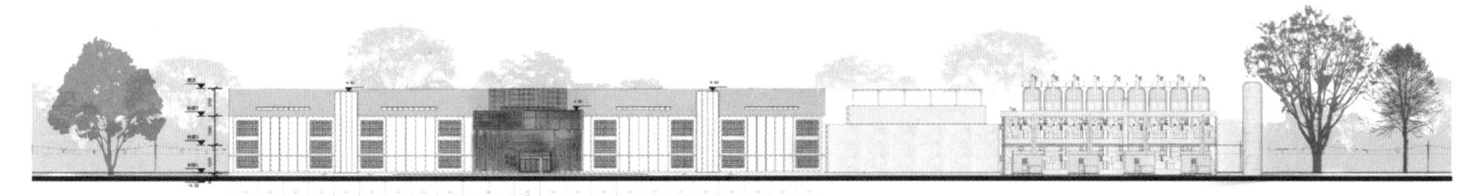

①-㉔轴立面图 1:100

作　　者：杜晓鹏　吴苑　李禹天　王聪

作品名称：厝落 —— 镇海角闽南艺术馆空间设计

所在院校：西安美术学院

指导教师：周靓　周维娜　胡月文

设计说明：

“厝”是闽南语房子的叫法，“厝落”=“错落”是建筑依附于场地形态的错落关系。本次设计主要受闽南传统建筑风格的影响，运用闽南当地的建筑材料打造具有本土特色的现代化艺术馆，意在使人们能够重新拾起对当地古厝文化的重视。在空间设计中探究建筑与文化的融合，人与自然的互动关系，人对空间尺度的感受以及光感在空间的运用。

闽南建筑一直是独特的存在，但这种独特的建筑样式正在被新型的建筑样式慢慢取代，而传统的建造工艺在新一代人里慢慢流失。本次设计希望通过提取闽南传统的建造元素及材料用现代设计语言打造一个闽南特色的艺术馆。通过空间表达及材料运用，让参观者能够对闽南建筑于文化产生全新认知和重视，同时希望能给当地居民的生活带来正面影响，丰富他们的日常活动。

厝落——闽南艺术馆设计
Huoluo-Design of Minnan Art Museum
室内空间效果图展示
Indoor Space Effect Map Display

Preface Hall atrium

作　　者：程琳　安琪源

作品名称：“奴”与“权”——以女性为题的展示空间设计

所在院校：西安欧亚学院

指导教师：耿暖暖

设计说明：

通过对中国女性社会地位的了解，主要从女性社会地位发展与自我意识的转变这两部分出发研究空间的设计。

了解女性在每个时代的社会地位与女性自身的发展，以及女性带来的贡献与对每个时代的影响及地位。通过展示空间这一环境，有计划、有目的、合逻辑地将女性的内容展现给观众，并力求使观众接受设计者计划传达的信息。

在研究展示设计的时候，我们创造性地把空间因素作为重点，从“空间”的角度入手，进行现代展示设计的研究和探索。东西方文化的交流融合，进而倡导更多的人关注女性的发展，让参观者深入思考自身存在的意义与价值。

通过走廊这个空间把女性从古至今的地位上升和解放进一步展现出来，使女性把自己的目标一步步放大到整个社会当中，从而进一步提高女性地位。另一方面，通过具有代表性的杰出人物造型来阐述女性的伟大和重要性，从而让参展者更有效地融入这个空间。

整个空间用黑、红、白色调展现出女性从“奴”转变到“权”这一过程，红色代表着中国传统思想，白色代表着一些西方文化的融入。

作　　者：骆汩　张盼盼

作品名称：防患未燃—— 体验性消防安全教育展示空间设计

所在院校：云南师范大学

指导教师：何浩

设计说明：

近年来，我国发生火灾的现象越来越显著，造成的经济损失和人员的伤亡以及对家庭的破坏也越来越严重。由此看来，我国的消防教育体系是不够完善的。城市的公众消防教育活动往往是大型的、比较流于表面的形式，而且缺乏连续性和系统性。火，给人类带来文明的进步、光明和温暖。但是，火失去控制，就会给人类及社会造成极大危害，所以更应该深入贯彻消防知识，从根本上了解消防安全的重要性。所以，我们选择消防这个课题，就是为了区别于一些普通的展馆，普通的展馆给人的影响不大，看完之后只留有短暂性记忆，而我们选择打破常规的理念，让人体验过后，难以忘记。从预防体验到体验模拟火灾的过程再到最后的反思贯穿整个设计。在设计中，我们通过不同的体验方式加深消防知识的记忆，每一次灾难都是不确定的，所以在模拟火灾场景时，我们将营造一场突如其来的事件，他们可以通过前面的知识来应对。在反思厅中，对每个阶段进行反思，通过观看自己在逃生时的视频来看自己当时的状态，从而对消防产生更加深刻的反思。

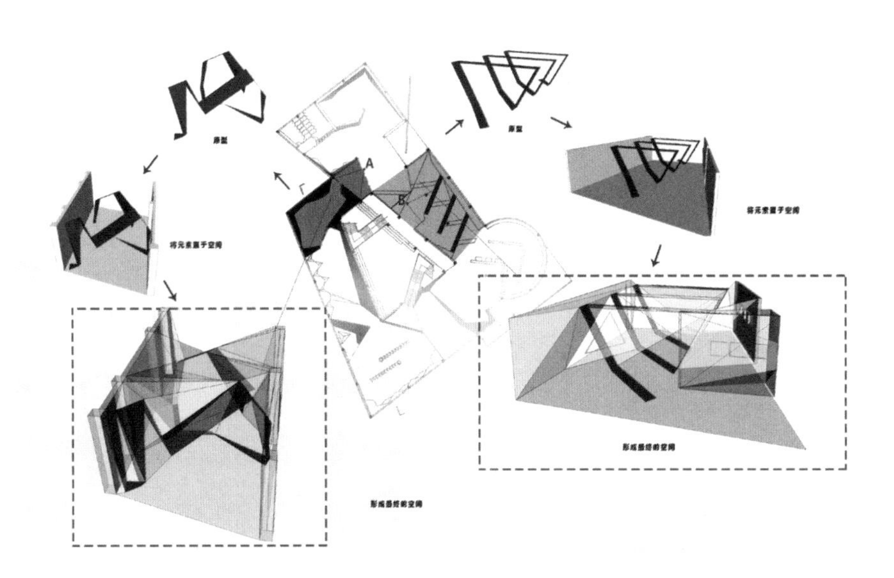
A
B
将元素置于空间
将元素置于空间

体验区域效果以及分析

作　　者：陈清宇　王渊　杨嘉文　周宣曳　冉锋

作品名称：钟表展销艺术空间

所在院校：重庆文理学院

指导教师：周鲁然

设计说明：

本方案追求化繁为简，避免繁文缛节的设计，提升整体品质感，旨在表现时间无声的流逝，寄望于以突破性的理念激励人们去发现和体会生命的每一处不同。采用时间的隐喻、空间的交错、科技的融入来打造简洁雅致的空间氛围。通过母子的空间结构，将空间划分为体验区、展示区、销售区，让人能够在庄严宁静冥想的同时又不失对空间的乐趣。

体验区位于二层，如左侧效果图，整体空间为白色乳胶漆和地坪漆，灯光采用流线型LED灯管，营造一种时光传递的不稳定性和交错性，展台水晶球采用磁悬浮技术，并配以荧幕来营造科技感，更加具有吸引力和创造力。展示区和销售区为一层，如右侧效果图，整体采用白色乳胶漆和地坪漆，将分解后的钟表指针元素和白昼交替的生活，融入流线型空间，在楼梯处设计了地面式电子钟表，如中间效果图点亮了整体空间的氛围和现代化的元素理念。

930

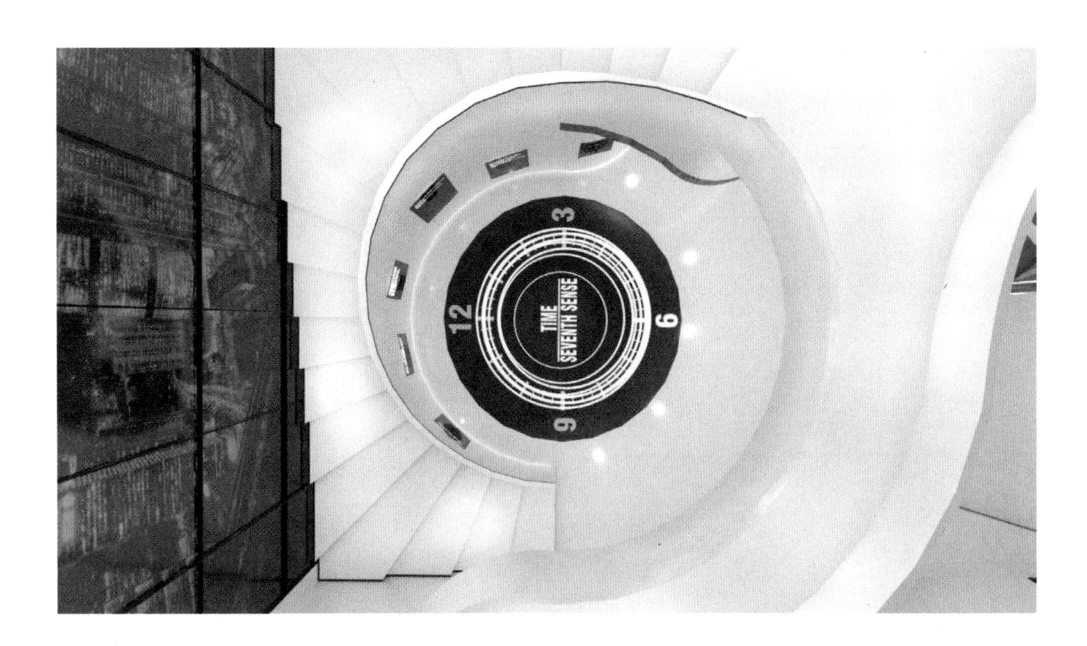
TIME
SEVENTH SENSE
12
3
6
9

作　　者： 李琴

作品名称： 山与水的抽象化表达——桂林阳朔独立图书馆室内空间设计

所在院校： 广西民族大学

指导教师： 李俊　刘文雯

设计说明：

本次设计结合桂林山水、历史、人文、原生态质感，从建筑设计的角度解读图书馆，从建筑外观到室内设计，深入思考图书馆空间设计的多元可能性。结合目前社会人群需求特点和当地人文历史元素，将现代设计与自然形态结合，设计出具有当地特色的图书馆空间设计。

作　　者： 李奕静　张思　周方云　卫萌彬

作品名称： “纸板奇遇记”

所在院校： 广西民族大学

指导教师： 韦红霞　赵悟

设计说明：

快递盒子？废纸板？他们以后的去处不再是垃圾桶和废品收购站，在我们的想象中，在这里都变成了一个个的童话故事；每个小柜子、小台灯、小衣柜，都变成了一个个有趣的小伙伴。我们用这些生活常见的纸板做成环保家具。

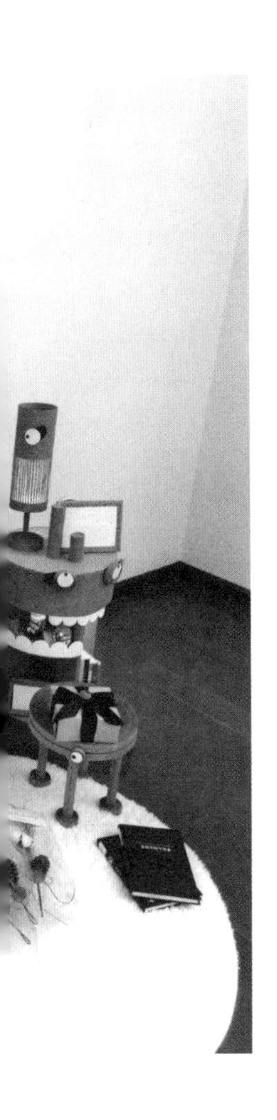

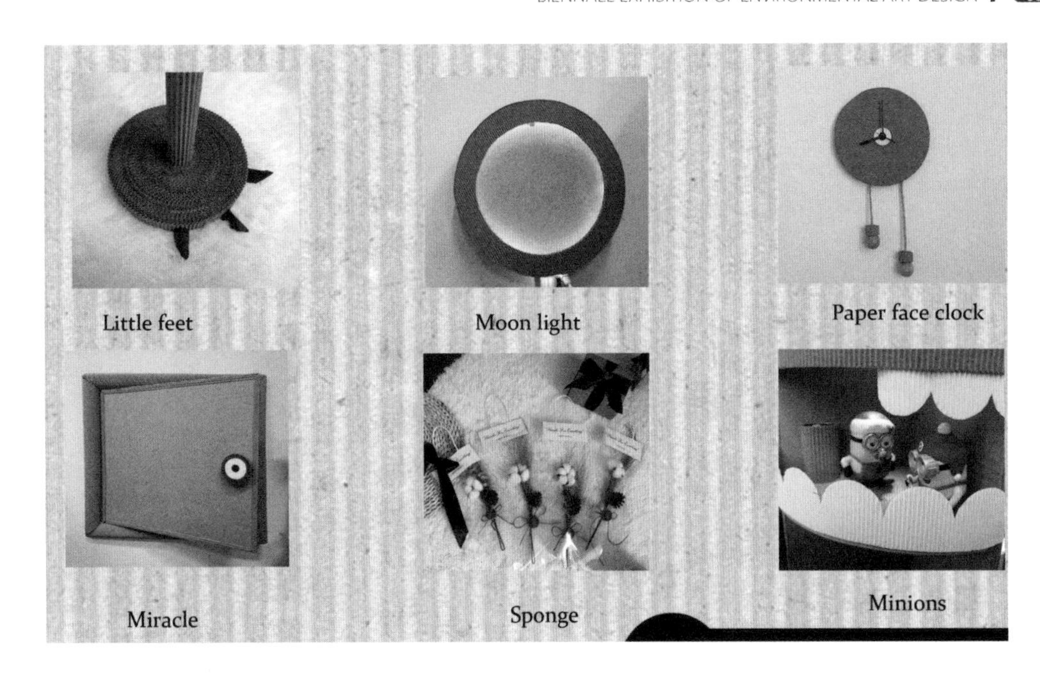
Little feet
Moon light
Paper face clock
Miracle
Sponge
Minions

作　　者： 白悦　武泽琴

作品名称： 广西茶馆设计 —— 茶舍

所在院校： 广西艺术学院

指导教师： 罗薇丽　韦自力

设计说明：

中国的茶文化应有尽有，点一杯清淡的茶，与茶友谈天论地；借一缕茗香，营建一方安稳平静；制造一个修身养性、品茗深刻思考的小居室，让爱茶的你体会到归属独有茶室空间里的茶香。

此方案以简单时尚为主，因为太过豪华的茶室会让顾客觉得这里的消费比较高，反而在无形中流失了许多顾客。因此，茶室装修的总体风格上没有太多的华丽元素，主要体现自己的特色。此方案既突出了中国文化，又体现了现代风格。把茶室设计成最有特色的休闲场所，通过运用竹、木以及植物等的设计和装饰给人带来一种全新的感觉。等候区是了解这个空间的开始，也是从室外到室内的过渡空间。它是整个空间的重要组成部分，茶舍的入口设计有助于进入时保持井然有序，满足基本的空间过渡、顺畅的流动功能外，还能体现自身的特色。因此，在这个空间里，无论是在材料、色彩、造型等方面都需要满足功能需要，又要具备形式美感，突出个性特色，是形式和内容的完美结合。碧纱橱、屏风、博古架，不但用来“隔而不断”，还有很强的装饰性。竹的修饰、实木家具，出现在空间中，自然就能感觉到新中式的气韵。

卫生间也是整个空间的组成部分，它虽不像茶室、厨房那样重要，但是又是一个必不可少的空间组成部分，有些时候洗手间的设计往往会被忽视。随着人们对环境氛围的不断重视，对洗手间也提出了更多的功能要求，而不是附属区域的简单处理。

作　　者： 黎雅蔓　徐卓　宋梦如　刘彦铭

作品名称： 地域 —— 广西山中细雨侗族文化餐厅

所在院校： 广西艺术学院

指导教师： 韦自力

设计说明：

一座老屋，一方风景，一种文化，这些与物质无关的概念，时而抽象，时而具体，却能勾勒出美好生活的轮廓。山中细雨餐厅利用当地特色，加入木结构屋顶，代表着侗族人民传承多年的木构技艺文化。将古老的手艺用自然与现代的手法重新诠释纷繁多元的世界，追溯地域文化与空间的结合。以艺术感知力为起点，通过不同程度的力度提炼，融合民族特色、文化元素与当代材料结合，不断打破固有模式，展现出具有当代性且别具一格的设计。

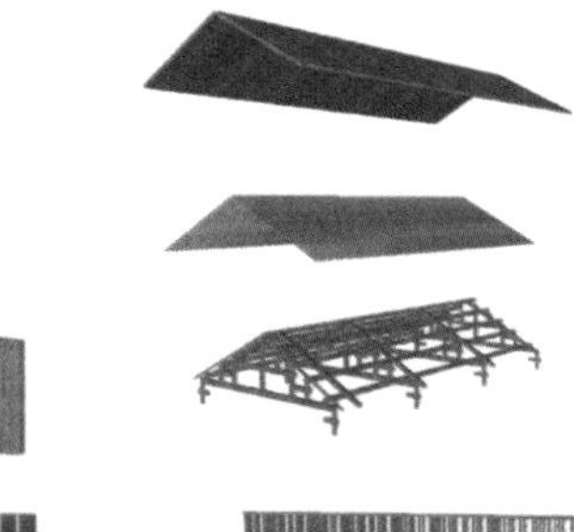

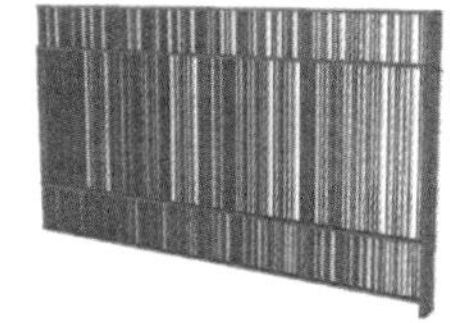

作　　者： 马雯静　闻可欣　王聪颐　徐帅

作品名称： 科沃斯扫地机器人特装展示设计

所在院校： 广西艺术学院

指导教师： 江波

设计说明：

通过展厅向广大群众宣传科沃斯公司的企业形象，推动企业的文化建设，集中展现科沃斯公司的企业实力，弘扬优秀文化，展望未来，使之成为展示科沃斯公司形象的全新窗口。"科沃斯，是机器人，更是家人"是针对此次设计的扫地机器人提出的主题，也是此次设计的核心主题。因此，本方案的设计核心是"陪伴"。

展位由包围的两个圆形组成，有呵护、陪伴的寓意。外圈是代表科沃斯扫地机器人的活动圈，内圈代表人类的生活圈，外圈包围内圈寓意着陪伴，也意味着扫地机器人是人类的伴侣，陪伴着人类生活。该设计使单身的上班族在一天忙碌之后回到家中不仅有一个洁净的家，还有一个在家中等他的"人"。

ECOVACS
01

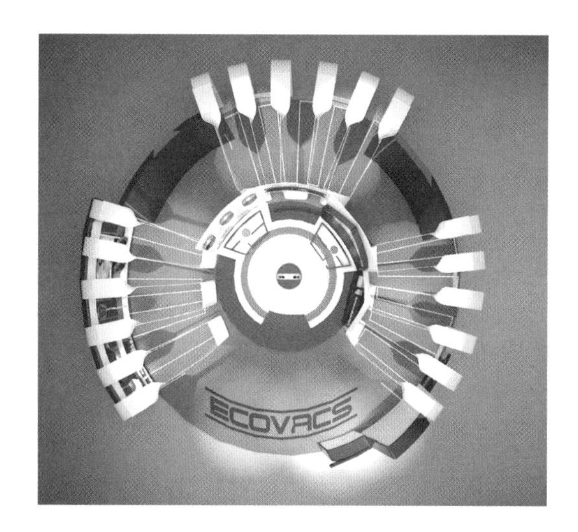
ECOVACS

VACS
01 科沃斯机器人
是机器人，更是家人

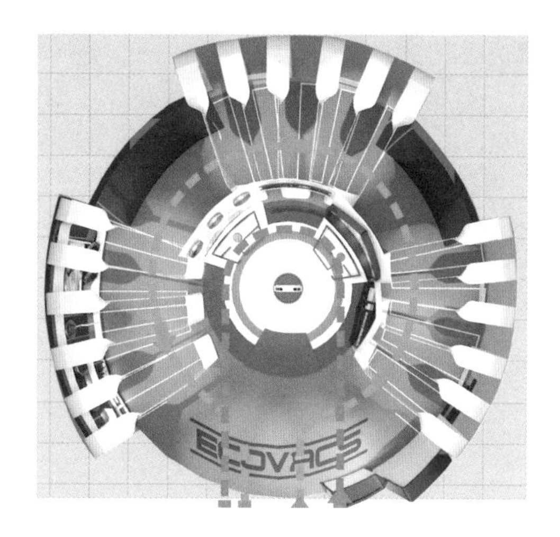
ECOVACS

ECOVACS

作　　者： 徐卓　宋梦如　黎雅蔓　刘彦铭

作品名称： 山不语餐厅

所在院校： 广西艺术学院

指导教师： 韦自力

设计说明：

本案位于广西桂林市龙胜各族自治县，龙胜旅游资源丰富，有“天下一绝”的国家一级景点龙脊梯田景观，有国家级森林公园等。

山不语桂林文化餐厅以桂林市丰富的人文资源为依托，通过以现代的设计手法表达传统壮族建筑，餐厅主要使用木材，营造文化气质与氛围。传统与现代在同一空间中共生发展，摈弃了装饰主义的中式风格，探索一种全新的中式风格道路。

作　　者： 陈馨　覃保翔　宫存颖　刘曜珲

作品名称： 多元·共栖——壮族红袖影城大厅设计

所在院校： 广西艺术学院

指导教师： 韦自力　罗薇丽

设计说明：

随着时代的发展，“多元化”已成为时代的重要话题，文化多元、城乡多元……在这样一个多元化的时代，我们不能忽略传统文化。那是我们的根，我们的特色。我们要传承壮族传统文化，用新方法、新形式和新材料重现源远流长的壮族传统文化。以前你想看到壮族的传统民居，必须是在百公里外的山村里，如今这种建筑元素已经慢慢进入了城市当中，做到了传统文化与新时代共栖。

文化是一座城市的灵魂，不同的城市有不同的文化特质、属性，每座城市其独有的文化是该城市的人文精神象征。南宁，作为广西壮族自治区的首府城市，壮族特色不够明显，整座城市的壮族文化氛围不够浓厚，对壮族文化特色的展示、传播也不够。让南宁更加清晰地凸显其壮乡首府的特色，更好地传播、传承壮族文化，整合民族文化资源，打造出属于南宁市自身独有的民族文化特色，创造新时代的文化特质，创造独有的文化个性是目前南宁市城市文化建设和南宁市民族文化保护和传承应该重视的问题。电影院作为文化传播最重要的场所，却没有被好好利用起来。本设计力图打造独具壮族文化特色的时尚文化影院，同时配备壮族文化书吧和餐厅，使之成为一个展示壮族文化的良好平台。

作　　者： 冷雨润

作品名称： 归·术——美术馆空间设计

所在院校： 四川传媒学院

指导教师： 姜一

设计说明：

以“家乡是艺术家灵魂最好的归宿”这句话作为设计灵感来源，家乡的风景、家乡的节日以及家乡的食物等，都是使我们难忘的，于是就有了对家乡的美好回忆。从艺术家对家乡的情感出发，其是设计重要的灵感来源之一。所谓落叶归根，起点是家乡，终点亦是故乡。以圆作为设计元素，表达人生轮回的一个意境来呈现美术馆的主题，从而表现出老艺术家对家乡的眷恋、深情和热爱，也让参观者感知及感受这份乡愁。

作　　者： 石蕹熔

作品名称： 社区托育中心设计

所在院校： 四川大学

指导教师： 续昕

设计说明：

这是一个信息科技飞速发展的时代，改革开放四十周年，我国经济快速发展，人民生活水平不断提高，各个行业都在不断地更新变化，也迎来了许多新兴行业。0—3岁幼前托育机构目前在我国处于空白，上升发展的空间很大，托育中心还是一个新鲜事物，无论机构、模式还是被接受度都还有很长的一段路要走。

本方案以社区性质的托育中心室内空间设计着手，希望通过对社区的分析及婴幼儿的生理和心态需求、幼儿空间的安全性与舒适度及家具建筑的尺度多方面探究，寻找适合我国当前国情的0—3岁托育中心的设计策略，为该教育行业的发展尽一份力。锦城社区要打造对于3岁以下婴幼儿托育的建设，致力于打造儿童友好型社区，达成“以空间换服务”为标志的多赢局面。通过组团式的服务，实现“社区化、就近化、专业化”的托育模式，为辖区家庭提供保育、教育、托育、儿童健康管理等多元、便捷、优质的托育服务。

作　　者：杨骏

作品名称：竹里——手工艺图书馆空间设计

所在院校：四川大学锦江学院

指导教师：侯沙杉

设计说明：

相较于传统图书馆的阅览功能而言，本案利用当地有效的地理环境和文化积淀，结合了集手工艺和阅览为一体的手工艺图书馆，对建筑形态和功能性进行了优化。

建筑形态上，利用川西民居的双坡顶和北方民俗园林常见的卷棚顶的有机结合建筑屋顶，再运用书本展开的形式抽象提取整体竹编造型。

功能性方面包含阅读区、手工艺设计展区、设计图书展示区、传统材料展示区、室外手工沙龙及多功能活动区，使得整个文化综合体得以完善，传统非遗竹编文化在现代建筑实用性的结合下得以有机传承，传统手工艺的体验加上传统图书阅览空间的综合，二者和谐共存，动中取静，静中取动。因此，选择本选题，具有深远的社会意义和研究价值。

手工艺图书馆

作　　者： 颜继

作品名称： 微光 —— 留守儿童照料中心

所在院校： 四川旅游学院

指导教师： 罗德泉

设计说明：

随着新农村建设的发展，越来越多的人关注留守儿童的社会问题，但对民族地区留守儿童的关注还不够。彝族留守儿童比例相当大，但他们的生活环境不容乐观。一个良好的空间环境是留守儿童健康成长的重要因素，它将对儿童发展的各个方面产生不同程度的影响。

在对彝族农村留守儿童的现状及其空间环境问题进行了大量调查与分析，结合我国新农村建设现状，总结出更为人性化的彝族农村留守儿童空间环境设计原则和设计方法。

把“留守儿童”与“探索与自由”作为设计的焦点。从留守儿童的需求出发，营造一个合理、亲情化的空间环境。留守儿童照料中心，是一处培养与教育孩子们的环境空间，这里是一个能够教授或者传递给孩子们知识和技能的场所。

在留守儿童中心的设计中，我们可以在家庭环境方面设计亲子互动室，让他们与父母交流，抚慰亲情方面的缺失；在教育环境方面，满足儿童的现实需求，从中抚慰儿童的心理问题；在多功能阅览室可培养儿童多方面发展，扩大儿童的阅读兴趣；在活动空间中，设计攀岩、游戏小屋、涂鸦等空间去释放儿童的天性，这些空间的成立一定程度上对儿童是有促进作用的。希望，在今后的不断实践与探索中，能为彝族留守儿童创造更好的生活环境。

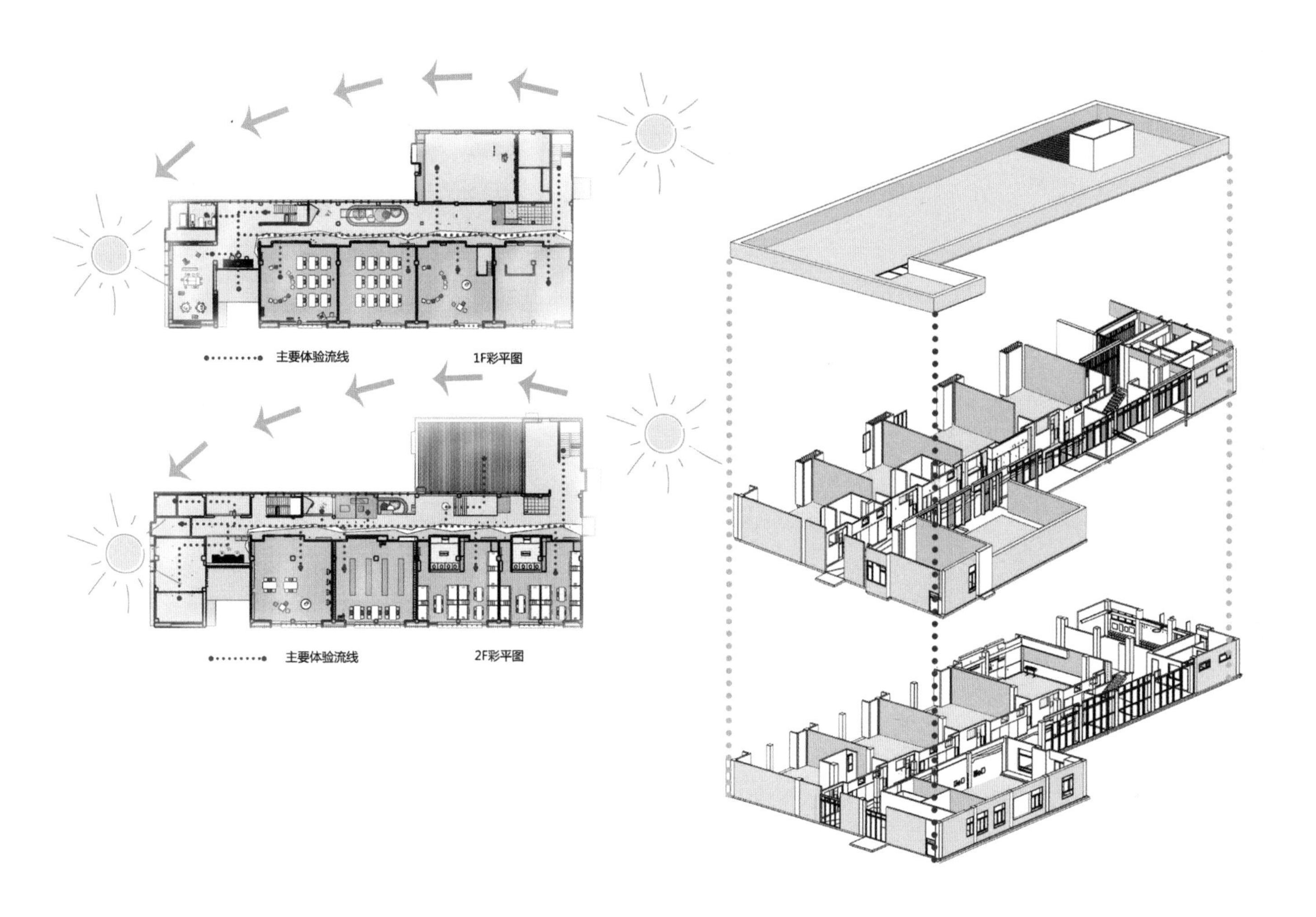
主要体验流线
1F彩平图
主要体验流线
2F彩平图

作　　者：刘洋　王钦可

作品名称：归山野 —— 老年康养中心设计

所在院校：四川美术学院

指导教师：许亮　刘蔓　方进

设计说明：

本项目位于重庆市九龙坡区杨家坪前进之路20号，医院前身为1938年内迁重庆的美国教会医院，1950年政府接管，成立“西南第一工人疗养院”，由邓小平同志亲笔题写院名。曾经张学良将军也在此接受过治疗，是重庆市城镇职工基本医疗保险定点医院、爱心医院、康复医院，中华全国总工会授予的“全国劳动模范疗休养基地”，中华全国总工会所属疗养院。现址为“西南第一工人疗养院”，地处重庆市九龙坡区政治文化中心，交通方便，阳光充足、安静清心、环境优美。本项目的市场定位以监护、助护和生活护理为主，为老人提供生活、休息、保健、娱乐、医疗为一体的服务中心。项目以回归田园、回归山野为主题，在建筑设计、室内设计、景观设计上，都用了不同的设计来呈现一副生机勃勃、风光迤逦的田园景观。

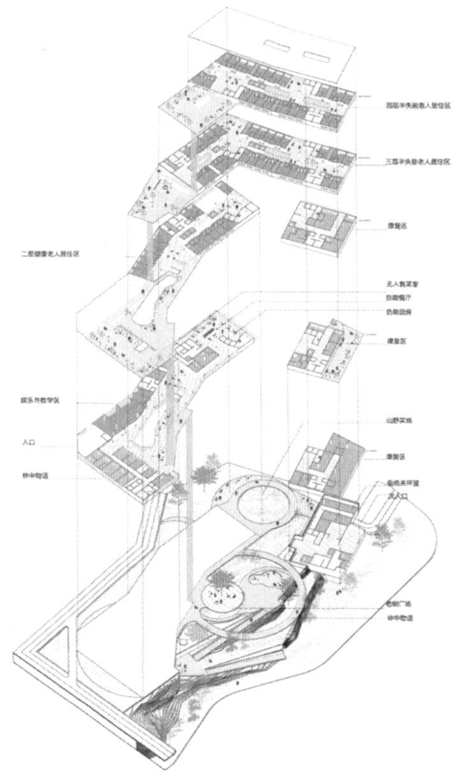
四层半失能老人居住区
三层半失能老人居住区
二层健康老人居住区
自助餐厅
康复区
娱乐与教学区
入口

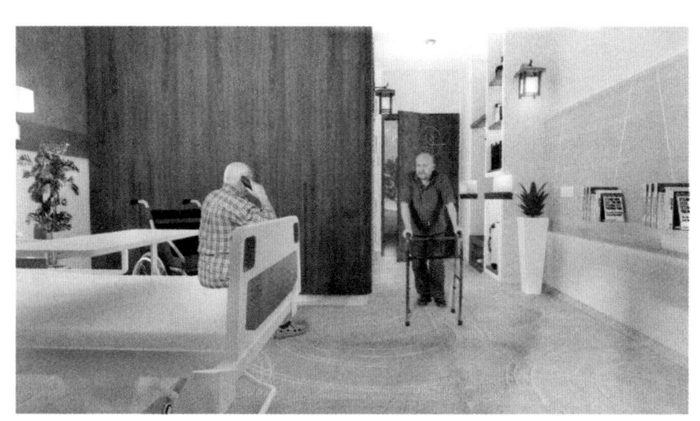

作　　者：闻翘楚

作品名称：空集 —— 安远康莱博酒店设计

所在院校：四川美术学院

指导教师：肖平　潘召南　孙乐刚

设计说明：

从时间概念上看，当代设计是对现代设计的延续。而“当代性”本身包含着对现代的反叛。但同时，多元的当代设计也并未完全摒弃现代设计的全部，这是由于无论是与其前后的哪一个时代主流相比较，现代性的设计都有着向前的趋势与方向感。

作　　者： 孙旖旎　唐瑭　王兴琳

作品名称： 耆俊之居 —— 适老化家居空间设计

所在院校： 四川美术学院

指导教师： 龙国跃

设计说明：

耆俊，年老而才能优异者。

耆俊之居，为耆俊夫妇打造的休养身心之居。

遵循 90% 的老人居家养老的原则，将设计对象设定为一对退休但对生活充满情趣的独居老年夫妇，为其设计一处适老化的居住空间。

以居家养老为出发点：注重家居的安全性，室内空间的无障碍。

以老年生活为出发点：着重考虑老年照明需求，智能应急设备的设置。

以老年心理健康为出发点：通过色彩搭配来烘托家居氛围。

家具：从安全出发 —— 对家具棱角进行圆角处理，设计多功能智能家具一级防摔座椅、多功能拐杖等专项。

空间：以室内无障碍为基础 —— 以一体化家具节省空间，满足老人活动需求。

照明：满足老人照明需求 —— 使用色彩单一的平稳光源、新增夜灯等功能灯具，不留下照明死角。

智能：结合智能应急设备 —— 通过科技实现智能管理，在每个区域分别安装智能应急报警设备。

色彩：原木色与白色为主，绿色点缀 —— 营造安静素雅氛围，同时通过生命之绿的点缀寓意健康长寿。

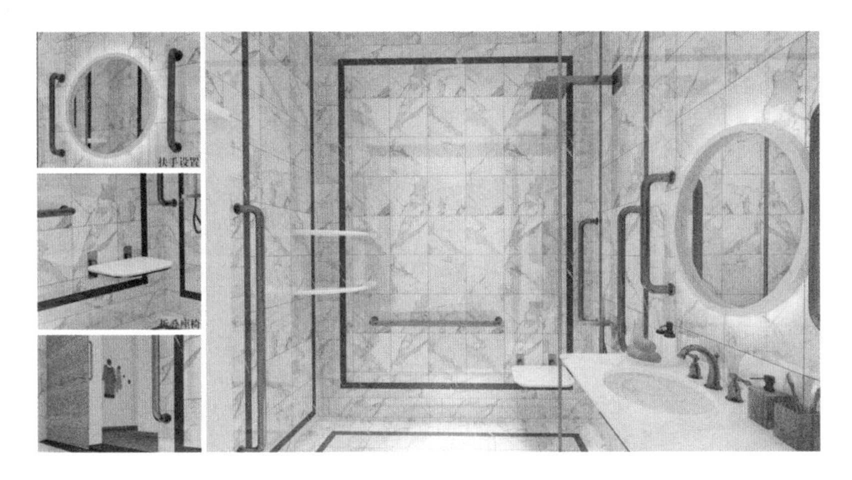
扶手设置

INTRODUCTION FOR THE STUDY

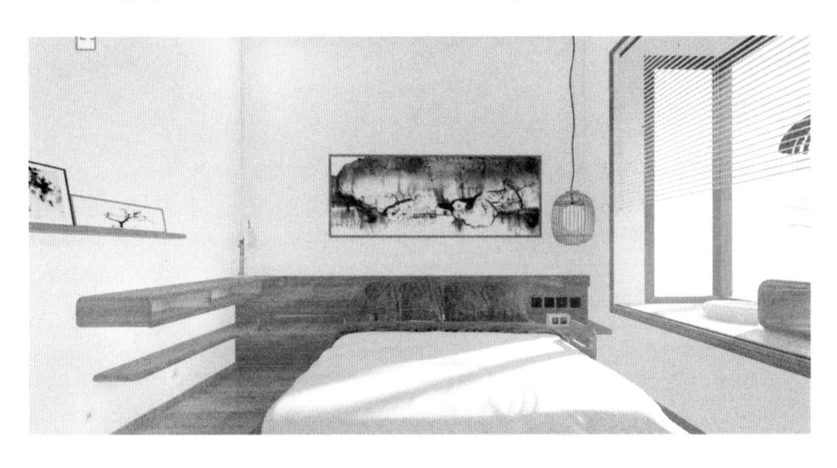

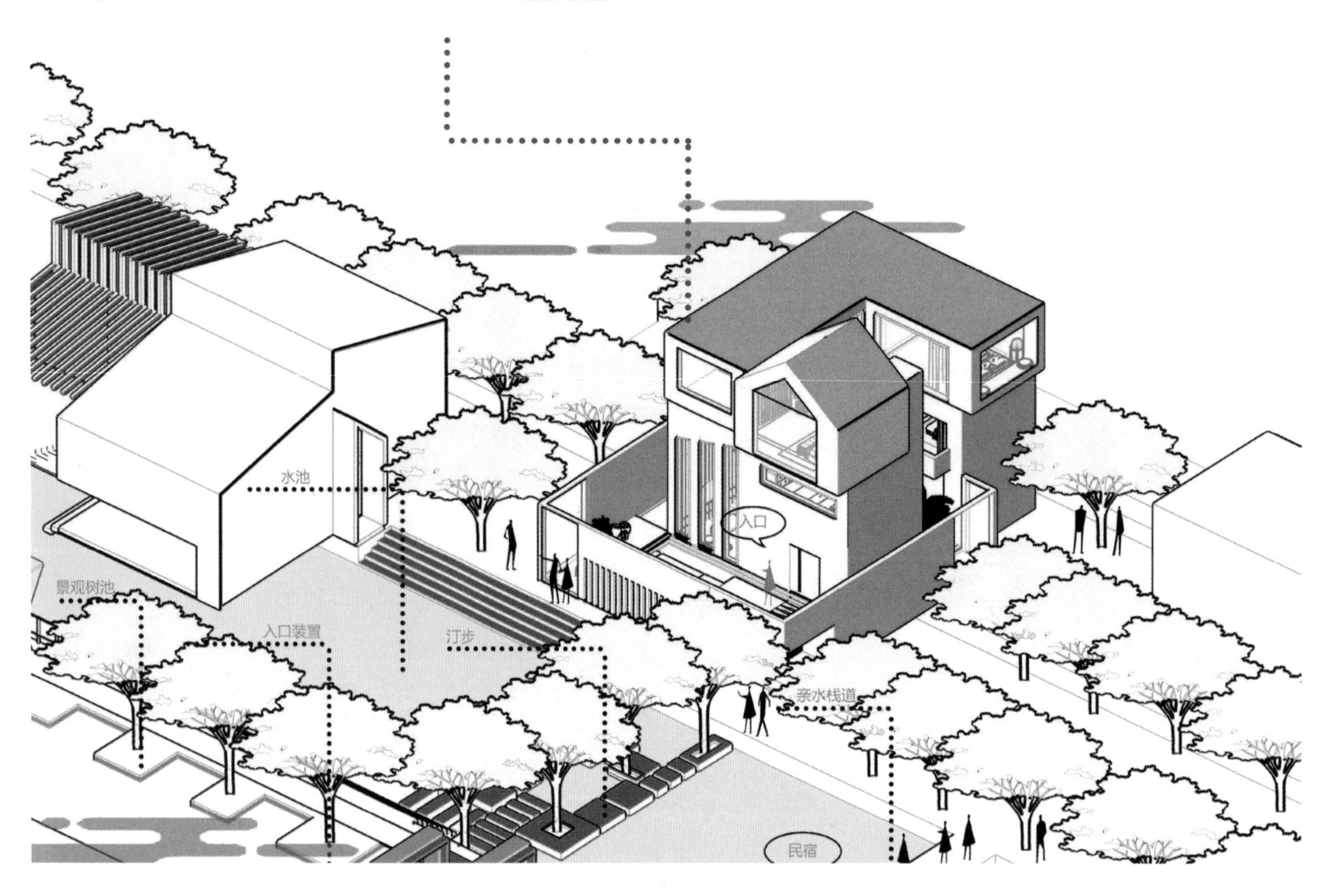

作　　者： 邓千秋

作品名称： 云山雅筑·宿

所在院校： 四川美术学院

指导教师： 杨吟兵

设计说明：

原建筑为一栋位于重庆市的三层别墅，在原有基地的基础上对建筑进行扩充，同时修建庭院，别墅改建为民宿。民宿功能区，室内：客房4间、主卧1间、客厅2间、餐厅、厨房、卫生间3间、茶室；室外庭院（水景绿化铺装）材料：主要为混凝土、木材、钢材玻璃等；客厅：挑空设计，同时沙发区域做下沉处理，增大空间，旁边增设茶室。

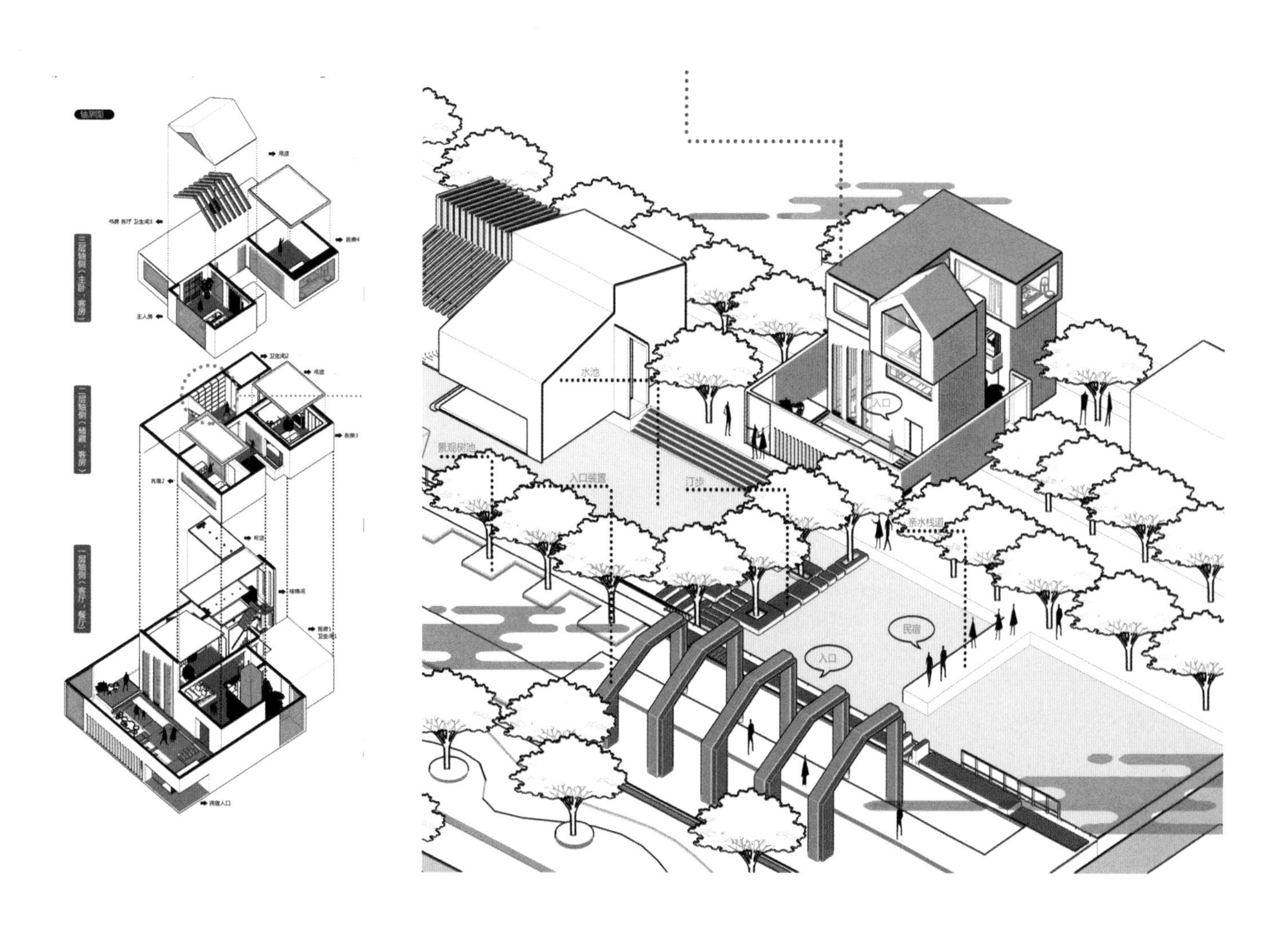
轴测图
吊顶
客房4
三层轴侧（主卧，客房）
主人房
卫生间2
吊顶
二层轴侧（储藏，客房）
客房3
客房2
吊顶
楼梯间
一层轴侧（客厅，餐厅）
客房1
卫生间1
民宿入口
水池
景观树池
入口装置
汀步
亲水栈道
入口
民宿
入口

作　　者： 冯雪　刘恒

作品名称： 万物生长

所在院校： 西安理工大学

指导教师： 孙昕

设计说明：

对未来人居提供一种新可能、新形态、新模式，将未来人居住的新理念打造成更加智能、绿色的人居环境。

将传统人居功能打散形成独立空间，根据需求进行组合，同时提出价值。将单体理念、智能科技的单体配备、包罗万象的架子，相辅相成，打造未来人居新环境。

世间万物，任由生长。

作　　者： 石桂霖　冯可儿　秦月

作品名称： “传”之衍—— 主题空间展示设计

所在院校： 西安美术学院

指导教师： 周维娜

设计说明：

该作品是一个“传”文化主题展示空间设计，我们可以将传理解为一个动词，或者是一个流程，当某个信息引起我们的注意，大脑接收到这个信息并且进行处理。在大脑处理这个行为中我们的信息接收程度被决定，最后再通过个人将信息传达出去，我们将此称为个体性传播。再将人这个个体置于群众之中，由传播者将传播内容通过某个渠道表述给接收者并且产生效果。最后信息回馈给传播者，这个循环的过程我们称之为社会性传播。总而言之，传就是双方作用的结果，“传”与生活息息相关，并在每个环境中存在。

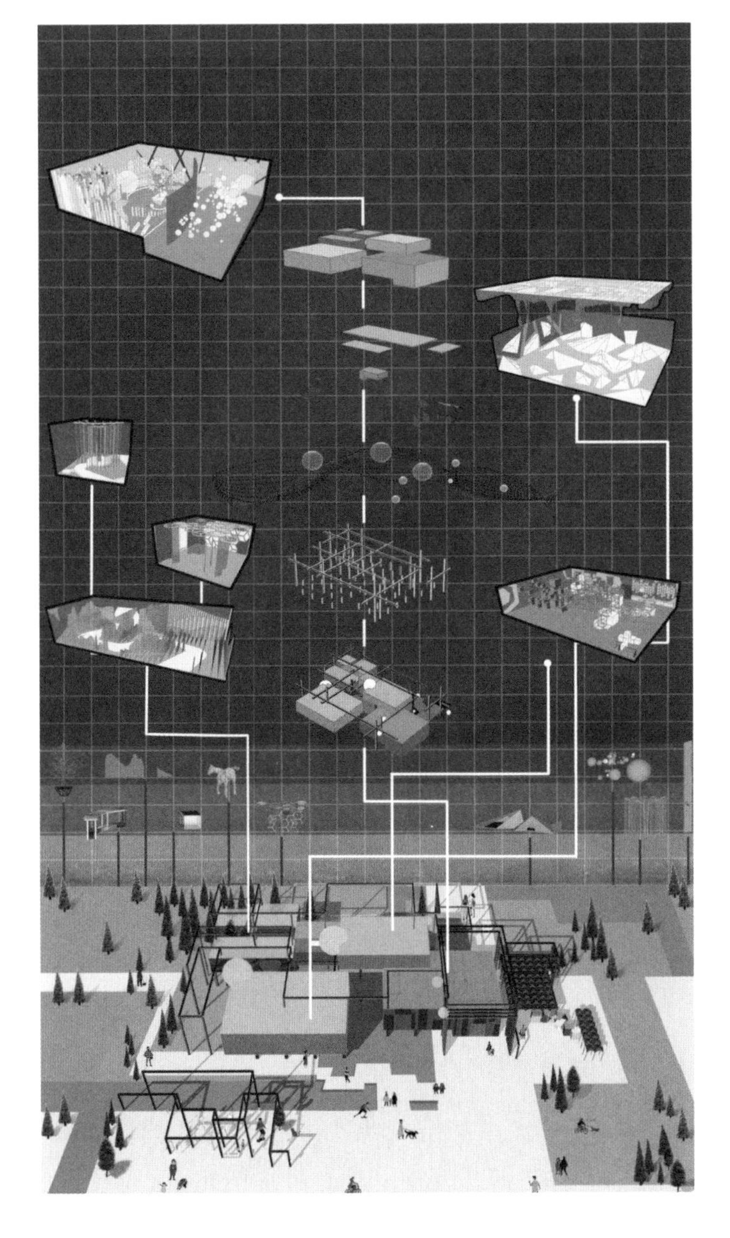

作　　者： 李阳　吴思凡　邓姝琪

作品名称： 安全阀——未成年负情绪管理空间设计

所在院校： 西安美术学院

指导教师： 张豪

设计说明：

教育社会大环境压力下，未成年人的负情绪日益增加，不良的情绪如果不加以控制、引导则可能会成为违法犯罪行为产生、发展的动力。同时，未成年人犯罪在没有有力的法律约束下，只能通过心理及情绪的疏导加以干预。

而当今国内心理咨询机构较少，而为数不多的心理咨询机构也没有发挥其应有的作用，加上我国传统思想的偏见，对心理卫生不够重视。

因此，希望通过我们的负情绪管理空间为未成年提供情绪宣泄处及心理指导的同时，带来新型趣味的体验，并破除人们在心理辅助与咨询方面的偏见。

目的：

1. 保护青少年身心安全：通过各种宣泄方式与心理疏导相结合，给青少年提供一个可以放松自己的场所。

2. 疏导青少年心理：进入青春期后，青少年与社会的接触更广泛，也会更容易受到社会不良因素的影响。成瘾的概念最早来源于临床医学中病人对药物的依赖现象。当前，在青少年群体中比较常见的成瘾现象主要有吸烟和饮酒成瘾、游戏成瘾以及网络成瘾等。

3. 提供合理宣泄场所：压抑负性情绪会积蓄侵犯性能量，只能以某种途径发泄，通过安全阀的设计来疏导青少年的合理宣泄，促进青少年健康成长。

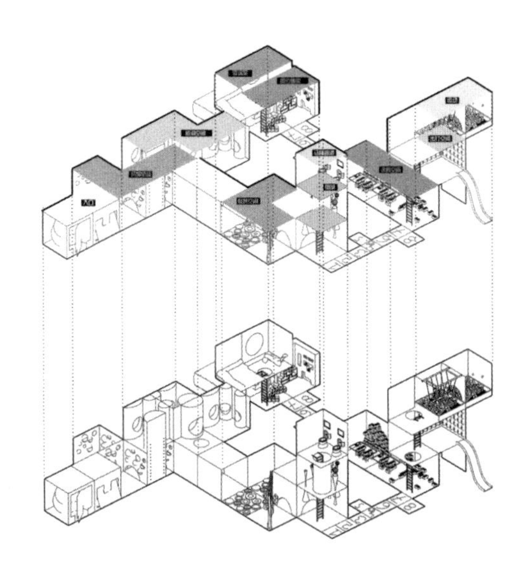

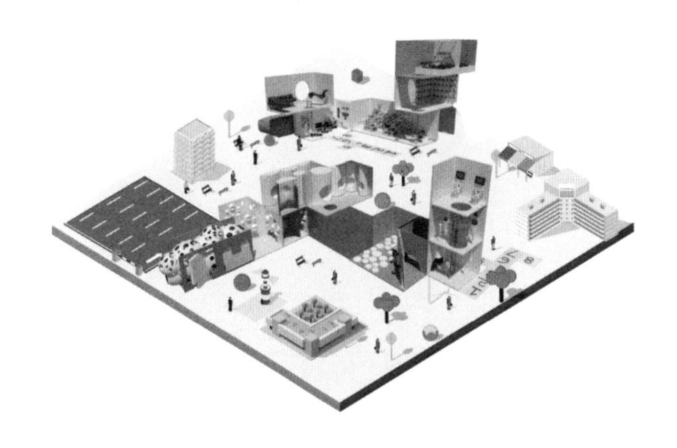

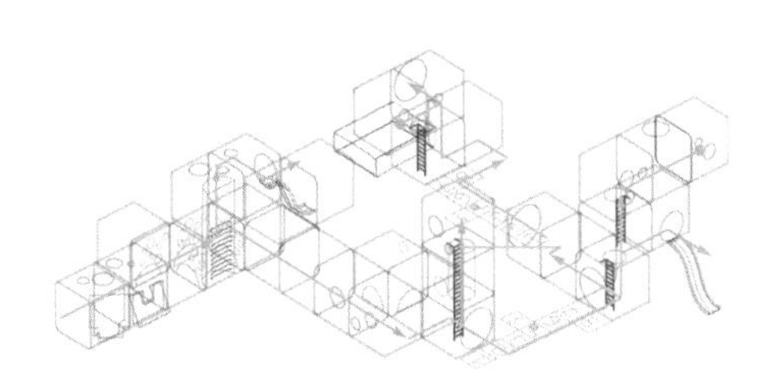

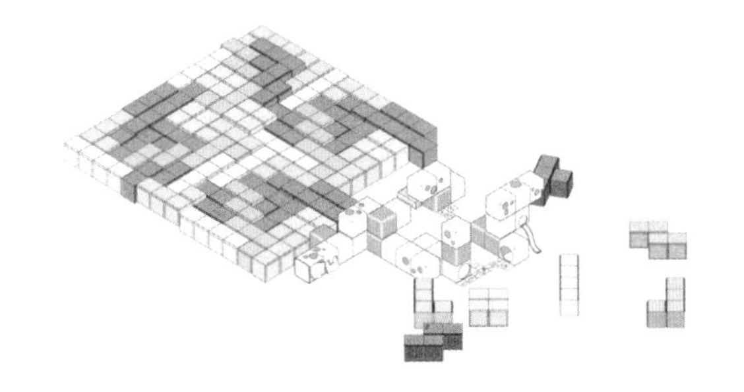

场景融入

作　　者： 刘竞雄

作品名称： 山亭茶语话晴岚

所在院校： 西安美术学院

指导教师： 周维娜　孙鸣春

设计说明：

在共享理念盛行的环境下，以美丽乡村建设为背景，将开放模式下共享场所精神运用到乡村建设中。设计实践项目以湖南非遗安化黑茶为设计研究的出发点，以安化茶庄为设计项目探究建筑中对于场所精神的塑造，塑造当地乡村生命力与产业发展共享、共生模式，以及场所精神重塑对于昭山的发展建设起到的积极意义。

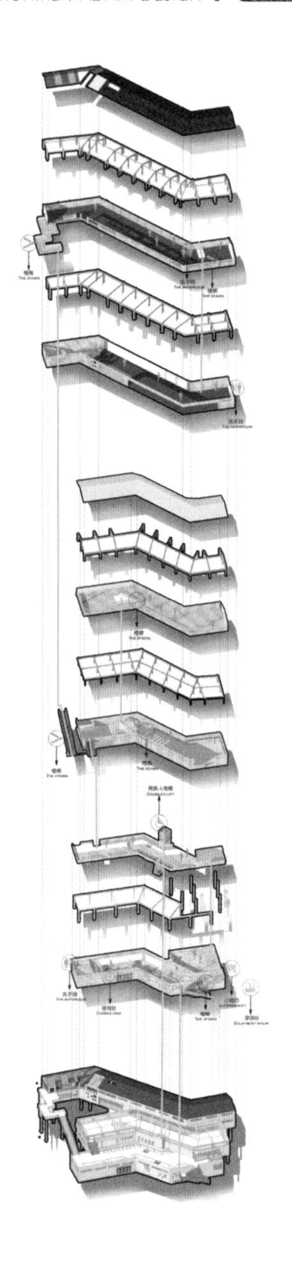

作　　者： 许美玲

作品名称： 微观·城市呼吸

所在院校： 西安美术学院

指导教师： 周维娜

设计说明：

伴随着人们生态观念的提高，展馆建筑的设计也逐渐趋向生态可持续方向发展，“主动式”作为绿色建筑的一种研究类型，由于其独特的研究点和逐渐成熟的设计体系，越来越受到社会各界的认识与推崇。将“主动式设计理念”引入当代展馆设计中，主要目的是使建筑的生态空间变得更低碳、更舒适，并对设计师生态空间的设计意识提出了更高要求。

作为具有实用功能的绿色节能建筑，优先从主动式生态展馆应用价值、协调能源效率与环境之间的有机关系等方面进行研究，在“舒适、节能、环保”等角度探索主动式生态理念与生态展馆的关系。并以贵州贵安新区海绵城市建设生态科普展馆为设计案例进行实践，探索主动式概念下生态展馆的优化设计手段。由此，希望通过对“主动式生态展馆”的解读和案例实践，探索出具有独特生态价值的展馆空间。

城之网

作　　者： 苏月

作品名称： “晋味人间”主题餐饮空间设计

所在院校： 新疆师范大学

指导教师： 王磊

设计说明：

随着社会的发展，城市人口日益增多，城市生活压力过多以及现代化进程带来的情感缺失等社会现象和社会价值观，而“吃饭”对于中国人来说是天大的事。所以，对于生活在都市高压力下的人来说餐饮也不仅仅是解决温饱的地方。更多的是让人体会到舒适的环境氛围和优质的特色服务，对应之下主题餐饮设计受到越来越多的人的青睐。受信息网络及传媒影响，它所表达的形式受日益复杂的顾客群体的需求不断变化，加入文化主题风格化、个性化的餐饮空间必将成为主流。本设计通过文献调查法、访谈法、田野调查法对生土建筑特色、主题餐饮空间的现状、情感诉求对主题餐饮空间的重要性、本土传统文化等方面做出分析。

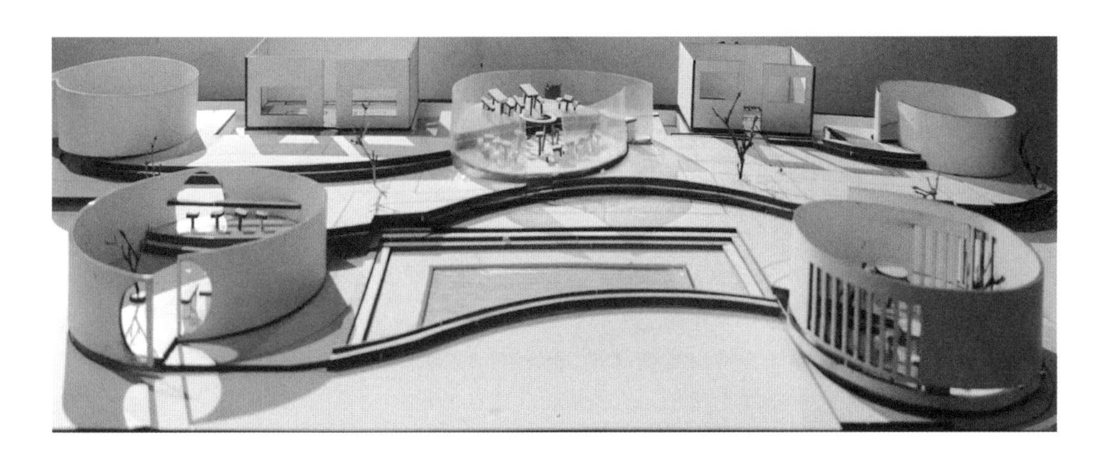

作　　者：叶鹏飞

作品名称：“构色”色彩空间设计

所在院校：西南财经大学天府学院

指导教师：毕飞

设计说明：

空间定义为现代主义设计，设计在色彩纯粹、光影律动和新技术涌动的灵感交融，如同量子纠缠，存在的就是合理的。

基于当前的设计趋势——色彩质感，对于当前空间设计不只局限于空间布局的功能主义设计，同样也应该包含形式上的艺术设计以及空间环境设计的呼应。

通过多种色彩的混合搭配，要求对于设计色彩极其敏感的把控，巧妙搭配打造出现代主义中的色彩乌托邦。在建筑语境中丰富地表现在设计中，运用色彩表达对建筑空间的幻想及现代主义的狂热。

作　　者： 刘紫薇

作品名称： 室内环境中的纤维艺术设计应用研究 —— 以甘孜藏族自治州绮想曲民宿为例

所在院校： 西南交通大学

指导教师： 赵菁

设计说明：

本次设计主题为川藏铁路沿线的特色民宿软装陈设设计，基于民族特色为其中的考虑因素，且突出地域性人文为本次设计的出发点，在对川藏铁路沿线各站点进行分析后选取了丰富的自然资源与历史人文并重的甘孜藏族自治州州府 —— 康定，作为民宿地点。在主题上采取藏族孩童视角对设计加以思考，围绕地域特点与纯真自然风格进行纤维艺术设计与实物制作。

在研究设计中，基于客厅环境的地域性特定主题特色，通过室内环境中的纤维艺术的设计与创作，运用多种手法（例如手编、机织、羊毛毡等）及多种色彩搭配，塑造出有着质感交错、颜色明亮特点的多种手工纤维艺术品。同时，通过本次设计了解室内纤维艺术的地域文化表达，丰富自身对软装陈设的知识储备，学习多种纤维艺术的制作方法。

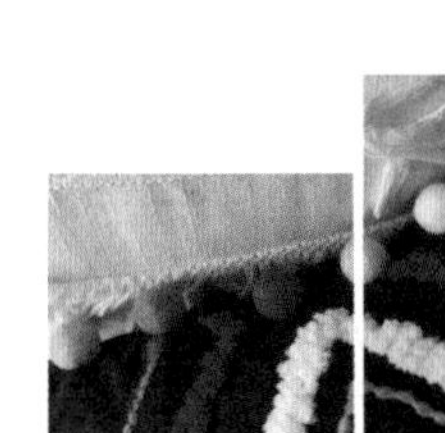

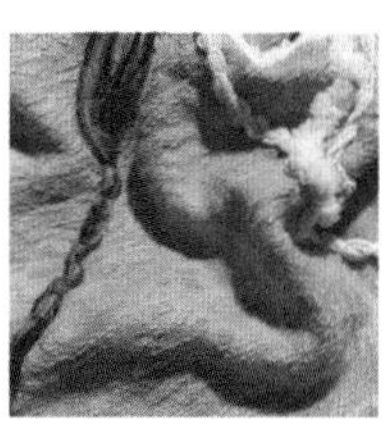

作　　者： 李宜航

作品名称： 四丰红落民宿酒店设计

所在院校： 西南交通大学

指导教师： 胡剑忠

设计说明：

千百年来，东北地区大多遵循自然生长法则，与林为伴、与水相依、与田而居，地区社群在长期与自然的互动中形成了传统而智慧的生活、生产价值观，并以此为基础形成了独具特色的东北地域文化。如今，随着“文化强国”战略和“东北振兴”战略的实施和推进，东北地区旅游业不断发展，人们的消费水平不断提升，对于旅游住宿产品品质的要求也越来越高，对住宿文化的追求层次也不断提升。在旅游住宿产品的设计中，也有越来越多的设计师，将地域文化元素作为旅游住宿产品设计的理念。那么如何在旅游住宿空间设计中，突出地域特征，将本土文化元素符号与现代住宿空间设计巧妙地结合，被更多的游客接受，成为许多设计师和旅游住宿经营者关心的课题。

归纳总结出民宿所在地——佳木斯地区地域文化的特色元素，分析其在民宿酒店设计中的应用思路和表现方式；并在大堂区、休息区、鱼皮画工艺体验区、温泉区、客房区、餐厅区等重要空间设计中进行运用，彰显出四丰红落民宿酒店的空间设计特色，体现出其地域性和文化性。

作　　者： 朱霞

作品名称： 寻度 —— 主题餐厅室内设计

所在院校： 西南交通大学

指导教师： 胡剑忠

设计说明：

主题餐厅，是近年来的餐饮界新秀，随着它们出现的数量越来越多，主题化似乎变成了餐饮文化的发展潮流。人们对餐饮的追求不再满足于味道，而是上升到环境的享受甚至餐厅所代表的文化符号。所以，主题餐厅逐渐成为许多人的选择。

该餐厅室内设计围绕游戏“纪念碑谷”为主题，对餐饮空间进行丰富的想象。这是一款画面简约，色彩搭配绚丽的闯关游戏，每个玩“纪念碑谷”的人都会被它奇妙的视错觉营造的非正常建筑所折服。在设计时，每个不同的空间分别提炼游戏环节中的经典造型作为设计元素，取其精华，化繁为简。由于这款游戏的色彩搭配十分精美，所以设计时在色彩上也沿用了游戏中的配色。这样设计后人们在餐厅里仿佛不受地心引力的影响，他们看着倒过来的楼梯，反着的门，都会产生对三维空间的无限遐想，因此我给餐厅命名“寻度”。该餐厅计划位于成都环球中心，定位高端西餐厅，服务对象主要是年轻消费者以及家庭式消费者。餐厅总面积1450平方米，厨房面积350平方米，容纳310人，构成内容包括五个包间、三个散座区、三个卡座区、两个靠窗区、服务总台、接待台、储藏间、酒水间、厕所以及厨房。

本设计以“纪念碑谷”为主题的目的是为了向人们展示一种更为新奇的设计空间。我们缺的不是餐厅，我们缺的是具有美感的生活环境。我希望这个设计带给人们的不只是简简单单的一个方案，而是可以潜移默化地提高人们的审美。

寻度

作　　者： 李盼盼

作品名称： 寻南雨主题餐厅设计

所在院校： 西南科技大学

指导教师： 费飞

设计说明：

世人皆知烟雨江南，水天一色，淅淅沥沥的小雨隐诺了古城的粉墙。让世人分不清天与地，唯独留下了盖着灰瓦的人字形屋檐漂浮于天地之间，这便是烟雨江南。本次公共空间设计，以烟雨江南作为设计主题来源，以现代手法重构典型江南元素，简化元素，以混凝土、旧木、瓦片等材料，渲染餐厅独特的朦胧气质，给世人一场烟雨江南的梦。

白墙黛瓦，石板拱桥，亭台楼榭，渔村野市是为世人对江南的初印象。本次设计以木为媒，以烟雨为境，体现空间的意蕴。设计中提取江南典型元素，马头墙、石桥小路，江南山水之画入景，且运用江南园林典型的借景手法。顶上的吊灯在餐厅气氛的衬托下，似烟似雨般洒在小巷里，洒在餐桌上，朦胧而有意境。小桥、流水、云朵，那一幕幕江南韵味的山水景象在视野里，在意境中，先是一个开敞的院子，天顶喷黑从视觉中隐退，漂浮于天花的棉花云朵，仿佛似云般轻浮于天空之中。顶面处理较为简化，提取屋檐形，并将其简化，以防火木板制成房屋框架，使用木纹的铝板做空间隔断；简洁的线条，清晰的轮廓与构造，在意境营造上也完美呈现了“江南庭院中”听雨看景享受美食的独特感受。

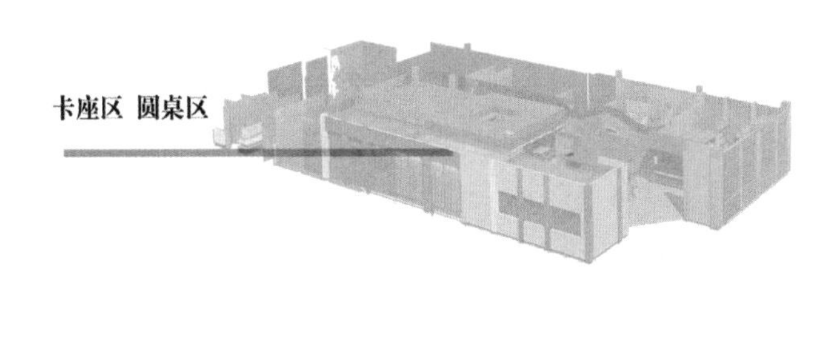
卡座区 圆桌区

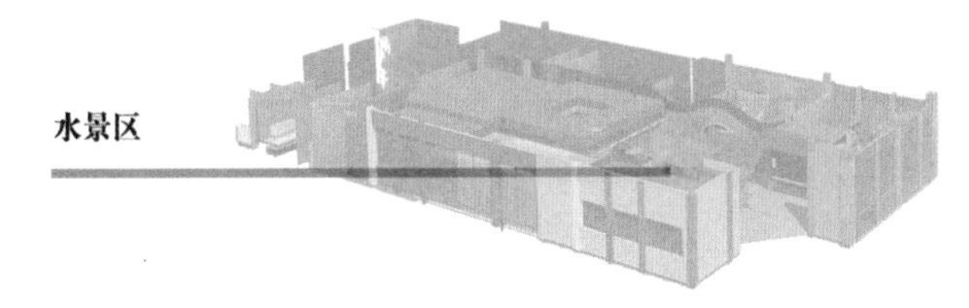
水景区

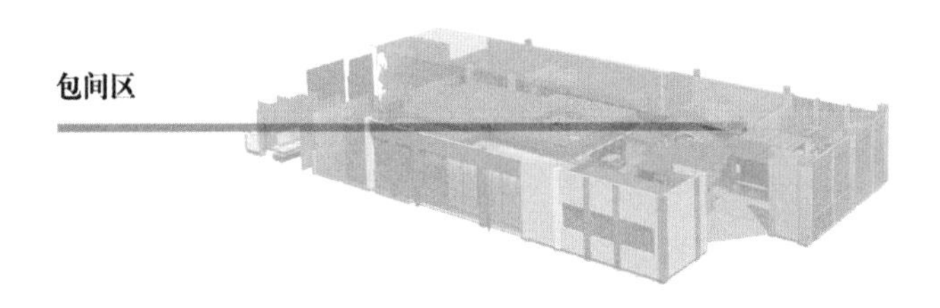
包间区

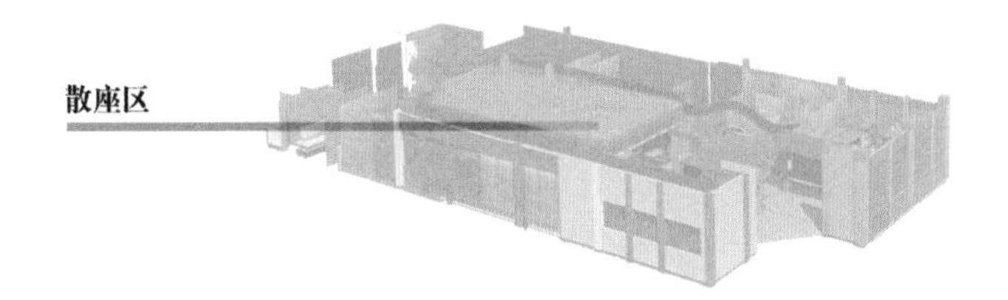
散座区

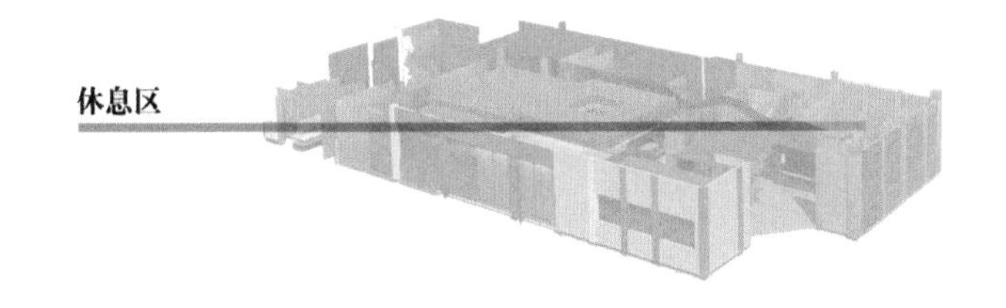
休息区

作　　者： 罗鸿　张宇琦　邓依依

作品名称： “人猫共处”主题酒店空间

所在院校： 西南民族大学

指导教师： 李刚

设计说明：

以酒店空间中的动物元素为研究对象，在空间上的研究范围界定为主题酒店空间。主要探讨在公共空间中，如何协调人与空间、猫与空间以及人与猫之间的多重关系，打破城市生活中人与动物之间的矛盾，从而达到多元·共栖的状态。

其次，分析动物元素的审美价值，主题元素提取猫的外形、颜色、动态、感官、寓意形成创意点，结合视觉心理要素进行转换，并且运用平面构成基础理论进行释意，从而在维度上做到二维到三维的转变。并且在空间业态上，将原本单一的酒店居住空间拓展为集交流、体验、艺术展示的集合空间，以达到文化元素、艺术装置、酒店空间相融合的空间氛围，使酒店空间和当代艺术获得了融合发展的机会。

作　　者： 张慧聪

作品名称： 溯源 —— 生态温泉酒店

所在院校： 云南艺术学院

指导教师： 甘映峰

设计说明：

室内设计结合建筑基础结构和形态，在空间内部进行功能划分，并在基本功能分区内部进行细分结构和隔断等。本次温泉酒店室内设计注重“以人为本”和功能设计，在装饰元素上多选用“竹”、“木”等元素进行设计，整体空间简约大气，诠释“禅”意空间，景观设计考虑温泉布局网，设计应更好地保持水土，营造生态可持续景观环境。

温泉酒店的室内设计应该首先强调与建筑设计的“相辅相成”，其次便是细节设计。细节上的舒适体验会增强旅客内心的认同感，室内总体尺寸必须满足人们活动的最适宜空间，遵照人体工程学基本原理。植物材质是次于动物材质的另一种能让人体感觉贴心舒适的材质，材料上多用当地淳朴的竹、木等材料设计家具、墙料多选用绿色环保漆。室内装饰设计上不需要花式繁琐，只需简约大气，重点是软装上的亲肤舒适体验，这也可以节约酒店的资金，减少浪费。

作　　者： 陈孔金　李胜

作品名称： 云伴·山舍民宿空间设计

所在院校： 玉溪师范学院

指导教师： 张灵

设计说明：

本方案以传统民宿将传统与现代结合的生活方式，保留民族标签的同时结合现代的艺术审美而创造出别具一格的民宿，是最适合表现当地民族特色风情的地方，能够让游客体验与自己所在地文化不同的新奇感。在设计中大部分采用自然的本地材料，比如将他们在生活中普遍看到的材质用设计手法和美学手段运用在我们的设计当中。再结合一些现代的灯光效果，将运用的纹样肌理表现得更加淋漓尽致。

设计规划充分挖掘和突出当地民族文化元素，以保留并凸显当地元素为前提，在过程中创新。坚持良好的特色与风格，才更能创造本身的魅力与价值。

建筑类

ARCHITECTURE

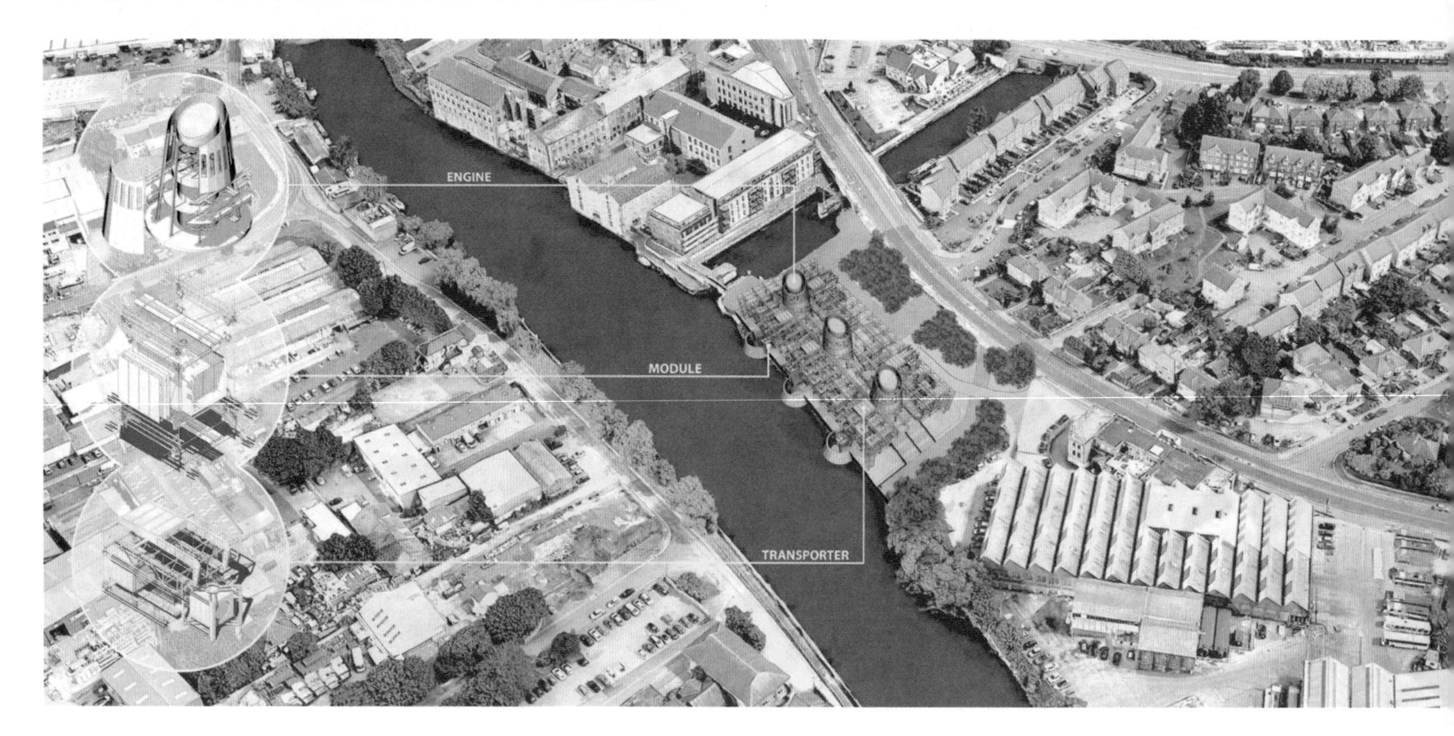

作　　者： Jack Payne

作品名称： 昨天明天 Yesterdays Tomorrow

所在院校： University of Huddersfield

指导教师： Nic Clear　Hyun Jun Park　Vijay Taheem

设计说明：

20世纪60年代，前卫的理论设计如何能够产生灵活的建筑来适应不断变化的社会环境。

20世纪60年代，先锋派建筑师将明天的城市设想为多样化和功能性的整体野兽。这是一种远离现代主义运动的正统和精确的建筑愿景。这种运动在当时的建筑领域占主导地位。高耸的建筑物在地球上发展，占据了自然资源，以寄生模块化发展的形式提供居住系统。明天的城市被视为一个复杂的服务和流通框架，在其中可以添加各种功能以满足居住者的需求和愿望，城市与居民一起生活和呼吸，以应对生活方式、气候的变化和社会背景。昨天的明天的愿景激发了本提案的发展，产生了一个建筑，响应复杂的无家可归问题，结合复古未来主义的概念和Archigram和Superstudio理论，以及21世纪模块化建设的原则和实用性。该计划对建筑环境的社会环境采取谨慎态度，建立了现场施工过程，允许未来开发或重建建筑的内部布局，以符合不断变化的社会环境。

这个计划代表了一个社会流离失所者社区，以模板式临时建筑的形式找到了他们的避难所，在设计中居民能够完全控制建筑环境，从设计自己的房屋到组织公共设施空间。在设计中，地面层作为公共街道场景，提供商店、咖啡馆、公共花园和无家可归者支持中心等设施。公共花园和内部功能俯瞰水边，充分利用了该地区的自然景观。第二层用于建筑物的更多私人功能，居民住在完全定制的模块中，从外部装饰到内部布局和功能，私人休闲空间和双层公共花园。根据插入建筑的设计原理，唯一的永久固定装置是结构、服务设施、循环和地下制造区。因此，建筑物的内部功能可以根据居民生活方式的变化自由调整。这种灵活性意味着虽然建筑物的整体结构和设施可能仍然存在，但其内部结构将根据居住在其中的人的生活不断变化，确保建筑环境代表居住在其中的社区需要。

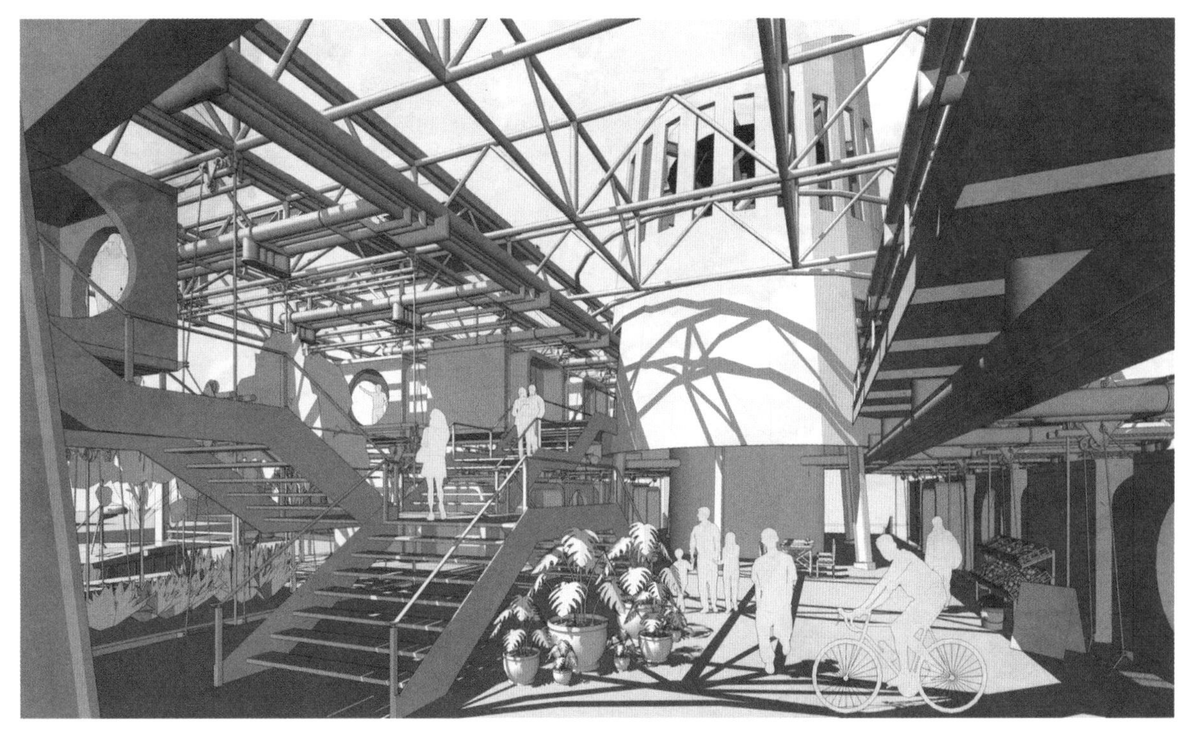

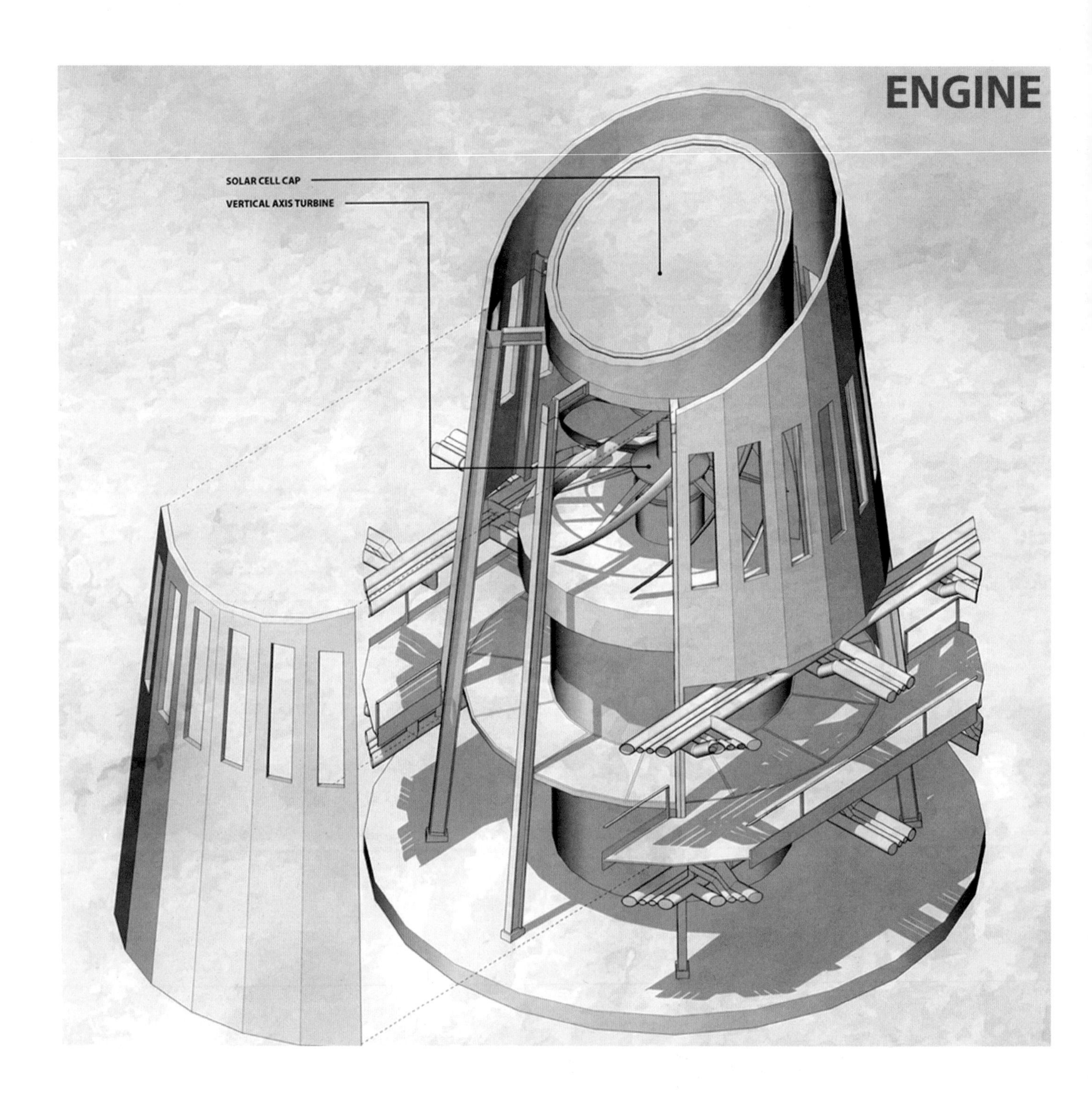
ENGINE
SOLAR CELL CAP
VERTICAL AXIS TURBINE

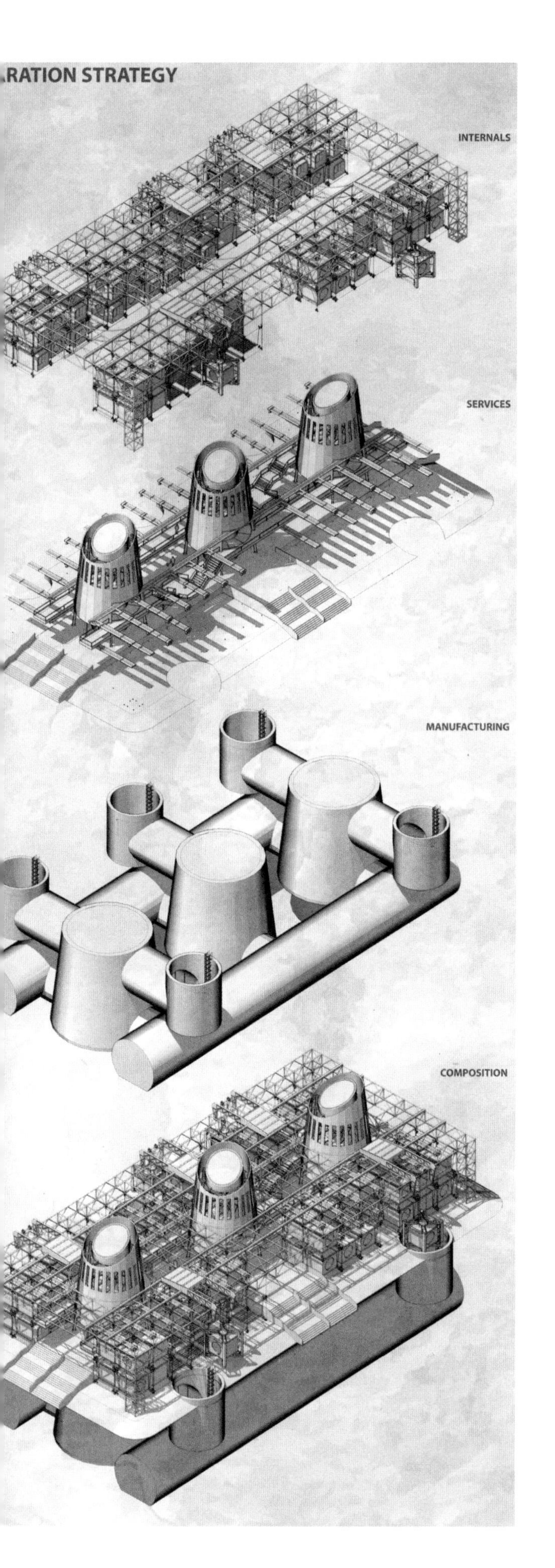
RATION STRATEGY
INTERNALS
SERVICES
MANUFACTURING
COMPOSITION

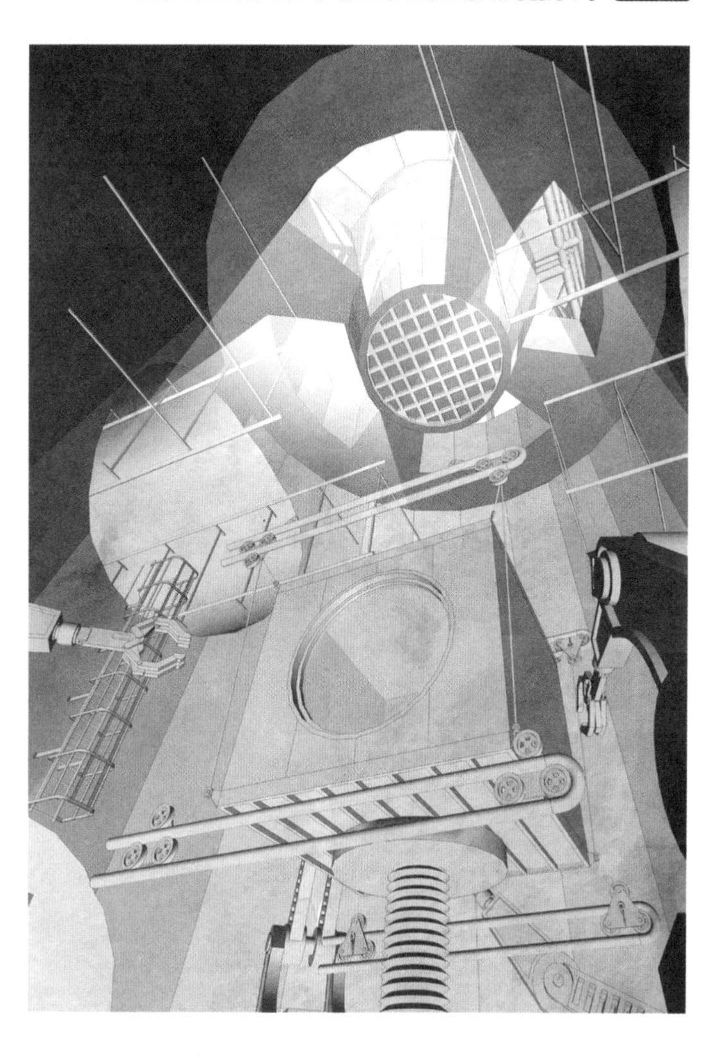

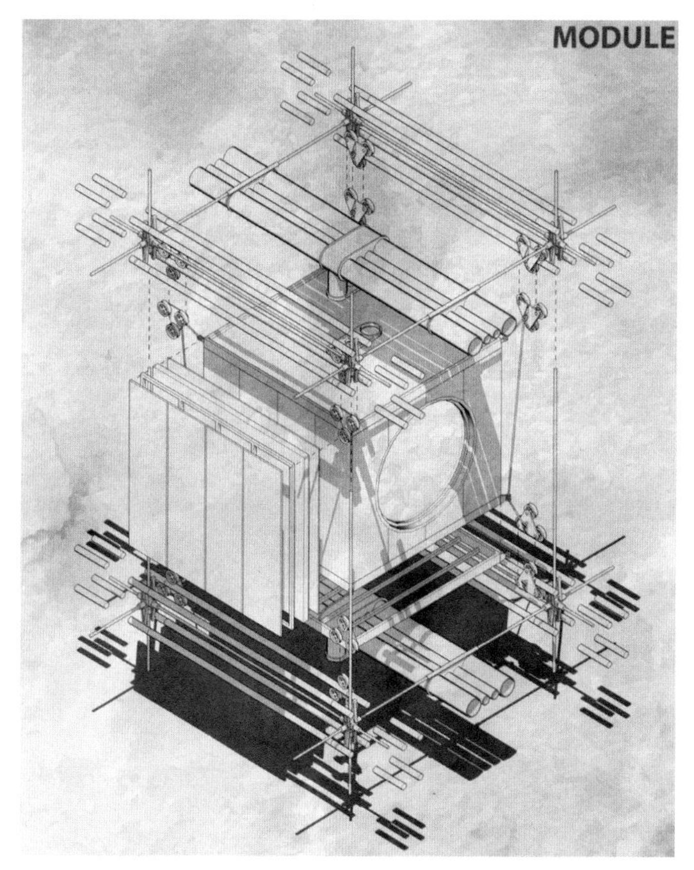
MODULE

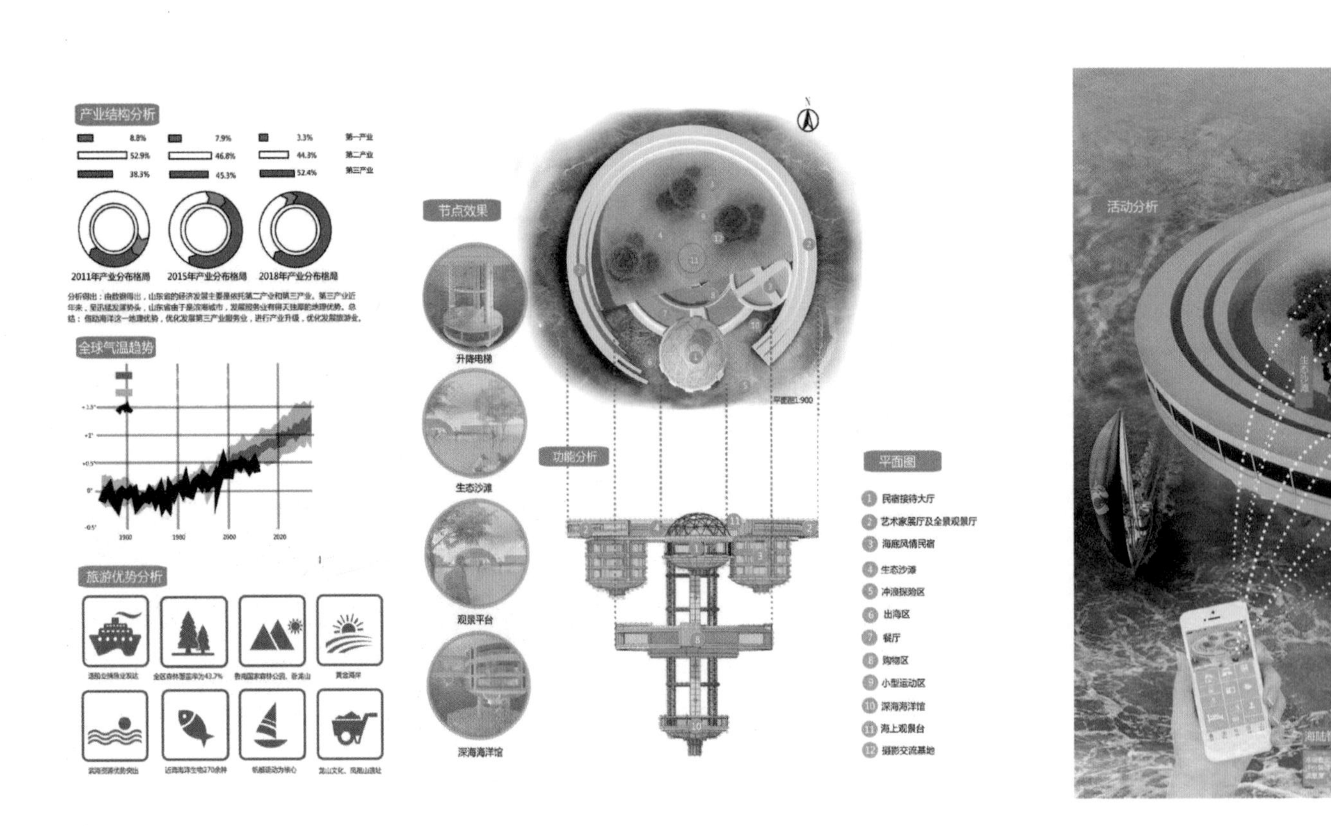
产业结构分析
8.8% 7.9% 3.3% 第一产业
52.9% 46.8% 44.3% 第二产业
38.3% 45.3% 52.4% 第三产业
2011年产业分布格局
2015年产业分布格局
2018年产业分布格局
分析得出：由数据得出，山东省的经济发展主要是依托第二产业和第三产业。第三产业近年来，呈迅猛发展势头，山东省由于是滨海城市，发展服务业有得天独厚的地理优势。总结：借助海洋这一地理优势，优化发展第三产业服务业，进行产业升级，优化发展旅游业。
全球气温趋势
旅游优势分析
节点效果
升降电梯
生态沙滩
观景平台
深海海洋馆
功能分析
平面图1:900
平面图
1 民宿接待大厅
2 艺术家展厅及全景观景厅
3 海底风情民宿
4 生态沙滩
5 冲浪探险区
6 出海区
7 餐厅
8 购物区
9 小型运动区
10 深海海洋馆
11 海上观景台
12 摄影交流基地
活动分析
海陆智能互联系统

作　　者： 李阳

作品名称： 日出山海天，未来水世界

所在院校： 四川大学

指导教师： 周炯焱

设计说明：

随着经济的不断发展，人们外出旅行时对于住宿质量的要求不断提高。“沉浸式”体验成为当下流行的趋势，该设计探索人们在海上、在海中与海洋、自然融为一体的感受，并且利用智能互联网与建筑互动，给人们带来最美好的体验和享受，也是向未来民宿发展模式进行思考。

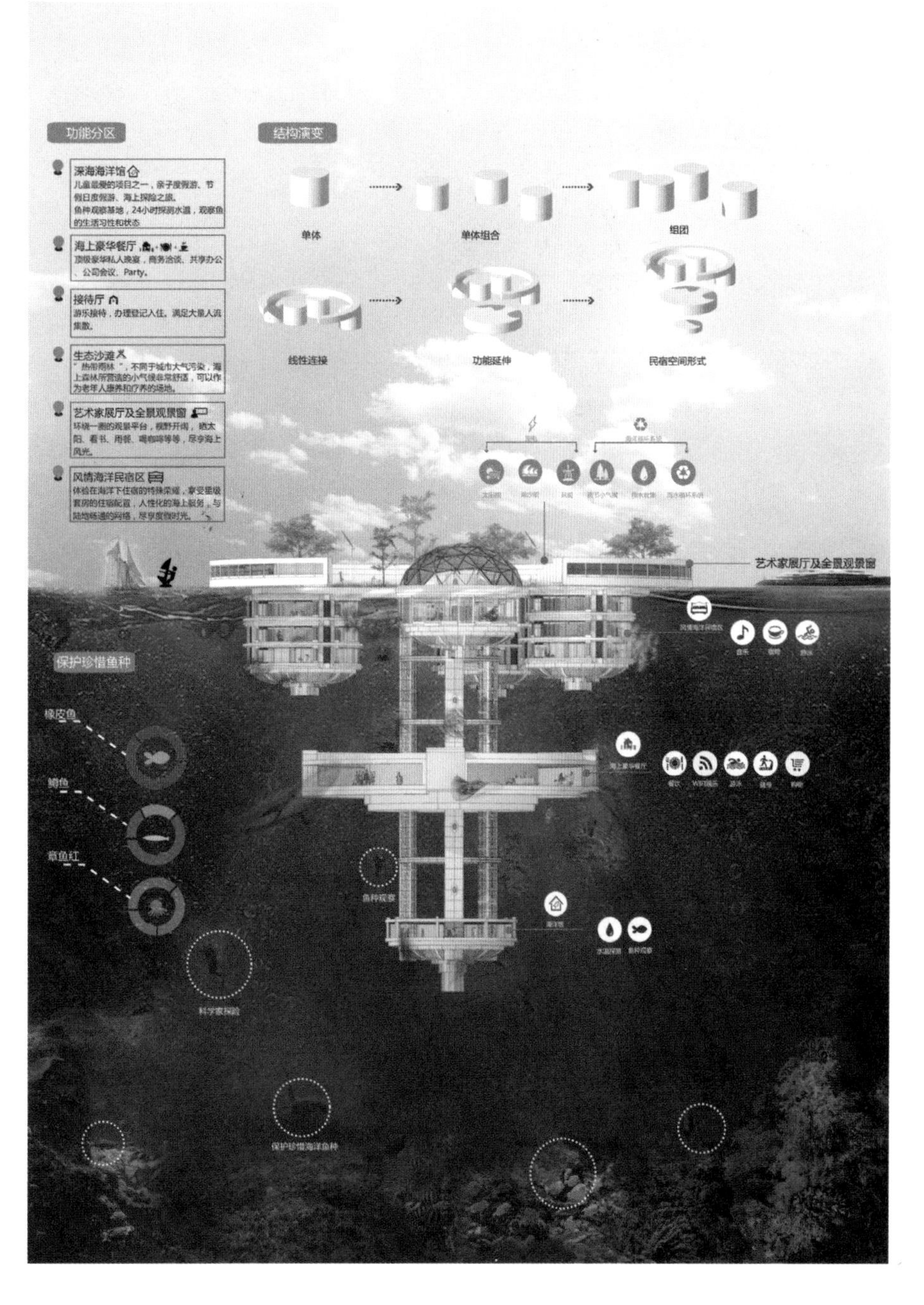

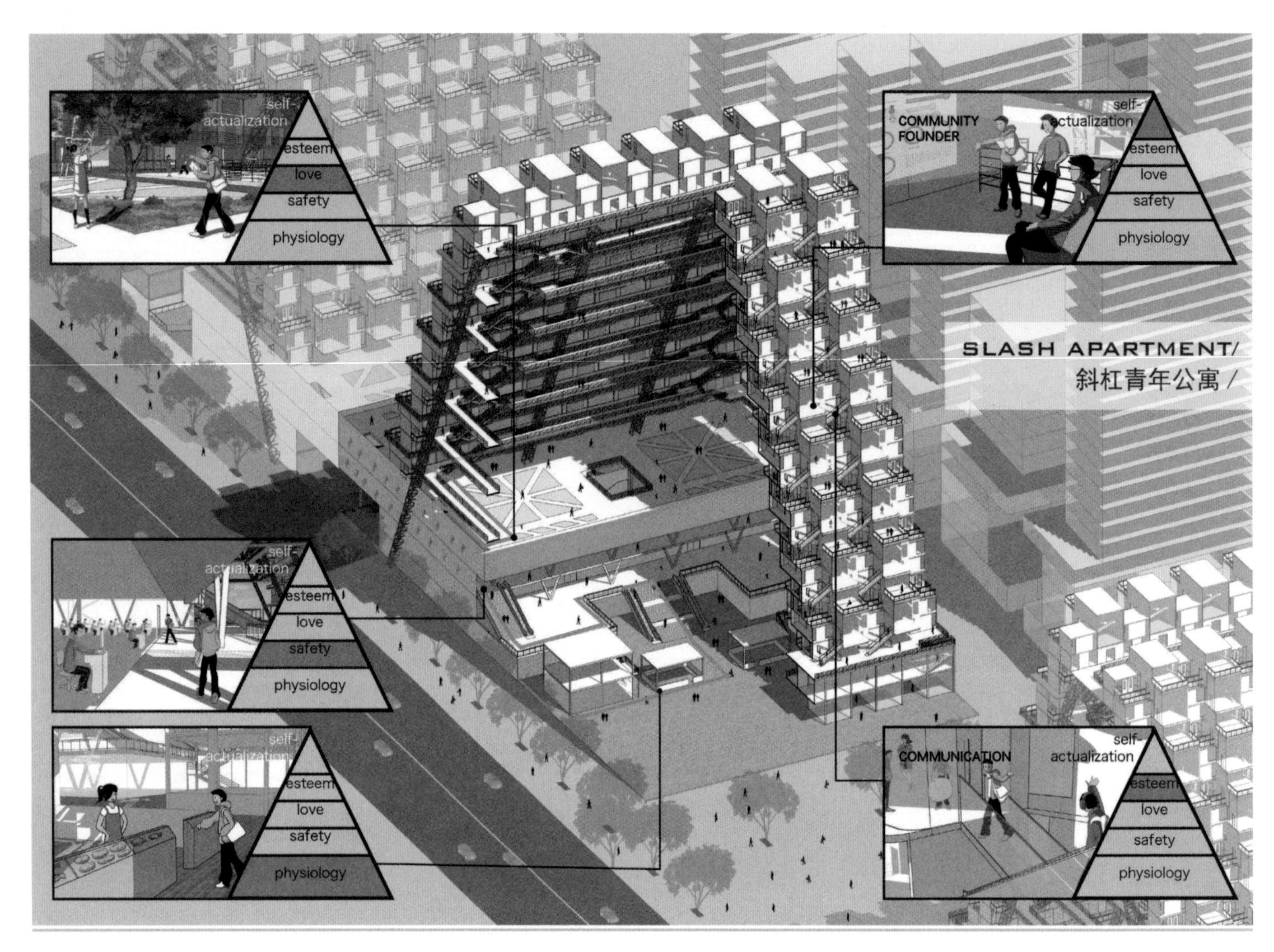

作　　者： 黄紫东

作品名称： 斜杠青年公寓

所在院校： 四川大学

指导教师： 续昕

设计说明：

在互联网的发展与促进下，生活与工作越来越紧密地联系在一起。随之而来的就是新的工作人群，被称为"斜杠青年"的多职业者，多职业者的工作习惯与方式和普通的上班族有很大的不同，对于空间的需求也有巨大的不同，相对于上班族更加重视交流与共享。

在此基础上，我对于新晋人群斜杠青年所居住的公寓进行了解构与再构造，尝试设计一个以交流与共享为主的社群式公寓。

FACADE/SECTION
立面 / 剖面
斜向动线

photographer
sharing
exploring the building
exchange idea

作　　者： 胡智越　王佳琦　沈志伟　解建国

作品名称： 观想园——禅意文化空间叙事性探究

所在院校： 西安美术学院

指导教师： 胡月文

设计说明：

现代社会的快速发展让建筑空间的商业气息越来越严重，而更多的时候我们需要的是一个人与精神对话的空间。本案以禅意文化叙事空间为设计主题，立足于“坐·立·游·行”的行为空间叙事思考与探索，寻求中国传统绘画的古风与古意，将传统生活文化与现代设计理念相融合，落笔于“梵境”、“品茗”、“闻香”、“琴韵”、“听雨”五个主题，是“现世与非现世”之间的一份穿行，更是在同一片苍穹下时事更迭的生活真意表述。

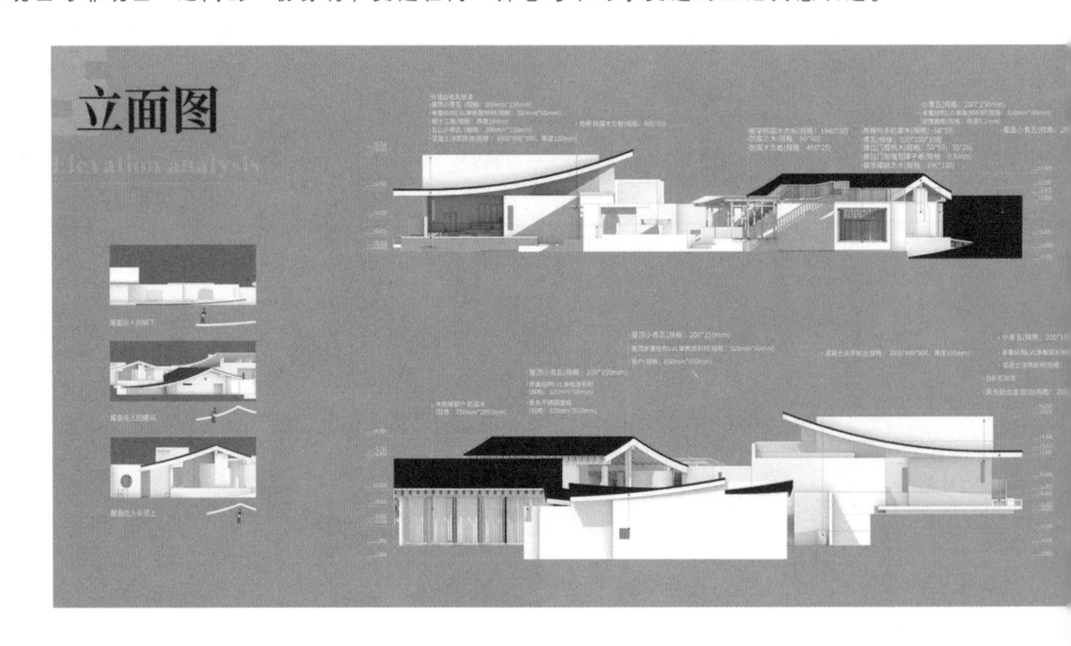

觀想園

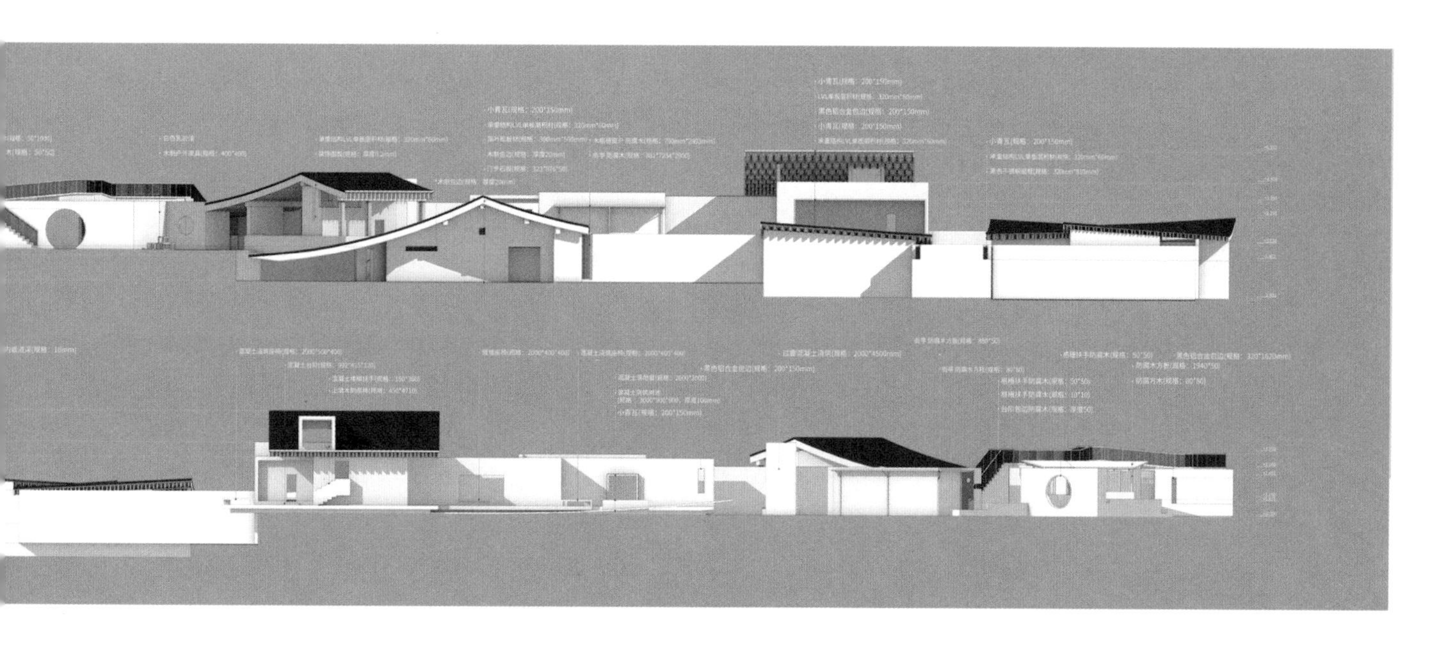

作　　者： Jonathan Pateman

作品名称： 打印宫殿 The Print Palace [Production made Personal and Public Again]

所在院校： University of Huddersfield

指导教师： Nic Clear　Hyun Jun Park　Vijay Taheem

设计说明：

今天的社会倾向于接受形式比过程更为重要。我们在闪闪发光的画廊里赞美完成的物品，同时却忘记了造成这些物体混乱、不完美的过程。我们的工业和实用建筑已经成为这种物理反映。我们目前对工业的态度导致生产被分割的工业区隔离，并隐藏在匿名的瓦楞外墙背后。

英国科学协会进行了一项调查以确定技术成为我们日常生活的一部分，36%的人认为技术会对人类构成威胁。如今，我们被技术所包围，它充当了我们思想和身体的假肢延伸，使我们能够执行任务，并且由于机器的使用使我们可以更加舒适地生活。令人奇怪的是，我们认为这些机器和生产过程是理所当然的，而支持我们当代生活方式所必需的基础设施被认为是不值得公众看重的。工业建筑不再像曾经拥有的北布馆这样的工业古迹一样受到尊重。

受此启发，我设计的印刷宫殿提出了将前工业家庭手工业进行一次数字复兴。由于增加的计算能力和增材制造的推断潜力，该项目设想在不久的将来，货物可以数字下载，参数化个性化和本地制造在附近的印刷宫殿提供完全独特的商品，这样可以解决全球大规模生产的问题、机器美学、数字重复和当前生产方法产生的无地感。数字化、非物质化和自主化系统需要的不仅仅是生产设施，还可以充当物理地标，充当工业的既定舞台、展览空间和当地公共场所。

在我的设计方案中位于哈德斯菲尔德的废弃煤气表成为第一个印刷宫殿的发源地。转换使用这些停用的结构，将城镇和城市的天际线从天然气供应分散到3D打印产品的形式，使这些工业遗物免于进一步拆除。通过这个提议，保留了煤气表的美感。其令人回味的上升和下降运动被用于3D打印过程所需的垂直运动。打印成为生产工具，但它也是表演工具。

印刷宫殿尊重和欣赏生产过程。它将生产框架化，使其成为真正的艺术形式和表现。它认为机器及其工艺不仅仅是功能性必需品，还是雕塑捕捉和构建它们，使它们成为合适吸引力的再现。印刷品旨在通过将生产调整至个性化、公共化，并易于获取，使生产流行消除工业的异化性质，解决英国日益增长的技能短缺。

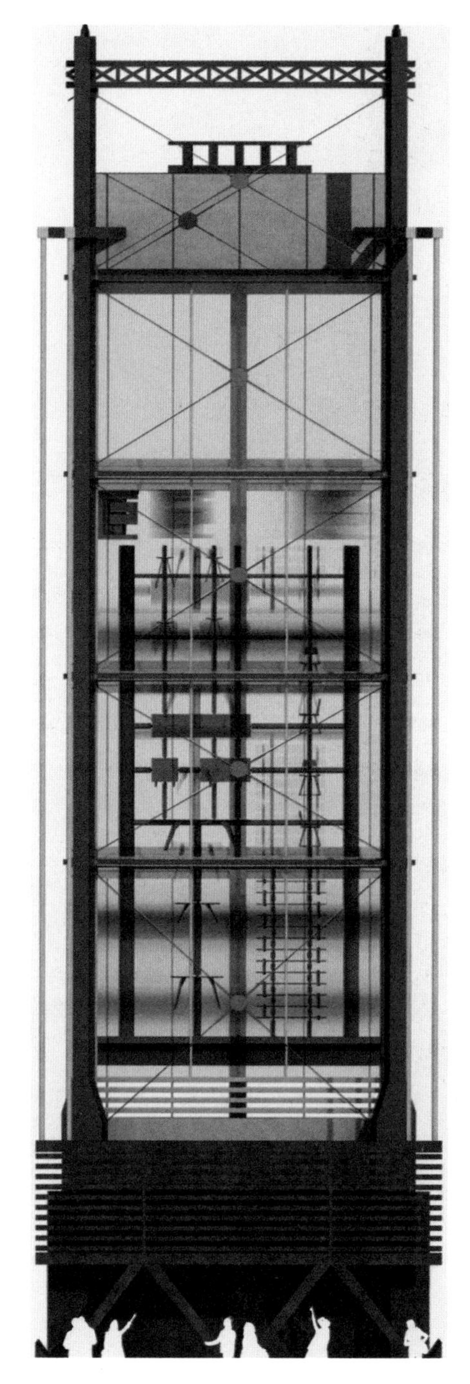

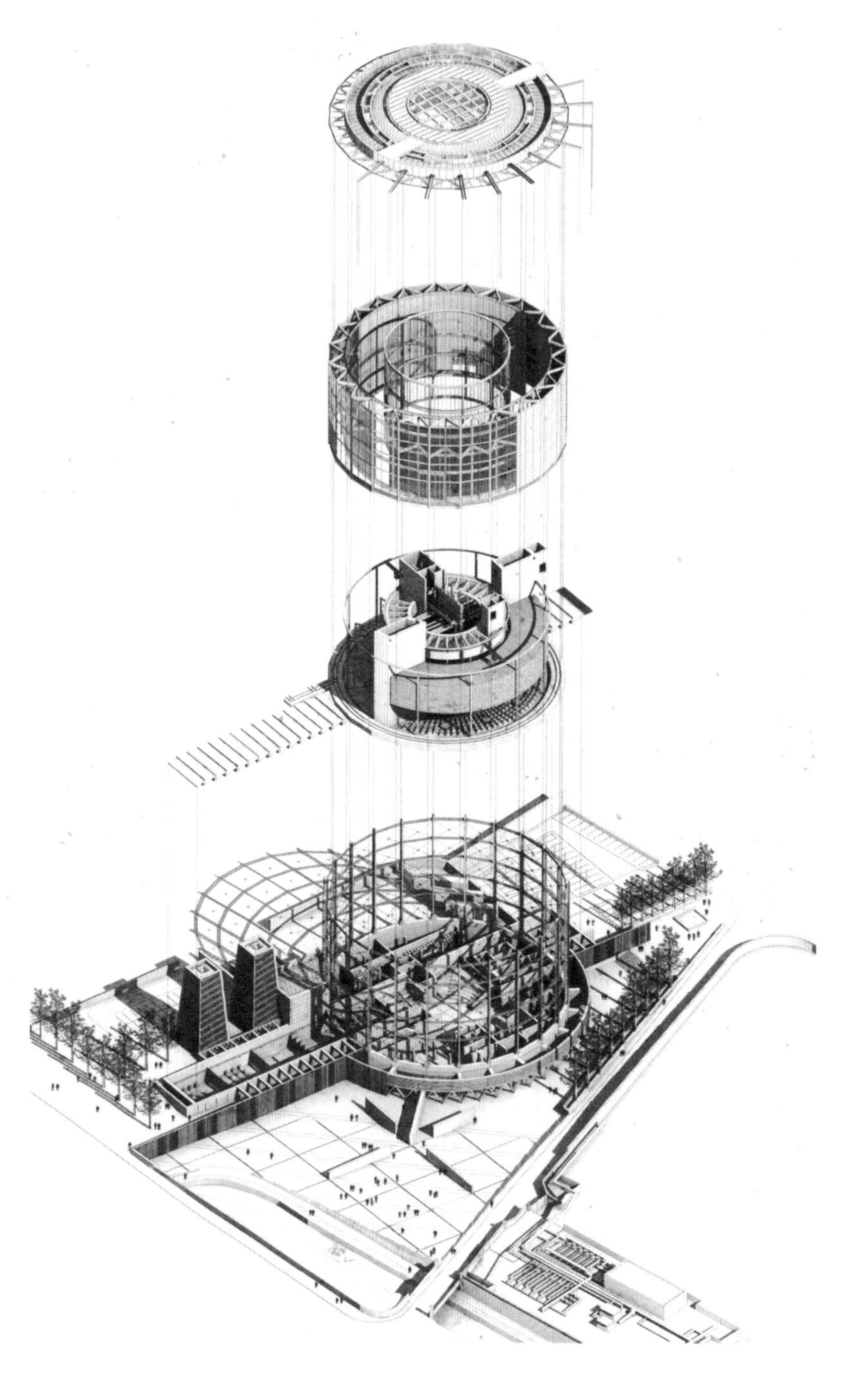

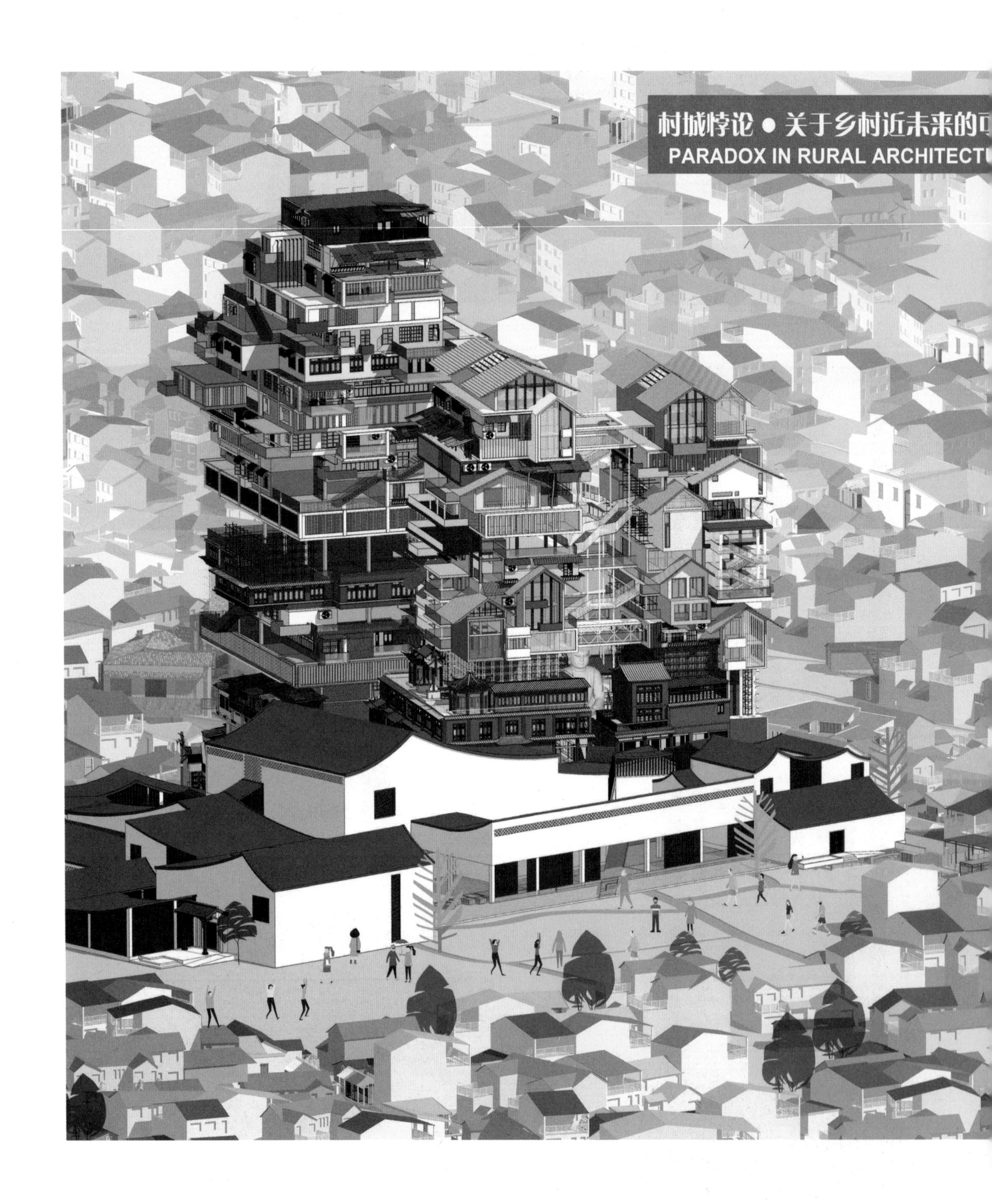
村城悖论 ● 关于乡村近未来的可
PARADOX IN RURAL ARCHITECTU

作　　者：朱彦　谢威　孙慧慧　何彦辰

作品名称：村城悖论：关于乡村近未来建筑的一种可能

所在院校：云南艺术学院

指导教师：谭人殊　邹洲

设计说明：

乡村的未来究竟应该是什么样的？现实给予我们的答案充满了破坏力。城市用自己的意愿或者自己假想中的乡村意愿来解读农村，但却从未思考过乡村在非干预情况下所可能呈现的未来。于是我们便假设和推演了一种空间：乡村世界学习了城市文明的建造技术，但城市文明却并不过分干预，让其自由发展，最终形成了一个没有建筑师的建筑活性空间。

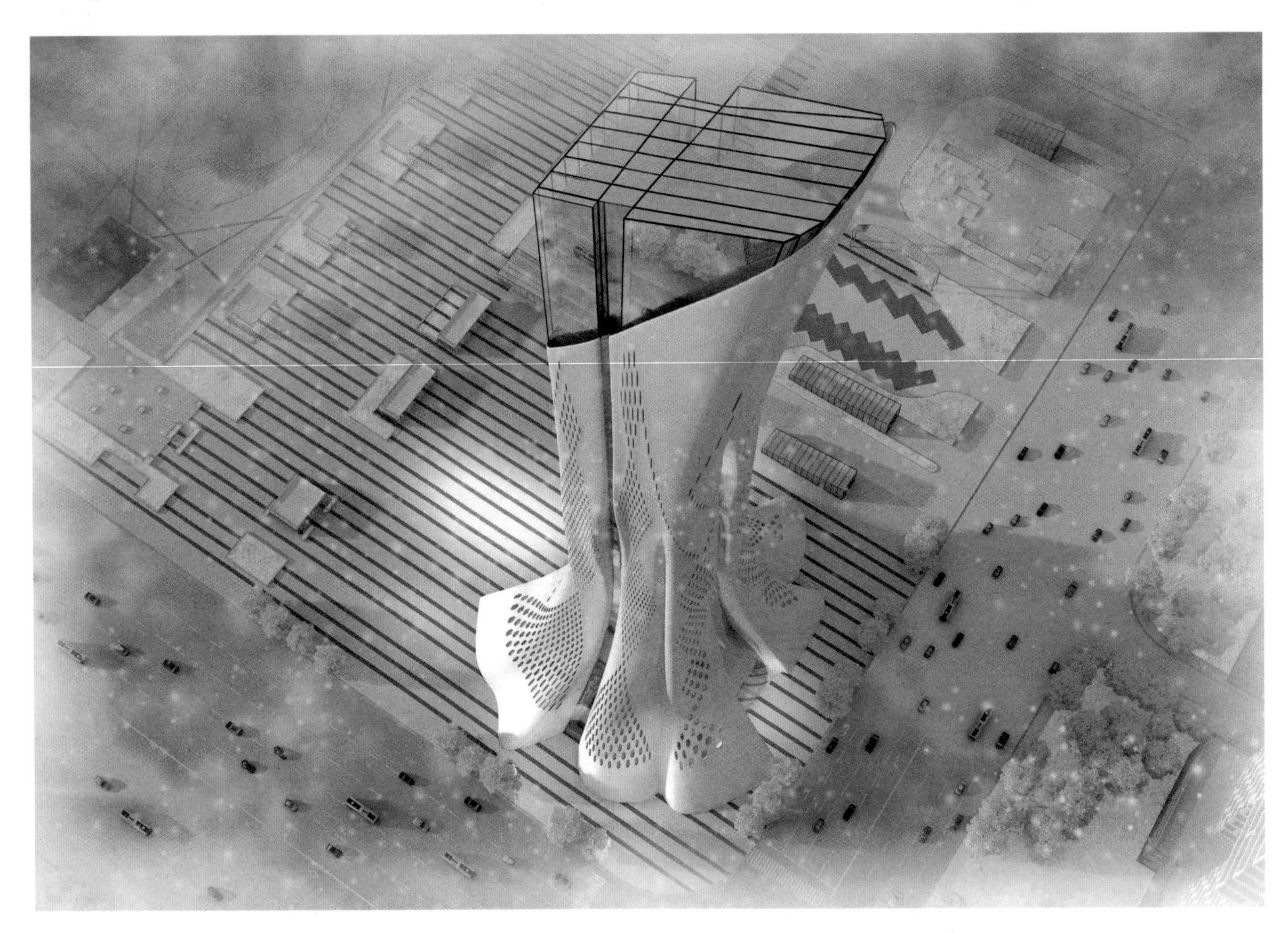

作　　者：黄忠臣　叶莉

作品名称：“呼吸自然”——与环境共栖的心灵都市

所在院校：广西艺术学院

指导教师：陶雄军

设计说明：

对于城市朝九晚五的上班族，休闲的公共空间是他们的客厅，不同的人会想拥有属于自己的客厅，他们拥有着对大城市的憧憬向往和追求世外桃源的价值观。

对于现在的上班族来说，高强度的工作压力，快速的工作节奏，在喧嚣杂乱的霓虹灯下，使其每天的状态需要在疲惫和活力中切换，而办公空间聚集着不同部门和职位的工作人员。在钢筋水泥的孕育下，走过镶金砌银的街道，陌生的城市里却没有一处是属于自己的地方……

本设计方案充分考虑让CBD的上班族有一个可呼吸的绿色环境，建筑顶层采用玻璃钢材料构造，使上班族也能够感受到大自然的绿色气息，阳光温暖地洒落在脸颊，聆听到滴答的雨声，感受到绿色与建筑融合的公共空间环境。同时建筑外立面流线型设计与曲线设计融入空间休息区，实现空间的灵活过渡，使工作环境与自然环境相融合，具有一定的韵律和节奏感。绿色与公共空间相辅相成，共同形成积极的城市形象和不同的交流节奏。希望通过本设计提升公共空间的品质，彰显一座城市的名片，使该建筑更具绿色生命力。

建筑东立面图
建筑西立面图

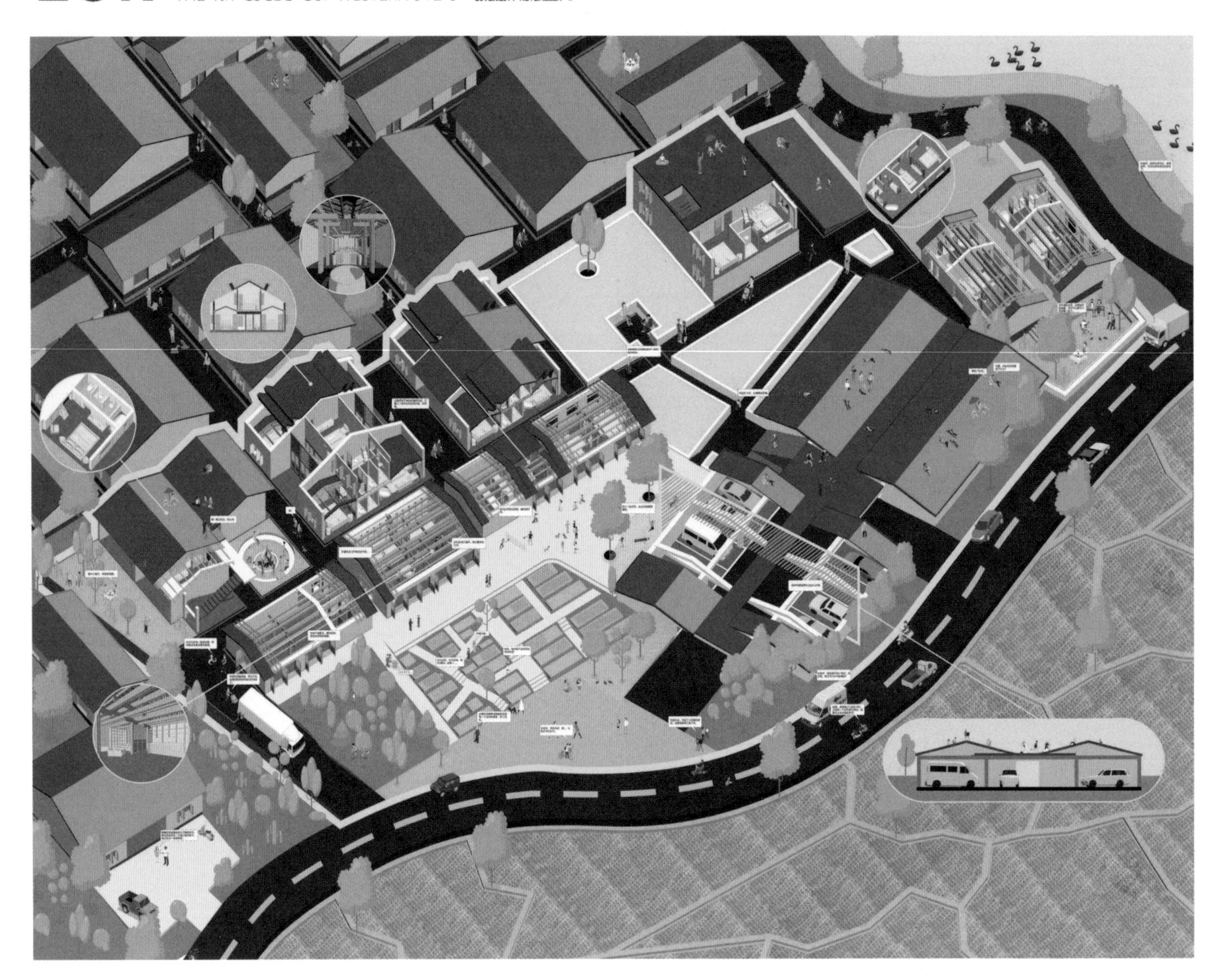

作　　者： 吴杨　郑崇海

作品名称： 解忧乡愁

所在院校： 广西艺术学院

指导教师： 贾思怡　边继琛

设计说明：

乡愁是什么？乡愁是渐渐逝去的童趣；乡愁是悄悄变化的乡村风貌；乡愁是濒临倒塌的原始故居；乡愁是无助的人去楼空；乡愁是……

面对现代化的进程，多元化的建筑空间与功能需求，传统民居单一的室内空间和建筑形式无法满足现代人居需求，现代砖混“小洋房”正在改变村落风貌，传统民居逐渐消逝。为了保护传统乡村风貌，传承传统建筑特色，我们通过对乡村普遍存留的两种建筑单体进行建筑结构再设计，并优化建筑空间，将多元的南北建筑结构相互融合，打造出模块化的传统民居改造和修缮方案。在保护传统村落的同时，让现代化生活也能够融入传统建筑。通过模块化的推广，打造适应现代化的未来乡村，为逆城市化的发展做准备。

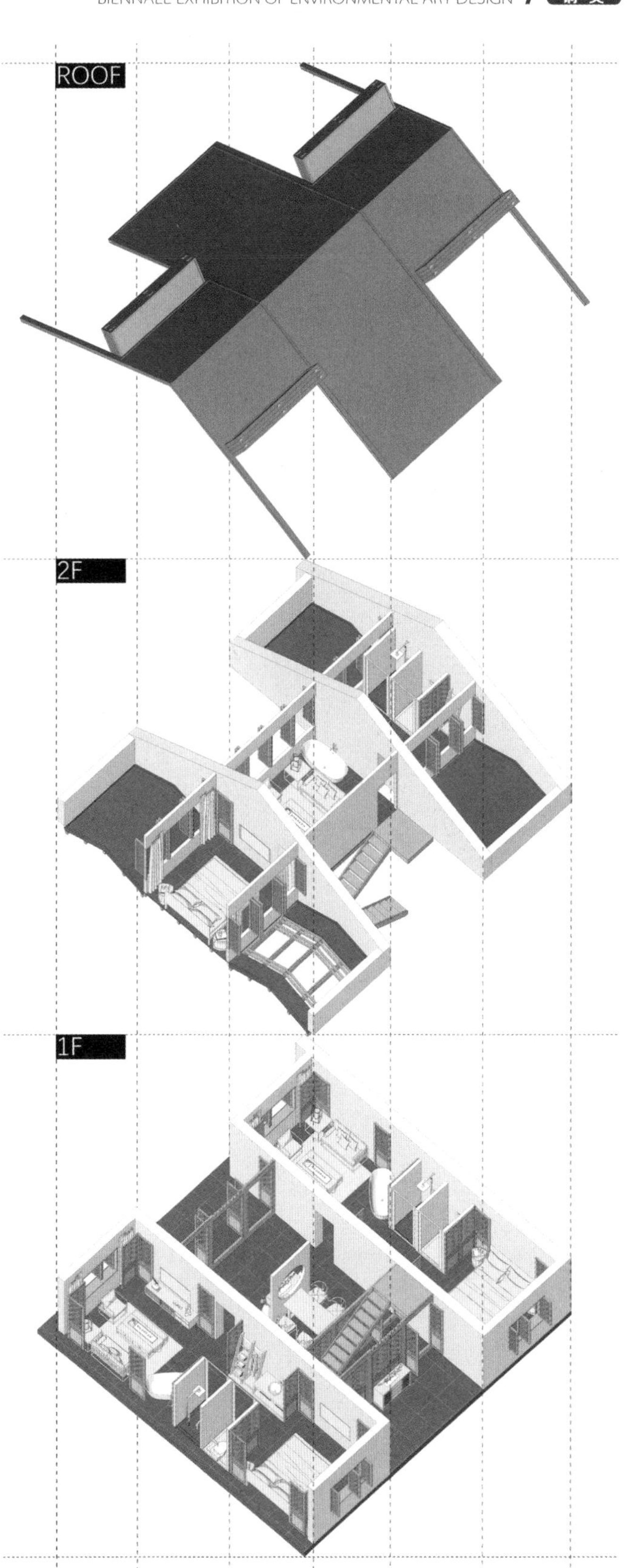
ROOF
2F
1F

作　　者：周海仪

作品名称：磨庄村民活动中心

所在院校：广西艺术学院

指导教师：贾思怡　边继琛

设计说明：

活动中心的概念来源于磨庄的百年古榕树，以树冠为屋顶、以树枝为支撑、以树下空间为公共空间。

活动中心的公共区域包含活动广场、两个屋顶平台，公共空间四周通透，空间也尽可能地开放，为村民们提供了活动场地。以村民和游客的活动需求重新定义了空间的功能，加入了阅读室、接待室、展厅、棋牌室、办公室等功能。同时，为游客提供了休息的场地。

磨庄活动中心的改造，基于村民和游客多元化的需求，是满足村民、游客活动场地和日常生活的开放性公共活动空间。以研究村民的日常行为活动和流线为视角，探讨如何对村民集体情感进行挖掘和分析。通过对磨庄内公共空间进行提取和剖析，形成能够保留村民情感、延续磨庄文脉的设计方法，以期在活动中心改造过程中，创造出能够唤起村民情感记忆，具有场所感与归属感的公共空间。该方案不仅更新和促进了历史地段的发展，解决了部分历史遗留问题，也使磨庄百年历史文脉、场地记忆得以保护传承。既能体现磨庄文化特色又能塑造磨庄新形象。同时，通过对历史地段的更新也能重新激活磨庄活力，带动文化、经济的发展，以促进该历史地段的健康可持续发展。

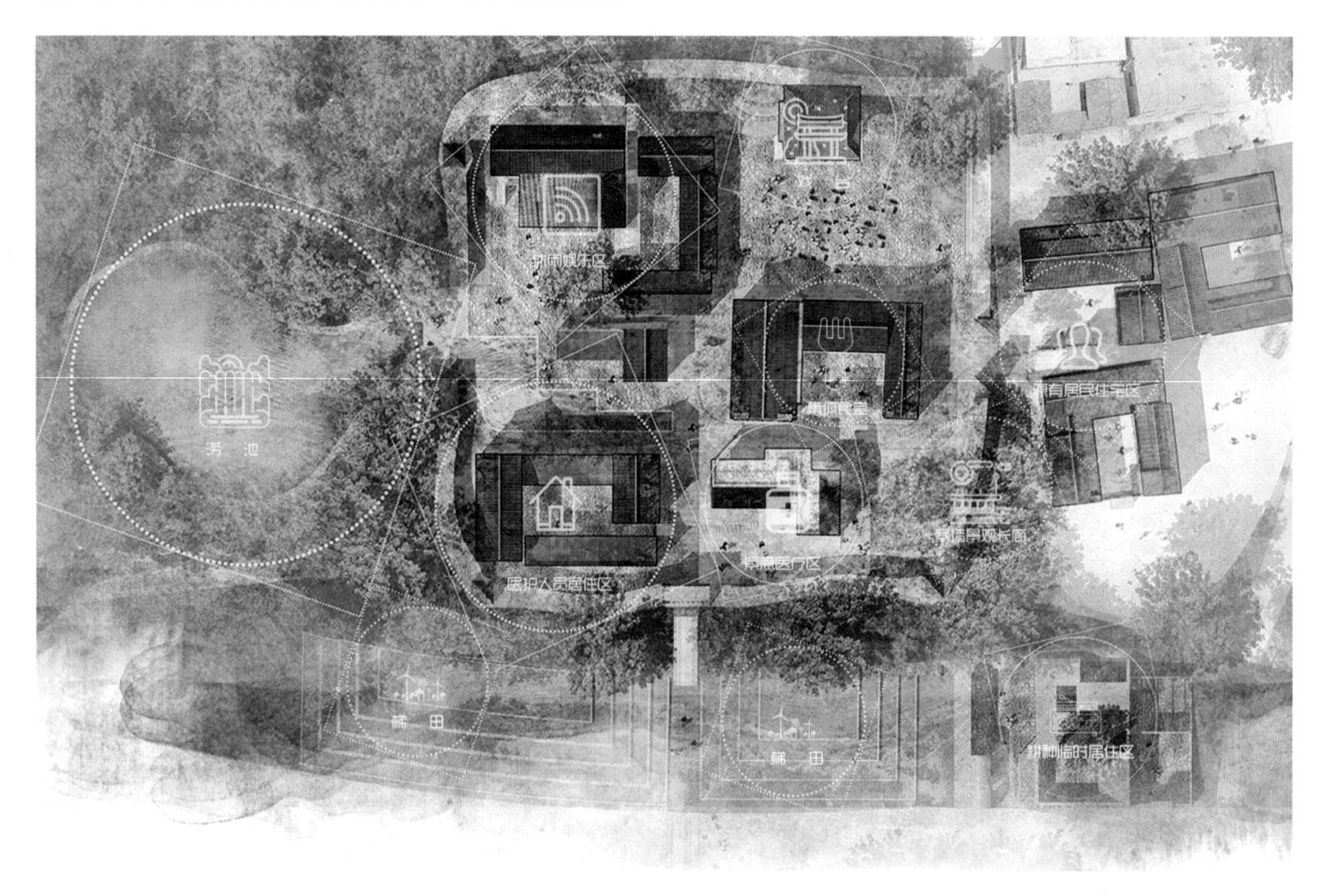

作　　者： 黄轩　章奇峰　党林静　康文　邱鑫　王浩

作品名称： 光明永续——民居保护与再生的转型性老年人空间创意设计

所在院校： 西安美术学院

指导教师： 孙鸣春　屈炳昊　李建勇

设计说明：

本作品通过对国内的传统村落开发与保护现状进行分析，并结合关中地区传统村落的保护状况进行实地调研，从而选取陕西省铜川市光明村作为模版进行设计创作。作品先对片区进行整体分析，挖掘其村落的独特性与地域性特征后再对片区进行整体规划设计。该作品立足于保护传统民居的同时向其注入新的活力，让其能够持续生长。对铜川市光明村的保护性改造，依托比较集中和独立的空间现状，对其进行修缮、改建和再利用，在保持传统民居原真性的基础上进行创新性改造，从而将废弃村寨打造成适宜当地村民生活的新村寨，以达到保护传统民居的同时让当地居民也能够受益。最后，让其成为一个既有怀旧情感，又能满足新时代需求的可持续性村落，为当今国内传统村落的保护方式提供一种新模式。

老年休闲娱乐区
LEISURE AND ENTERTAINMENT AREA FOR THE ELDERLY

紧急医疗区
EMERGENCY MEDICAL AREA

戏台及公共活动广场
STAGE AND PUBLIC SQUARE

休闲娱乐区
URE AND ENTERTAINMENT AREA FOR THE ELDERLY

作　　者： 林宏瀚　陈静　杨冉

作品名称： 境象 —— 榆林沙地民俗博物馆

所在院校： 西安美术学院

指导教师： 华承军

设计说明：

本次设计以榆林沙地环境为基地，以民俗博物馆为主题，其展陈内容为丝绸之路从古至今的民俗文化。本次设计在参考有机建筑理论的前提下，提出“逆生长建筑”理念，将建筑与榆林特有的沙地环境相融合，注重建筑与周边环境关系，因地而生。根据展陈文化内容的规划与限定，创造出独特的地下空间，塑造沙地民俗建筑独有的建筑空间精神场所。整个设计贯穿场地规划、建筑布局、造型结构以及内部空间，注重体现建筑与场地、与文化、与承载物件的抽象关系。

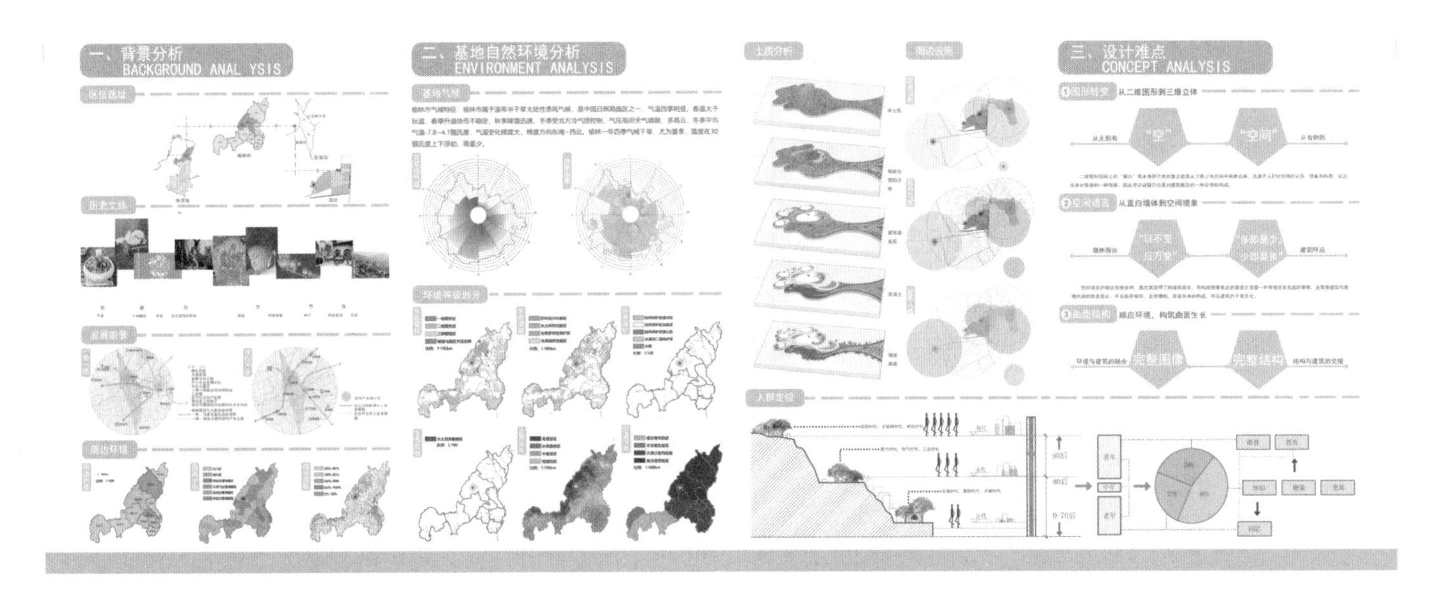
一、背景分析
BACKGROUND ANAL YSIS
二、基地自然环境分析
ENVIRONMENT ANALYSIS
三、设计难点
CONCEPT ANALYSIS
从二维图形到三维立体
从直白墙体到空间情景
顺应环境，构筑曲面生长
完整图像
完整结构

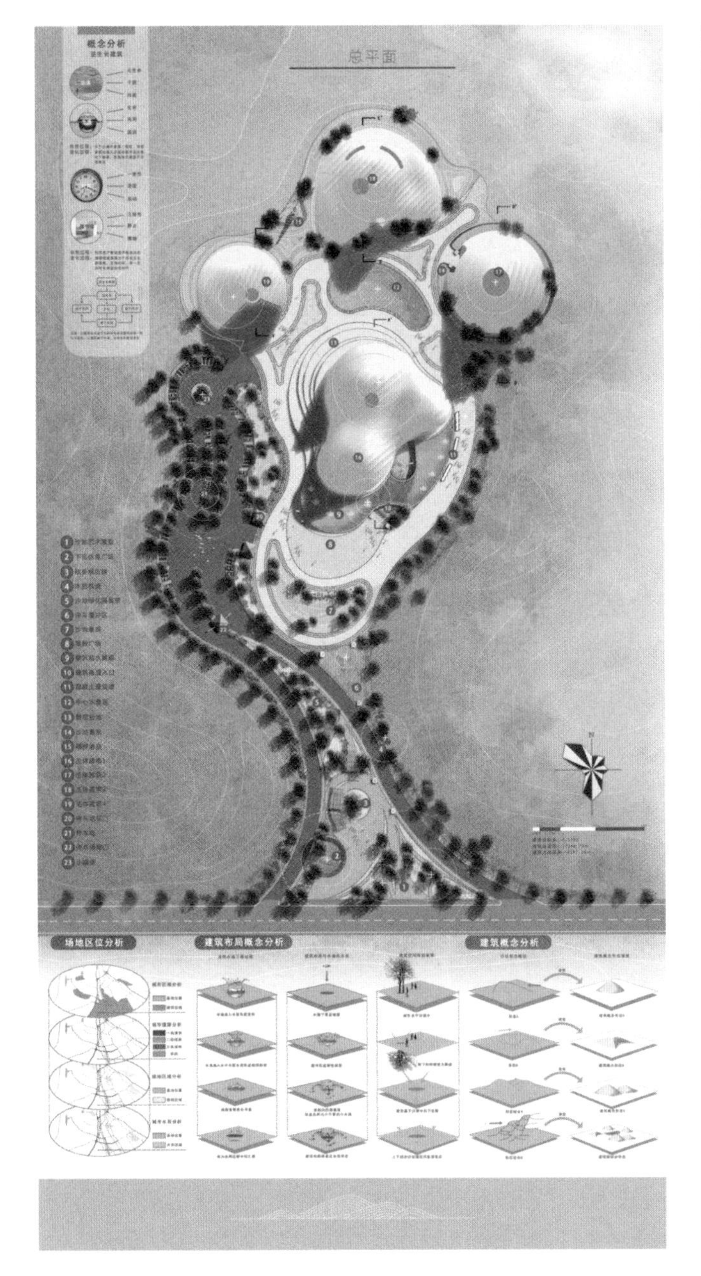
总平面
概念分析
场地区位分析
建筑布局概念分析
建筑概念分析

作　　者：李桂楠　段锐　傅童彤

作品名称：台崖窑壁——榆林民俗博物馆设计

所在院校：西安美术学院

指导教师：华承军

设计说明：

本方案结合陕北榆林所处的地域地貌以及当地传统的建筑文化形式，将之运用到现代建筑设计中，一来探讨黄土高原和毛乌素沙漠所孕育出的独特黄土气质在现代建筑中是如何体现的，二来也通过建筑设计上对榆林传统建筑文化的运用来认知和理解榆林历史悠久的传统建筑形式与榆林人民豪放热血的情怀，并且去感受一个来自西北城市不一样的城市气质和场所精神。同时，也通过将传统的建筑形式与现代建筑的结合，让更多的人不仅对榆林的传统文化建筑形式有一个深刻的认知，也让人们对中国黄土建筑文化有更深的理解。

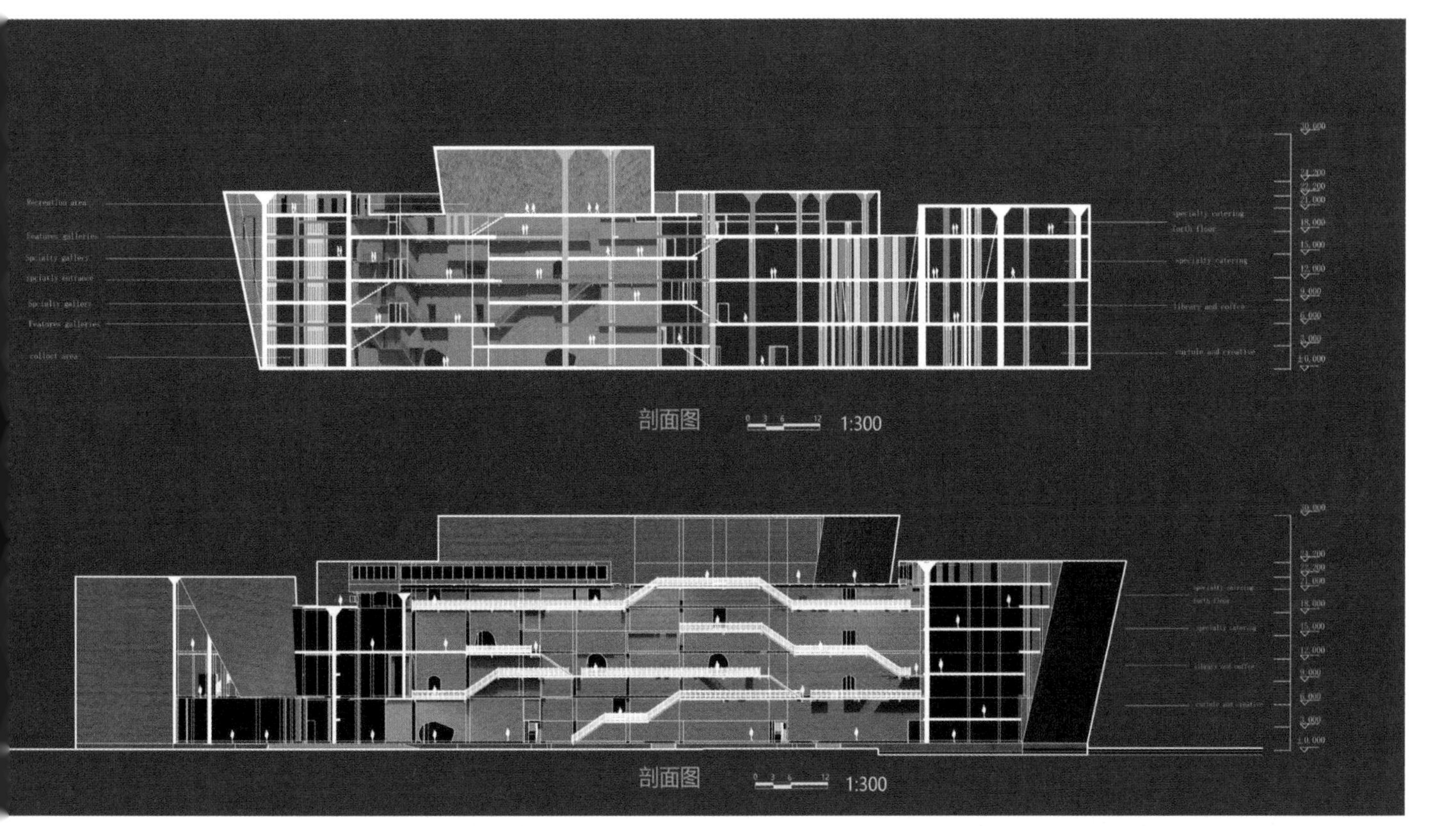

本末
歸源

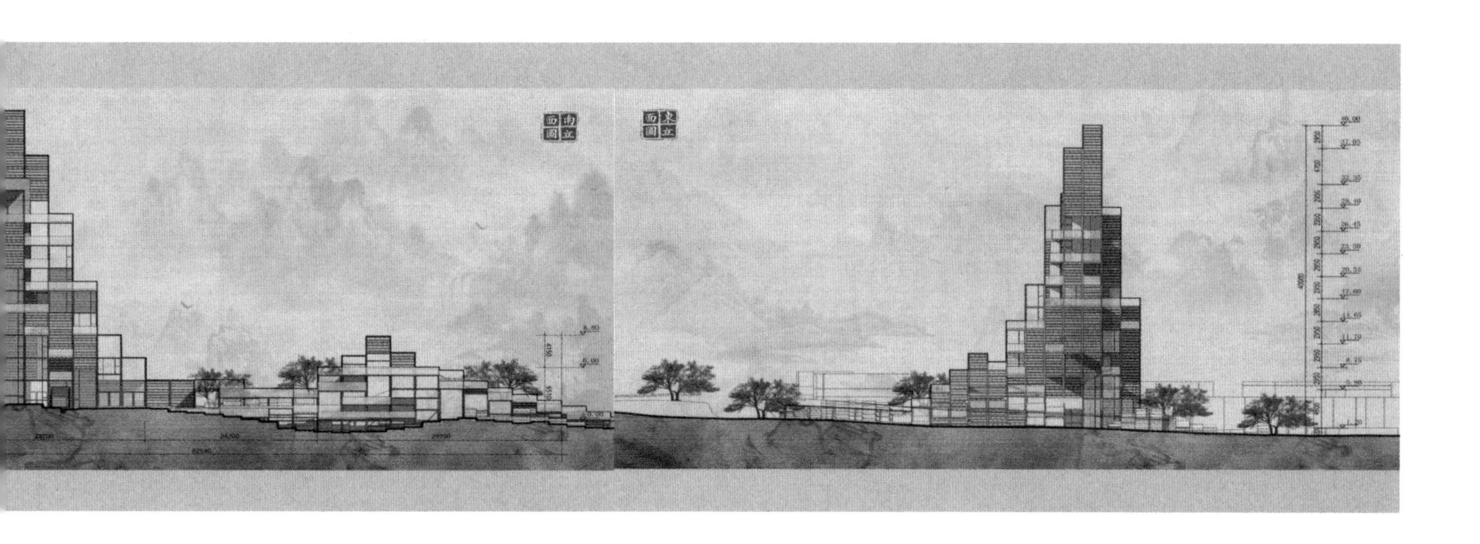

作　　者： 吴雅婧　罗武豪　范文奕　孔灏元　彭琼靓　闵仔瑞　王思雨　姜皓天

作品名称： 双山岛灯塔民宿设计

所在院校： 云南艺术学院

指导教师： 陈新

设计说明：

1. 本 —— 设计之本，本源性的设计生成理念。长江之水对泥沙的冲积形成沙上绿洲，方案的生成逻辑基于双山岛自然环境形成的历史解码。

2. 末 —— 设计之体，文化之形，本末一致。空间像素化处理的载体最终体现在集装箱建筑的使用之上。对比传统建筑材料，集装箱有着三大优势：（1）可回收利用，建造成本低。集装箱是可持续资源利用，这种低碳环保的建筑方式可节省建筑的成本。（2）方便组装，便于运输，建造不受场地条件的局限，可以进行快速建造或拆卸。（3）空间开放强，可自由调整。建筑结构与功能可按照要求进行自由调整和使用。

3. 归 —— 树立区域文化面貌，形成区域设计语言。我们对“慢岛双山、生态之旅”的解读是要搭建城市参与岛民生活之桥梁，为此设计重点之一在于为岛民建立文化生活平台，提升岛民文化自信。

4. 源 —— 文化自信的建立，中国精神的弘扬。灯塔象征着希望和时间的见证。清透玻璃、深色钢材、白色集装箱金属表面的层层叠加借鉴了江南民居风火墙高低错落、层次丰富的夸张表现，形成“拔地而起，节节高升”的动感。

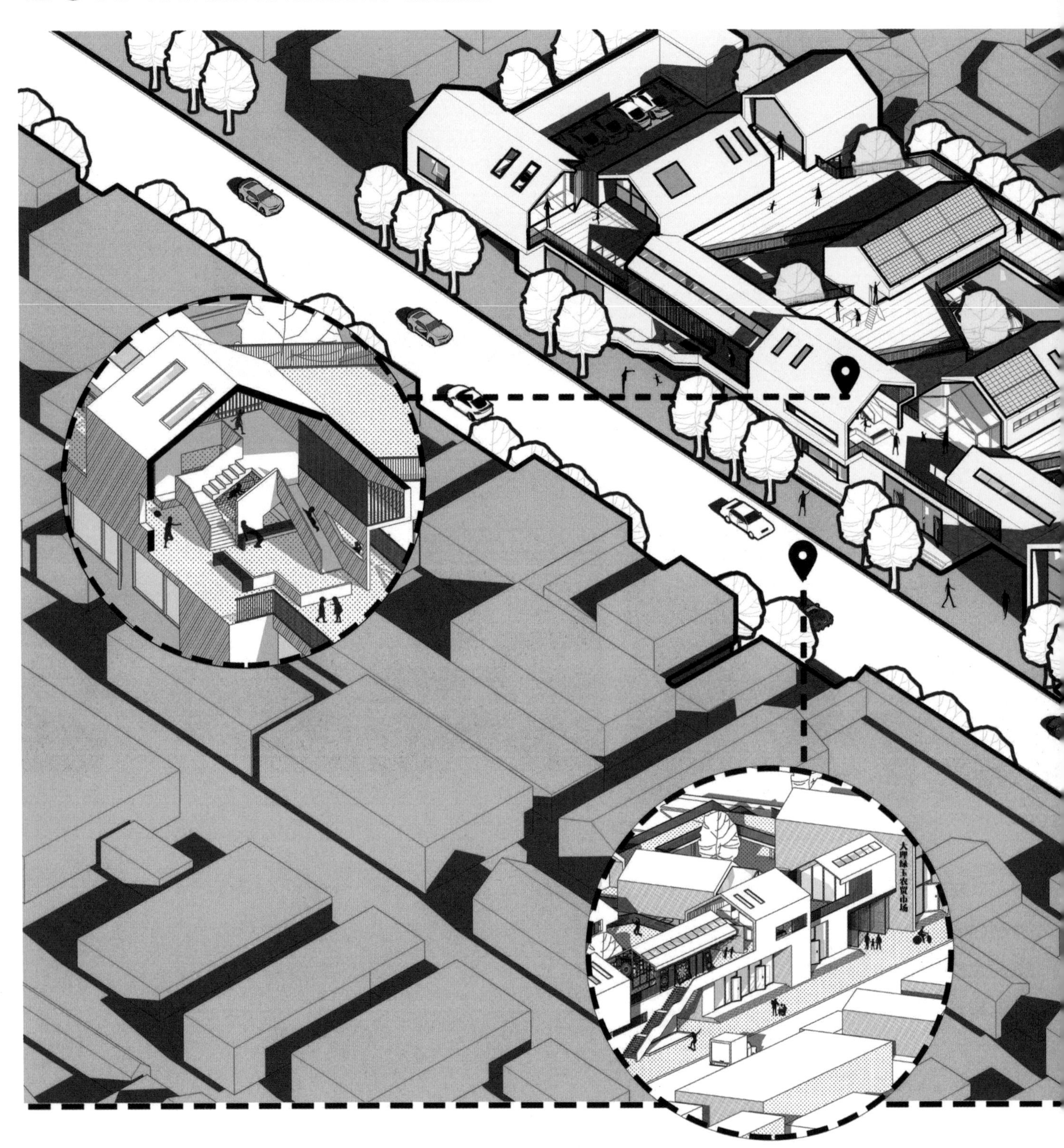
大理绿玉农贸市场

作　　者：吴雅婧　范文奕　王思雨

作品名称：多元共生，动态交融——大理绿玉农贸市场再生设计

所在院校：云南艺术学院

指导教师：陈新　张春明

设计说明：

过去大理市场氛围活跃，由于城市现代化进程加快，交通工具快速更新，给人们生活带来了很多便利之外，也产生了一系列社会问题。

此设计为缓解菜市场存在的现状问题，就具体调研问题进行深入的思考与设计，尝试通过现代城市的语言解读当地传统符号。

主要针对如何构件缩小城乡差别的公共服务体系，设计出顺应人民群众对美好生活向往的解决方案。

在菜市场这样特殊的环境条件下，为减缓人与人之间的交流距离做出一份小小的努力。

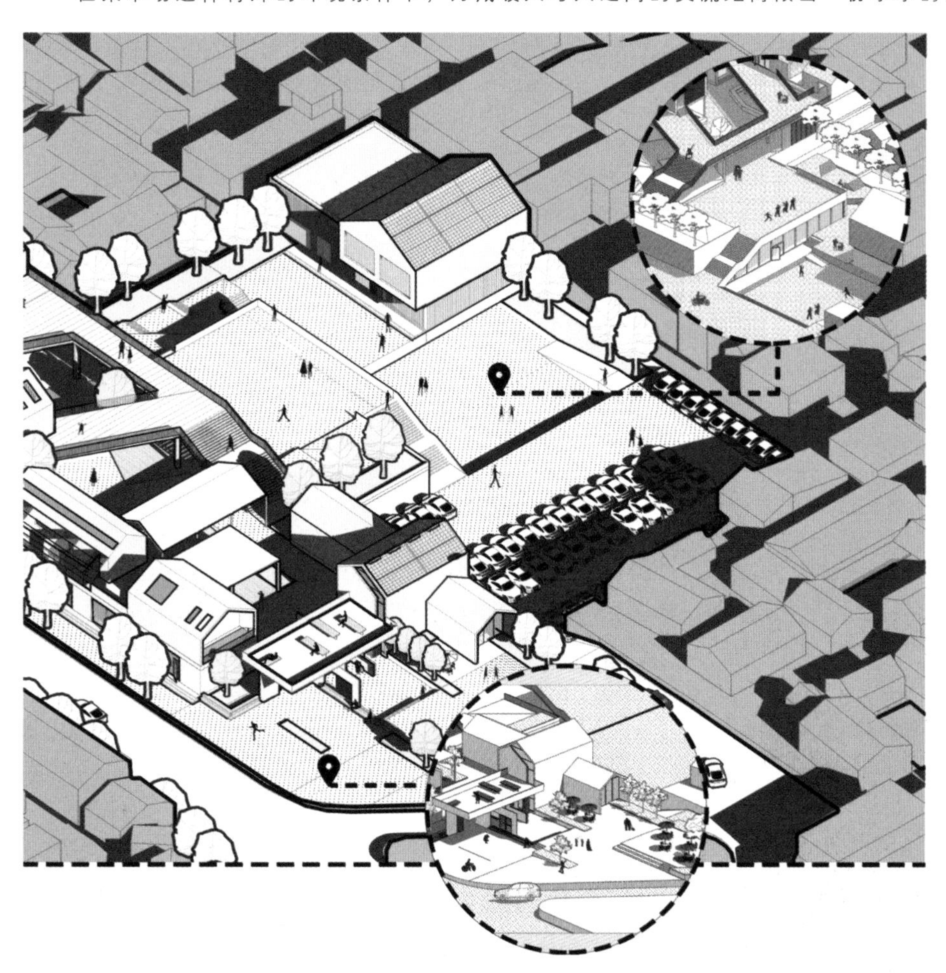

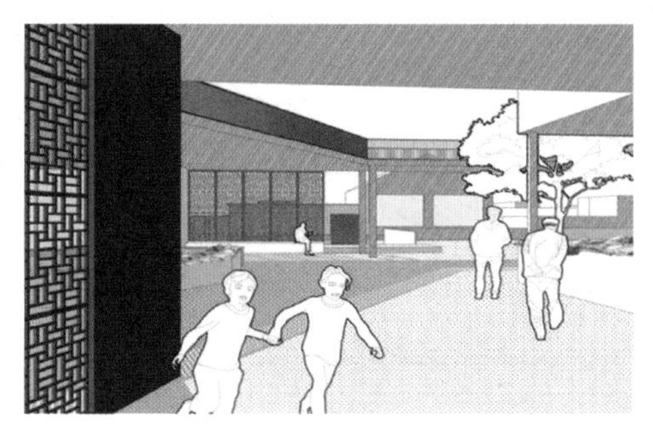

S217
咪依噜风情谷欢迎您

作　　者： 罗英敏惠　秦晋　杨志　丁曼

作品名称： “壹木乡源”云南楚雄咪依噜民居设计

所在院校： 云南艺术学院

指导教师： 杨春锁　张一凡

设计说明：

在楚雄南华县咪依噜风情谷中存在着很多的木楞房，木楞房特色鲜明，在建筑外观和建筑结构上面都有其独特的魅力，同时也是楚雄彝族具有代表性的民居种类之一。然而，这些木楞房却没有得到很好的保护，而是被用来蓄养牲畜，或者当作库房，这样的建筑形式也在逐渐消失，被人们遗忘。

为了能够保护木楞房这种建筑形式，并且使其特殊的建筑结构得到传承，我们决定设计改造新的木楞房民居以便于这种建筑形式能够继续延续下去。

通过总结木楞房：抗震系数高、冬暖夏凉的优点，木材运用过多，不环保、防火系数差、房屋布局乱等缺点。我们最后决定采用南华县正在推广的塑木材料替换原木来起到节能环保和防火的作用，并且参考彝族“一颗印”的布局，融合了更多的彝族元素，设计了四套从小到大、布局紧凑、功能齐全、可灵活布置的彝族木楞房新民居。

作　　者：周晓菲　张群瑶

作品名称：年华·里

所在院校：云南艺术学院

指导教师：杨春锁　张一凡

设计说明：

本方案立足于可持续发展的全面发展小康社会，同时结合现代生活的新需求、新技术、新理念、新经济。设计围绕洒冲点山地坡地的自然环境展开，设法创造一个新式共生空间 ，将特色建筑语言传承发展下去。我们对彝族的土掌房进行再设计，保留了它最基本的形态和优点，提取彝族的特色元素融合在设计中，同时使用大量的现代性材质和布局方式，使其更好地就地取材、因势而建、冬暖夏凉、坚固耐用、方便舒适。你家屋顶我家院落的形式可以更好地促进邻里之间的感情，形成一种特有的风貌和良好的风俗文化。我们选择了土掌房的建筑形式进行再生设计，用现代的建筑手法改进传统土掌房的不足以适应现代的生活方式。我们希望土掌房会因为再设计而拥有新的生命，而不是时代变迁沧海一粟的历史，更希望土掌房可以历经无数年华岁月一直传承见证下去。因此，我们彼此设计的题目名为年华·里，“里”在这里表示房屋，意为历经岁岁年年沧海桑田的年华里存在的家。

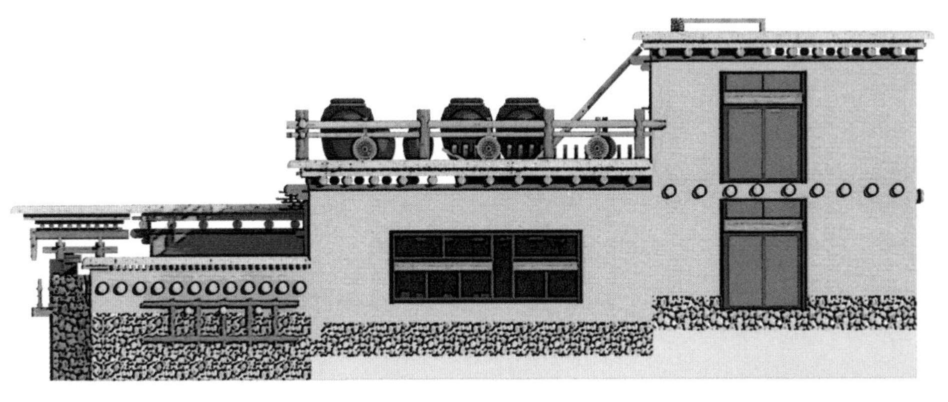

World April FAngfei as

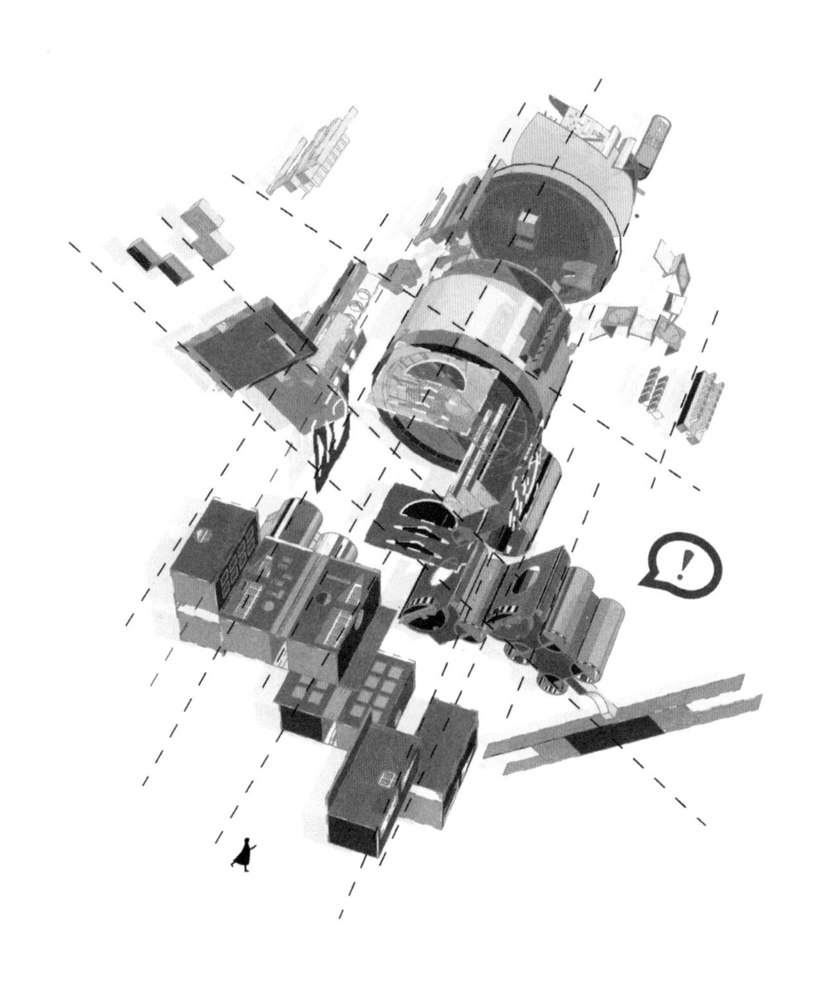

作　　者： 果楠

作品名称： “轴”非理性主义反叛——西安大华纱厂原址项目设计改造

所在院校： 广西民族大学

指导教师： 蔡安宁　邓雁

设计说明：

改革开放四十周年以来，由于商品的极大丰富以及由此造成的“过时褪化”社会思潮的冲击，求新、求异、求变成了人们当下的追求。老旧工业建筑的适应性再利用已经被无数次地挖掘、重构、戏谑，因此中国传统的纯粹性与现代建筑的融合性一直以来备受关注和质疑。伴随着时代的变迁，文明程度的进步，与时俱进的审美思潮，精神境界和社会需求，其特点不断寻求“精神平衡”，是一种脱离传统和摒弃对自然物体依赖性的艺术形式。设计手段通常以书写、照片、电影、录像、动作、演出以及身体作为媒介来完成对“概念”的表达。本方案通过用概念艺术的改造手段完成对西安大华纱厂的“乌托邦圣地”再设计，使得城市记忆的延伸符合城市历史的发展文脉与当代社会思潮的发展价值，满足人们对于民族地域传统文化的归属感。如何使生活在财富极大提升的同时享受到城市自然的静谧，这是对于建筑改造延伸讨论的重要问题。

作　　者： 赵国柱　钟汉良

作品名称： 缝隙记忆

所在院校： 广西艺术学院

指导教师： 涂照权

设计说明：

随着时代的变迁，传统自给自足模式的村庄面临着巨大的生存挑战，这些村庄越来越不能适应现代的节奏而开始走向衰败甚至是消失。由此，改造传统村落的课题越来越受重视。而往往在众多改造方式中，传统古村落却完全失去了内在的“古气”，而仅仅保留了形式上的“古”。人们在村庄进行着现代城市的行为，商甲往来的街道中，是一副披着古房瓦片的现代城市面貌，真正的古村落已经名存实亡了。这是因为在其改造中失去了古村落的生活行为，进而失去了其独特的环境，也就失去了场所精神。

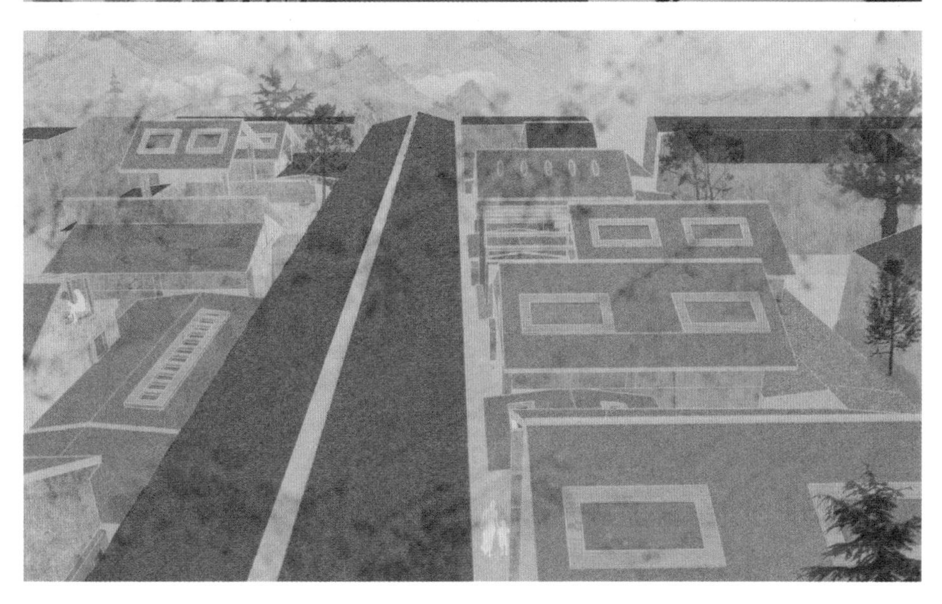

作　　者：魏雨晴

作品名称：叶茂归根——磨庄的叙说

所在院校：广西艺术学院

指导教师：贾思怡　边继琛

设计说明：

文艺复兴时期意大利建筑师莱昂·巴蒂斯塔·阿尔伯蒂（Leon Battista Alberti）曾经说过："家是小的城市，城市是大的家。"不管是城市还是乡村，未来有着共同兴趣和爱好或相同处境的人将聚集在共享社区，通过互帮互助一起生活。在如今信息化时代的大背景下，我们也会利用互联网进行各种商业功能之间的变化。对于磨庄，我觉得可以把它看作一个复杂的有机体，那么它当地的建筑群就是它的器官，里面大大小小的建筑（祠堂、康阜、清代文进士宅……）可以看作磨庄的一个组织系统。由于现在磨庄的很多民居都是一个空壳，我们需要在改造的旧房中赋予其功能化，让当地人能够体验到各个空间，满足外来游客和当地居民的需求，增加城市居民与乡村居民的联系，同时也能够在古民居中感受历史、感受传统文化，将空间最大使用化，这样才能让磨庄焕然一新。通过八个废旧房屋改造串联的功能体共享空间，给曾经落寞的磨庄焕发新的活力，引来新的"村民"。带动磨庄产业多元发展，针对外来游客、当地居民和创客人士这三种群体的不同特点和他们所需要的服务与愿景，使乡村从边缘空间转变为创新空间。

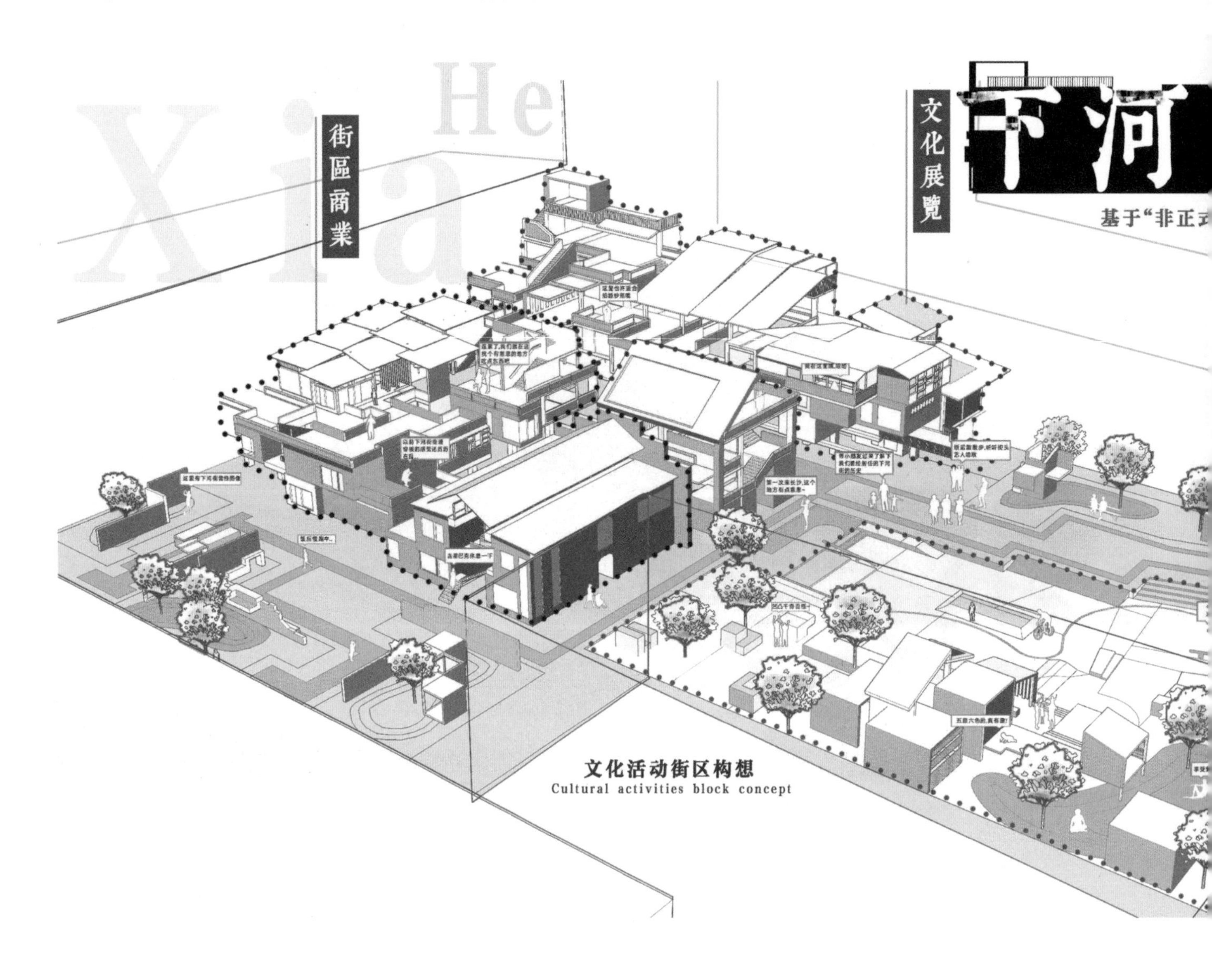

文化活动街区构想

Cultural activities block concept

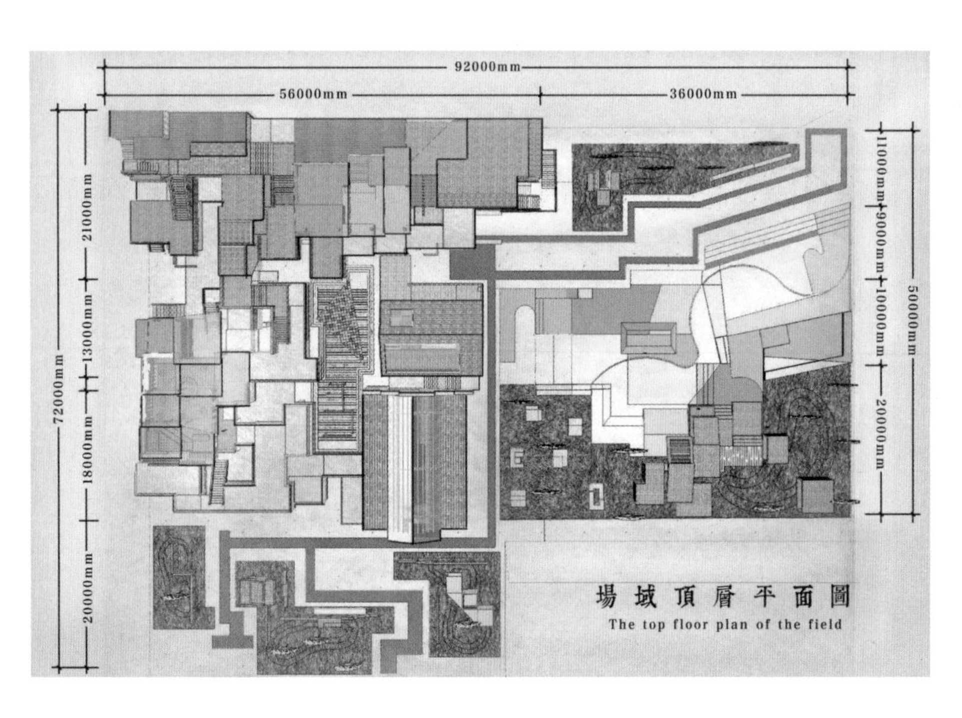

場域頂層平面圖

The top floor plan of the field

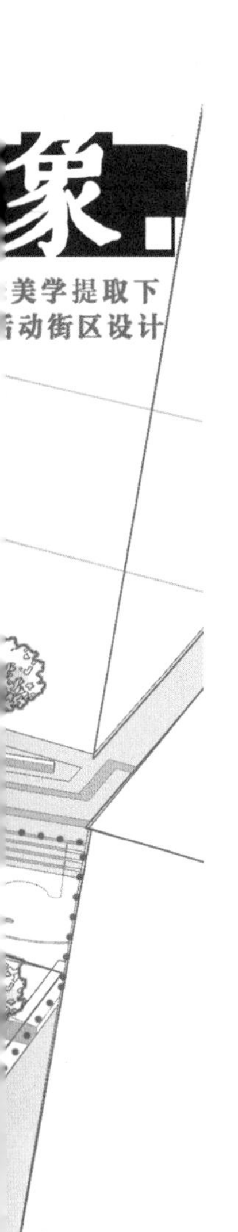

作　　者： 张宇驰

作品名称： 下河印象

所在院校： 四川大学

指导教师： 周炯焱

设计说明：

城市“非正式”空间是附着在城市非常规建设用地和空间（如桥下的剩闲空间、建筑空中界面、街巷的增溢空间等）所形成的城市建筑、构筑。它的表现形式也是多样化的，如住宅水平和竖直的加建、处于规定灰色地带的搭建建筑、流动的售贩摊、街道商铺延伸的棚下空间等。“非正式”空间表现出或半固定的或时间性移动的状态，在其场域内适应性极强，与生活极为紧密。在空间模块化语境下思考设计与策略，旨在研究“非正式”空间的空间异质特征，归纳、总结并提取其空间的形态美学要素。通过其空间模块化的分解与重组，保留并打造反映这种空间生长模式地域性特色的空间体。

系，丝悬于掌中而下垂，本意为悬挂。本设计以该校的舞蹈楼、音乐楼、美术楼为主体，而所做的外挂附属建筑，利用通道增加了主体建筑的多样性和人们出行的便捷性，联系了人与人和人与自然的关系。从而得到了更多的空间、更多的舒适、更快的效率。

作　　者： 梁银肇成　杨成通　周煜　王明

作品名称： 系

所在院校： 四川艺术职业学院

指导教师： 周晗

设计说明：

我们为什么要把这个建筑叫作系？系有很多种解释、联系、穿插等。但我们叫它系，是希望把建筑的边界都打开，把内和外（建筑、环境）的关系模糊掉，将光线、空气、环境都引到建筑当中，也希望三栋建筑有呼应、联系、生命。让钢筋混凝土建成的建筑能像山川河流那样的流动、呼吸、起伏。

我们运用了大量的竹元素，但不是大众意义上想的那种形似竹，而是你行走在建筑中会看见在竹林洒下的缕缕阳光，嗅到风中幽然的花香，触到春意盎然的一抹绿。

在这建筑中，光影变幻是空间的主角，时光穿梭犹如施法的森林，导演着一部部空间的电影。

作　　者： 甄言　刘文鹏

作品名称： 于由 —— 陕北窑洞建筑方案设计

所在院校： 西安理工大学

指导教师： 张纪军

设计说明：

本次设计项目选址为陕西省榆林市府谷县西神木市北河曲县，东南与山西省保德县隔黄河。该项目位于郝家寨村一处半山腰，项目占地面积约1600平方米。

随着社会的快速发展，各城市的建筑源源不断拔地而起，然而千篇一律的摩天大楼让人仿佛置身于钢筋、玻璃与混凝土的森林。同时，各地区对于传统历史文化符号的传承与发展也被相继搁浅。根本无法通过当地的建筑文化特色来辨别自己身处哪座城市。很多具有悠久历史的老城区和传统民居被拆除和破坏，传统民居正面临着解体的边缘。因此，对于传统建筑文化符号的传承与发展迫在眉睫。本次设计以陕北窑洞建筑和装饰设计创新为例，通过对陕北窑洞建筑和国内外洞穴式建筑的考察，使建筑的历史文化元素与现代创新设计装饰相融合。

truction programme
02

The cave is integrated with the natural environment and embodies the harmonious unity of man and nature. The cave is built on the ground, and i
is also excavated by the mountains. There are earth kilns and Shiyao. However, no matter which form is integrated with Huangtugaopo, people live
in it, and the concept of the unity of heaven and man can be most intuitively interpreted at this time. It emphasizes the relationship and dia-
logue between man and nature. Man is created by nature and must follow certain proportions and laws of natural beauty. Architecture is created b
man, so architecture must also communicate the relationship between man and environment and nature. The environment and architecture are a commu
nity, and there can be no architecture outside the environment. Can not be the building is the most important, the environment is all from the
building. The cave building is built on the premise of full respect for nature. It must be harmonious and orderly.

作　　者： 严静仪　彭佳煜　耿晓丽

作品名称： YC^2—— 关于青年艺术家新型生活空间探究

所在院校： 西安美术学院

指导教师： 石丽　张豪

设计说明：

由于中国地区发展不平衡，因此无法面面俱到。但西安近几年发展迅速，住宅形式多样的同时也存在一定的缺陷，如青年公寓逐年盛行，获得了更多的青年职业者的喜爱，西安地区未来也必将迎合需求方式，逐渐产生多样的住宅形式。在满足日常生活的基本需求之外，还可以在社区内共享公共空间，但近些年国内社区并没有单一导向的人群分类。基于对西安地区调查，大多数艺术者希望有一处可供交流的空间，以建造青年艺术家社区为导向，为青年艺术家打造一处艺术空间环境，同时为半坡地区建造新的地方标签，力在更新社区生活空间方式，让社区如同树苗般逐渐生长，从单一的社区逐渐辐射周边，让更多的人对艺术有一个全新的意识，最终产生积极的社会意义。

作　　者： 黄俊翔　屠仁静　付新佳

作品名称： 伴茶伴水・伴江山 —— 焕古镇村落更新改造

所在院校： 西安美术学院

指导教师： 华承军

设计说明：

紫阳县焕古镇以茶出名，在茶的元素作用下，打造具有特色的茶文化旅游小镇。对焕古镇进行村落的更新改造，解决当地经济发展的不便与生活水平单一的局面。

焕古镇临近汉江，背靠茶山，有茶有水有山，便是伴茶伴水伴江山的美称。充分利用茶水山的元素，结合当地特有的地域性材料，打造焕古特色的焕古小镇，发展陆运与水运的两种方式，充分展现具有当地焕古特色的特点。富硒茶因为是焕古镇特有的茶叶，在设计中利用茶元素进行设计的更新改造。

为了展现新的特点，引入四觉的概念，通过嗅觉、视觉、听觉和味觉引出四个有利于焕古镇更新改造的特点。

作　　者： 张京伦　韩强强　慕青

作品名称： 半遗忘 —— 互助活跃型创新养老建筑空间设计

所在院校： 西安美术学院

指导教师： 石丽　张豪　濮苏卫

设计说明：

由于设计的核心是适老性养老空间模式，在设想建筑形式的同时，考虑到老人的心理模式、行为模式、安全需求、各功能区的相互联系配合以及视觉感受，将适老性设计融入建筑整体。由此，联想到细胞的元素，细胞的形状较为柔软流畅，没有棱角，且细胞之间的相互组合、分裂，较为符合我们对建筑最初的设想。我们对植物细胞和动物细胞分别做了研究，植物细胞呈长方形且有细胞壁，内部细胞核与其他组织大都相似，细胞之间的组合排列方式缺少变化，与我们的设想有偏差。动物细胞，无细胞壁且外形圆润多圆角，符合我们适老性设计的初衷。动物细胞内部组织各不相同，细胞之间组合排列也十分自由，符合我们一开始的设想，对建筑外形和内部空间围合及各功能区的配合都有很大的启示和参考作用。

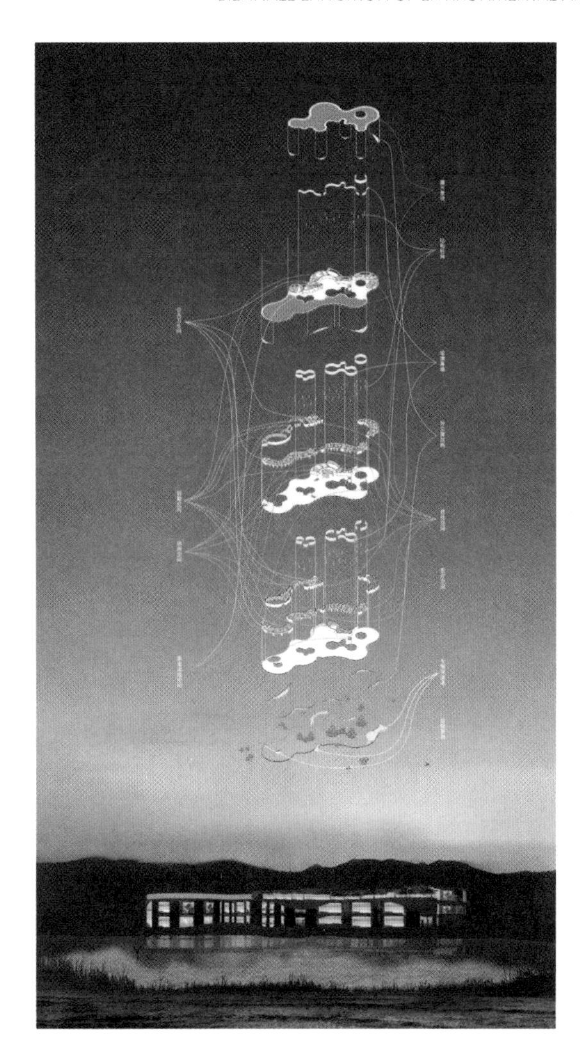

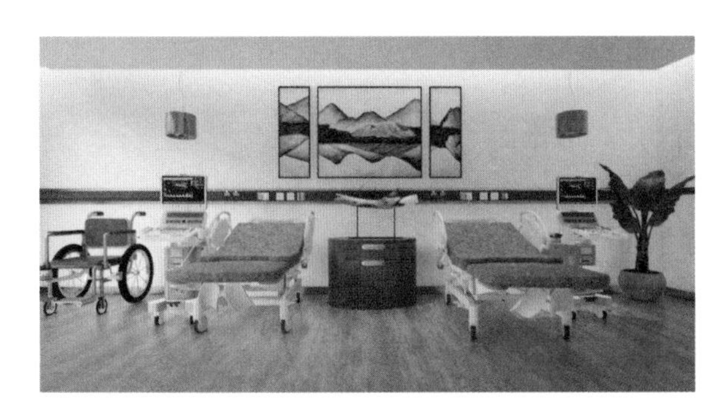

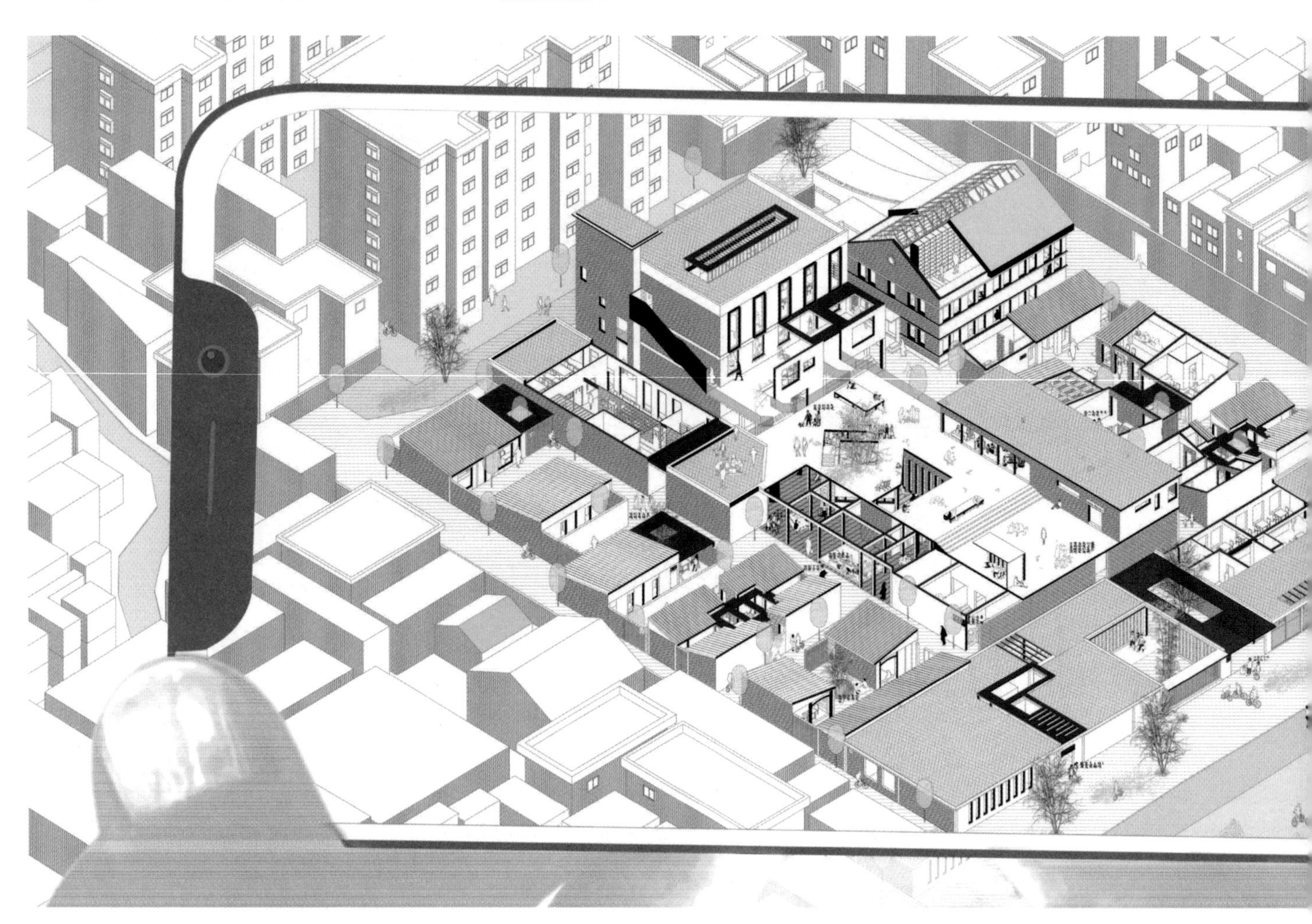

作　　者： 傅昱橙　徐大伟　田楠

作品名称： 回坊，回访 —— 大皮院 38 号建筑空间更新设计

所在院校： 西安美术学院

指导教师： 石丽　张豪

设计说明：

回坊，回访代表着我们的一种期待。在城市不断发展对回民街冲击的情况下，来这边游玩的人们和当地的居民还能够感受到曾经的记忆。我们希望利用大皮院 38 号这块地，一方面为居民提供公共的空间，另一方面能带给游客更多的体验。

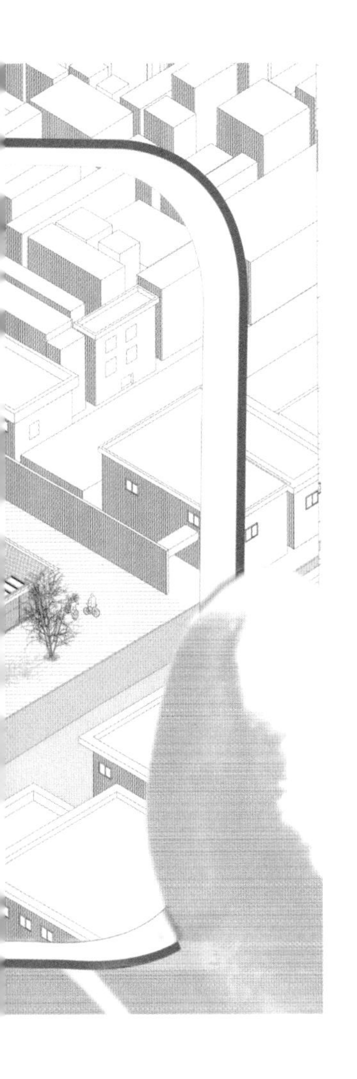

作　　者： 李尚璐　贾鑫磊　吴俊杰

作品名称： 静音息止——汉中庙坪民宿设计

所在院校： 西安美术学院

指导教师： 王展

设计说明：

本次设计以榆林沙地环境为基地，以民俗博物馆为主题，其展陈内容容纳丝绸之路从古至今的民俗文化。本次设计在参考有机建筑理论的前提下，提出“逆生长建筑”理念，将建筑与榆林特有的沙地环境相融合，注重建筑与周边环境关系，因地而生；根据展陈文化内容的规划与限定，创造出独特的地下空间，塑造沙地民俗建筑独有的建筑空间精神场所。整个设计贯穿场地规划，建筑布局、造型，结构到内部空间，注重体现建筑与场地与文化与承载物件的抽象关系。

作　　者： 刘浩天　谭陈扬　何家伟

作品名称： 年轮 —— 黄土地上的乡建

所在院校： 西安美术学院

指导教师： 濮苏卫

设计说明：

乡村建设中最为重要的一方面就是乡村公共空间的建设，公共场所吸收了乡村中特有的村落文化、乡间民俗、信仰精神等方面，是村民搭建社群关系与举办活动的重要场所，是这片土地有痕迹的记忆产生和传承的重要承载。自 2005 年 10 月新农村开始建设至今，新农村所建设的乡村聚落和公共空间新建与改造，几乎就是鲁迅所提到的“拿来主义”，直接拿来城市建设运营模式，大多却忽略了乡村当地原有的生活习惯、礼仪风俗和文化特色。然而，城市所赋予的城市公共空间的特征、规模、需求都会与实际新农村建设情况有很多不同之处，如果不针对所设计村庄进行有规划的分析就直接使用城市建设模式所带来的后果就是：乡村公共空间的特色就会消逝，这样的乡村不仅缺少生机，而且乡村公共空间作为承载特色民俗会面临重塑危机。对于现存乡建所面临的问题与挑战，本设计立足于乡建公共空间的现状问题出发，提出：基于多数的乡村建设者对于乡村公共空间建设的不重视，加上不够了解乡村公共空间所赋予乡村建设的重要意义，乡村公共空间的营造不是简单地保留过去、更不是照搬城市公共空间，而是选择在打造乡村公共场所的同时唤醒乡民对村落的记忆。

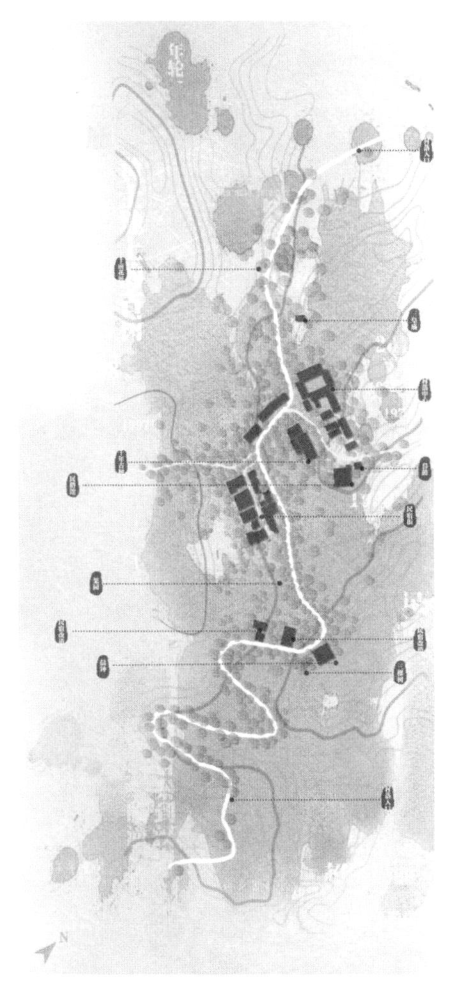

作　　者： 刘巧莉

作品名称： 渗透 • 交错 —— 散点叙事策略下的住宅设计

所在院校： 西安美术学院

指导教师： 周靓

设计说明：

本设计为城市村落民居住宅建筑设计，是一次空间形式的探索，参考传统绘画散点叙事形式的图式语言，进行建筑空间设计，体现错落有致的空间形式。内部空间设计由观察方式开始，使用动态路线来引导人的视线移动，然后再经过空间界面相互重叠或者跳进，构成多元化的居住空间。

RENOVATION OF WEINAN 205 OLD FACTORY BUILDING
鸟瞰图
AERIAL VIEW

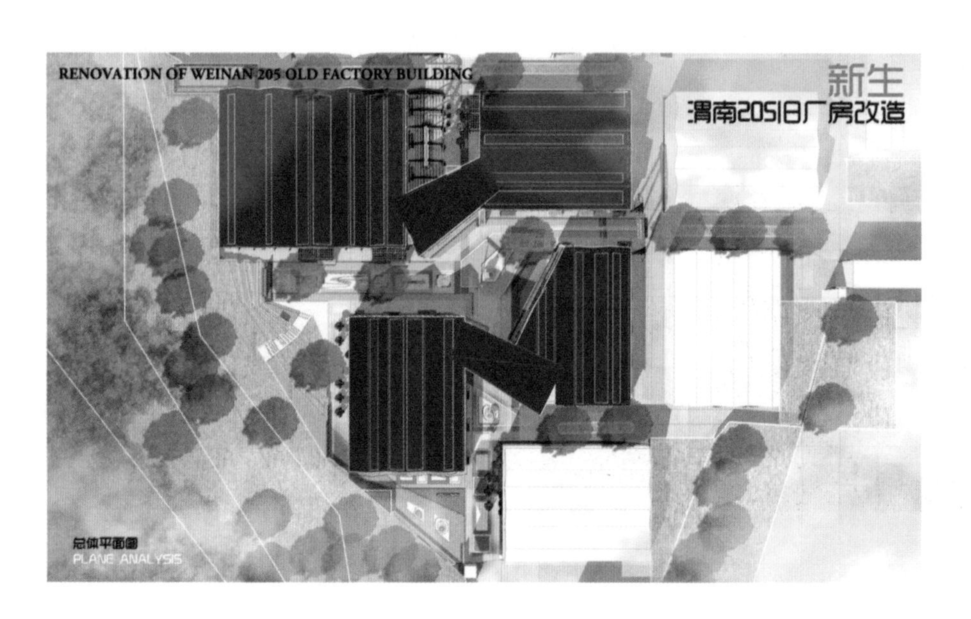
RENOVATION OF WEINAN 205 OLD FACTORY BUILDING
新生
渭南205旧厂房改造
总体平面图
PLANE ANALYSIS

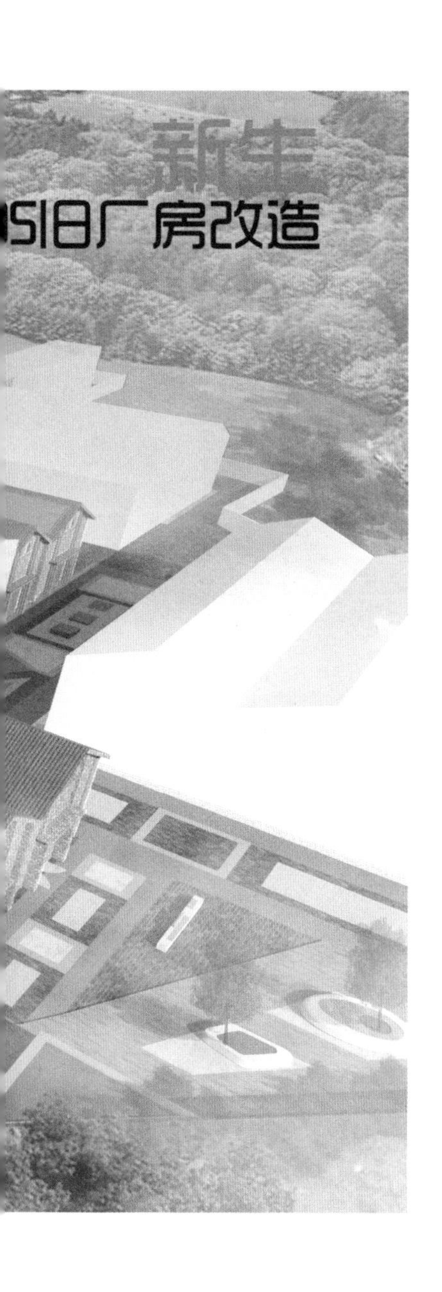

作　　者： 王钰莹　李艳龄　李律

作品名称： 新生——渭南205库棉花厂改造设计

所在院校： 西安美术学院

指导教师： 刘晨晨

设计说明：

随着中国经济和科学技术的发展，对传统工业产生了巨大的冲击，也使传统工业的发展陷入困境，工厂开始纷纷转型升级和倒闭。这样随之带来的是土地资源的浪费，旧工业区和旧工业厂房被废弃，对当地的经济和环境产生影响。这样一来，就需要对废弃厂房的建筑空间进行改造和研究。此次设计是旧厂房改造，赋予旧厂房新的活力。作为旧厂房改造项目，在这里希望打造的是一个全新的工程生态模式，使其能够更好地带动旅游业、文创产业和艺术事业的发展，给更多的文艺工作者提供一个良好的平台。

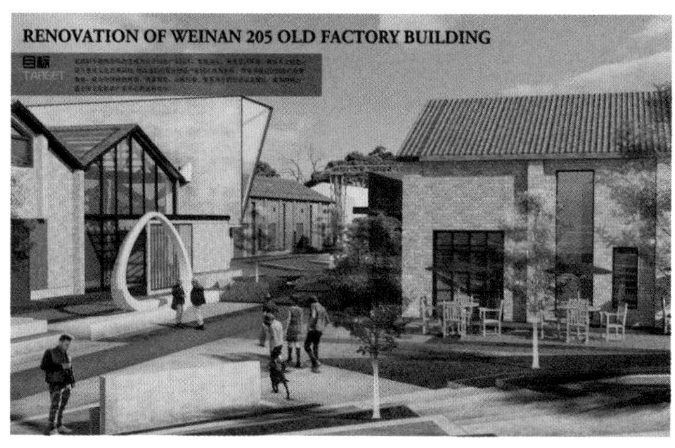

作　　者： 廖雅琪　陈田枫　汪灵悦

作品名称： 稚趣·造下 —— 儿童地下探索体验乐园空间

所在院校： 西安美术学院

指导教师： 张豪

设计说明：

是否儿童未来的活动有另一种更特别的可能性。现实生活中人们往往想向上去解决问题，不断去建造摩天大楼，但日益被污染的地上环境不仅有着过度拥挤的城市病，也让所有人感到了一丝压抑。不断地加建带来的恶性循环是显著的。

城市化进程的推进加速，世界范围内人口不断飞速增长，对于城市用地空间的需求开始不断飙升，地下空间正在成为城市发展的前沿。而当成人的活动空间都被不断剥削的情况下，儿童的活动空间更是应该被我们所保护。本设计正是不断思索在地下空间实现更具趣味性的儿童环境的可能性。

造下空间不仅指代地下基础儿童探索空间设施的效果图制作这么简单，如何将地下空间改造为更绿色、更具有乐趣、更好玩、更具备探索性的空间，从而改善未来儿童的活动方式是作为面临地面空间问题的人类去积极探索地下空间使用可能性的一次大的尝试。

在未来，我们计划打造一个无雾霾、不拥挤且具有全新体验的绿植区的儿童地下空间，准备好带着孩童造下移动了吗？

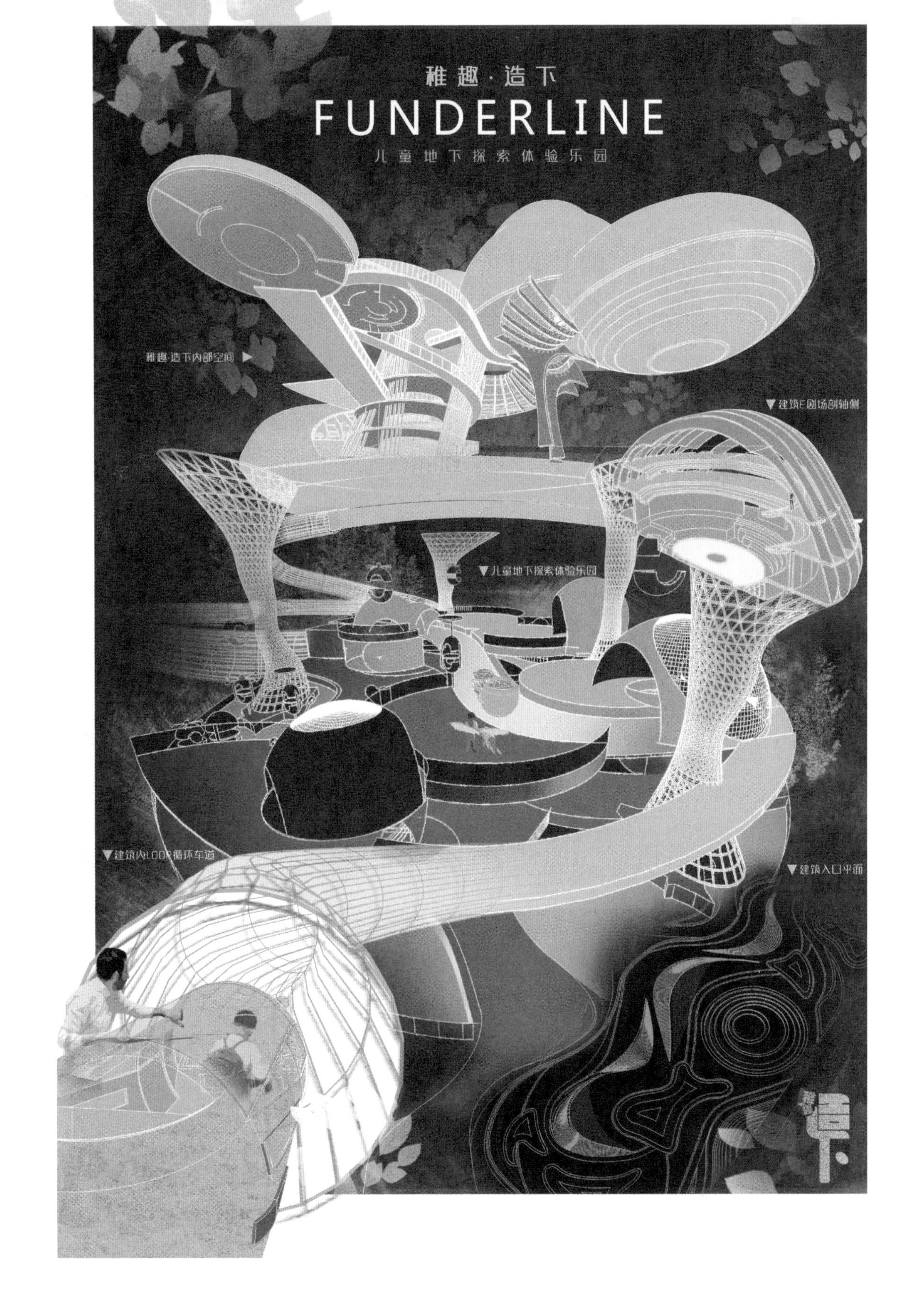
稚趣·造下
FUNDERLINE
儿童地下探索体验乐园
稚趣·造下内部空间
▼建筑E剧场剖轴侧
▼儿童地下探索体验乐园
▼建筑内LOOP循环车道
▼建筑入口平面

作　者： 陈曦　魏雯慧

作品名称： 新生土 —— 生土博物馆建筑与展陈空间设计

所在院校： 西安欧亚学院

指导教师： 郭治辉

设计说明：

在乡村振兴的大背景下，乡村的民居面貌开始被重新审视和全方位激活，为中国西北地区的生土窑洞民居迎来了新的机遇和挑战。

虽然生土窑洞民居的现状不容乐观，但破败、坍圮并不是唯一的代名词。这种民居样貌是生活在这片浑厚黄土地上的人民，通过与自然环境千百年的抗争，创造出的一种与自然形态有着血肉联系，且具有鲜明地域文化特征的建筑形式和民居文化形态。同时，随着生态建筑和绿色建筑被学术界作为未来建筑发展的宏大议题，而倍受关注和频繁探讨，生土建筑自身又有着低能耗、节地、绿色生态等优越性能，这与当下绿色建筑的发展极其吻合。因此，此课题的探讨具有着更为深远的价值与现实意义。

再次，生土窑洞民居作为一种独特的建筑文化遗产，有着几千年的传承，它的发展和演变过程也承载着无数人居者浓厚的情感依托和乡土记忆，建筑形态需要被保护和重新挖掘，居住文化遗产更需要被传承和延续。那么在此背景下，如何以一种全新的思维方式，来营建一个既能够承载人居记忆和精神诉求，又可同时解决地域性与公众参与性，具有鲜明地域文化特色和乡土情怀的公共建筑空间，就显得尤为重要。

作　　者：伏昶嘉　李晋莹　王灵梦

作品名称：让乡土系得住乡愁—— 乡村民宿建筑及空间设计

所在院校：西华大学

指导教师：曾筱

设计说明：

要让乡土系得住乡愁，一定要扣紧"乡土"两个字。此次民宿的设计，首先就是从乡土的原始自然环境开始。将位置选于西来古镇，西来古镇是成都历史悠久的古镇中，开发力度较小的古镇，古镇很多地方为原始原貌，周边未受旅游影响的农田较多，更具有乡土田园气息。民宿坐落于古镇临江河北面，五面山山脚下。要用乡土留住乡愁，一定要将乡土文化进行更好地运用和传播。乡土文化的运用，西来古镇盛产茶叶，民宿选址位置三百米处便是西来禅院。在乡土文化在很多地方呈现出不断弱化情况的形式下，以禅茶文化作为民宿的主题，以民宿的旅游发展作为载体，传播当地最具特色的文化。禅茶文化同时能让居住者在禅道与茶道中，修生养性，净化心灵，用最轻松的心态去体验乡土气息，唤起心中的乡愁。

29

31

32

33

35

36

37

38

作　　者： 朱一帆

作品名称： 河北长寿村游客中心建筑设计

所在院校： 新疆师范大学

指导教师： 肖锟

设计说明：

本方案将从设计元素的提取、区域划分的原因、设计造型设计风格定位这几个方面来进行设计。建筑构造以钢结构为基体，采用嵌入型的方式搭建在景区入口处的山脚下，利用三层平台以错层的形式逐层增高。建筑坐落在第三层平台，靠山而起，使整体的游客中心能够和谐地融入环境当中，形态开放错落的平台，构成别具特色的建筑空间，可使到此的游客更好地观赏周围的景色，给人带来一种无拘无束的感觉，从而更好地放松身心。建筑整体与周围自然景观相映成趣，表达出尊重自然和自然环境和谐共生的生态策略。嵌入型空间的构成形式打破了以往传统型的建筑构造形式，三层错落的平台在空间形态上增加了游客中心整体的趣味性和娱乐性，使游客中心与人、环境之间产生了互动性。

作　　者： 麦麦提艾力　李剑峰　苏钦喆

作品名称： 方糖文化艺术馆

所在院校： 新疆艺术学院

指导教师： 马利广　张琳娜

设计说明：

根据喀什高台民居建筑的形式、材料和结构，结合本土文化的继承与发展，将新疆本土文化的符号性语言、新疆的独特地形和现代设计手法等多种元素在设计中交汇，从而生成符合“多元·共栖”的时代主题和具有地域性、时代性的地域建筑设计。

此建筑的建筑面积为3260平方米，建筑主体借鉴喀什高台民居的建筑形式，并运用方糖的造型进行堆积和穿插，结合高坡的地形，高低错落，构筑建筑空间的地域性特征。室内空间主要是新疆传统民俗建筑中下窑上屋的体现，外部材料以红砖为主，园林景观以规整式的伊斯兰园林为概念，传递出极富浓郁民族风格的地域特色，结合当代人的生活习惯，同时与现代建筑设计手段进行衔接，呈现出在新疆本土文化语境下，传统建筑形式与现代城市环境的“共栖”。

建筑整体上划分为三大功能区，文化交流体验区、美术展陈区、雕塑展示区，在文化交流互动区域，考虑到维吾尔族传统习俗中注重人与院落的关系，以组团的形式使体验人群拥有共同的交流空间，发挥出院落的社会性空间作用。

作　　者： 唐洁

作品名称： 酒窖酒酿·低醉情怀——四川丰谷酒业酿酒文化空间设计探索

所在院校： 西南科技大学

指导教师： 费飞

设计说明：

本设计是将老厂房改造成一个文化旅游区，以"酒窖酒酿·低醉情怀"为主题，提取酒窖和低醉作为元素，低醉有二：其一，为微醺，似云、似风、似水，飘飘然之感也；其二，为丰谷之艺，艺有六类，故称之为低醉六艺，乃丰谷酒之特色。设计中将以现代手法进行诠释，讲述丰谷酒业的特色，将丰谷的记忆洗去尘埃，展现在世人面前，设计中将借鉴研究并提取其元素，运用于室内外空间上。

一、酒之孕育·醉若浮云区域

1. 蒸煮——故事的开篇

酒之孕育期间，便是粮食蒸煮的过程，此乃"低醉之法"，设计中将蒸煮器皿放大，以大门的形式重现。

2. 衬托——柔化的空间

将云元素融合到建筑表皮，让原本硬冷的建筑被曲线所柔化。

二、酒之生香·醉若清风区域

1. 发酵——故事的经过

酒之生香期间，便是酒发酵的过程，将窖池抽象成为建筑的一部分，并与屋顶结合，贯穿整个酒厂，而窖池是便是低醉六艺之"低醉之道"。

2. 隐喻——诗意的空间

将风进行抽象是一种隐喻，将丰谷的标志与小麦相结合，形成小麦的装置，贯穿整个上空。

三、酒之升华·醉若流水区域

1. 出酒——故事的高潮

酒之升华期间，便是酒出酒的过程，终是清纯透彻犹如明镜。

2. 假象——虚幻的空间

水，乃低醉六艺之"低醉之源"，真真假假的水。

作　　者：罗玉春

作品名称：消费升级背景下的文化诉求—— 以丰谷酒业老厂区改造设计为例

所在院校：西南科技大学

指导教师：费飞

设计说明：

该丰谷酒业老厂区改造设计是“以现代诠释传统”的理念构筑的仿古风格的厂区。川西风格的青瓦坡屋顶与格栅，以古典穿插现代的手法营造出一片开放自由的酒文化体验式消费空间。

以创新的手法将传统川式建筑与现代街区改造自然融合，设计中不仅体现了对丰谷文化和酿酒过程的深刻理解和尊重，还为游客营造了独一无二的酿酒体验场所。

丰谷酒业
FORGOOD DISTILLERY

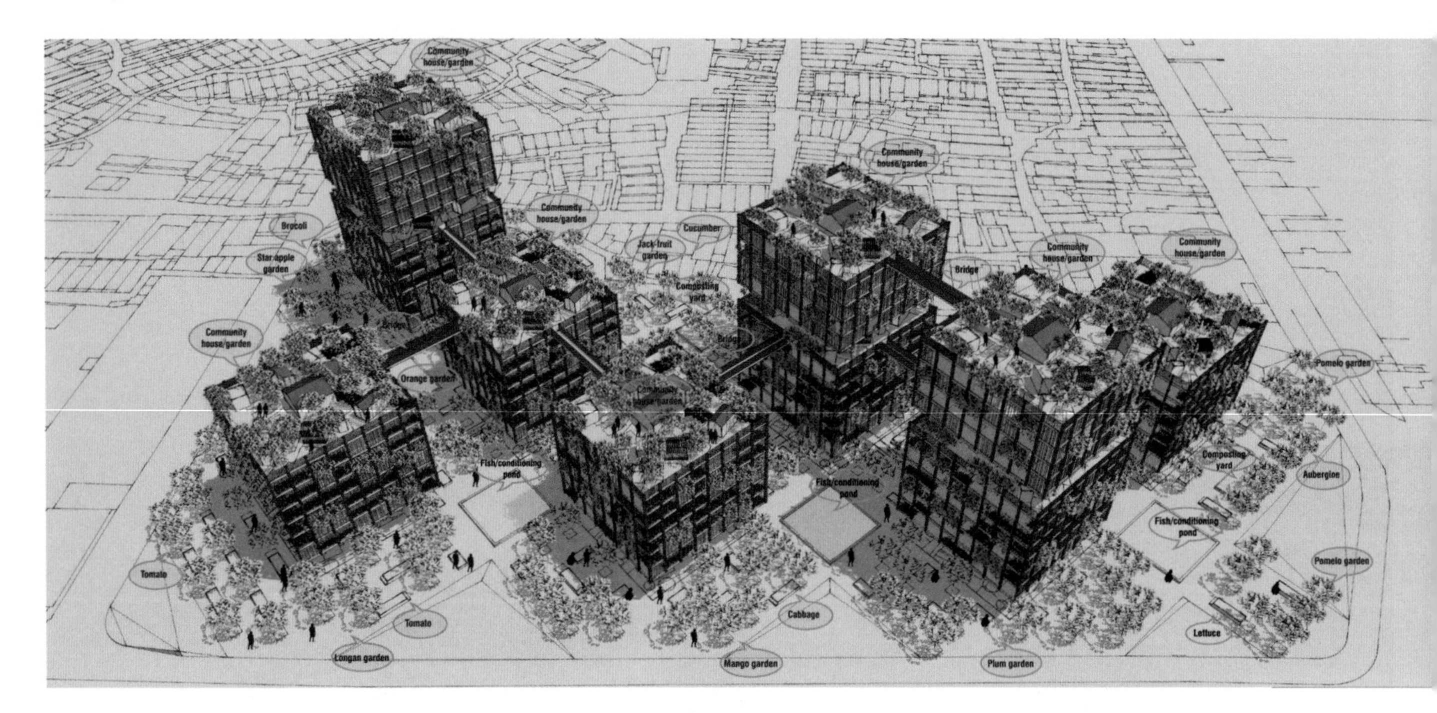

作　　者： Hung Thanh Dang

作品名称： 多样性和共栖所的庇护 Shelters of Diversity and Cohabitation

所在院校： University of Huddersfield

指导教师： Adrian Pitts Yun Gao

设计说明：

胡志明市的经济成长在过去的30年里使人口和都市化过程迅速扩大。随着全球气候变暖，人口和都市化发展的压力造成了当地居民对室内和室外环境质量、健康的隐忧。目前存在的问题包括过去20年来表面温度已增加2℃、绿地的减少、极端热浪（40℃）、洪水和污染。目前政府的预期可能低估了现实状况，而且，人口增长也引发都市居民食品供应问题的风险担忧。

平东码头一带曾是个富裕繁忙的交易场所，特别是20世纪初期前后在胡志明市的大米制品和蔬菜的交易场所 。通货膨胀和现代社会的影响逐渐破坏了此地的历史和建筑价值 。胡志明市政府在2010年时，在未考虑此因素的情况下批准了一项新的都市规划政策，一些高层住宅和商业大楼的设计方案，因而失去了历史建筑和景观等特质 。

上述设计方案衍生出针对平东码头的多样性和共栖所的研究，其中包括两个部分：保护历史建筑区域和开发适应性和生态公寓的新住宅社区。本提案的形成是通过考量胡志明市未来可持续生活的建设模型，着眼于住宅大楼，设计师提出城市中住房的新形式，希望以此能够处理和解决未来不同层面的复杂挑战。提案中的住宅将花园融入家庭用地到更大的社区花园中，花园和农业活动是支持人类沟通、提升人类行为，并帮助自然和食品资源的“催化剂”。此外，这样的花园也涉及微气候调节过程和个别家庭及整个邻里的水再利用。

令人兴奋的是改造一个被包围的普通的街块或者延伸的阳台区可用于多种功能，包括提高舒适度、产生能量、种植食物、收集水以及许多其他可能的选择。理念的发展是优化在建筑周围适应性区域可能的各种活动，增强对采光和“被动”式太阳能增温的管理，整个想法极为可行并可以在适度的范围内尺度化，长期来说将有可能对个人生活方式和城市规模获得长期的实质利益。

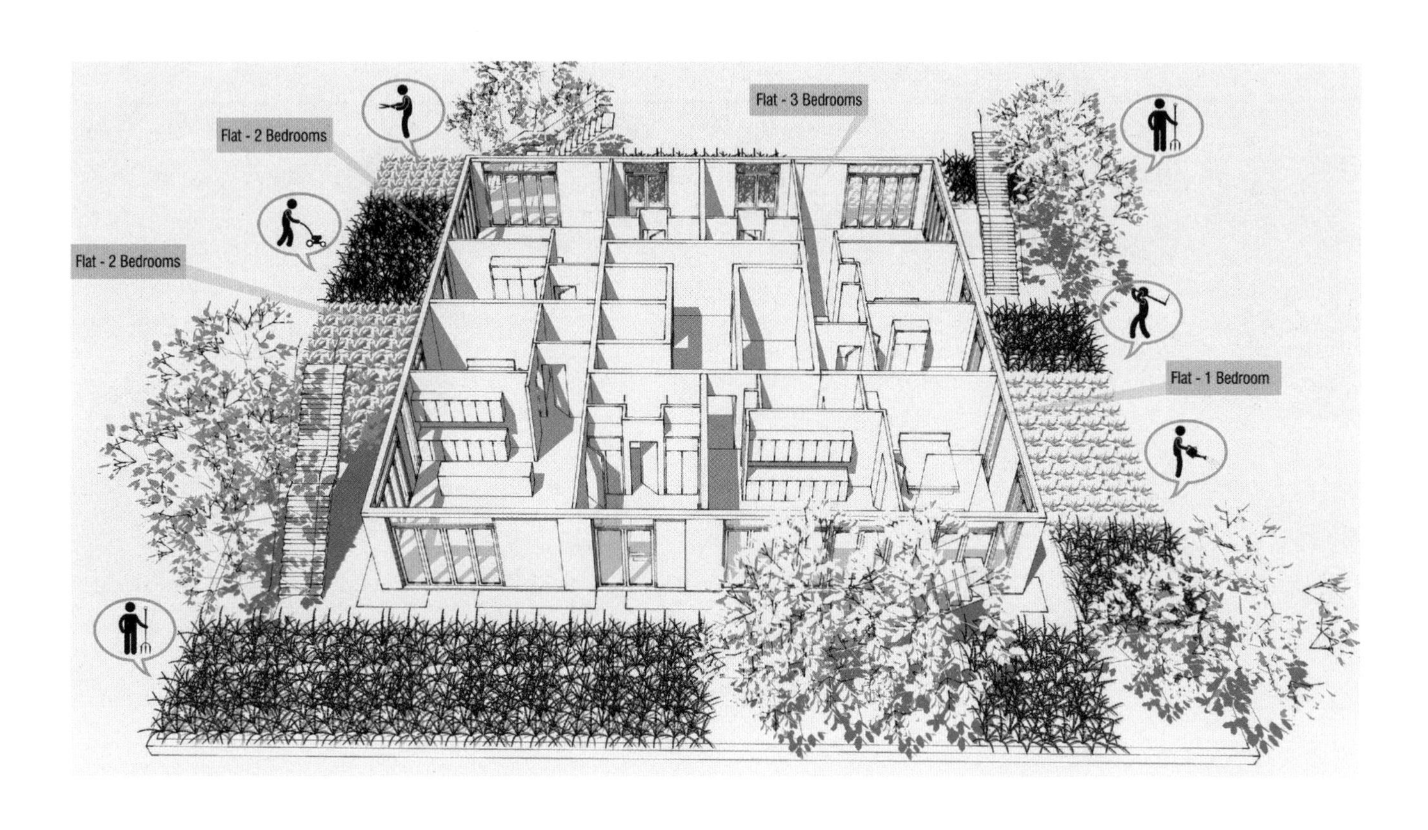
Flat - 2 Bedrooms
Flat - 3 Bedrooms
Flat - 2 Bedrooms
Flat - 1 Bedroom

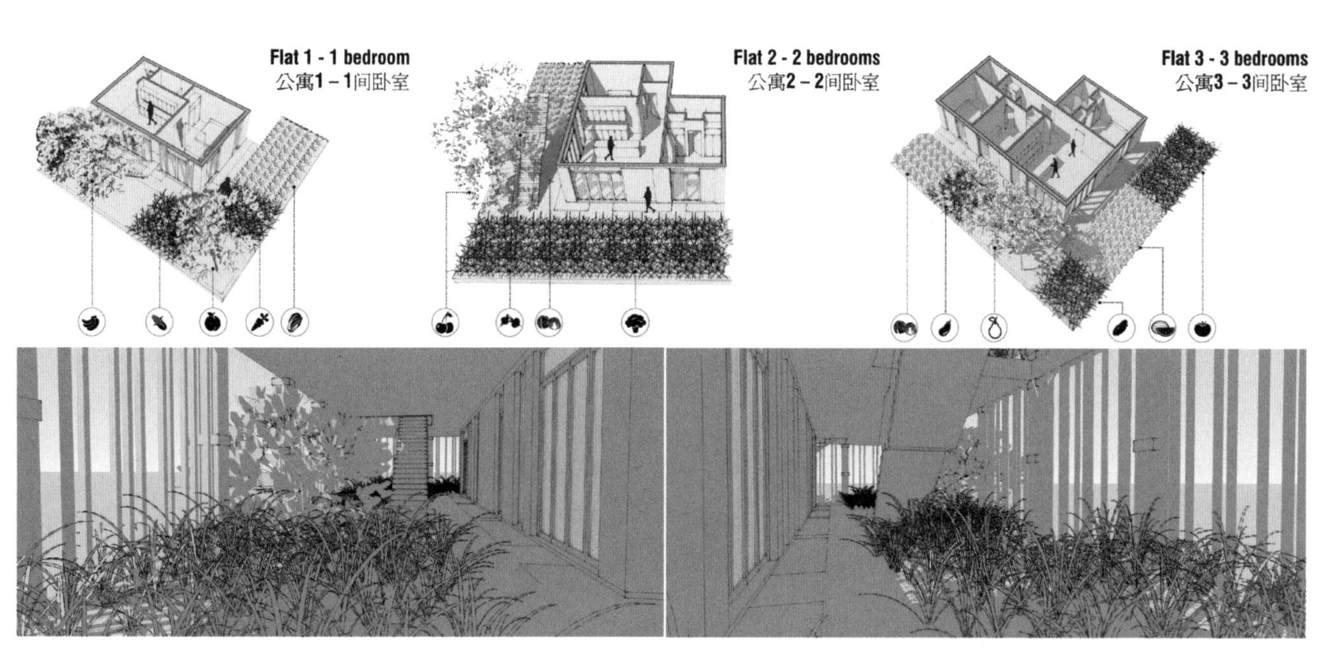
Flat 1 - 1 bedroom
公寓1 – 1间卧室
Flat 2 - 2 bedrooms
公寓2 – 2间卧室
Flat 3 - 3 bedrooms
公寓3 – 3间卧室

作　　者： 梁川　段紫苑

作品名称： 万物生于土，而终归于土 —— 楚雄州双柏县法裱镇李芳村彝族建筑设计

所在院校： 云南民族大学

指导教师： 施宇峰

设计说明：

在信息化时代的今天，多元文化不断地交织融合，建筑如何在当代的语境下体现地域文化特色，是值得思考的问题。本主题旨在分析建筑的多元性，更好地反应时代性与地域性的关系。生土建筑是我国长久以来最常见的一种民居形式，保持和延续传统建筑风貌和优良功能，改进其缺点是建设中国特色乡村的重要内容，它可以彻底改变当前农村住房建筑形式呆板、村庄面貌严重趋同的现象，并充分体现节能保温低造价，就地取材的卓越功能。

作　　者：刘凯

作品名称：军民总管府历史风貌恢复及建筑特色研究

所在院校：云南艺术学院

指导教师：杨春锁

设计说明：

恢复论证分析

（盛）唐：设姚州都督府（即现在光禄旧城）管辖今川南、黔西、滇东南和滇西地区（南诏之中枢）。

宋：大理国（弄栋府）光禄为大理国的八大名府之一（确论）—— 当地县志。

（盛）元：升姚州为姚安军民总管府，府治在今姚安县光禄镇高氏宗祠旁。

明清：由高氏土知府与中央下派流官共同治理。后府城及政治中心南迁栋川，在清初 1792 年即清康熙十二年“改土归流”，归属楚雄府。

推论

1. 军民总管府地位仅次于大理府，因此在府衙规划上可参考大理府形态。

2. 高蚕映官至布政司参政道职（府衙规制可参见三品衙制）作用：派驻一定地区掌管钱谷诸事。

3. 练兵场（比武台）形态推论。

设施（文门、武门、牌坊）阶层级别体现

练兵场 + 比武台 + 射箭场：当时地方土知府对地方管理具有一定的自治权。因此在对地方管理和控制中会圈养当地的雇佣兵，可以加强地方自治和民族团结， 更有利于控制地方局势。

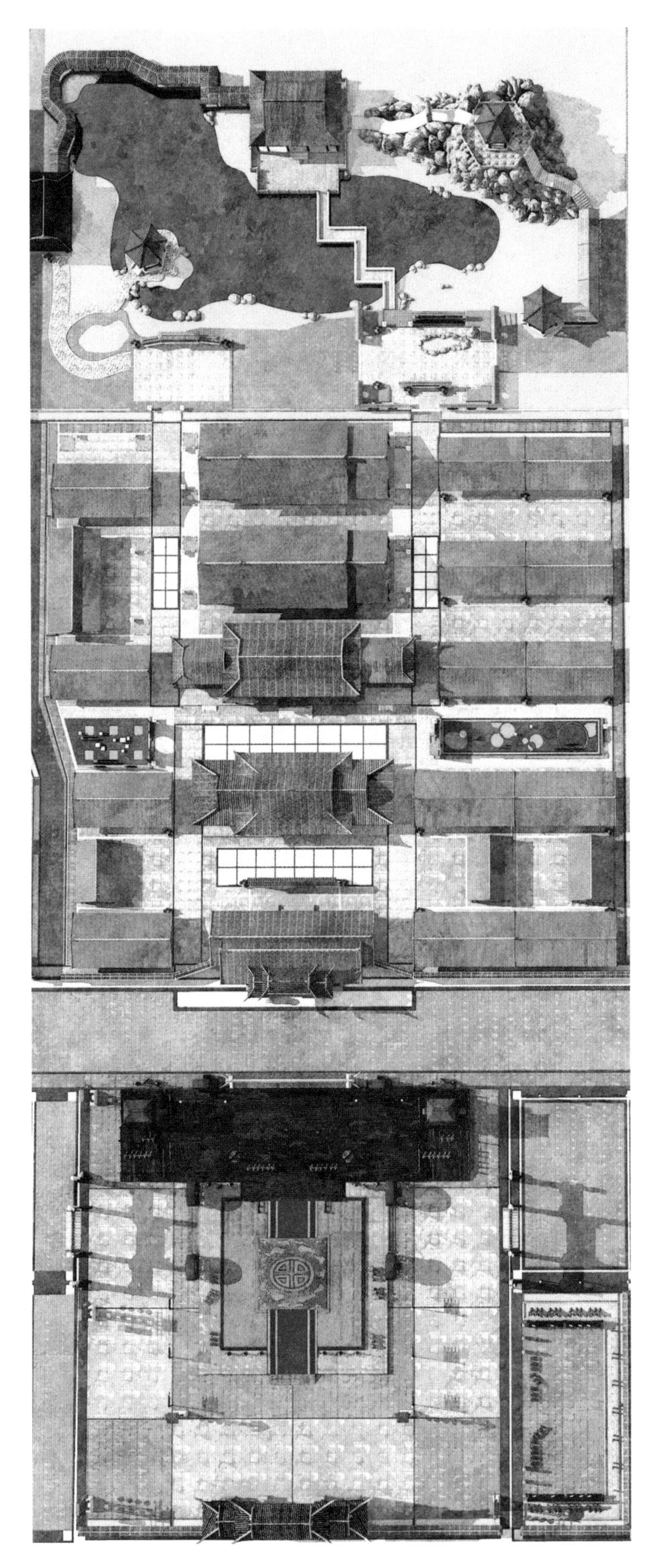

作　　者：李睿琦

作品名称：触木

所在院校：云南艺术学院

指导教师：王锐　邹洲　李异文

设计说明：

触木是为盲人服务的展览空间，建筑立面由墙壁切片两两间隔 1.2 米，这种独特的设计除了保证自然光线的射入和室内外视觉穿透力之外，还增加了游客的穿行路线。这种介于通透与不透之间的立面设计，伴随着空间内部光照的变化，展现出了趣味性的效果。而其独特的光照设计也让内部分区更加明确。展馆内部通过三个方面的感受来让盲人更好地体验展览。1. 触觉：木的质感，每一个木质材料的切片由不同的木材构成，涂刷为同样的色彩，无论是盲人还是正常视力的观者都可以通过触摸来了解木材。2. 听觉：风声 + 树林，虚拟空间体验 —— 游览者站到展厅的不同位置可以听到不一样地点的声音，地面的发声装置通过模仿风吹过树林的声音来进行展馆方位引导。3. 嗅觉：采用不同色彩的圆形管道散发不同的气味如糖果的气味、雨后的青草味，让人产生不同的情绪感受。

作　　者： 肖洒
作品名称： 圵·坏 —— 红酒文化体验空间
所在院校： 云南艺术学院
指导教师： 王锐　杨春锁

设计说明：

该设计案位于云南省弥勒市红酒庄园东侧。圵坏，意在土壤之上与地表之下。该展示空间分为地下的覆土空间与地面的土质建筑两部分。利用这两部分的建筑，直观地表现出弥勒当地的土壤情况。木制的构筑物也与葡萄种植所需的葡萄架相呼应，从而让参观者完整地了解到葡萄在地上与地下的生长结构。

入口处为覆土建筑空间，让参观者进入葡萄生长的土壤之下，能更好地使其详细了解葡萄究竟是如何生长出来的。建筑上的木质构筑不仅与葡萄架相呼应，更是作为其覆土建筑的结构支撑柱。

后面的土质建筑展示空间，在建造的材料运用上就地取材选择当地的砂、土、石材。整个建筑空间由下而上，贯穿“土”的元素，从而更好地反应葡萄的生理周期，也更好地体现出了红酒文化的主题。

作　　者： 杨杰　肖梓凌　金元元　万子蜻　钟孜珑　景晓宇　杨瑞雄

作品名称： 多元・共栖 —— 呈贡老城更新概念规划设计方案

所在院校： 云南艺术学院

指导教师： 李卫兵　王睿

设计说明：

呈贡老城更新概念规划设计方案既遵从当地的建筑特色与环境的融合，又要从建筑的可持续发展与创新出发。所以，此次设计的灵感与主题主要围绕“本土”、“绿色”、“创新”三个主题进行设计。

本土：调研时多数老的土坯房主要集中在老街，设计立足本土，挖掘当地的老土坯房的一些特点，根据云南呈贡“一颗印”的建筑组合方式进行平面的建筑组合。建筑材料也考虑到当地特有的建筑材料土坯墙，于是建筑采用当地建筑材料进行再塑造，尽量保留当地的一些建筑特色。

绿色：主要体现在建筑的空间营造上，把绿色植物引入建筑内部，起到分割空间的作用，又与环境合二为一。

创新：主要体现在建筑的立面造型上，建筑曲折的屋顶呼应当地山脉的走势。玻璃连廊，独特开窗，造型新颖，既保留了当地建筑形式，又有其创新。

效果图

作　　者： 李丹彤　王宇华　李湾仪　马衍　黄圆正　杨洋

作品名称： 弥勒虹溪古镇再生更新概念规划设计方案

所在院校： 云南艺术学院

指导教师： 李卫兵　王睿

设计说明：

虹溪镇历史悠久，拥有可观数量的历史建筑。但由于各种原因对历史建筑保护不足，有不同程度的损毁。虹溪镇现有城市肌理和建筑布局由于各种自发式的房屋修建十分混乱，不满足长期旅游发展的要求。虹溪镇虽然拥有丰富的旅游资源但并没有得到良好的规划，例如游客服务中心等配套设施也普遍缺失，对今后虹溪镇的发展不利。

在进行设计时，我们根据虹溪古镇原有的历史建筑和风格特色将虹溪古镇归为四个片区，分别为文运昌盛、流连忘返、商贾福地和福星高照，在此基础上同时对虹溪古镇的某些原有建筑进行了复原、新建和改建，并新加入了虹溪博物馆、市民活动中心、精品民宿、文化传习馆、游客服务中心、餐厅和福照楼共七幢新建公共建筑设计，由此形成了“七星拱位”的大格局。

夕陽無限好，
祇是近黃昏。

作　　者：郭嘉奇　刘家兴

作品名称：影所

所在院校：云南艺术学院

指导教师：马琪

设计说明：

本方案位于云南省弥勒市太平湖森林公园。以中国传统园林中临水的理念为本方案的设计思路，强调建筑与环境的结合。太平湖森林公园二期游客接待中心，是由混凝土、覆土、木材、玻璃等环保材料构建的生态共生式建筑，总面积超过2000平方米。建筑共分为两大区域，左边为接待大厅面积为600平方米左右，设有景区生态图片展区、游客咨询点、VIP服务处、休息区等，一楼大厅前后均有宽阔的场地，可进行团队建设等小型活动。建筑右边主要以饮食服务、休闲娱乐为主，可根据游客不同的需要提供商务、会议、咨询、娱乐、休闲等多项服务功能。

作　　者： 范太朝　杨娜

作品名称： 弥勒太平湖摄影绘画基地规划设计

所在院校： 云南艺术学院

指导教师： 马琪

设计说明：

本设计为云南省弥勒市太平湖森林公园摄影绘画基地规划设计，总设计理念是吸纳中国传统建筑及山水绘画之精神，摄取弥勒地域建筑和传统民居之特色，结合太平湖场地环境和四季之美景，营建太平湖当代风格之摄影绘画基地建筑，显诗画之意境。整个摄影绘画基地由镜花水月摄影馆、春花秋月绘画馆和春华秋实展览馆三部分组成。镜花水月馆以"镜中之花，水中之月"立意，在规划设计中有意营造一种空灵的意境和浓厚的艺术氛围。建筑以地域环境为基础，着重突出弥勒地域特色，建造材料就地取材，主要采用红砖、木材、玻璃和钢结构。春花秋月馆立意来源于李煜的《虞美人》："春花秋月何时了，往事知多少。"以"春花秋月"立意，在岁序更迭间，将往昔与今朝契合，强调艺术之境，绘画馆为空间围合感极强的院落式布局，在细部和节点的处理上突出弥勒的地域特色。春华秋实馆"春发其华，秋收其实，有始有终，爱登其质。"该展馆提供绘画及摄影展示空间、功能需要，为春花秋月馆、镜花水月馆提供一个综合展览所，予以起名春华秋实，春天开花，秋天结果，比喻有所收获。

综合类

COMPREHENSIVE

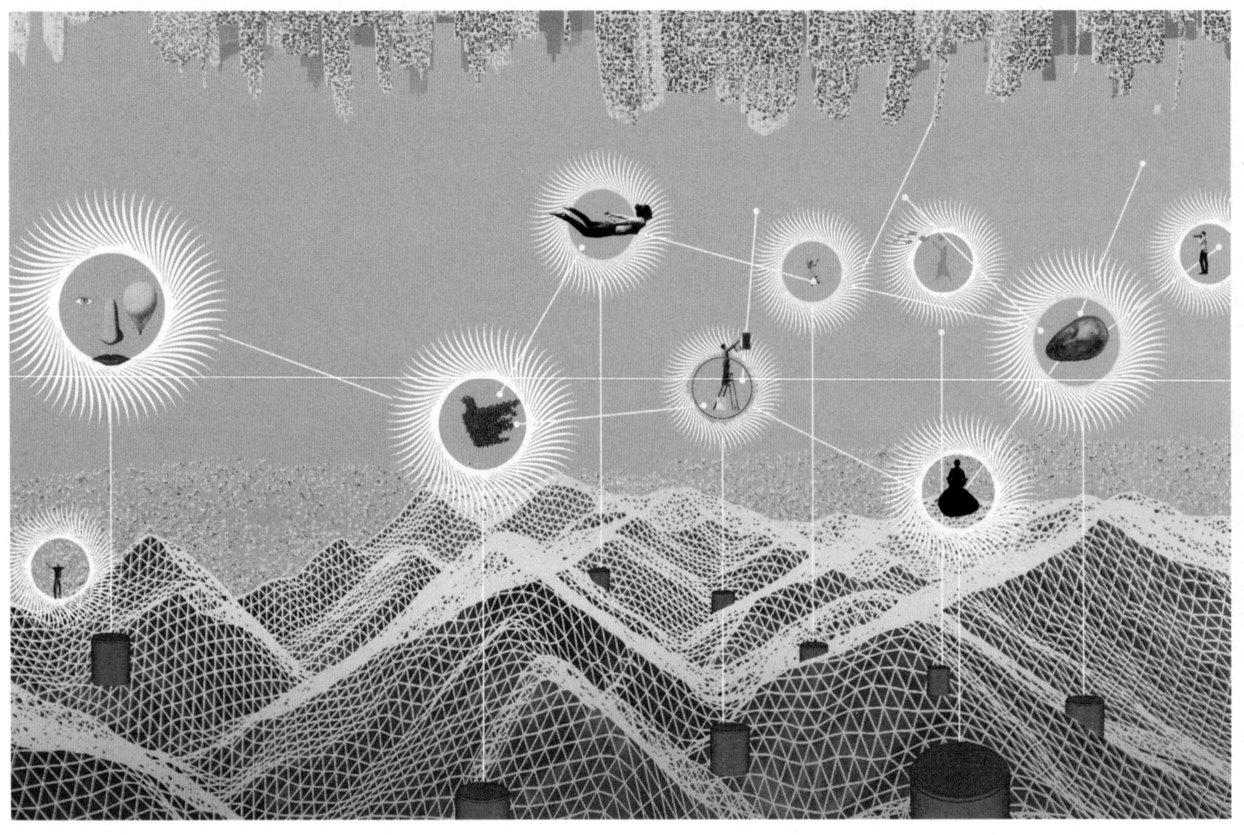

作　　者：孙宁鸿　于晓彤　楼弈

作品名称：慢讯·共生——基于“离散型”村落发展下的信息体衍生设计

所在院校：西安美术学院

指导教师：王娟

设计说明：

“慢讯·共生”设计基于中国新农村建设与城市发展同步推进的大环境下，认为农村的空心化和原始性能够为村落发展转型带来契机，将限制村落发展的不利因素转化为村域发展的优势条件。“慢讯·共生”利用村落半废弃水利基础设施的位置优势和“信息源”属性，将其与青中村村域的“慢特性”相结合，挖掘和强化村域的信息体，重新搭建起村域的信息平台，为下乡建设的新介群体与原住村民提供共处活动空间。设计以艺术自由职业群体介入青中村村域来落实信息体的设计，建立了“空山漫谈”、“无话品山”、“归山存物”三种信息体类型，从点的信息体验出发，通过游山、穿点、引线，最终将村域由点的激发生成面的传递区域，在保留了村落居户分散特征的同时对村内群体进行了有效联结，信息体带有的景观设施属性和艺术化空间的引导作用会有效提高村民的生活质量，培养村民自下而上的认知场地、整合信息，利用场地的能力，为村域自生动力推动村落发展提供可能。

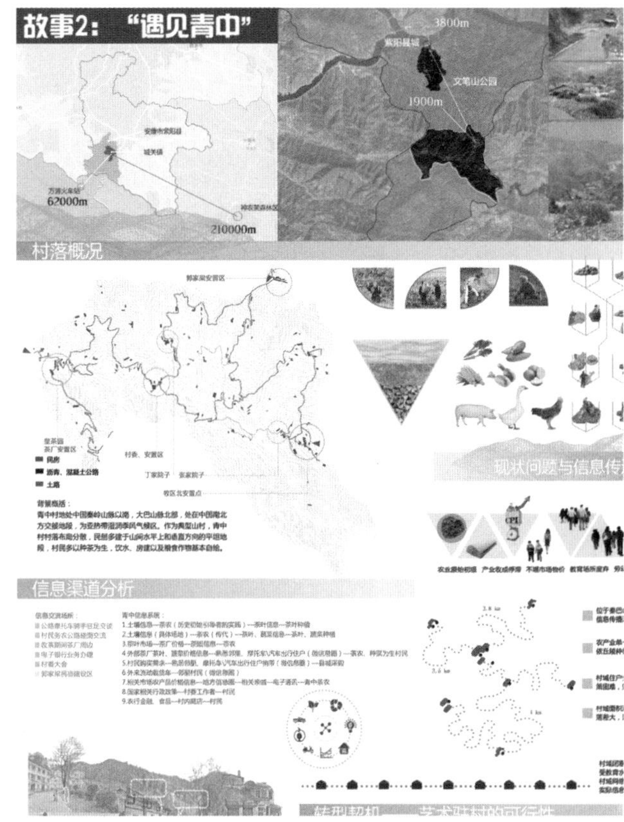
故事2："遇见青中"
3800m
1900m
62000m
210000m
村落概况
背景概括：
青中村地处中国秦岭山脉以南，大巴山脉北部，处在中国南北方交接地段，为亚热带湿润季风气候区。作为典型山村，青中村村落布局分散，民居多建于山间水平上和垂直方向的平坦地段，村民多以种茶为生，饮水、房屋以及粮食作物基本自给。
信息渠道分析

作　　者： 张毅

作品名称： 观山舍 —— 模件化禅院设计

所在院校： 四川美术学院

指导教师： 潘召南

设计说明：

核心理念：以中国传统的模件造物理念、营造方法、结构构件为切入点，研究乡村山地的装配式人居环境。

场地：四川省雅安市蒙顶山天盖寺旁，占地面积10400平方米。

核心词：

①模件体系：以模件体系作为设计出发点，模件源于我国古代，是最为古老的装配式理念。

②技艺延续：以川西吊脚楼为灵感，将本土的传统建造技术进行当代转化。古为今用，挖掘空间设计中的文化根性。

③简化构法：简化传统建造技术，将基础构件工业化、尺寸模数化、生产系统化，以实现更为经济高效的建造方式。

④有机衍生：在运用模件式装配技术的基础上，进行不同功能和形态的衍生变化，规避单调生硬。

⑤敏捷系统：80% 构件标准化生产，20% 构件灵活调控。快速反应、灵活适应不同地域条件，在高效建造的同时避免产生同质化现象。

⑥保护环境：各部分构件基本工厂化生产，现场安装。避免在基地中产生工业废料、工业扬尘和工业噪声，最大程度地保护环境。

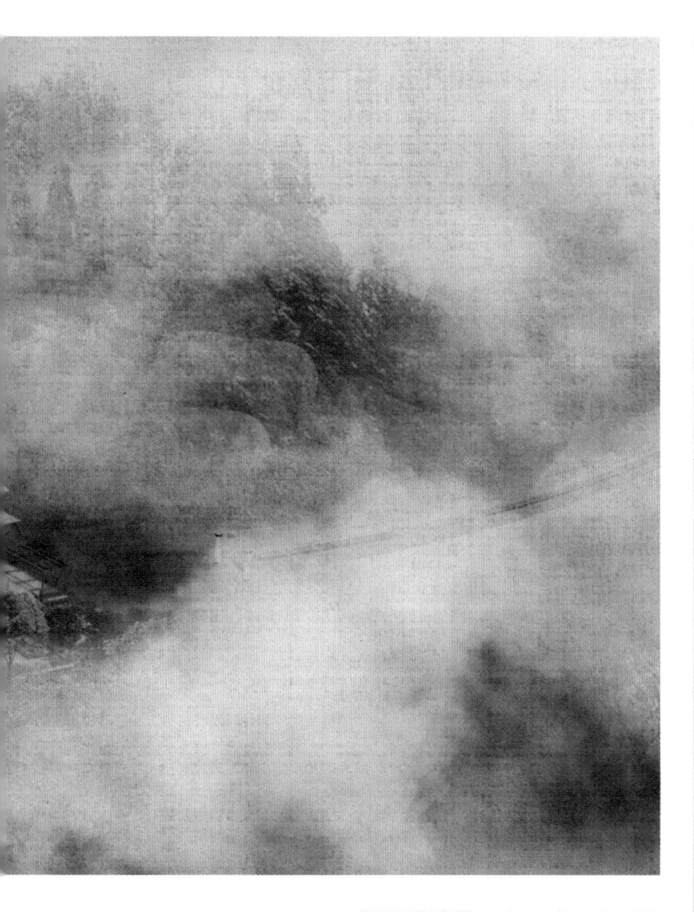

觀山舍
雅安蒙顶山禅院·模件化設計方法研究

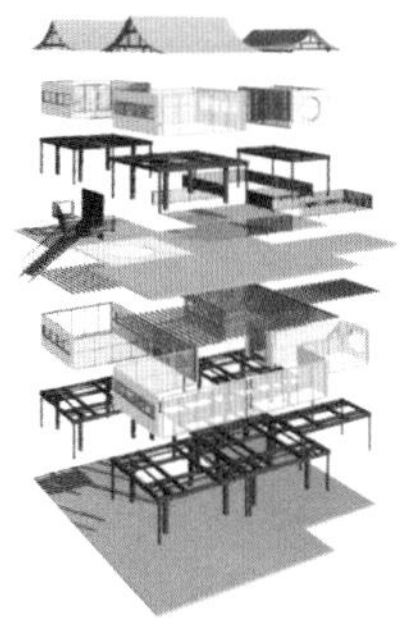

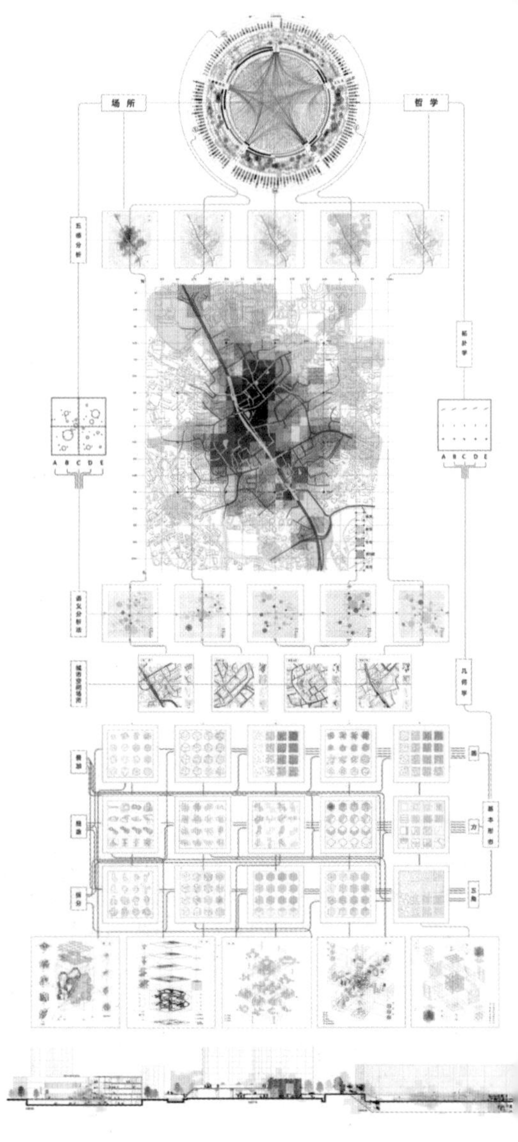

作　　者：石桔源　田雨阳

作品名称：往来试验——探索城市空间的多重可能性

所在院校：四川美术学院

指导教师：潘召南　刘贺玮

设计说明：

在城市公共空间内，以重塑空间的方式给予公共往来空间以新的形式，将单纯两点间的路径趣味化，形成启发性质的“新景观”方式。

我们想以空间成为一种超越式的语言实践，将物质空间赋予个性化，赋予情感，以空间作为一种载体，一种人类存在所最基本的物质现象。每一个空间都极其生动地演绎着与之共时的当下现实的人类活动与精神状态，让人们对空间的感知与场地进行一场互动与交流。

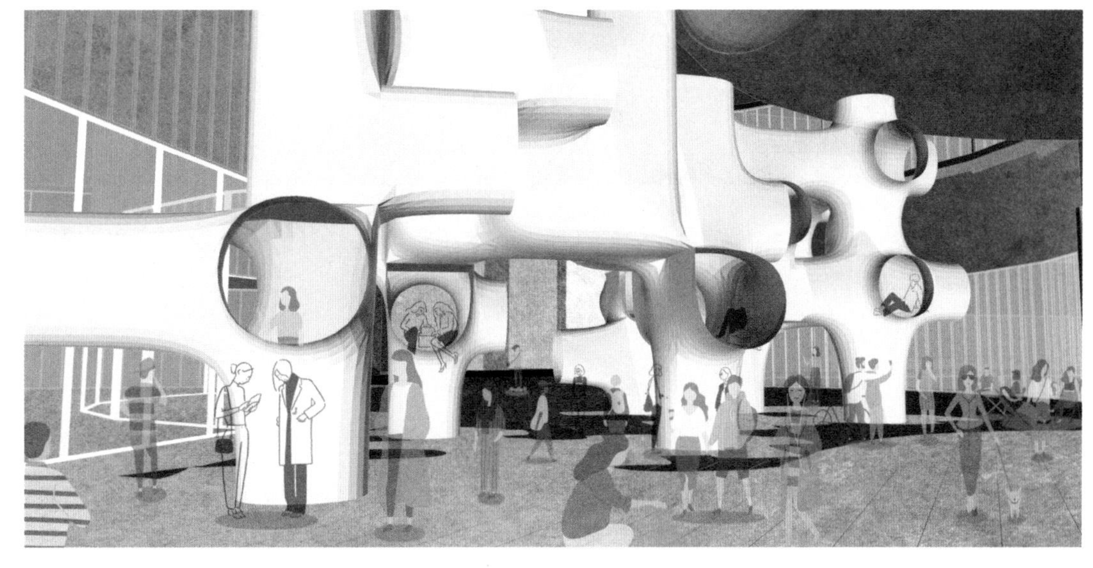

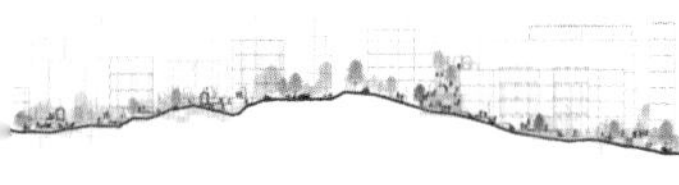

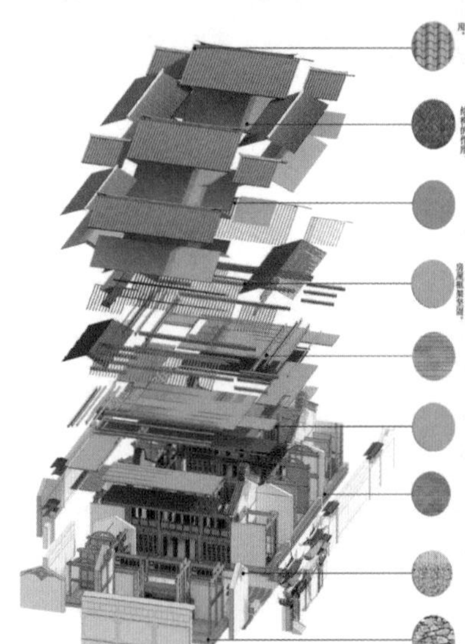

作　　者：杨子贤　邹一玮　马莎莉　魏琴　高兴宇　王亚东　李杰　李琢越

作品名称：云岭遗珍——云南滇西北独有少数民族民居建筑人文与新营造

所在院校：云南艺术学院

指导教师：邹洲　谭人殊　杨景淞

设计说明：

云南滇西北生活着大理白族和丽江纳西族等云南独有的少数民族。他们在这片古老的土地上生存、繁衍，他们的民居建筑最为真切地表达了人与自然、地理、社会的关系。本次设计作品首先以文艺性的图文绘本作为记录的载体，将白族和纳西族的合院式民居及其生活在其中的人文故事进行了表达。其次，通过建筑学的理论体系来进行推导，以“新营造”作为切入点，对这些独有的少数民族新民居和新建筑形式进行了设计和探讨。

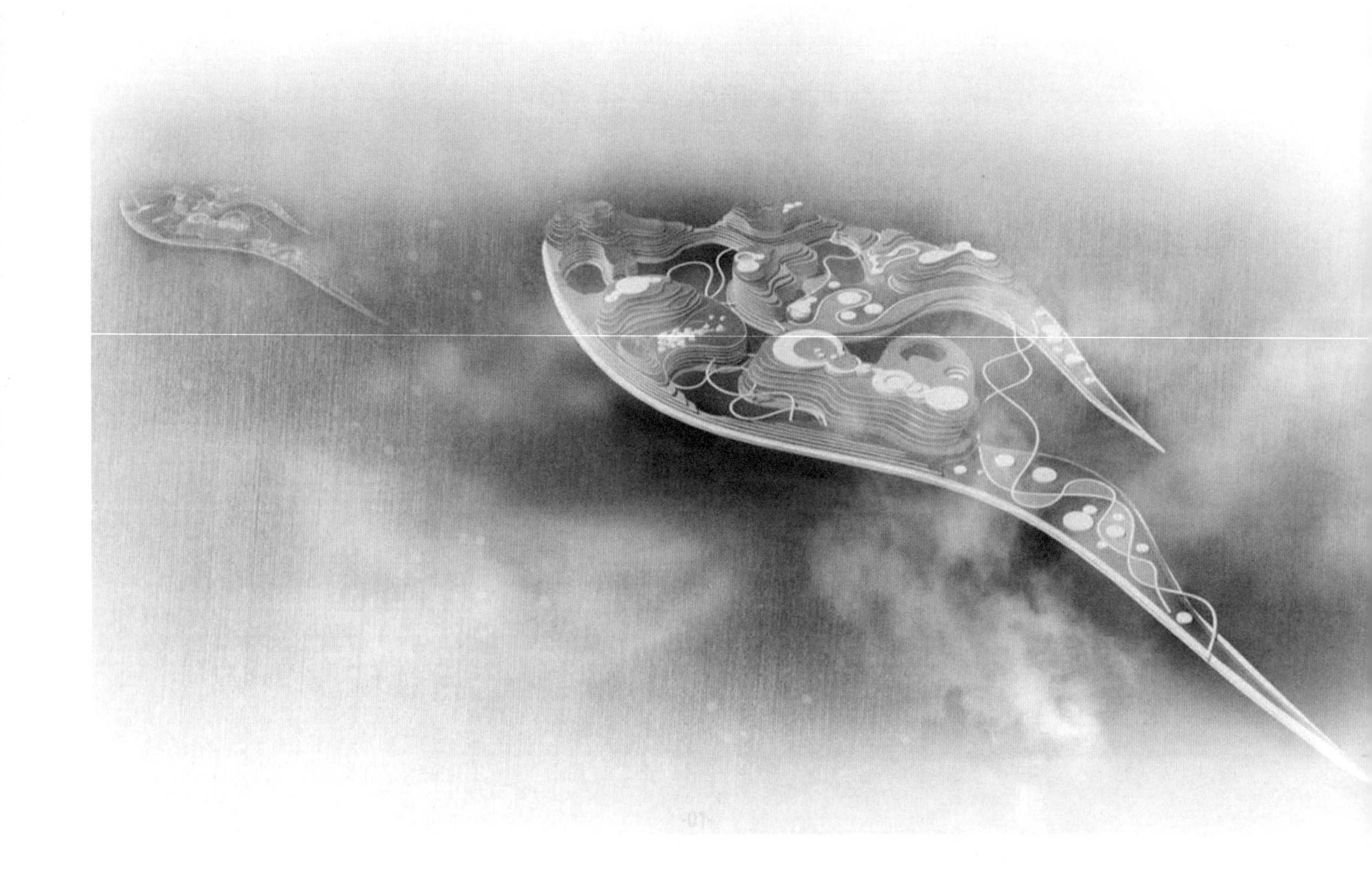

作　　者： 王乐　郭洋洋　刘岩　王冬华

作品名称： 浮游 —— 海面浮城

所在院校： 安徽工业大学

指导教师： 刘林钰

设计说明：

浮城 —— 海面浮城是一个自给自足的概念生态城市，是为了现如今乃至未来沿海地区会被淹没而设计的新型人类海上生存城市。这个城市的主要目的是创造一个人与自然和谐相处的环境，适用于所有居民交流的可持续发展的社会空间。

形态演变由海洋浮游生物演变而成，浮游生物本身是浮在水面上生活，自身特点是分布广，繁殖能力强大，在真光层中进行光合作用。我们设计的"浮游 —— 海面浮城"，定位在其顽强的生命能力可以在海面上发布在各个地方，彼此之间可以相互联系。

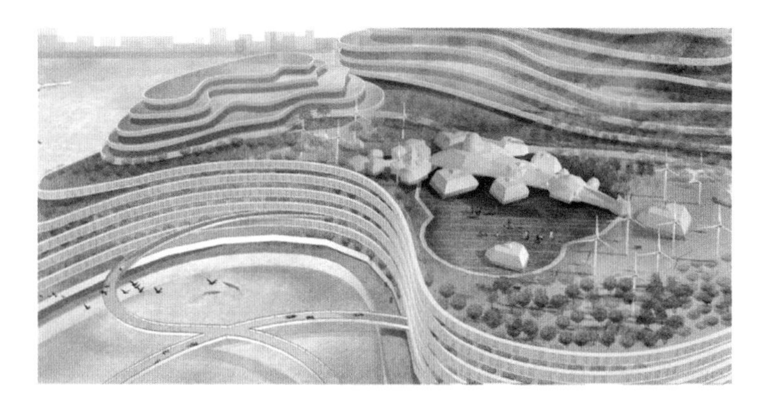

作　　者：韦礼礼　余宥君　赵芬芬　钟咏怡　李飞凤　赵星星

作品名称：桂花儿·落

所在院校：广西艺术学院

指导教师：江波　贾悍

设计说明：

天下无不散之筵席，花开花落。桂花儿落中的“落”寓意着我们四年大学时光落下帷幕，读书生涯的结束。但是，桂花儿从树上被采摘下来，不代表桂花儿这一生的终结，只是在最新鲜的时候被采摘下来，经过各种工序，制成了桂花茶、桂花糕等，一个个成熟的桂花制品，到达他们生命中的另一个阶段。完美的落幕，也是一个更好的开始。

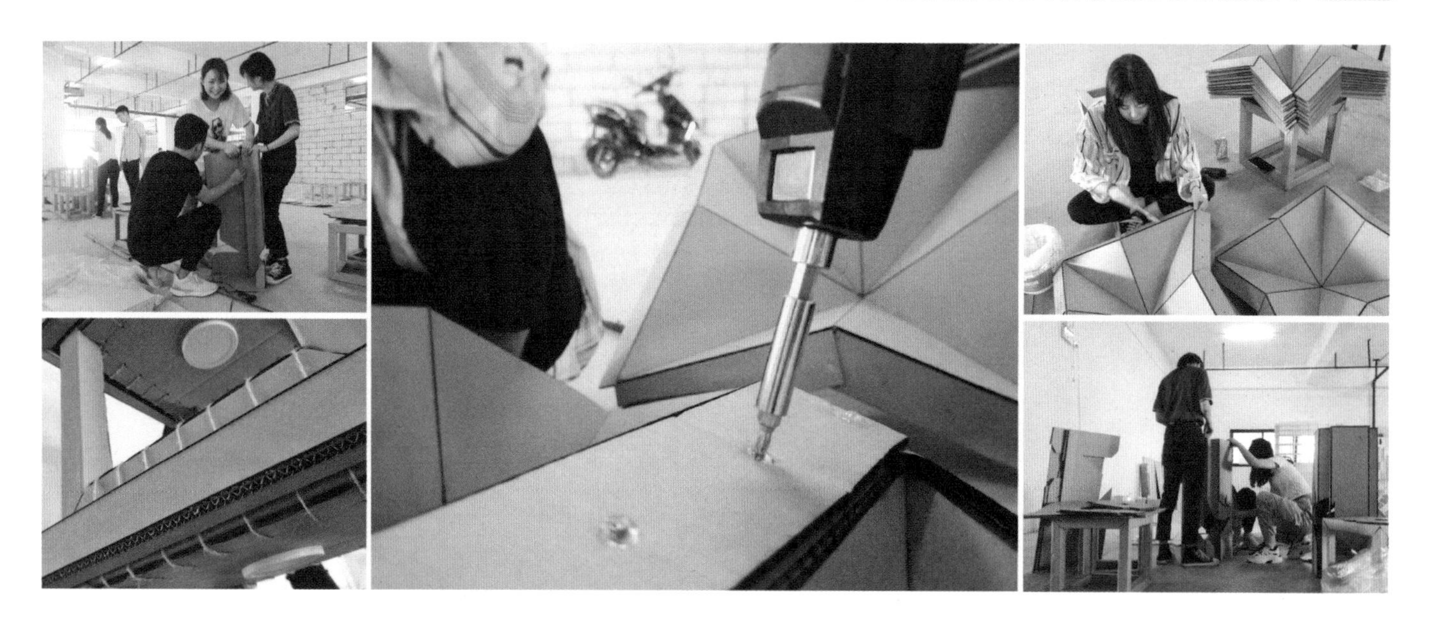

2019

作　　者： 龚奎达

作品名称： 吃在重庆

所在院校： 四川美术学院

指导教师： 龙国跃

设计说明：

近两年自媒体宣传了重庆很多的网红地点，重庆由此成为“网红城市”并吸引了很多外地游客前来打卡。麻辣烫、串串香、火锅，是重庆独特的饮食文化，也是重庆特色的重要标志。给人们留下深刻印象的还有重庆独特的山地地形、立体交通。南岸的重庆天地餐饮业与北岸的北滨餐饮业各具特色，南岸餐饮以传统川菜、老火锅配以传统巴渝民居、陪都建筑对应北岸餐饮以新派渝菜、西餐、甜品配以现代时尚建筑，使两岸的餐饮业态和建筑风貌形成鲜明的传统和现代的对比。

本次设计抛开了传统桥梁单一的通行功能，融合了重庆的地域文化、饮食文化为一体的综合体桥梁。在桥梁的下层有轨道交通、道路交通、立体停车场和餐饮空间，桥梁的上层为特色餐饮步行街、中间主桥墩顶部设有旋转观景火锅大厅，通过垂直观光电梯以桥面相连接。

最大设计亮点：通过桥面的餐饮步行街将两岸的新老餐饮业态对接，从侧面体现出重庆这座历史。

古城独特的餐饮文化，传统餐饮和现代餐饮伴随着建筑风貌由陪都风格向现代的工业风格过渡，反映了重庆餐饮发展演变同步于时代建筑的变迁。这座集交通功能与餐饮步行功能为一体的多功能特色桥梁应该成为“桥都重庆”的又一亮点，也给“网红重庆”新增一个打卡点。

竹林酒家

作　　者： 佟抱朴

作品名称： 侗·桥——从江二桥改造设计

所在院校： 四川美术学院

指导教师： 龙国跃

设计说明：

贵州有一处侗族聚集地——黔东南苗族侗族自治州从江县，它位于黔、湘、桂三省交界处，同时也深深扎根于三省的侗族聚集地，侗族文化深刻地影响着这一方水土。

建筑物作为人对自然环境空间的“人化形式”，具有创造它的主体的文化特性。鼓楼、戏台、风雨桥也是如此，它们有着丰富的侗族文化内涵，与侗族的生活环境和文化氛围有着密切的联系。可以说，它们不仅仅是一项建筑，更是一项文化事物。随着侗寨生态环境的现代化，侗族文化的保护和传承任重而道远。随着经济的发展，单纯意义上的保护已经被社会所淘汰，新时代的保护形式必定是对侗文化、风格的最大保护，即让侗文化保持原有风貌，改善其表现形式，进一步发挥商业价值。

为此，侗文化的保护和传承必须从其物质空间或者符号构建方面入手，并拓展到侗族精神文化领域。在此基础上，侗文化的活态化保护和传承要走文化产业化、产业文化化道路，使文化、产业和生态旅游与侗族文化的发展融合在一起形成文化产业链。随着黔西南地区交通的开发和基础设施的建设发展，原本闭塞的小城也跟外界产生了越来越多的联系。因此，对侗族文化进行活态化保护，进行侗族文化的传承和创新，发展当地旅游业，形成文化产业链，不仅有利于侗族文化的保护和传承，也促进了当地的经济社会发展，符合我国新时代的要求，顺应了可持续性发展的要求，有利于建设生态文明城市和美丽新中国。

作　　者： 王雯　张潇予　袁敏　徐晨照　彭梅平　薛啸龙　邹鹏晨

作品名称： 花载时分倚东风——弥勒市东风韵花海景区入口景观设计

所在院校： 云南艺术学院

指导教师： 杨春锁　穆瑞杰

设计说明：

在花海景区的入口区，进行了景观桥和游客接待大厅的设计。景观桥整体采用了曲线的造型，提取自弥勒东风韵的山体造型，使山体与桥体好似一体。游客接待大厅并未使用传统的封闭式建筑造型，而是设计一个开敞的灰空间，在这样的灰空间中，可以起到遮阴休息的作用，也不会遮挡视线，甚至可以欣赏阳光透过缝隙在地上投下的光斑。同时，这个建筑的造型采用了曲线的元素，给人轻盈活泼的感受。

作　　者： Celma Correia Boa

作品名称： V.V.R.A | Vertical Virtual Reality Arcade

所在院校： University of Huddersfield

指导教师： Nic Clear　Hyun Jun Park　Vijay Taheem

设计说明：

The need to explore the city has been lost, our surroundings are no longer important when we are walking through the streets because of the way we are focused on our devices. Exploring cities can be about finding places that embody the character of that city, a search of its true nature where the goal is not reaching the destination as fast as possible but to see and learn as much as you can on the way. Taking notes from the Situationists, the projects focuses on bringing out the playfulness of cities by using its buildings.

At the highest level, an arena space allows spectators to not only watch the pro gamers performing, but to also engage with the same environment using holograms and projection mapping of the environment that covers the whole arena.

From the outside, VVRA' s playful character is projected onto the streets so that everyone can have a glimpse of what is happening inside. The building' s skin is made up of millions of small LED tubes that together display the inside environment. At the same time, the skin also produces holographic character within its surrounding area.

With its multi-levels, VVRA merges the playfulness of the urban fabric to the characteristics of a skyscraper using available technology. Ultimately, the Vertical Virtual Reality Arcade stands as opportunity to bring people together in an environment that feels both new and familiar.

作　　者： Nic Clear　Hyun Jun Park

作品名称： Synthetic Spaces

所在院校： University of Huddersfield

设计说明：

For this exhibition, Nic Clear and Hyun Jun Park have used 3D laser scans of the iconic Queensgate Market, in Huddersfield. They have manipulated the scan data to represent and explore this space in unique ways through the production of images, animations and drawings, and in doing so, expand the possibilities of contemporary spatial representation.

Hyun Jun Park is an award-winning practitioner, writer, curator, and Lecturer in Architecture at the University of Huddersfield. He is also Director of international development of Korea Institute of Ecological Architecture and Environment. He is a member of the Advanced Virtual and Technological Architecture Research Group (AVATAR) and working with Professor Clear under the name of the advanced architecture research group, F.U.N (Future Urban Networks). He joined the University of Greenwich at 2014 and taught postgraduate MArch Unit 15 with Professor Clear until 2018. Before he came to the UK, he worked at SAMOO Architects & Engineers (SAMSUNG Corp.) as an associate, project designer and project architect for 10 years. His work has been exhibited in the Royal Academy Summer Show in 2015 and 2018, Milano Design Film Festival in 2016, and published internationally across Europe, Oceania and Asia.

Market

重庆市 CHONGQING										
沙坪坝区 Shapingba	5	7	0	1	22	22	1	1	0	**47**
酉阳土家族苗族自治县 Youyang	6	6	1	1	16	23	1	2	0	**42**
广西壮族自治区 GUANGXI										
百色市 Baise	5	14	1	1	31	25	2	3	0	**59**
都安瑶族自治县 Duan	9	12	2	2	36	25	2	3	0	**67**
桂林市 Guilin	7	12	1	1	28	24	3	3	0	**56**
桂平市 Guiping	5	12	1	1	37	23	1	2	0	**63**
河池市 Hechi	8	10	1	1	31	24	1	2	0	**60**
灵山县 Lingshan	5	14	1	1	38	21	2	3	0	**62**
龙州县 Longzhou	6	14	1	1	37	23	1	3	0	**63**
南宁市 Nanning	5	13	0	0	37	22	2	2	0	**62**
钦州市 Qinzhou	5	14	0	0	41	24	2	3	0	**67**
梧州市 Wuzhou	6	11	1	1	32	20	2	3	0	**55**
贵州省 GUIZHOU										
毕节市 Bijie	7	5	1	1	10	35	3	3	0	**49**
贵阳市 Guiyang	8	8	0	0	18	27	2	3	0	**50**
三穗县 Sansui	4	7	1	1	15	22	2	1	0	**39**
桐梓县 Tongzi	7	5	0	0	17	26	1	2	0	**46**
威宁彝族回族苗族自治县 Weining	8	1	0	0	7	36	7	5	0	**47**
兴义市 Xingyi	11	7	1	1	16	33	3	4	0	**56**
遵义市 Zunyi	5	5	0	0	16	25	1	1	0	**44**
云南省 YUNNAN										
楚雄彝族自治州 Chuxiong	20	5	2	2	18	43	10	7	0	**71**
迪庆藏族自治州 Deqen	1	0	0	0	2	15	13	1	0	**24**
昆明市 Kunming	17	4	0	0	14	47	10	10	0	**71**
澜沧拉祜族自治县 Lancang	12	14	4	5	23	24	4	9	0	**58**
丽江市 Lijiang	10	2	0	0	8	45	18	10	0	**64**
临沧市 Lincang	16	8	2	2	21	38	8	10	0	**69**
勐腊县 Mengla	7	17	3	3	28	23	2	5	0	**58**
蒙自市 Mengzi	19	14	3	3	24	35	7	11	0	**71**
思茅区 Simao	13	9	2	2	22	34	6	9	0	**64**
腾冲市 Tengchong	10	3	0	0	12	48	12	10	0	**66**
元江哈尼族彝族傣族自治县 Yuanjiang	16	19	4	5	35	21	2	6	0	**69**

作　　者： Adrian Pitts　Yun Gao

作品名称： Diversity in Dwelling Design to Provide Comfortable Environments

所在院校： University of Huddersfield

设计说明：

This submission links the thematic areas of Diversity and Cohabitation to the needs of delivering revitalisation of the countryside in the rural Southwest of China in a sustainable green way that is efficient in use of resources. It is part of the Sustainable and Creative Village Research Network being led by the University of Huddersfield (UK) with Chinese collaborators such as Yunnan Arts University.

The table shows the proportion (%) of hours in the year each of the individual techniques functioning alone can provide comfort, and the combined total. The total is not the simple sum of each row because of interactions between each technique. The results show that in addition to basic good design, that sun-shading of windows, adaptive use of natural ventilation, and taking advantage of internal heat gains, are important techniques for almost all locations. The results for locations in Yunnan also show that direct passive heat gains also make an important impact.

The authors welcome comments to be sent to them about the value and impact of this research.

四川省 **SICHUAN**										
马尔康市 Barkham	7	2	1	1	6	23	9	3	0	**35**
夏邛镇 Batang (Xiaqiong)	16	6	3	3	12	37	15	8	0	**62**
成都市 Chengdu	6	6	0	0	19	27	2	2	0	**49**
甘孜藏族自治州 Garze	3	1	0	0	3	19	17	5	1	**33**
红原县 Hongyuan	1	0	0	0	1	10	18	1	1	**24**
会理县 Huili	16	6	1	1	17	42	10	9	0	**67**
九龙县 Jiulong	6	1	0	0	6	28	8	2	0	**37**
乐山市 Leshan	6	6	0	0	20	27	1	1	0	**49**
理塘县 Litang	0	0	0	0	1	11	12	2	0	**19**
泸州市 Luzhou	6	9	0	0	20	25	2	3	0	**49**
绵阳市 Mianyang	7	8	1	1	22	23	3	2	0	**49**
南充市 Nanchong	6	6	0	0	21	21	1	1	0	**44**
松潘县 Songpan	4	1	0	0	4	18	8	2	0	**26**
万源市 Wanyuan	9	7	2	2	14	25	2	2	1	**44**
西昌市 Xichang	16	7	3	3	18	39	6	6	0	**66**
宜宾市 Yibin	7	5	1	1	21	25	1	1	0	**49**

2019 多元·共栖

DIVERSITY MUTUALISM

第四届中建杯西部"5+2"环境艺术设计双年展成果集 | 学术研究

ACADEMIC RESEARCH

THE 4th "CSCEC" CUP WESTERN 5+2 BIENNALE EXHIBITION OF ENVIRONMENTAL ART DESIGN

云南艺术学院设计学院　编

主　编 / 陈劲松

副主编 / 潘召南　张宇锋
杨凌辉　杨春锁

中国建筑工业出版社
CHINA ARCHITECTURE & BUILDING PRESS

2019年第四届中建杯
西部“5+2”环境艺术设计双年展
论文评审专家名单

周维娜　西安美术学院建筑环境艺术系主任 / 教授

周炯焱　四川大学艺术学院艺术设计系主任 / 副教授

赵　宇　四川美术学院设计艺术学院环境设计系主任 / 教授

李卫兵　云南艺术学院设计学院建筑学系 / 副教授

玉潘亮　广西艺术学院建筑艺术学院建筑系主任 / 教授级高级工程师

杨　霞　云南艺术学院设计学院环境设计系 / 副教授

孙鸣春　西安美术学院建筑环境艺术系 / 教授

余　毅　四川美术学院艺术实验教学中心主任 / 教授

杨吟兵　四川美术学院美术教育系副主任 / 教授

续　昕　四川大学艺术学院艺术设计系 / 副教授

谭人殊　云南艺术学院设计学院建筑学系 / 讲师

王　睿　云南艺术学院设计学院建筑学系 / 讲师

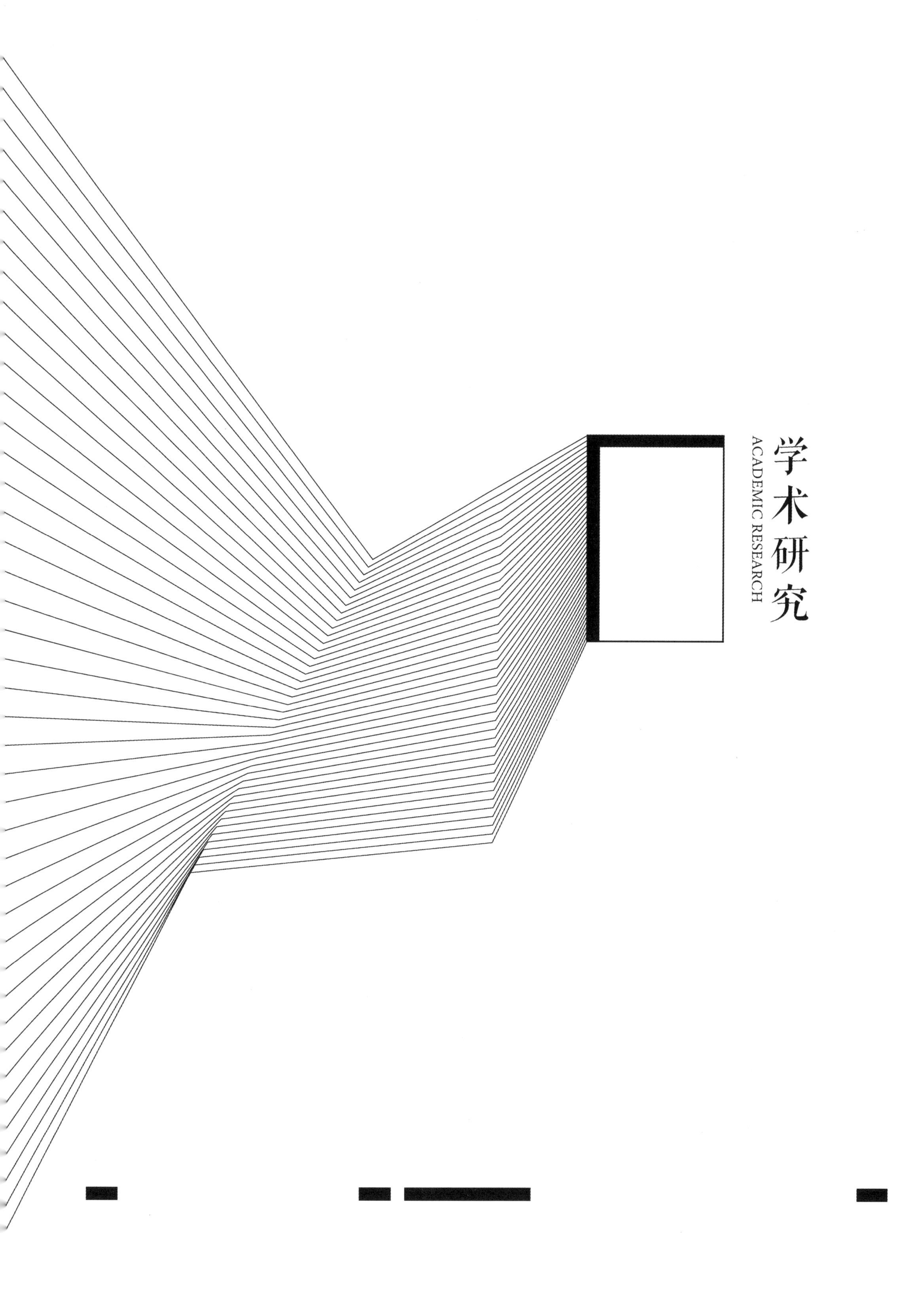
学术研究
ACADEMIC RESEARCH

CONTENTS/
目录

区域视角下伊宁市传统城市聚落肌理的协同演化研究

曹　旭　新疆师范大学 / 讲师

摘　要：聚落肌理是聚落形态的表达方式。本文通过对伊宁市“自然线性”与“网状几何”聚落肌理现状分析，以“恒定与转化”和“拼贴与融合”的二元属性方式进行诠释，以不同区域的外部支援和内生动力为前提，分别通过街巷肌理的类型延续与几何控制两种基本的聚落肌理，探讨其关联性需求，证实区域肌理区间的协同与演化。从而进一步揭示伊宁市传统城市有机生长的聚落肌理与发展规律。

关键词：伊宁市　聚落肌理　形态　协同演化

1 概述

新疆伊宁市建立在伊犁河北岸洪积冲积平原，进入伊宁市需跨越北面天山支脉科古尔琴山和南面伊犁河，形成天然的要塞之势。清朝在北岸选址建城，修建熙春城、惠宁城、宁远城等防御型城池。随着时代的变迁，由这三座古城旧址发展形成了今天的伊宁市，并形成了伊宁市这一传统的城市聚落肌理。由此可见，一个城市的形成是经过时间累积的物质性结果，更表现出记忆的层叠、社会的变迁和多元文化的沉积。

对于聚落肌理的讨论，学者通常是以建筑肌理和街巷肌理两个方面展开。城市肌理是聚落形态研究中的重要组成部分。肌理是对聚落系统的修辞性表达，形容聚落形态呈现的结构和整体特征。伊宁市不是单纯由建筑组成的聚落肌理，其是在多元的复杂结构下诠释城市内在变迁和能量场流动的有效平台。对肌理的协同演化研究，不是对伊宁市的“朝花夕拾”，而是承载和容纳城市的多元性，探求社会关联的重要使命。伊宁市传统城市聚落具有完整的城市结构和鲜明的空间特征，在区域视角下，当代的“特殊性”也必须融入城市肌理历史的演变过程中。这样的协同演化，适用于快速城市化发展的今天，同时聚落肌理的“书写”也给伊宁市建设留下了鲜明的“印迹”。伊宁市未来的发展要基于对肌理演化规律的把握、构建有效的肌理操作策略，应对不断出现的建筑与区域间的矛盾关系，实现伊宁市整体空间在演化中协同整合，最终秉承聚落肌理智慧，安抚未来人心归属。

2 伊宁市聚落肌理的演化属性

对聚落肌理的解读也是对伊宁市传统城市形态的解读，是从城市密度、交通组织和公共空间等多个视角，研究城市结构的本质性认知。通过对肌理特征的描述、聚落形态结构特点，分析外部动力，并且挖掘城市生成潜力。

（1）自然线性的“恒定与转化”

伊宁市在改革开放后的开发区建设，呈现出了一个新旧融合的景象，从城市整体发展趋势来看，充满了偶然性和生长性，构成生长和变化的肌理演化主调。伊宁市的历史街区经过历史的演进和变迁，成为结构持久的城市有机基础，存在永恒性的元素，历史街区的肌理中包含历史、记忆、场所等人文信息。这种建筑自主的基础，构成了对“现代主义”的抵抗力量，在需求与多重非文脉主导的力量下协同发展，体现了肌理的“恒定与转化”。

伊宁城区内南部的阿依墩、伊犁街和前进街历史街区的空间格局属于自然线性的城市聚落增长形态，自然线性的城市聚落增长形态是古城演进而成的，城市依水而建。城市南部是清朝时期宁远城的旧址，一个以维吾尔族居民居多的传统城市聚落。这些维吾尔族居住者大多是来自南疆迁徙而来的维吾尔族屯田人，后随着俄商的涌入，伊宁市成为领事驻地，城池近似方形，四条城市主要道路连接四座城门，呈现出中原建筑文化的礼法制度，形成街、巷和商业区。城池中心设有寺庙，形成典型的宗教信仰圈并成为以此为核心的聚落形态，城市整体也呈现离散型聚落的特征。民居建筑以寺庙为中心，围绕中心呈大小、形态多样的组团型布局，各组团之间形成“聚中有分，分中有聚”的大散聚、小集中的民居建筑群组形态。伊宁市南边为伊犁河，其东西向穿越城市，北部有北支干渠和人民渠。城市聚落依水而建，水是城市发展的活力所在，城市水系为自然线性增长的，很多道路沿河并行，影响着城市中的道路发展。街区内存在较多的自然溪沟和小型人工水系，大多为东北向西南的流向，呈现网状且蜿蜒曲折的平面形态。水的活动延续了一代又一代，顺应自然、因势利导，逐渐衍生为城市中的水系与巷道。水系的因势而走、不断扩张，给城市格局带来了新的自然线性增长形式。居住者傍水建宅，街区内巷道沿着水渠防线自然弯曲，聚居区开始吸引各族人民来此定居，为聚落发展带来了无限生机。

这个研究区域的聚落肌理一方面承载了城市中最重要的物质基础，是城市聚落发展的根本；另一方面也承载了城市的记忆、社会的礼法和文明的痕迹，并且具有空间韧性的非物质基础。在历史发展中，动态的肌理转变是必然，伊宁市这个有灵魂的城市，也在保持结构的稳定和弹性，并在“恒定”与“转化”中演化发展。

（2）网状几何的“拼贴与融合”

伊宁市中心北部的六星街历史街区的空间格局属于网状几何形的城市聚落发展形态。伊宁城区内的网状几何形是政府在城市建设时期明确提出的规划发展而形成的。六星街始建于20世纪30年代，根据政府推行的“反帝、亲苏、民平、清廉、和平、建设”六大政策为理念，由德国工程师瓦斯里规划设计，六条放射状的路网与巷道联通，形成六边形网格状的几何形平面布局。这个研究区域具有形式和社会特征的同质性，在认同肌理多元性的同时追求按照类型划分而形成区域的内部结构。这个区域的肌理不是单一的结构类型存在，而是多元结构的拼贴和融合。

聚落中的民居建筑由密集到疏散，形成围绕六边形几何中心而扩散组织的形态。六星街道在格局上学习了西方的中心放射网格状布局，街区空间的平面形态以三条街的交叉点为中心广场，向四周以六个方向延伸展开，中心广场为圆形道路街角，四周围绕民居、宗教场所和广场延伸出去的街道与街道之间形成了三角区域。由第一段六边形闭合巷道围合成一个六边形的图形，每个区域的平面状态呈多边形。继续顺着延伸的方向，经过一段距离出现第二段六边形的闭合巷道，使其围合成为一个再大一倍的六边形图形，每个区域内的平面图为梯形。顺着延伸的方向和围合的形式产生等距巷道排列延伸。但由于空间关系，并未形成完整的闭合六边形，而是一环套一环的形式，形状类似于蜘蛛网的结构。在民居建筑文化层面上，由于与俄罗斯通商和维吾尔族传统建筑文化产生了交融，对维吾尔族民居建筑风格和环境建设产生了影响，从而更加促成了六星街独特的城市聚落肌理。

3 伊宁市聚落的街巷肌理

聚落肌理与街巷肌理在形态上相互关联，相互依存。越来越多的街巷肌理，深入城市形态中，有利于城市的土地价值、城市多样性和街道公共空间的活力得到提升。伊宁市历史街区的街巷内没有炫目的商业中心，也没有缤纷多彩的霓虹闪烁。街巷的自然收缩、应势而起的转折和抬降都丰富了街巷的空间形式，加之与水渠、绿地、花卉和树木的层次变化构成了街巷的形式。街巷的宽窄都是为了满足生活的需求，一般在2~7米之间，配合行道树，内部具有多处纳凉的空间，行走其中静谧舒坦，加之简单弯曲的街巷空间给人以曲径通幽的感受，消除了压抑的视觉感观。街巷从空间上来说具有一定的封闭性，但是民居的天际线错落有致、前后递进形成了变化多样的轮廓。

（1）街区的类型延续

伊宁市传统聚落肌理有明显的延续特征，肌理恒定性背后的驱动力将产生连续的类型，对民居建筑单体形成一定的制约。通过对聚落肌理的尊重和各项属性的催化，当地的居民将聚落肌理隐藏的形式和秩序凝结成集体智慧的结晶，并且通过对自身生活环境的改造从而使其更加清晰。肌理补形不是单纯的屈从，而是对城市整体的修补和尊重。聚落的历史凝结成的“智慧结晶”决定了聚落肌理的恒定性，使资本无法主导肌理的形态，这种自主性保证了城市的延续特征。伊宁市未来的建设，有一个参照系在关联的系统中进行，而这种关联系统的维持则需要通过对类型的挖掘。类型的挖掘方式是进行区域肌理的填补，挖掘聚落中丰富而具有场所精神的空间类型，解析街区尺度、街道形态和开放类型，使其作为区域肌理的修补和填空。

聚落中的历史街区道路系统复杂，主要是阿依墩街、伊犁街、前进街和工人街等街道，这些街道都有明确的延伸方向，从而展现出城市聚落自发性生长的规律和街区韵味。沿着主街道在街道两侧延伸巷道，巷道的两侧为民居院落。平面形态呈现出不规则的曲折形态，主街道在遇到地势转变的时候也会随之发生一定的弯曲、倾斜。道路两边种植有高大的行道树，巷道沿着主要街道延伸出去，形成了类似于“鱼骨状”的平面形态。“鱼骨状”单面延伸的巷道也朝着单侧方向延伸，平行形成连续的方式，直到与相邻街巷连通，形成梯形的形态。

历史街区中的街巷由从事商业活动的街和交通道路的巷组成。在街中穿行，至今还可以发现一些传统手工艺作坊，有铁器店、面包店、点心粮油店、乐器修理店、理发店和传统美食店等沿街开设，没有华丽的门头，也没有绚丽的广告，人们默默地展示着自己的手艺，等待顾客挑选。绝大多数店面都是需要从一扇门进入，他们没有所谓的橱窗设计，但是门窗的颜色色彩鲜明，感兴趣的人，必须要去里面才能一探究竟。在寻求变化的同时不丢失聚落的原有风貌，街道的整体布局向两端延伸，会在遇到水渠、树木和民居建筑时发生左右偏移，在遇到不平坦地势的时候上下浮动，没有完全笔直的街道，这样的聚落街巷相互连贯，空间有虚实变化。

（2）巷道的几何控制

街区的类型延续保证了聚落肌理在组织构成上的区域协同，而巷道的几何控制则是以更加抽象的方式重现区域肌理中隐含的形式制约，是反映一种他律的形式，通过将场地周边具体的环境简化为抽象的控制线，形成形态塑造的基本轮廓。

组成巷道的元素有院落墙体、院门和民居建筑的立面。这些元素组成的巷道分为通达式和尽端式两种。通达式的巷道是在民居建筑自然组团的建设过程中，很多居民集体公用一些墙体和交通道路，最终围合形成了一个民居建筑组团在中间、道路四处通达的巷道。而尽端巷是在传统聚落中，民居建筑建造的时候预留出的通道，逐渐形成了封闭性的巷道，这里的院墙和院门错落出现形成聚落内居民的交往空间。巷道作为聚落中连接民居院落的通道，四通八达地联系着千家万户，最终汇集在一起形成交通路网，犹如树木的枝丫，空间尺度上逐级递减最终消失在院落大门处。这样四通八达的街道相互交错就会形成不同的相交形式，和所有聚落一样都会形成两街道相互垂直的形态，其相交形成十字路口；街道交叉错位形成风车形式的十字街口；各街口相交错，形成曲折的十字街口。街道为长方形的空间，两侧都有建筑物作为限定，形成带状的封闭空间。而街道的主要组成要素有民居建筑墙体、路面、行道树、水渠等。

4 结语

伊宁市传统城市聚落具有多元性和复杂性的特点，对于聚落肌理的研究需要运用交互的理论和方法，进行一系列非同一性的过程。今后也需要通过动态的方式把握聚落肌理脉络的演化规律，从而通过特定的操作引导城市结构的协同。以聚落肌理作为基础，在具体的背景和条件下开展具有肌理关联性的结构布局，调和与城市自主性的矛盾。以区域人文智慧和弹性的聚落肌理策略，构建当代伊宁市城市结构，实现未来的协同演化。

参考文献：

[1][卢]罗伯克里尔．城镇空间 [M] 金秋野，王又佳译．北京：中国建筑工业出版社,2007.

[2] 张伶伶，李存东．建筑创作思维的过程与表达 [M]. 北京：中国建筑工业出版社,2004.

[3]Serge Salat. 城市与形态 [M]. 北京：中国建筑工业出版社,2012.

[4]（德）弗雷奥托．占据与连接——对人居场所领域和范围的思考 [M]. 武凤文，戴俭译．北京：中国建筑工业出版社,2012.

主题展示空间的艺术性转译方式
——以广西民族医药文化博物馆环境设计实践为例

陈杨自然　广西艺术学院 / 研究生

摘　要：民族文化特色是展现一个国家发展历程的活化石，从中提取和形成的内涵元素是发展与继承历史文脉最有利的一种方式。民族医药作为同属于地方性知识文化的重要组成部分，也同样展现着博大精深的民族文化内涵。本文着眼于对广西民族医药文化与环境空间内涵的研究，试图从两者之间找到共通点，从而运用艺术性转译的手段进行文化展示与体验，以达到保护与传承民族医药文化的目标。

关键词：环境设计　民族医药　展陈设计　转译

1 引言

广西是以壮族为主体的少数民族自治区，境内居住壮、汉、瑶等 12 个民族，有着浓郁的少数民族文化风情。民族医药作为广西人民长期与环境、疾病抗争的重要手段，逐渐形成了自身特有的文化内涵与历史价值。该文化体现了广西先民勤劳勇敢的宝贵精神财富，是人民追求健康幸福的重要依据，具有一定的社会文化价值、健康价值以及经济价值。新时代下的民族医药，具有其独特的历史使命与文化价值，广西民族医药文化博物馆运用以情入境的设计体验方式弘扬和继承广西民族医药文化，让民族医药以更直观、更生动的形象展现在世人面前。

2 广西民族医药特点与文化价值

（1）广西民族医药特点、现状

广西壮族自治区幅员辽阔，是以壮族为主的多民族地区，气候以亚热带季风气候为主，全区大部分地区气候温暖，日照充足，雨水丰沛，季节变化不明显，干湿分明，冬少夏多，广西独特的气候特征，造就了种类繁多的动植物，为药物取材奠定了物质基础。其次，广西地属喀斯特地貌，地形险峻，毒邪、瘴气、湿气时常侵扰广西先民，《后汉书·马援传》载："出征交趾，土多瘴气，军吏经瘴疫死者十四五"①。由此，不难看出岭南地区瘴气之厉害程度。广西先民针对自身所处地区，创造出了能够抵御病灾病害的问诊门道，例如广西地区已经发现了熏蒸、敷贴、佩药、刮骨、角疗、挑针、金针等多种治疗方式，再辅佐丰富的食疗，从而形成药食同源、药食同医的特色民族医药文化。

广西民族医药经过漫长的进化史，使得各民族积累了自身独特的防治病害方式，并用以抵御病痛灾害。其中以壮族、苗族、瑶族、侗族医药文化为防治病害的主要依据，其他 8 个民族与其同气连枝，相辅而成，但在此基础上均保持着各自独特的诊疗方式。自中华人民共和国成立以来，我们国家开始重视民族医药产业的发展状况，广西于 1985 年被批准成立首家省级民族医药研究所——广西民族医药研究所，这为广西民族医药产业带来了发展的新机遇，但由于广西民族医药多为口耳相传，诸多专业理论并未能得到体系化整理与印证，且面临着后继乏人的尴尬境地，因此广西民族医药的发展与传播既存在着自身的优势，也存在着难以突破的困难与挑战。

（2）广西民族医药文化价值

广西民族医药文化的发展与语言、饮食、建筑、渔业、戏剧、天文等文化一样，同属于地方性文化知识的重要组成部分，是广西各族人民一起创造的智慧结晶，它们同属于民族文化共同体，为广西人民带来了宝贵的精神文明财富和健康的文化价值以及相应的诊疗理念。例如，壮族先民居住干栏式建筑用于保健与抵御毒虫，配药以去瘴气，唱歌以释情怀；苗族与侗族先民善于运用药物熏蒸之疗法，以药"蒸"人达到活血化瘀之功效；京族先民靠海，依据地理位置，形成了咸水泡浴、海洋生物入药等多种治疗方式。不仅如此，每年端午节的药浴习俗、宁明花山壁画的气功图、清明节的五色糯米饭，酒文化防治病害等多元文化，无不展现出广西民族医药流传久、遍及广、影响大的特性，其存在的历史地位不可小觑。

民族医药的文化内涵，已根植于每个广西人民的心中，若通过现代先进的技术手段、文学媒体传播、设计表现手法等方式进行传播与弘扬，能更有效地挖掘与开发广西民族医药的多元文化内涵，同时也能奠定群众基础，避免因无知而随意践踏、摧毁一些民族医药及其对应的文化价值等问题出现。

3 文化环境空间的艺术转译方式

环境艺术设计根据不同方向可划分为多个层次，包括城市规划、景观设计、建筑设计、室内设计等多个学科。其设计手法是基于环境和空间的位置、功能、性质等特殊属性，并综合运用技术手段与艺术美学原则，创造出富有较高艺术美感、功能齐全且科学的室内外活动空间。与此同时，在遵循环境艺术设计原则的基础上，融入艺术转译方式，进而把具有抽象性质的传统文化内涵用物化的形式加以支撑表现，最终达到易于人们理解与接受的展示效果。在艺术转译过程中，不仅是单纯依靠物与物之间转换的外延层次，还应深入挖掘思想与物之间的内涵层次转换手段。简而言之，在艺术转译过程中，其外延层次包含简化、装饰、重构、变形等设计阶段，进而带给观众冲击的视觉感受，同时还应结合内涵层次所包含的指代和隐喻让受众者获得联想、参悟、体验等多重感受，与之产生共鸣。

广西壮族自治区拥有丰富的少数民族文化资源，广西民族博物馆、广西壮族自治区博物馆、南宁市博物馆均展现着独特的少数民族历史文化。其中，广西民族博物馆是展现少数民族文化最多、规模最大、展品最齐全的场所，是广西 12 个少数民族对外展示的窗口。该博物馆在设计中运用设计转译手段，大量融入少数民族地域特色文化元素，打造和谐的文化空间氛围。从其建筑造型上讲，该建筑内部造型与外部造型和谐统一，建筑整体造型转译成具有强烈的地域特色标识性符号；从室内布局上说，其设计围绕民族主题空间叙述形式展开，通过结合一系列具有象征性意义的文化符号与传统文化审美意识、哲学思想内涵，以提炼出最具民族特色文化内涵的展陈设计。通过以上方式，观众能清楚地了解广西少数民族文化的脉搏与精粹，同时也为广西民族医药文化博物馆的设计方案，提供了一定的理论基础与思维概念。

4 广西民族医药文化博物馆主题空间转译应用

广西民族医药文化博物馆拟建于南宁市高新区罗赖路 7 号，广西民族医药文化健康产业园综合大楼一层和二层，设计面积 2312 平方米。广西民族医药博物馆作为民族医药的权威者、传承者和引领者，坚持把群众需求放在首位，着力将博物馆打造成"科普学习的课堂、市民休憩的乐园、赋予艺术审美的表现"。博物馆主要以独特的广西民族草药为故事叙述线索，通过感官体验的方式，向民众展示壮、瑶、侗等 8 个民族的特色医药功效、宣扬悠久的养生历史，让民众切实体会到广西民族医药的独特魅力，树立正确的健康观、养生观及诊疗方式。

（1）民族医药主题空间的转译诠释

无论是从设计特征、设计概念、设计流程及范畴还是其他更多方面，我们不难发现"空间"概念是贯穿环境艺术设计始终的。"空间"既能够以自身主体为导向去服从建筑形态和功能结构，也能结合主题与内容以叙事的手法去展现。以功能为导向进行空间的规划，依据主题大纲与目标方向定制合理的分区，如空间大小、形态，并通过空间变化、展示主题内容、色彩等元素传达给参观者。叙事性主题空间设计能够在适应空间变化的同时，释放出可玩可赏且符合逻辑的趣味空间，而设计中，往往把二者相互结合进行转译诠释。

广西民族医药文化博物馆依据空间现有功能区域的划分，采取叙事性主题空间作为中心主导思想，从而使得室内展陈及室外景观空间紧扣"互动"与"体验"展开，进一步激发参观者的热情，让他们主动获取广西民族医药文化的相关信息。与此同时，为了避免参观者在观展过程中审美疲劳，流畅连贯的故事线索及观展路线是平面空间布局的关键点。在广西民族医药文化博物馆设计中，依据互动实体模型的体积、室内外场景布局的分配比例、贯穿人流系统进行环境空间整体设计，依次分布有：一层序言厅，企业文化展厅，民族医药展厅（含：壮、瑶、侗、毛南、仫佬、京、苗等少数民族医药以及巴马长寿密码）；二层五脏六腑科普区、健康仪器及诊疗手法体验区、视频放映区、名医名方展示区与户外凉茶休憩区，同时根据民族医药历史文化内涵、精神文化内涵，分为匠心·源梦厅、匠心·逐梦厅、匠心·筑梦厅、匠心·圆梦厅。这四大主题是整个叙述空间的主体框架结构，综合展现了广西民族医药的精神特色。展示内容围绕以上四个主题相互促进与发展，由于主题侧重内容不同，将采用场景还原、故事编排、音乐载体和灯光色彩等方式营造氛围，并采用具有民族医药特色的演绎手段，赋予整体空间故事发展的可参与性与互动性。例如，在"匠心·逐梦——巴马长寿密码"主题展厅中，不是简单地介绍巴马长寿村的特色与养生长寿食疗方式，而是选取巴马"百魔洞"进行场景还原，将参观者引入故事场景情节内，借助灯光色彩与高科技手段，进行"长寿老人面对面"、"健身长寿操"的特色体验方式，使得普通市民能够突破物理空间的界限，通过结合虚拟空间达到与长寿老人及健康养生方式的直接接触。

（2）体验为核心的转译展示传播

由于科技时代的信息技术大爆炸，室内展馆对本民族特色表现不再停留于单纯外观样式的借鉴方式，而是在原有展示基础上再创造，引入先进科学技术用以展现本民族与当地文化中的思想内涵，从而孕育出科技与艺术共融的时代产物，促进时间与空间、人与空间、人与展品之间的相互交流，相互共通，进而破除受众群体与信息之间存在的隔阂，使民族医药文化更具有吸引力和感染力。

体验空间展示性因展示空间各异，由此而呈现出五花八门的体验设计手法，譬如根据感官体验、情感体验、审美体验、场景体验、关联体验的受众体验维度展开设计，进而再搭配运用 3DVR、多媒体触摸技术、全息投影等多种形式的高科技，将观众引入亦真亦幻的场景中，激发好奇心，对民族医药的历史内涵及现实转换有更好的认识。在广西民族医药文化博物馆构思过程中，可基于空间展示排列秩序进行体验式设计，采取激励模式引导参观者自然而然地进行角色转变，进而根据受众者不同的年龄层次满足不同的观展需求，提供角色扮演平台，使他们通过虚拟与现实相结合的形式，亲自投身于广西民族医药学习中。广西民族医药文化博物馆平面图依次标明空间中的主要体验展示区与次要体验展示区，在构建整体体验区域中，分别进行几方面的思考：一是如何依据故事层次的变化性和逻辑合理性进行互动空间设置，从而达到互动体验与实体展示内容高低起伏的变化；二是依据空间变化，如何正确使用对应的双向互动模式，如音频、视频和体感，让观众切身体验。三是如何通过耳熟能详的广西民族医药药理知识结合声、光、电等互动体验，让参观者能够在情感、关联、思想中产生共鸣。

通过结合实际状况及以上的设计思考，在广西民族医药文化博物馆互动体验展示布局中，主要运用以叙事性为主的体验，辅以多媒体手段技术、场景展示技术、造型色彩体验的方式进行设计，其中叙述性体验即把客观事物发展运用叙述手法进行空间的展现，运用该设计方式把“民族医药文化”的内容与室内外环境空间相结合，以合理的叙述过程，为参观者叙述如何从入口的“闻”药初体验到观展过程中的“学”药，“玩”药（“玩”药指：多媒体手段、手工制作）、“识”药及最后在草药园中的“尝”药过程（“尝”药指：饮凉茶）。该设计依据草药实物，将参观者引入展示情境中，随着参观的深入，参观者对民族医药文化的理解也不断加深，从而让参观者在潜移默化中接收展品所传达的信息。在展示设计过程中，多媒体技术手段与场景展示的结合也不可忽视，二者的融入可以让参观者的观展体验得到进一步升华的同时，又增加了展品信息传播的高效性。由此，在本次展馆设计中依次设置 3D 全息投影，用于展示毛南族抗病抗灾的艰苦过程，以作为展厅的高潮部分；入口处放置与广西民族医药发展相关的历史视频简介，并搭配互动投影技术，用于展示广西长寿之乡版图；二层五脏六腑秘密展厅与仪器体验区借助以动作、视觉为基础的多媒体展示，如：放置触摸一体机、体感互动装置、脉相辨析仪器、健康检测仪、舌诊多面体、针灸智能人等体验类仪器，以达到让参与者更积极主动地接收信息的传递，达到身心的愉悦感；场景还原部分选取壮族医药、瑶族医药、巴马长寿秘密三个区域，内容分别呈现壮族先民摸索抗病防灾的探索过程、瑶族特色药浴的洗浴流程及巴马长寿密码的神奇食疗，场景通过增加触屏互动装置、多媒体音频装置、语音导览系统装置等，为参观者带

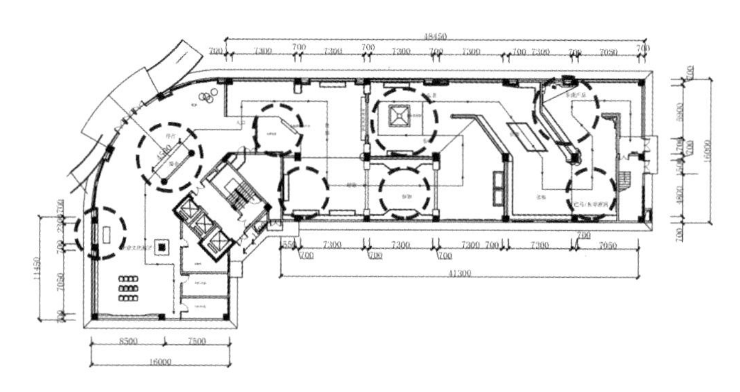

图 1　广西民族医药文化博物馆一层平面图（图片来源：笔者自绘）

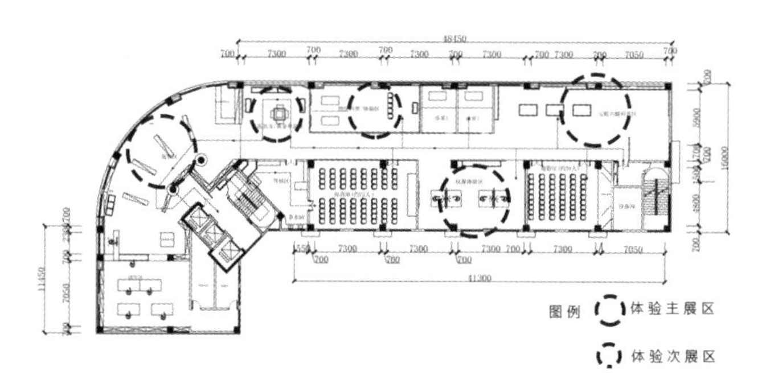

图 2　广西民族医药文化博物馆二层平面图（图片来源：笔者自绘）

来充满趣味的民族医药历史场景还原展示。（图 3~ 图 5）

（3）以广西民族医药特征为元素的形式转译

“十里不同风，百里不同俗”，广西民族医药元素的多样性可以从广西不同民族的自然条件、人文、建筑、饮食等诸多方面特征着手，选取具有视觉冲击力且具代表性的造型、纹样、肌理、色彩、材质等物质形态作为载体进行重新转译，从而构成具有广西民族特色的展示空间。在广西民族医药文化博物馆的室内外设计中，提取具有辨识度的壮锦纹样、瑶族纹样，结合广西常见药材金银花、八角进行图案的抽取、变形、结合，从而转译成具有审美标准且具有民族特色的装饰纹样。装饰材料以木材为主，意图打造简单、淳朴、自然的设计风格，让展厅整体呈现原生态的民族气息。

室内自然古朴的风格延伸至室外，有效地增添了整体空间文化氛围的审美意趣，以独具鲜明且具识别度的特色形象展现于观众面前。例如在门面设计中，其建筑风格体现传统建筑特色，以现代建筑设计手法为主，融入提炼后的民族传统装饰元素，运用挑、措等传统建筑方式，取得丰富的立面造型及立面效果。在色彩处理上以传统建筑风格的清淡雅致为主，墙体灰砖饰面，门窗提取壮锦纹样装饰、配以硕壮的木色柱础、灰

图3 入口（图片来源：笔者自绘）

图4 仫佬族与毛南族展厅（图片来源：笔者自绘）

图5 巴马长寿密码展厅（图片来源：笔者自绘）

瓦头，门头形体上错落有致，与博物馆主体建筑和谐统一，不失广西传统的民族特色（图6）。

民族医药文化特征的转译，不仅仅是通过纹样、色彩、材质等物质方面进行转译，还可从语言、节日习俗等非物质文化遗产中挖掘并整合可以利用的转译语言，例如室外凉茶花园（图7），其依据岭南地区"凉茶"文化特色进行转译设计。在《内经·阴阳应象大论》中曰："南方生热，热生火"②，因岭南地处南方，按照中医五行归属之说，南方属火，瘴气重、潮湿炎热，凉茶饮品因有清热去火、除湿祛热的功效而广泛出现于岭南地区的寻常百姓家中，其重要地位不可小觑，因此"凉茶"特色文化打造也是本次设计的亮点之一。凉茶花园与展览出口区相衔接，是供参观者驻足停留、休憩的户外体验展厅，花园内提供各式凉茶与科普体验展示区，参观者可以直观地通过味觉与视觉双重体验，亲身感受"凉茶"文化的功能与疗效从而传播与弘扬民族医药自身的魅力。

图6 门面设计（图片来源：笔者自绘）

图7 凉茶花园（图片来源：笔者自绘）

5 结语

本文从设计的角度出发，通过实践探索的方式，力求将广西民族医药文化运用艺术美学的手段以简单明了、互动体验的方式呈现在大众面前，意图让参观者在主动参与的气氛中完成整个观展过程。在设计过程中，由于广西民族医药涉及面广且专业知识性强，因此在资料搜集与检索过程中，重点锁定最具广西民族医药特色的相关文化元素进行深入剖析，进而通过形态重组、变形等方式提炼出设计语言，提升整体设计空间的文化内涵。目前，广西民族医药得到了大力发展，但对于广西民族医药文化的传播力度表现较弱，因此应根据资金投入、文化水平、民族特色及民众喜好的方向进行设计，力求突出自身民族优势。设计应以吸引、互动的展示方式为主，进而让广大市民从多个角度、多种方式进行解读，以轻松、愉悦的方式启发市民要热爱、保护与传承广西民族医药文化特色。

注释：

① http://www.360doc.com/content/18/0626/15/16043777_765562269.shtml

②王洪图．内经 [M]. 北京：人民卫生出版社，2011.

参考文献：

[1] 亢琳，朱华，戴忠华，黎理，笪舫芳．广西少数民族医药文化研究 [J]. 中华中医药学刊，2016,34(06):1434-1437.

[2] 梁晓兰，刘建文，唐红珍，吴培斌．弘扬壮族传统医药文化初探 [J]. 中国民族博览，2018(07):4-6.

[3] 王哲．博物馆展示空间中的体验性设计研究 [D]. 沈阳：鲁迅美术学院，2017.

[4] 邹旭．多媒体在博物馆展陈设计中的应用研究 [D]. 北京：北京工业大学，2015.

[5] 于文汇．设计美学及审美要素与环境艺术设计联动性的研究 [J]. 艺术教育，2019(01):186-187.

[6] 陈青，谢兰凤．数字媒体技术：助力艺术品走向大众 [J]. 艺术教育，2018(22):6-15.

[7] 冯萧瑞，冯萧雪．鄂西土家族民俗博物馆的传承与创新 [J]. 中外建筑，2019(01):68-69.

对话多元：木雕艺术在本土文化空间中的意境营造——以泰国真理寺为例

杜科迪 泰国东方大学 / 博士研究生

摘 要：木雕艺术在泰国和中国都是传统文化中特有的艺术语言。随着现代艺术设计的发展，艺术语言及观念相互渗透，传统的木雕艺术在当代本土空间设计中的运用越来越多，传统和现代之间也由此产生对话。本文主要分析了泰国木雕艺术的审美特征，探讨了木雕艺术在文化空间中的意境营造，旨在通过对特定文化空间设计中木雕艺术的有效应用，提供来自其他文化语境案例的重要借鉴。

关键词：泰国木雕艺术 审美特征 空间营造

位于泰国芭提雅海边的真理寺（Sanctuary of Truth），始建于1981年，是一座内外全木质结构的建筑。中文译为“寺”但其并不是一个单纯的宗教寺庙，从功能性上来说它是一个集合了当地小乘佛教祭祀、旅游观光、节日庆祝、文化展览为一体的文化空间。而在这一文化空间中，木材不仅作为建筑材料，通过木雕艺术的注入，还起到了营造整个空间艺术和文化氛围的重要作用。本文现以泰国的真理寺为例，探讨木雕艺术在本土文化空间意境的营造过程中，所能起到的作用。

1 真理寺木雕艺术的审美特征

图 1 真理寺外景主体建筑

（1）实用性和审美性

木雕是源自于人民日常生活中的实用技能，例如木质建筑中的主体结构以及装饰构件，首先考虑的是它的实用性。在满足了材料便捷和功能使用的前提下，才会对它的装饰性和美观性深入展开。而作为泰国的真理寺来说，它对木质材料或是木雕技艺的使用，恰好结合了实用价值和审美价值的一个统一体，某种程度上来说它已经成为一座静态的艺术品，但是它绝不是一种简单的堆砌方式，或是对一些客观事物的直接模仿，而是木雕艺人的审美情趣和对美学理念追求的综合产物。（图 1）

（2）造型装饰的艺术性

在真理寺的木雕艺术装饰图案中，其主题涵盖了多个种类，包括佛教传说故事、民间神话、历史人物、泰国皇家人物等，装饰图案或是造型的选择都是来自一些约定俗成的事物的具象化表达，并且这样的造型是能够让本土的广大老百姓所接纳和认可的。比如泰国佛教传经的故事，在众多的故事人物中，通过木雕艺人的解读，对故事片段和其中的人物进行了解构和重组，通过编排组合传递出其中的文化内涵。这些民间的造型创作和设计，都是围绕手工艺人的自我想法，通过和现实生活中的具象结构和形象的结合，在审美上更符合本土普通大众的审美，这样也就更能够让本地人所接受。与此同时，形式美的法则在整个真理寺的空间营造中十分凸显，从设计上就可以看出其追求统一完整，以一种对称均衡的形式来体现。把木雕艺术造型和材质美感、建筑空间完美地结合在一起，某种程度上也体现了当地老百姓对生活愿望的表达，同时把此地域本土的文化、信仰、宗教结合在了一起，从美的形式感上，又回到了对立与统一相结合。（图2）

图2 真理寺近景木雕艺术外立面

2 本土文化在建筑空间中的表达方式

本土文化是指在有明确的地域范围之内，环境与文化结合以后，经过了长期的历史积淀，在一定的地域范围内形成的民俗、历史、人文风情等文化形式的一个综合体。其中特定的地域是本土文化形成的前提和基础，也正是因为这些限定的条件，才在很大程度上让本土的文化有了各自的特点，形成对比鲜明的风格，涵盖了民俗民风、建筑风格在内的诸多本土文化载体。

本土文化在建筑空间中的表现，需要通过不同媒介来体现，具体在建筑空间中也有诸如文字、图片、壁画、雕塑等不同的方式和方法进行注入。从类型上总结，分为平面和立体、抽象和具象两个主题。而直接表达、抽象表达、隐喻表达、象征表达则是在具体实施过程中，最常用的几种表达方式。

一个建筑空间独有的意境是整个设计过程中的主旋律，也可以称之为一个空间的灵魂，具体包含了空间的布局、色彩选择、材质选择、造型陈设等诸多方面，吸取和转换本土文化中的美学特征之后，才能营造出吻合本土文化的意境。

木雕艺术可以说是空间设计与本土文化连接的桥梁。“无论是哪种风格的设计，都有着特定的文化和精神心理结构，是在一定的文化语境中展开和完成的，因而反映着不同的价值和审美观念，体现出了当时的社会风貌。” 木雕艺术作为一种可以同时包含平面和立体的载体，在建筑空间中去营造本土文化的意境，无疑是一种最有效的表达方式。而在真理寺营造出的整个空间意境上来说，木雕这个媒介已经突破了建筑材料和装饰艺术之间的界限，通过木雕艺术把建筑空间结构和装饰艺术巧妙地融为一体。

泰国建筑艺术与其本土的文化元素在真理寺设计中所呈现的多样性，通过丰富多彩的宗教、民间、皇家文化特征的植入，在传承着此地域的本土文化的同时，凸显出其极具泰国代表性的文化魅力。使建筑艺术与文化元素通过木雕艺术为载体来具体表现，涵盖了地域造型元素、图案图形元素等，将这些元素较好地应用在建筑空间意境的营造中，通过意境的营造来表达与传承当地的历史文化，向世界传递泰国建筑艺术与文化的内涵，以及那些丰富多彩的民间故事，并向世界展示当地建筑独有的魅力。

3 木雕艺术对空间意境的营造

（1）意境的营造

意境的营造是一种情感的寄托，不仅仅是简单地理解为一个空间环境给人带来的总体感觉和印象，那样只能称之为一个空间的氛围，例如时尚、活泼、庄严、高雅等。“意境是一种人在特定的空间环境中，所能产生的联想和自我的心理暗示。同时意境也是设计师通过空间环境所要表达的某种思想和主题。”

“木雕艺术作为体现传统文化、民族文化、地域文化的重要元素，通过适当的形式与现代的空间融为一体，使空间的文化内涵和人文思想得以表达，同时也使人们能通过这些传统文化元素，与‘历史’和‘空间’进行对话” 。在真理寺中涵盖整个空间内部和外部的木雕艺术，赋予了整个空间新的精神价值，营造出了饱含本土文化的意境，给建筑空间注入了灵魂。（图3）

（2）增加空间层次

在一般情况下，墙面、地面和顶面形成的一次空间令我们很难去改变它的结构和布局，但是通过木雕艺术与木构架建筑的融合，可以把死板的一次空间向二次空间进行转化，丰富空间层次感的同时，也丰富了整个空间中的艺术展现形式，使得空间的功能性不局限于实用功能，更有精神层次的展现。

（3）体现本土文化艺术风格，反映地域文化内涵

木雕这种艺术形式具有自己独特的艺术风格和丰富的设计语言，作为一种表现形式丰富多彩的艺术手段，它也受到地域或是地区风俗习惯、生产生活方式、文化背景等之间差别的

影响。也正是因为这些不同的文化冲击，木雕艺术的形式和内容变化多样，也就可以准确地表达出不同地域、不同空间形式的意境，是本土文化艺术在建筑空间中一个重要表达手段。（图4）

图3 真理寺内景——本土民间故事木雕艺术

图4 真理寺内景——佛骨舍利展示台

4 结语

通过对真理寺木雕艺术审美意识的研究，发掘它们在本土文化空间设计上的新价值，为全球化语境下“保持设计中的传统与地域特色”提供理论基础。通过对泰国真理寺木雕艺术特征的分析，探索本土传统文化艺术特征，并在现代设计思想的指导下，让本土文化空间设计与传统文化更加完美地结合，并得到提高和升华，在空间中创造出一种能与本土文化精神结合的意境，形成一种既满足当地国情又贴合本土人民审美心理的设计风格。增强整个文化空间的氛围营造，使其更符合现代审美要求，并能够更好地服务于各地域本土文化的研究和空间设计理论的发展。与此同时，此研究也有对中国的新中式、新古典风格空间设计的发展有一定的应用价值。研究结果对于丰富我国文化空间设计的语言，弘扬和传播本土文化具有一定的理论与现实意义，也为在这领域研究的学者提供了一种把传统文化注入空间设计中的新的思考方式和一些新的创意素材。

参考文献：

[1] 祝爱平．中国传统文化与当代室内设计 [D]. 南京：南京林业大学 ,2004.

[2]KATE PHILLIPS.Slight Improvement Expected Amid Challenges. Chemical Week,2008:170.

[3] 朱琦．现代居室空间的“意境”创造研究 [D]. 南昌：南昌大学 ,2007.

[4] 赵宇，潘召南，杨邦胜．聚 艺术设计学科产教合作创新性人才培养模式实践 [M]. 北京：中国建筑工业出版社 ,2018.

数字化技术下的重庆彭氏民居的保护与再利用

符繁荣　重庆工程学院 / 副教授
袁玲丽　重庆工程学院 / 讲师

摘　要：在世纪变迁的时代进程中，传统民居承载着历史使命，传承所处时代的文化与建筑特征。信息社会的发展带来了数字化技术的变革，如虚拟现实技术、虚拟交互技术、手机终端 APP 技术、无人机测绘技术、三维技术等，在传统民居的保护与再利用中引入数字化信息技术，实现人机互动展示与传播。文章中探讨了重庆彭氏民居如何运用数字化信息技术进行保护，以及独有的巴渝建筑文化的传承与再利用。

关键词：数字化技术　保护　再利用　彭氏民居

数字化信息技术的变革，为越来越多的行业、产品带来了新的际遇，在传统民居的保护与再利用上，也进行着不同的尝试。现今采用最多的数字技术就是虚拟现实技术、虚拟交互技术、手机终端 APP 技术、数字博物馆等，甚至是采用游戏的方式让人们了解熟悉某一建筑。如“超越时空的紫禁城”综合运用了游戏、互联网、AR 等多种展示与传播机制，展示其独特的历史文化特色。重庆彭氏民居将综合运用数字化技术，采用固定存储的方式，建构出传统民居，并进行 AR 交互、虚拟现实、 三维场景等展示传播机制，以此进行文化传承与树立保护意识。

1 数字化技术在传统民居中的解读

数字化技术是计算机技术、多媒体技术及互联网技术的基础，也是实现信息数字化的技术手段。它能够将多变且复杂的信息，转变为可以度量的数字、数据，再以这些数字、数据为基础建立起适当的数字化模型，把它们转变为一系列二进制代码，引入计算机内部，进行统一处理。在传统民居中就是采用三维技术，利用 3DSMAX 等软件技术进行模型的创建，建立动画路径，输出静帧与 360° 的全景漫游图像，对传统民居进行真实再现，实现数字化的虚拟场景。

2 数字化技术对传统民居的保护方式

通过对已有的文献资料进行分析，数字化技术对山地传统民居的保护和再利用研究具有独特的优势，实际运用中采用固态存储技术，可以将建筑文化遗产的相关资料用数字化信号进行持久化的存储，在储存的过程中，将以不同的格式对资料进行分类，使后期信息的检索与传送效率有所提高。彭氏民居自 2017 年开始进行修复，在修复之前，利用无人机的全方位拍摄与测绘技术进行二维展示，再利用三维技术虚拟复原，把已经遭到破坏的建筑重新展现出来，并进行修复后的三维展示，形成修复前后建筑文化的对比。最后，可依托固态存储技术建立彭氏民居数据库，通过平台的分享，为建筑遗产的保护研究，建筑遗产的修缮、开发再利用等提供丰富的参考资料，有利于数字化技术在传统民居的保护与再利用中的可持续发展。

（1）文字资料的存储。在重庆彭氏民居文化的研究中，收集整理了大量具有价值的文字资料，对于文字资料的储存多采用固态储存形式。依托固态存储技术建立数据库，对彭氏民居文字资料进行分类存储，如该民居的门窗、建筑构架、建筑装饰、建筑测绘的数据等资料，这样有利于建立多样索引，关联查询速度快，便于相关研究过程中资料的查询。在彭氏民居大量文字资料的存储上，固态存储技术有着不可取代的作用，具有可使用性与时效性。

（2）二维图片资料存储。古建筑中测绘成果一般包括平面图、立面图、剖面图及布局详图等，对于一座山地传统民居而言，拥有大量的二维图片资料，要将这些资料保存，需要采用固态存储技术，图片的存储格式一般为 JPG(JPEG)，图片可以编辑、缩放，既高清又不占多少容量，该图片格式支持所有的设备。

同时绝大部分的计算机上也能打开 JPG 格式的图片，使用者也可以随意设定压缩程度来保留画质，最佳的 JPG 画质完全可以和 RAW 格式的相片非常接近，是一种非常方便的图片格式。

（3）三维虚拟建筑模型存储。三维建筑模型的建立使用 3DSMAX 软件最为广泛，对于三维建筑模型的保存运用传统的机械储存方式，文件归档较慢，在模型使用时加载速度较慢，且会出现卡顿现象，而采用固态存储的方式，一方面素材加载上会节省一部分时间，另一方面在实用性和安全性上远远高于传统的存储方式。

3 数字化技术在传统民居中的建构

在一些古建筑中，会借助三维激光扫描仪完成三维建模，但是这种三维激光扫描仪仅适用于小型建筑，对于大型建筑并不适合，所产生的成本较高，缺乏必要的硬件和软件支撑。在彭氏民居的三维建模中，经过多方面的研究勘察，结合项目的特点，采用 3DSMAX 软件进行制作。前期对彭氏民居经过详细的实地调查，采集了大量真实有效的数据，将这些数据整理后转为数字化，最后再进行三维模型与 3D 场景的制作。

（1）三维模型制作。前期主要采用彭氏民居原有的资料，并利用无人机测绘技术完成彭氏民居的测量，对测量结果进行整理，分析建筑特征，对每个级别进行不同精度模型的搭建。模型制作上需在 3DSMAX 中统一好单位，通常古建筑的建模是以米（m）为单位，将之前整理好的该民居的 CAD 文件（平面图、立面图）依次导入 3DSMAX 中，进行成组与归零编辑，为防止建模过程中画面混乱，需隐藏一些暂时不需要的图块，冻结需要的图块。古建筑的三维建模本身就很复杂，为了达到模型的精确度，一般会采用捕捉工具来实现其效果。为满足其模型的真实性，需要选择与现实建筑匹配的材质进行贴图。在三维建模的过程中要与现实中的照片进行对比，以期与实际效果相近。

后期的彭氏民居三维模型制作对 3D 场景制作有着至关重要的作用，所以在建模过程中要比对彭氏民居的建筑特征。除此之外，要明确制作思路，比如在制作门窗、木雕等装饰细节处时思考需要的插件，插件不仅可以快速优化模型，还会对后期渲染时提供快速的最佳效果，这样才能实现该民居三维模型的精确度。

（2）场景制作。彭氏民居 3D 场景的制作要分多个步骤进行，包括脚本的创作、三维模型的导入、分镜设计、动作调整与后期的灯光材质设置，最终的剪辑合成作品才算制作完成。在创作彭氏民居建筑的 3D 场景设计策划方案时，对待策划的内容分两个部分：一是对前期有关彭氏民居的资料图片等素材的整理，二是脚本创作。有趣的脚本创作是一部作品的开始，彭氏民居的脚本设计思路是从一位导游的角度来讲述一个关于历史文化、民居建筑、当地传统习俗的故事，使观者感受到作品更加生动、丰富、有趣。在场景的灯光设置上需注意室内与室外光源的区分。彭氏民居因室内材质多为木质结构，以白天正午时分的日光为主，主光源采用聚光灯来模拟太阳光，其光线因与木质结构的建筑相协调。民居室外及天井处主光源受自然与时间的影响较大，在灯光的调节上多考虑周围环境因素。

（3）动画渲染剪辑。动画设计过程中，首先要绘制动画路径，然后对摄像机进行对象捕捉，其过程主要是进行摄像头的漫游动作设置，比如摄像头摆动到 A 类建筑时要对其设置关键帧，技术难点是时间和帧速之间的关系，分镜头和摄像机的拍摄并不能共存，为了追求更好的动作效果，增强丰富的表现力，关键帧使用多还是少都会对动画效果产生影响，因此必须再次修改分镜头方案，让它满足摄像机全方位的展示，合成的目的在于给观众展现的场景漫游动画效果更加完美。

后期剪辑过程中，剪辑软件在彭氏民居中采用的是 Adobe Premiere，音频设计多使用 Adobe Audition 合成，合成的目的在于为观众展现更加完美的场景漫游动画效果，之后再将选择且制作好的音乐导入其中，修改设置音效的左右声道以及淡入淡出效果，最后再加上故事内容、对话、字幕等，可以加深观众对数字化场景漫游的沉浸式体验。

4 传统民居在数字化技术下的再利用

数字化技术的不断发展为传统民居提供了多样化的展示与传播机制，通过互联网、无线网、手机、笔记本电脑等移动终端，运用数字博物馆、微信公众号、APP、游戏 AR 交互等对传统民居进行展示与传播。如前面提到的“超越时空的紫禁城”综合运用了游戏、互联网、AR 等多种展示与传播机制，旨在向全世界的游客提供探索中国历史和文化的途径。彭氏民居的再利用主要采用三维场景展示、AR 交互展示、虚拟现实展示。

（1）三维场景展示

彭氏民居从鸟瞰、正面、侧面等不同的视角对建筑场景进行三维模型的展示，构建了从整个民居建筑的模型到局部建筑装饰的展示体系，通过手机 APP 或者网络平台进入展示区域就可以 360° 全方位地浏览三维模型，点击任意一处都附有文字介绍，让浏览者更加详细地了解民居的构造与建筑文化。

（2）虚拟与现实展示

彭氏民居作为回廊式庭院建筑结构，中厅为院落公共区域，建筑装饰豪华。我们通过电子平台进入中厅时，仿佛身临其境，感受到时代的建筑艺术，这种虚拟与现实的完美展示，可以带给人不同的感受。

（3）AR 交互展示

彭氏民居拥有巴渝山地的建筑特色，结构上延续了徽派建筑的风格，通过 AR 头盔进行交互，就可以让观者把彭氏民居全部观赏完，具有置身其中的沉浸式体验。同时对墙壁也进行了数字设计，将其围墙结构及来源与材料进行科普讲解，使用者也可以点击墙壁上的固定点跳出新画面，画面是现实照片与动画照片的对比模式。

彭氏民居数字化信息技术的置入，对于民居建筑特色文化的保护与传承，具有一定的时代意义。运用三维技术，真实地再现彭氏民居的建筑形态，虚拟与现实的结合，手机 APP、AR 交互等多渠道、多途径的数字化语言的展示与传播，让传统民居的保护与再利用有了新的际遇，但在进一步细化数字化技术的运用上做得还不够，后期还需对传统民居的再利用做深入的研究。

参考文献：

[1] 马静静 . 浅谈高校视频监控系统的数字化建设 [J]. 甘肃科技 ,2016(24).

[2] 蔡丽 , 李晶源 . 传统民居建筑文化旅游的数字化开发策略分析——以云南撒尼族民居建筑文化为例 [J]. 名作欣赏 ,2017(18).

基金项目：2018 年重庆工程学院科研项目“数字化技术背景下山地传统民居保护利用研究——以重庆工程学院彭氏民居为例”的阶段成果，项目编号：2018xsky08。

城市发展中的守望
——以意外空间冷却塔改造设计为例

黄忠臣 广西艺术学院 / 研究生

摘　要：经济的快速发展，导致传统的工业面临严峻的形势，遭受到淘汰、废弃，甚至炸毁。然后，原有的工业用地再一次规划，每个城市、每个地域都有类似于此的发展“脉络”。众多的城市在发展和开发过程中，只求一味地推倒重建的思维方式，并没有考虑到自己城市本身发展的历史轨迹，造成了现在与传统的历史断裂，失去了本身属于自己城市的“脉络”。笔者对柳州废弃的发电厂进行调研和考察，提出了对废弃的冷却塔进行综合改造的设计方案，不但使其活力新生，还能保留城市发展的历史轨迹。

关键词：废弃工业　意外空间　改造设计

1 引言

由于部分工业无法跟上时代的步伐，遭到社会的淘汰，同时也意味着一代工业人赖以生存的方式乃至心中的信仰崩塌，那些曾经以自己拥有的这份工作引以为荣的工人突然间什么也没有了，没有了工作，他们就像被母亲遗弃的婴儿。他们心中突然无法找到方向、迷失自我，或者下岗无业，或是用体力干起最重的活，或是因走投无路走上违法犯罪的道路，或是因拖着曾经因为工作不幸受伤的残躯在社会的角落苟延残喘。当一个平凡的人把自己曾经的工作当作一辈子的精神支持以后，心中的信仰却抛弃了他，这对他来说无疑是精神世界的崩塌，那又有什么值得他去相信？他的子孙又该何去何从呢？政府要让产业转型，就是要充分利用废弃工厂的地域自然景观和物理价值资源，对不同的废弃工厂进行实地深入研究。“因地制宜”是改造设计的前提条件，体现了设计的地域特色。近几年来，国内经济快速发展，传统工业转型的规模逐渐加大，人们对于环境的质量要求越来越高，越来越多的人渴望接触自然，越来越需要属于自己内心乐活的空间，让人们有一个可交流情感的空间。因此，如何把人们日常生活中必不可少的菜市与富有激情活力的多数年轻人夜晚喜欢去的夜市，融入废弃的冷却塔改造设计内部空间，这值得我们深思。本文以人与人、人与建筑、建筑与场所的关系与冷却塔设计的结合应用进行研究，将地域性文化和城市印象文化带入现代设计，在形式上、手法上、功能设计上进行结合。打造一个富有丰富内涵的多维空间，传承人与环境之间乐活相处的空间。

2 项目背景与项目概述

本次选址位于柳州西北区域，柳州号称“中国西部的工业重镇”，是广西的工业后花园。柳州现已形成汽车及零部件、电力等众多工业发展迅速的城市之一。柳州曾经是广西最重要的重工业园区，然而随着产业转型，社会时代发展步伐的需要，目前柳州的部分发电厂呈现废弃的状态。政府也因此做了相当大的努力，希望利用工业遗产发展艺术文化产业，然而因为种种原因，无法达到预期的效果。目前修好的铸造博物馆的访客中除了当地的几位老人，我们看不到其他访客。由此可见，柳州并不适合发展艺术文化产业。冷却塔是工业时代的标志，外形上呈现双曲线，自身高耸入云的体量会让我们瞬间产生敬畏之心。当我们进入冷却塔内部空间，能感受到这个空间带来的独特的、强烈的张力，这是一个独具一格的空间，是工业建筑带给我们心理上特有的力量。随着时代的巨变，传统能耗高的发电厂，因为我们无保留意识，而一个个被野蛮地炸毁。如今，只剩下长满荒草的基坑。那荒废、锈迹斑斑的状态是沉痛历史的述说者，它们在讲述着时代转折的失落、信仰的崩溃、脉络的缺失。我想每一个看到这些的人都会去反思自己：如今自己引以为荣的信仰，是否也会有一天从引以为荣到一无所有？是否还会因为这个时代的飞速发展，认为自己就是下一个转型的牺牲者？那么，我们自己究竟该到哪里去？

3 融入广西印象元素

（1）桂林山水甲天下

我相信大多数年轻人对于广西的认识源自于课本，认识广西最早的城市应该是桂林，而最早了解桂林的是从小学课文里了解到的桂林山水。桂林拥有着举世无双的喀斯特地貌，是旅游必不可少之地。这里的山，平地拔起，千姿百态；漓江的水，蜿蜒曲折，明洁如镜。这里的很多石山中都有洞，洞幽景奇；洞中有千奇百怪的石头，鬼斧神工，琳琅满目，于是就形成了“山清、水秀、洞奇、石美”的桂林“四绝”。“桂林山水甲天下”的美誉便由此而来。笔者希望把人们对于广西最熟悉，也是印象最深刻的山水形式融合到冷却塔的改造设计当中，这也是一种地域文化的发展与传承。

（2）夜市，就是一座城市解放天性的灵魂

在我们城市的白天，我们把自己的所有都给予了工作，行色匆匆挤地铁的上班族、冷漠的混凝土大楼，唯有到了夜深，放下手上的压力，孑身来到热闹而喧哗的夜宵摊，我们才发现一个城市有趣的灵魂，发现能让这个城市的人乐活的来源。每当夜幕降临，柳州这座美食之城，就开始按捺不住地散发出它的魅力。一年四季，不管刮风打雷下雨，有这些让人垂涎欲滴的夜市的地方，总是聚满人，每个人都希望在这些地方找回那份白天不属于自己的快乐。夜宵的魅力，不但在于美食的魅力，尤其是能够在寂寞的夜晚里抚慰每一个人的心灵，让人们的心情都能够变得愉悦。在这里可以放下白天所有的伪装，似乎忘记了上一刻刚刚被老板严厉地批评，现在心里想的就是喝一杯啤酒、吃一顿烧烤，这种随性地做回自己，真实得让人感到满足，感觉这才是自己内心中向往的乐活空间。在美食面前，一切的烦恼都可以被抛到九霄云外，只有享受美食才是此刻最真切的生活意义。在某一刻，我们因为夜宵的力量，在内心中似乎有了一种和这个城市相连的感觉，这些无疑是每个广西人的真实写照。夜市也是柳州这个城市最具有活力的代表，它存在于大街小巷，也会带来一定的噪声影响，笔者希望把充满活力的夜市引入废弃荒芜的、没有生命气息的工业冷却塔中，使建筑与场地环境发生关系，重新盘活该地的生命。

4 冷却塔改造设计思路

冷却塔的内部改造一方面是因为我们更多地希望人们不忽略城市历史的发展，我们需要去体验冷却塔内部充满张力的空间，去感受曾经工业建筑的宏大，感受这些建筑为我们的城市发展立下的汗马功劳，找回我们对于他们的崇敬。另一方面，我们希望更多的人感知、了解这段沉痛的历史，从工业发展历史中反思自己，找回自己。最后一点即氛围的实现：在寒冷的冬天，温暖的夜市，弥散的烟气，冷与热的交替，营造“乐活空间”，这个概念对此能够有很大的助益，在帮助这一愿景实现的同时，它也在为小商家和城市的人们创造令人满意的环境。以“乐活空间”为切入点，笔者选择广西的工业城市环境——柳州。在这里，工业占据了城市的多数面积，但人口日趋密集，有一群人往往被社会忽视——市场小商贩。我们在柳州寻找出新的“空间”，将依旧保留柳州特色的生活模式，让他们内心不再时刻担心他们经济来源的空间时刻关停。

城市与建筑、建筑与人的生活三者的存在关系是息息相关的，面对城市发展的改变，我们应该以温和、包容的方式去对待。我认为建筑不是设计现实状况，而是现实状况的设计，建筑其实就是解决现存的问题。以冷却塔建筑空间为载体，将柳州人的生活场所菜市与夜市转换融入建筑空间环境中。寻找市场和夜市客观的物质媒介，构建人与空间的亲密性。不但能为当地的居民带来生活上的改变，而且也能保留工业建筑。柳州人的生活中离不开夜市，夜市作为饮食文化充斥在人们的生活中，柳州夜市呈现出一派和谐与淋漓酣畅的壮族热情相融的传统文化场景和心理感受，营造出一种包容性、和谐性和凝聚力。

5 冷却塔改造设计策略

人们的生活离不开夜市，特别是广西人对于夜市的喜爱已经深入骨髓。虽然现在兴起了很多超市，但是夜市与我们在超市购物和传统的菜市购物的心理感觉完全不一样。菜市是老一辈人与人关系情蒂得到处理的场所，与其说是购物，倒不如说是寻找人与人之间感情最近的地方，因此我们引入城市传统菜市与夜市，留下城市发展中的冷却塔，充分利用冷却塔的原有空间，让每个商贩都不再担心菜市、夜市会不会哪天突然就关停，寻找一种全新的融合模式，激活废弃的工业，让商贩与骨髓里喜欢夜市的人们都在这个空间，找到属于每个人心灵上真正的“乐活空间”。

每一个城市、地域的发展都拥有自己的“脉络”，都有属于自己的名片。因此，我们打算在冷却塔的最底层空间，融入广西“山”的形，在山形的空间下，我们采用了空间分隔。这样不但会有很多空间，而且摊位与摊位之间也相对有一定的属于自己的空间，在上部空间通过设计交通流线，形成许多的单元格空间。作为夜市的空间，颠覆人们的常规方式，也许曾经的夜市都是生存在各个街头角落，也许是某个巷口，我们希望把这些人们心里觉得最开心、最乐活的空间进行整合。曾经因为夜市的噪声，其甚至被定义为影响市容市貌的情况不再存在，而在这个属于我们热爱生活的人们对生活充满激情的乐活空间里，我们每个人都不会受到干扰，我们大可敞开心扉，放下白天的担子，在这个乐活空间做回我们自己。废弃的冷却塔中植入一个活力的行业，利用城市本来的活力行业带来新鲜血液唤醒陈旧甚至废弃的工业，为城市探索一种全新的“乐活空间”。我们希望这个改造空间能够成为众多废弃工业的种子，

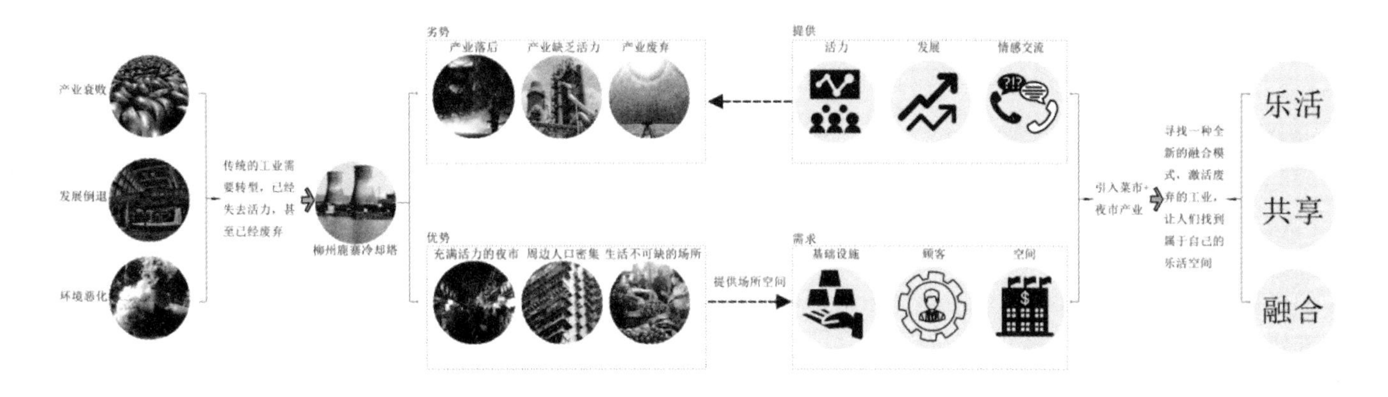

图 1 设计思路（来源：作者自绘）

在城市的土壤中成长起来，自然地激活废弃工业的荒漠，形成一种可持续的、有机的自我更新模式，让传统工业获得新生。这又何尝不是我们内心想寻找的“乐活空间”？（图 1）

6 结语

每一个城市都有属于根基的存在，钢筋水泥铸成的建筑为肌体，附着在建筑之上的历史记忆、文化传承为精神，传承城市发展中的轨迹，就是我们的信仰，让我们以及后一辈感知这段工业历史。当前的城市发展开发仿佛整容，割裂城市原本的生命轨迹，一味地追求推倒重建、炸毁所有的工业建筑，让新的房地产进驻，强行植入不属于城市的内容，兴建艺术区，然而访问的人却寥寥无几，表面光鲜亮丽的背后是迅速流失的生命活力。我们希望寻找一种有机更新的方式，让人为的建筑产物顺应城市的发展过程，让人与建筑良好相处，人与建筑、建筑与场地高度融合，让它从基地上自然地“长出来”。菜市和夜市将会成为激活点，一剂良药，治愈冷却塔的沉疴，给发展停滞的城市注入新鲜血液，为城市找到一种全新的“乐活空间”。

参考文献：

[1] 王文卿．中国传统民居人文背景区规划探讨 [J]. 建筑学报 ,1994(01).

[2] 曹建兵．论“散点透视”与中国艺术的契合 [J]. 大家 ,2011(2).

[3] 雄伟．广西传统乡土建筑文化研究 [D]. 广州：华南理工大学 ,2012.

[4] 田斌．地域文化在景观设计中的应用研究 [D]. 长沙：中南林业科技大学 ,2014.

[5] 严嘉伟．基于乡土记忆的乡村公共空间营建策略研究与实践 [D]. 杭州：浙江大学学位论文 ,2015.

[6] 王晓萍．园林景观设计中地域文化的渗透 [J]. 农业与技术 ,2015(11).

[7] 张杰．城市传统文化空间结构保护 [J]. 现代城市研究 ,2006(11): 13-21.

论四川民居院落空间构成形态及意境营造

李　和　四川大学艺术学院 / 研究生

摘要：民居建筑作为普通人民的物质文化结晶，从原始社会的洞穴遗址发展到今天各式各样的民居建筑，深刻地体现了中国民居建筑的多样性和独特性。四川民居作为中国民居建筑的代表流派之一，是几千年来巴蜀文化的物化体，体现着巴蜀文化的精神。院落空间作为四川民居的重要组成部分，体现了四川民居的物质功能和精神功能，也在很大程度上体现了四川民居的建筑文化特色，是四川民居最为深刻的印记，映照着几千年来四川民居传承变迁的历史脚印，也映照了四川人民丰富的精神文化，这就是所谓的"院落精神"。其院落空间的构成形态是巴蜀人民"法天象地"的体现，巴蜀人民深谙其自然之道，院落空间的意境营造有着中国最为传统的哲学思想。本文通过对四川民居院落空间形态的探析，来解读四川民居独特的文化和意境。

关键词：巴蜀文化　院落精神　空间形态　空间意境

1 前言

民居作为民间物质生活和精神生活的物化载体，承载了民间文化的精髓和民间智慧的结晶。四川传统民居根植于四川特有的地理风貌和气候条件，也符合四川人民的生活习俗、生产生活方式以及民间审美水平。院落空间在四川民居中占有重要位置，作为人们日常生活休闲的空间，院落是建筑功能的延续和传承。院落空间按照广义理解可以看作房屋与院子相结合的空间形式，大致可分为开放空间和半开放空间。从早期的原始人所开辟的山洞以及岩石凿洞到半穴居式的草棚或者木棚，不同的气候地理条件和时代发展水平深刻影响了民居院落的空间构成形态和意境。

院落空间中的"院"在《广雅》中这样记载："院，垣也。"《玉篇》中也有类似的表达："有垣墙者曰院。"院子是在围墙围合下的开放和半开放空间，传统的院落空间形制极其灵活，从简单的单进式到复合式多进的院落以及单轴线到多轴线的院落组织形式，都能适应不同家庭的不同需求。梁思成先生认为："中国传统建筑围绕庭院布局，庭院是'室外起居室'，并认为建筑之全貌印象，必须通过其院落组合观之。"因此，院落空间是四川人民生活的必要场所，巴蜀地区的地貌丰富，物质资源、植被资源差异，加上巴地、蜀地多元复杂的移民文化，都赋予了四川民居院落空间不同的地域印记，使其具有丰富的历史文化价值。

2 四川民居院落空间构成形态

在民居建筑中，庭院作为主院空间是民居院落的核心和灵魂，是一个无盖的综合性功能空间。从功能的层面上来说，院落既是实际意义上的"露天起居室"，又是许多家庭生产活动的场地，民间的婚宴、接待宾客等节日欢庆都在院落中进行。在精神层面上来说，院落承载了人们生长的记忆，记载着在院落中发生的故事，是人们最珍贵的精神空间。由于各地区地理环境的差异，院落空间的形态类型丰富多样，出现了一字形、曲尺形、三合院、四合院等形态多样的院落空间，四川地区人民的日常生活都是围绕这种形式多变的院落空间而展开的。（图 1、图 2）

（1）一字形院落

一字形院落作为院落形式最简单的一种空间形式，常为一般平民和农户所居住，多分布在山间、田野，大多呈现散居的方式，一户一居或者几户相邻，如同聚居但又各自相隔。这种一字形院落也适合建造，占地面积较小，不太受地形条件的限制。（图 3、图 4）

图 1 恩阳古镇 1

图 2 恩阳古镇 2

这种一字形院落常以三开间的形式，形成一个内凹的门斗空间，即所谓的“庶民房屋不过三间五架”。院落主体建筑坐北朝南，三间并列，靠近院坝有一排门廊，正对门廊是堂屋，堂屋作为民居建筑的正中心位置，精神功能的作用远远大于实际功能，在堂屋的正墙都供奉 “天地君亲师”或者祖宗牌位，清明和春节期间都会进行祭祀仪式。而堂屋旁边的两间则作为卧室和厨房、杂物间使用。在川内山区，因天气寒冷，还设有“火塘”以供冬季取暖和储存食物所用。正三间前面有一院坝，是农家晒粮食、加工农作物的场地，有时也作为家庭活动的场地。有时为了扩大空间，在山墙两面增加单坡“偏厦”，作为牲畜养殖的空间，打破了一字形的单调感。院坝四周则种植树木，增加了一定的私密性，也有安全防盗的作用。

（2）曲尺形院落

这种形式的院落是在一字形的基础上，在一侧的山墙上加横向的厢房，一般为两间到三间，在正房前形成一个半围合的场地，称之为“地坝”或者“院坝”。在厢房与正房相接处，有一间暗房，称为“磨角”，而山墙新加的厢房可随地形的高差变化而调整。曲尺形的院落空间主要分成两种形式，第一种是所谓的“天平地不平”，正房和厢房的屋顶在一个水平面上，因地形的不平整，厢房形成吊脚楼的形态。第二种是“沿台地逐渐跌落”，由于地形的高差，厢房在水平面上就会低于正房，屋脊也比正房低，从正房的角度看，是逐级低下，意为“牛喝水”，喻出了正房的形象和地位。这种正房和厢房高低错落的院落空间形态，使整个民居建筑形象简洁、明快、生动。（图 5、图 6）

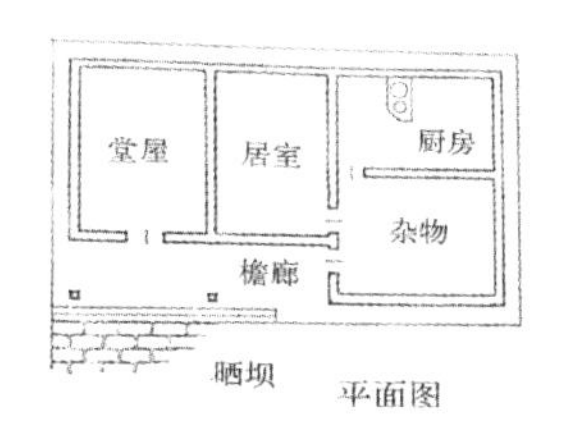

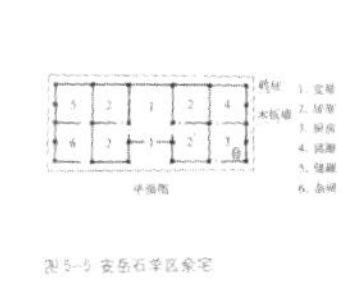

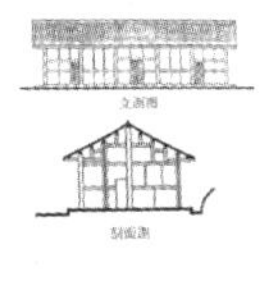

图 3 一字形院落 1　　图 4 一字形院落 2

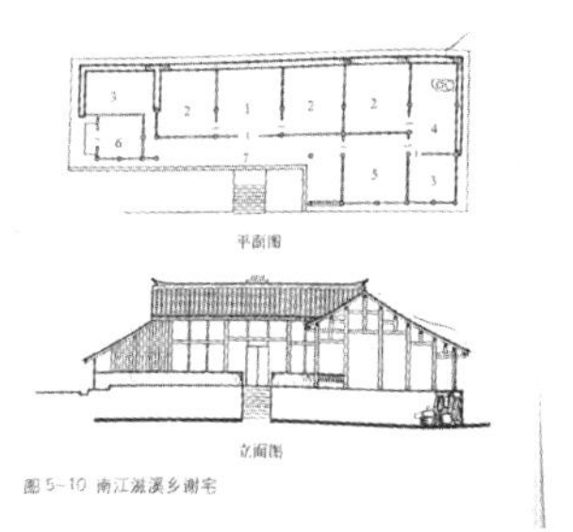

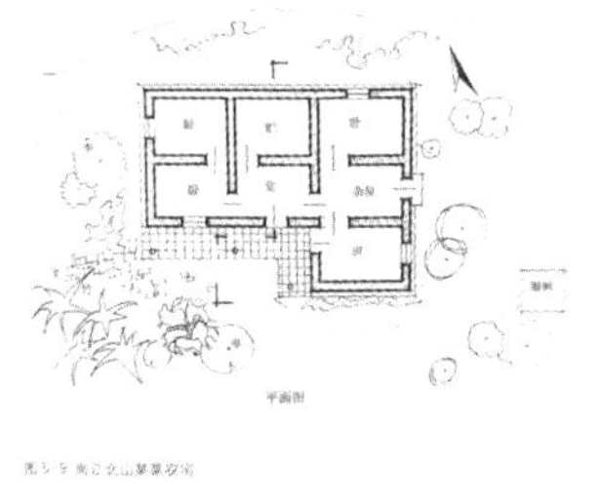

图 5 曲尺形院落 1　　图 6 曲尺形院落 2

（3）三合院院落

三合院的院落形式是在曲尺形的形态上，在另一侧的山墙上增加一列厢房，呈现门字形的布局，也称之为“三合头”，相当于一正房两厢房的形态，如果在庭院前面加上围墙，则称为“闭口三合头”。这种三合院的形式可以根据地形起伏高低变化，组织灵活，多数可见的是正房三间位于同一水平台地，两侧的厢房则是以台地的高度差距来组织布置，厢房和正房的高低差则以台阶相连接。另一种便是正房和厢房在同一平面，从而院坝就会下沉，院坝再铺上青石板，显得十分古朴规整。有的三合院，正房为瓦顶，厢房为草房顶，正如刘致平先生所言：“农村住宅大多三五错落在乡间田野，结构简单经济，院落布局多为三合头或者四合头，非常具有乡土特色。”由于家庭人口和牲畜的数量增多以及受移民文化的影响，四川三合院也在原来的基础上进行院落扩展。一般有两种院落空间扩展方式，第一种是横向扩展，这种方式是在正房两侧的厢房再加一排平行于厢房的横屋，考虑到采光通风的条件，会在新增加的横屋和厢房之间增加条形天井，便形成“一大两小”的天井模式，院门一般朝向东南与围墙折一角度斜向设置。第二种是纵向扩展，这种扩展方式主要是以三合院中轴线向纵深的方向扩展，正房则居于台地最高的位置，从台阶逐渐跌下，形成三合院建筑群。三合院的院落扩展方式都是以原有单位为基准，进行扩展，主体突出，生动合理。（图 7、图 8）

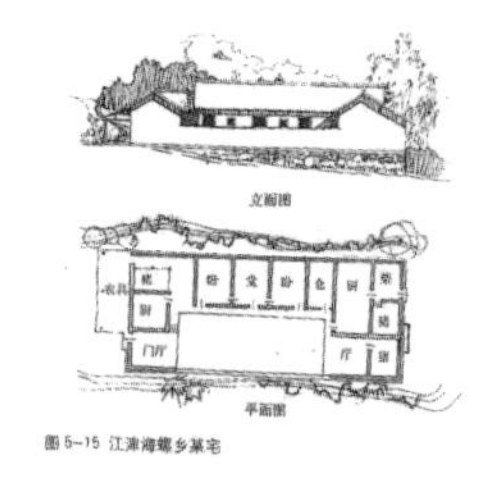

图 7 三合院院落 1　　图 8 三合院院落 2

（4）四合院院落

四合院的院落模式是在三合院的基础之上，将三合院围墙改成一排房屋，形成四周房屋相对的形态，围合而成的院落即为四合院，又叫“四合头”、“四合水”或者“四水归堂”。四合院的一般院落形态为“明三暗四厢六间”，正房一般是三到五间，居于院落的正中位置且坐北朝南向，两侧厢房也各有三间，由于正房与厢房相接处会有一间暗房，便有四间暗房，与正房相对为倒座，也称“下房”。这种以庭院为中心的十六间房的形式即为“明三方院”。这种院落形式作为独立的基本院落单位，可以称之为“主院范本”，院落的扩展也是在“主院范本”的基础上进行，形成庞大的民居群落，不管多么复杂多变，内在的“明三方院”的结构是不变的，都能保持整体的统一性，这就是四合院的文化精神。（图 9、图 10）

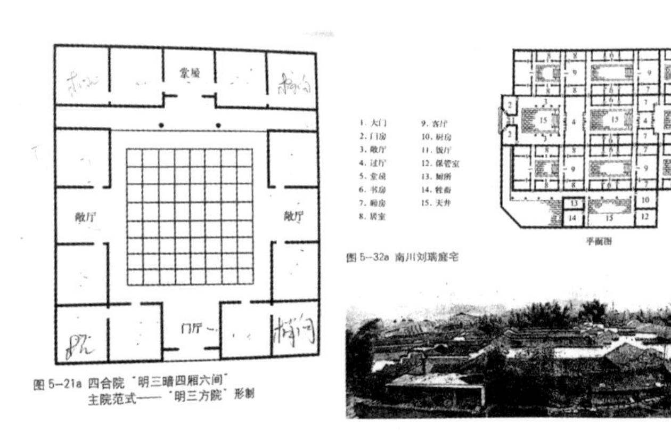

图 9 四合院院落 1　　图 10 四合院院落 2

四合院的院落扩展方式分为五种：第一种方式是辐射式扩展院落，这种院落扩展方式是为了解决“明三方院”四个暗房的采光问题。第一种为打开四角设置小天井的手法，这样便形成以中间大庭院为中心，四周小天井为辅的布局。第二种是横向扩展式院落，在“明三方院”主院范式的基础上，左右两侧添加横屋，中间隔以竖条天井，院落布局呈长方形。这种方式能够适应地形条件的变化，是四合院较为经济和普遍采用的方式。第三种是纵向扩展式院落，这种方式是在主院中轴线的前后再加院落，形成前后多院的套院格局，更有家境富足的人家，有超过三进以上的院落，增设两重厅或者三重厅制度，整个院落层层推进，布局合理。第四种院落扩展方式是纵横双向的扩展，核心为“明三暗四厢六间”的布局，以中心庭院为基础，左右扩出天井围墙，前后也相应地扩展出横向院子。第五种是自由式扩展院落，是在保持主体院落空间不变的情况下，部分随机扩展，空间和交通组织都很灵活变化，但仍然是“主院范式”的形态。

3 四川民居院落空间意境

四川民居的院落空间布局都在追求一种“天人合一”的哲学观，不管是院落空间的布局、形制还是尺度，都深刻地体现了民间对中国古典艺术精神的理解，所谓“法天象地”，民居小小的院落，便折射出了最为生动的构图。

（1）院落中的伦理观念

中华文明自古就受到“宗法制”和儒家思想的影响，以宗族血缘为基础的民间等级制度，支配着人民的生活方式和心理活动。房屋作为物化精神的实在物，自然在布局上会受到这种思想的影响。儒家所谓的“礼别异，卑尊有分，上下有等，谓之礼”。在民居院落的空间形式中有明显的体现，堂屋居于最中间的位置，供奉的是“天地君亲师”的祖先牌位，并设置“神位”，是民居中最为重要且神圣的场所。堂屋两边的正房由长辈居住，晚辈则居于两侧的厢房，在四合院的院落模式中，仆人的地位最低，居于下房，体现了礼教尊卑等级秩序。

孔子主张“席不正不坐”，“隔不正不食”，所以院落空间布局都以方正为院落标准，而这种四合院中的方正所形成的“四水归堂”的布局，又体现了中国文化的“礼乐精神”，即“四世同堂”享受天伦之乐的精神。

（2）院落中的阴阳哲学观念

中国文化的发展离不开阴阳哲学的滋养，可以说这种哲学观念已经深刻地印记在中华民族的血液之中，建筑的结构形式也无不体现出这一精神。《易经》云：“太极生两仪，两仪生四相，四相生八卦。”四相在阴阳哲学中是很重要的空间观念，即太阳、太阴、少阳、少阴。从民居院落空间的布局来看，建筑内部空间则为太阴空间，建筑檐廊空间则为少阴空间，院落空间作为开敞空间，成为少阳空间，而室外空间则是太阳空间。这四相共同组成了一个院落空间，在院落空间中，建筑四相相对，承接日光雨露，纳气通风，使住宅形象更加高大、纯洁。院落则成了聚集天地正气的“阴阳枢纽”，所谓“通天接地”，适合人的生息成长。院落既代表了天，又代表了地，人在其中怡然自得。

4 结语

四川民居院落承载着民间的历史、文化和审美精神的变迁，不仅符合人们的居住需求，更以独特的建筑精神震撼着我们。民居院落所包含的哲学思想，也启发我们在建造现代建筑的过程中，避免传统文化观念的丢失。需要用当代的建筑语言将这种民居院落的空间形式和意境文化加以重构，以符合中国传统文化精神，也让民居建筑不至于在历史的进程中消失无影。

参考文献：

[1] 李先逵．四川民居 [M]. 北京：中国建筑工业出版社，2009.

[2] 刘致平．中国居住简史 [M]. 北京：中国建筑工业出版社，2000.

[3] 梁思成．梁思成全集（第六卷）[M]. 北京：中国建筑工业出版社，2001.

[4] 梁思成．中国建筑史 [M]. 天津：百花文艺出版社，2005.

[5] 陈勇昌，卢驰．中国传统民居的艺术表现力 [J]. 室内设计，2005.

[6] 徐辉．巴蜀传统民居院落空间特色研究 [D]. 重庆大学，2012,5.

[7] 李先逵．中国民居的院落精神 [J]. 世界民族建筑国际会议，1997(08).

遇见翁丁——从翁丁村的寨门设计谈起

李卫兵　云南艺术学院 / 副教授 / 硕士研究生导师
王　睿　云南艺术学院 / 讲师

摘要：翁丁作为当代中国边地仅存的保有着诸多原始部落特征的鲜活样本，其无论是具体的物理空间还是心理体验都极大程度反映出对佤族文化的活态化展现。本文从对老寨入口寨门的更新设计入手，将建筑与环境、建筑与材料以及环境与材料三者的关系进行了解读与阐释。

关键词：翁丁　寨门　干栏建筑

在云南这片神奇的热土上孕育了如同鲜花般的 26 个少数民族，其中佤山沧源翁丁村这个被称为 "中国最后一个原始部落" 则是众多民族之花中最为娇艳的一朵。 2016 年 12 月，为了亲身体验当代翁丁村如洗尽铅华般的原始容貌，更为了推进"创意沧源"毕业设计的开展，我们带着学生来到千里之外的沧源，深入翁丁村进行田野调查。

1 初见翁丁

翁丁 —— 当地佤语意为"与水连接的地方"，同时也是一个"云雾缭绕之地"[1]。一座座干栏式茅草建筑，一缕缕炊烟伴随着云雾缭绕，一声声鸡鸣犬吠，时而从传统的手工作坊传来的"吱吱"声响，把翁丁村装点得像一座世外桃源。从寨门到寨心再到牛头桩，从佤王府到木鼓房再到水磨房，都呈现出佤族原始村寨的特点，是一部活生生的佤族文化史。翁丁作为当地佤山传统原始风貌保留了较为充分、完整的典型聚落，寨中鳞次栉比分布的茅草顶木屋形成了人们对整个村寨最为强烈的意象特征。同时作为首批入选云南省第一批非物质文化遗产保护名录的传统村寨，翁丁村中至今仍然留有鲜活生动的原生态佤族生活场景。 这里的一砖一瓦、一草一木向世人展现了它悠久的历史、淳朴的佤族文化和优美的自然生态环境。（图 1）

2 寨门印象

佤族有句俗话"无门不成寨"。寨门既是物理空间的界限，也是心理空间的归属。翁丁村的寨门以茅草覆顶，以粗栗木为门柱，门柱上挂牛头作装饰，向人们展示着他们的图腾崇拜（图 2）。寨门对整个寨子起守护作用。

初入寨门时，佤族同胞在寨门前列队欢迎，唱着祝酒歌，让客人尝一口佤族自酿的米酒，并在远方客人的头上点一颗"黑痣"，寓意着吉祥。经过寨门进入寨中，就要遵守佤寨的一切礼俗。整个翁丁寨共有四道寨门，其中主寨门为村落北门，日常使用中此门除了供村民进出通行之外，还兼具迎接美好事物的作用，

图 1 翁丁寨

图 2 翁丁寨主寨门

寨里过节时就往北门迎神纳福。所以，北门比其他三道寨门要高，约3米高。寨中的扫寨活动以及送葬等必须经过西门。另外，东门和南门方便村民出入而建，显得比较低矮。

翁丁村的主寨门以其质朴的形象，展示着翁丁村悠久的历史，诉说着佤族同胞的热情与淳朴。如果重新设计主寨门，应该以怎样的面貌来展现新时代背景下翁丁村的原始特色呢？这值得我们深思。

3 寨门的设计与思考

（1）对建筑文化的解读

艾默森·拉普普特在《住屋形式与文化》中认为，一个地区的建筑是对当地生活的最为本真的反映。佤族的传统民居中的“干栏”式住房作为某种远古时代先民巢居方式的遗存，见证了佤族生活方式的演进轨迹。而这则可以成为今后我们开展设计创作的素材与源泉。(图3、图4)。

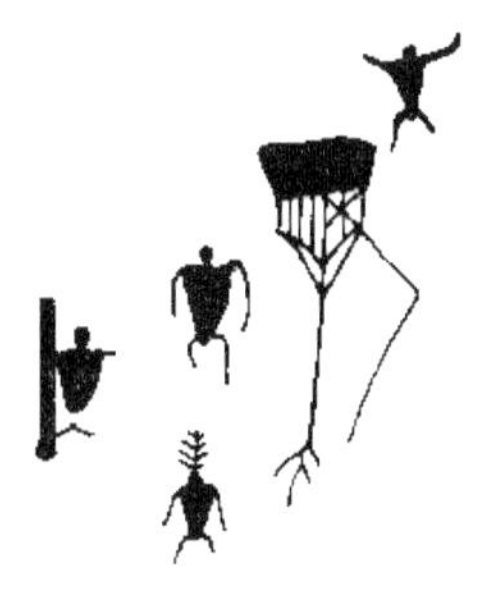

图3 沧源岩画中的巢居

图4 翁丁寨干栏式民居

在寨门的设计中，我们延续了“干栏”这一特征。从实际的功能出发，寨门入口处设计一平台，其底层架空，方便游客出入寨门；二层为观景平台，可以让游客在此驻足欣赏翁丁寨的美景。佤族民居另一特征是屋脊两头有牛角形的搏风板，当地人称之为牛角叉。佤族干栏式建筑屋脊两端的牛角叉形的装饰源于佤族的镖牛习俗。镖牛作为佤民生活习俗中的一项重要内容对其环境建造有着潜移默化的影响。以前，镖牛后把牛角桩立于住房周围，把牛角挂在房脊上；后来，建房时就用交叉形弯角木板替代牛角。[2] 为体现佤族这一古老的文化，在寨门的入口处让坡屋顶的两侧斜坡相互交叉，形成佤族民居屋脊的牛角叉抽象图案。同时，底层的柱子摒弃了以往直立的形象，而采用了佤族崇拜的牛角这一弯曲的造型，把寨门高高顶起，也是对沧源崖画佤民巢居传统的物化反映(图5)。

此外，半圆形屋顶，是佤族民居又一大特点，这种佤族民居独特的“鸡罩笼”式的外观样貌，有学者认为可能是对其远古时期存在过的穴居印象的追忆和再现。[3] 鉴于这一特点，在寨门的大门入口处两侧设计了小的半圆形屋顶大门，以此展现佤族民居的特征。

（2）对自然环境的尊重

在吴良镛先生的《广义建筑学》中认为：建筑是地区的产物，建筑对自然环境的尊重也是结合具体的场所来表现的。选址于山林之间的翁丁寨，在其入口处的村中小道处理中，在路旁设计出一个底层架空的观景平台。底层供游客行走，二层为游客提供一个观景休息平台。设计采用弧形的形态与弯曲的村中小道、山势地形相结合。同时通过对木、竹、茅草地方性材料加以综合运用，使其与周边环境融为一体，从而有助于衬托出大门的特质。(图6)

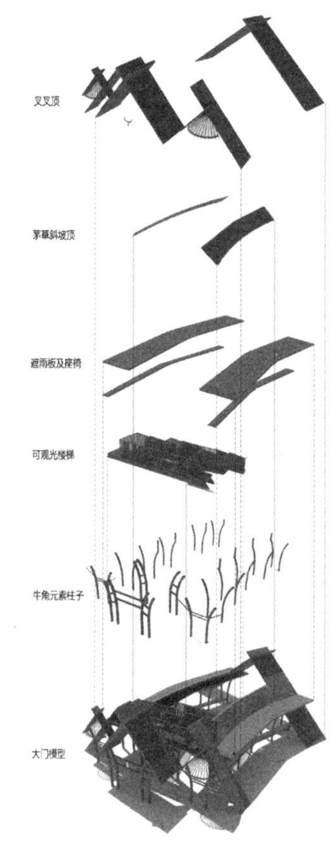

图5 翁丁寨主寨门的设计构思

4 对地方材料的运用

对地方材料的运用作为对场所精神的再现与反映，在寨门的设计中也有体现。其中，

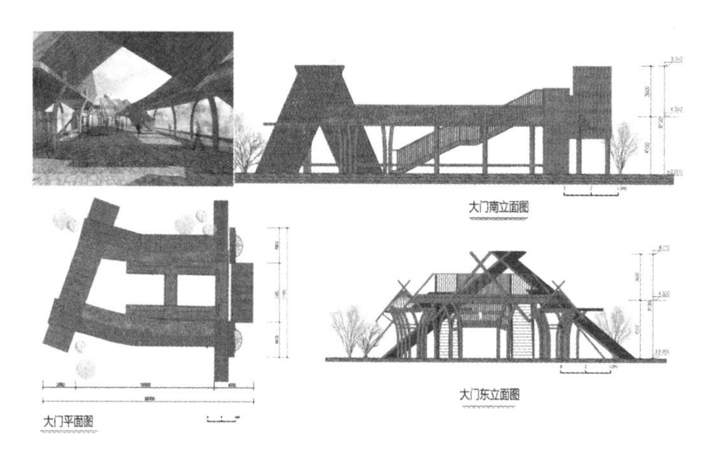

图6

图7

寨门主要部分采用当地盛产的栗木和龙竹，并在屋顶上覆盖原生态的茅草，而且采用当地建造技术斗榫式结构。乡土材料的运用使新的寨门与古老的翁丁寨融为一体，适宜技术的运用见证了佤族民居的建造历程。（图 7）

5 结语

翁丁寨以其原始的风貌和鲜活的佤族文化向世人诉说着它悠久的历史。新时代的背景下，如何在保护翁丁寨原始特色的同时，又发展村寨的经济呢？笔者对翁丁寨新寨门的设计是一种新的尝试，并试图找到适合翁丁村的保护与发展之路。

参考文献：

[1] 中国国家地理．印象翁丁——中国最原始的部落 [EB/OL]. http://www.dili360.com/article/p54865570e081b13.htm

[2] 赵志强，鲍志明．中国非物质文化遗产保护名录·沧源卷 [M]. 昆明：云南民族出版社，2014,4:197-202.

[3] 孙彦亮．佤山生产方式与佤族民居建造 [D]. 昆明：昆明理工大学，2008,4:31.

图片来源：所有图片均由云南艺术学院在地建筑工作室提供。

基金项目：本文系云南省教育厅科学研究基金课题《滇缅边境佤族原始村落保护与发展研究》阶段性成果。

桂西瑶族村落乡村景观营建研究
——以巴马瑶族自治县那桃乡为例

李　洋　广西艺术学院建筑艺术学院 / 研究生

摘　要：随着社会进程不断发展，以少数民族地区为目的地的旅游业逐渐兴起。对少数民族地区的开发，如何在不同的民俗文化背景下，既带动当地经济水平发展，又传承其中民族文化？本文通过对此探究，指出通过围绕村落文化展开村落活化设计理念，对少数民族地区的文化传承和经济发展研究有着借鉴意义。

关键词：村落活化　乡村景观　乡村营建

近年来，随着少数民族地区旅游的日渐兴起，选择少数民族地区旅游的游客逐渐增多，2017 年巴马县共接待国内外游客 529.8 万人次，飞速增长的游客数量对于当地旅游资源的质量和数量提出了更高的要求。在全域旅游的建设中，广西瑶族地区的特色旅游开发项目早已从最初的商业性开发模式转变为保护性开发模式。广西瑶族地区以民族风情为特色的古镇村落开发呈现快速增长的势头。其中少数民族地区各级政府、目的地管理机构等相关部门积极推动目的地之间的合作以实现旅游资源的有效配置。在现行的关于少数民族地区旅游开发的项目中，多数从经济发展的角度出发，强调少数民族地区特色旅游资源整合、旅游产品市场化、品牌形象塑造等。同时，围绕区域境内的自然资源和民族特色，建设少数民族风情街、旅游景区、旅游线路等，打造少数民族商业化模式，而忽视了少数民族地区文化在民族旅游中的重要性。对于具有丰富自然旅游资源和独特文化资源的少数民族地区，应如何有效地通过旅游开发带动当地经济文化发展？本文将对这个问题进行探究。

基于新发展态势下解决瑶族村落景观营建以及乡村景观营建的研究，在国内已有了相当积累，仝晓晓、褚兴彪研究了瑶族古村落景观，提出在发展建设的同时应保护村落景观原有的空间肌理和历史文化内涵，达到保护、传承与发展的和谐统一。陆琦研究了乡村景观的发展现状和趋势，认为乡村景观的发展应顺应自然、生产、生活三个维度，使乡土文化和生态景观有机结合。而王云才通过分析旅游景观、文化景观的评价体系，认为乡村景观应在保护文化多样性的前提下进行塑造。覃巧华研究了瑶族村落文化景观，认为瑶族村落的发展建设应该在文化景观建设的同时与村落保护相联动，通过发展民族文化产业带动旅游开发。此外另有，郑力鹏、郭祥对瑶族村落与建筑形制的保护研究等。上述研究皆从不同角度探讨了瑶族村落与乡村景观的问题，强调“自上而下”以政府为主导的开发模式。因此，本研究以具体问题为导向，以营建方式作为切入点，旨在整体把握乡村景观价值与内涵的基础上，结合当前科学的理论方法与技术成果，探讨乡村景观营建中因地制宜的决策和切实可行的营建方法。

本研究通过对广西河池市巴马瑶族那桃乡镇村落景观规划进行研究，挖掘瑶族传统特色文化，对现行的旅游开发项目进行分析借鉴，提出可持续发展的旅游发展模式，探索如何用设计手法，改善瑶族地区粗放的经济模式，为促进少数民族地区的经济发展和文化传承进行有益的尝试。

1 那桃乡旅游资源概况

广西河池市巴马瑶族那桃乡，地处山区，全乡总面积 189.1 平方公里，人口 29640 余人，距离巴马瑶族自治县县城 18 公里，区位优势明显，下辖区域内路网遍布全乡，交通十分便利。

那桃乡坐落于石山地区，受地形制约，整个乡镇延山势而展开，由山腰中的平地向四周延伸，其间树木林立，自然生态环境与村落民居完美融合。乡镇中的建筑大多依山而建，形成独居特色的瑶族山地民居，由于生产方式相对落后，经济发展水平滞后，乡镇中的民居大多古旧，但乡村肌理和乡镇中瑶族传统民居保存得较为完好。同其他乡村一样，村寨中的青壮年常年在外务工，人口外流现象较为严重。乡镇中地形以丘陵居多，地势平缓，村落及周边地区树木林立，绿树成荫，形成了独具特色的山村风貌。乡镇中瑶族文化氛围浓厚，生活方式传统，大多数人家依旧过着刀耕火种的传统生活。随着近几年来，河池市政府以及民间资金开始投入河池地区旅游开发，当地的旅游业态得以发展，当地的特色生态文化、自然风光吸引了大批游客前来观光游玩，那桃乡才得以发展。但旅游、餐饮、住宿等产业的发展仍旧不温不火，并未改善乡镇中的产业结构和生计结构。虽然有着较为丰富的山林资源，乡中的多数村落仍以传统的稻作为主，经济发展缓慢，但那桃乡具有丰富的自然旅游资源和独具一格的瑶族特色文化资源。相较于巴马境内其他风光旅游线路、景区，如巴马水晶宫、巴马盘阳河景区、巴马仁寿文化源景区，那桃乡旅游资源更趋近原始、生态的。但是由于经济发展水平滞后，乡镇中乡村景观没有进行合理地开发、规划，这些优秀的旅游资源尚未被开发利用，处于原始的资源状态。而通过对巴马瑶族自治县那桃乡进行资源整合和旅游开发研究，不仅有利于当地的旅游开发建设，帮助瑶乡居民解决贫困问题，还增加了巴马瑶族自治县在地区内的旅游吸引力、竞争力。对少数民族地区旅游开发模式起到了示范和指导作用，进一步促进了当地少数民族地区的经济发展。

图 1 河池市巴马瑶族自治县那桃乡乡村景观

图 2 河池市巴马瑶族自治县那社乡乡村景观

2 那桃乡旅游开发措施和可持续发展策略

（1）发掘文化旅游资源，突出瑶族特色文化

以文化为主体，传承少数民族特色文化。目前，长假观光旅游承载能力日渐饱和，传统的农家乐旅游模式处于转型期，现有的乡村生活条件不再能满足城市人群的旅游需求，但周末与日常休闲度假的旅游市场资源依然广阔，未来旅游人群的旅游需求从观光旅游向具有文化延续的休闲旅行转型。俗话说，“十里不同音，百里不同俗”，在不同的风俗习惯下，深入挖掘那桃乡当地的瑶族民俗文化特色，依托那桃乡优渥的自然资源和文化资源，打造具有足够吸引力的瑶族旅游村落。那桃乡拥有丰富的瑶族文化资源，在服饰、歌舞、饮食、建筑、礼仪、丧葬婚嫁等方面都有独特之处，具有较强的互动性与观赏性，如“跳盘王”、“打铜鼓”、“祝著节”、“耍望节”等节庆活动，多角度展示了瑶族传统文化，是不可多得的文化遗产。规范合理地整合当地文化资源，充分发挥当地的资源特色，实现瑶族文化体验，开拓生态旅游市场。在精神层面落实文化延续，保护与发展、传承与发扬当地特色瑶族文化，保护民族文化的多样化发展，使民族文化得以延续，精神上保障村民的归属感和认同感。

图 3 那桃乡地区瑶族特色美食

（2）完善基础设施建设，构建文化经营体系

以人为本，满足游客需求。旅游基础设施是旅游开发的重要组成部分和旅游活动的基础。那桃乡路网遍布全乡，交通基础设施建设完善，但缺乏餐饮设施和营业性休憩场所，对基础设施建设的不足，影响了游客体验，不利于那桃乡旅游产业的发展。在建设基础设施的同时，完善旅游服务体系，建设配套的酒店、餐饮设施和商业网点，打造游客服务中心，对当地旅游从业者进行技术培训，提高旅游从业者的素质与服务态度，给当地居民提供就业机会，为游客提供良好的旅游体验，提高那桃乡的旅游竞争力。利用地理环境资源优势开拓旅游市场，经营民族特色工艺品、手工艺品和绿色农副产品，提高当地居民的经济收入，实现乡村生态圈与文化创意经济的结合，让那

桃乡成为集生产、生活、生态于一体的田园综合体，使那桃乡成为联系乡村及城市休闲娱乐的关系纽带，营造良好的文化旅游氛围，给游客提供优质的旅游服务。

图 4　参与性瑶族特色民俗表演

（3）村落活化开发，带动整体可持续性发展

在国家乡村生态文明建设进程中，那桃乡发展以活化为目的的旅游开发，应以尽可能不影响居民生活方式，在旅游开发过程中保留瑶族传统古建筑，保护乡村风貌，通过积极、生态的发展措施，结合现代化开发手段，展现乡村魅力与活力。由于经济落后导致的村中常驻人口外流，传统瑶族的生产、生活方式逐渐消亡。在那桃乡进行旅游开发时，可使传统生产方式旅游参与化、体验化，丰富旅游产品。在解决居民生活问题的同时，注重新农村的建设，提高当地居民的生活质量，吸引青壮年回乡就业；实现农业升级和乡村旅游，重视当地居民的经济效益，发展生态农业模式，以旅游经济为中心，带动其他产业全面发展；营造生态休闲旅游空间，在发展过程中注重对周边环境的保护，实现村落建设的可持续发展，让绿水青山成为金山银山。

3　结语

面对未经开发的少数民族村落展开旅游开发规划，如何对当地的经济、文化进行有意识的带动和保护？广西巴马瑶族自治县那桃乡村落的规划设计对少数民族旅游资源的开发与利用，提出了针对性的建议。在面对旅游开发的问题时，要立足于当地文化，依托自然环境，发展民族旅游业，为当地经济发展和生态文明建设提供有效途径；必须充分了解游客与当地居民的诉求，考虑经济、文化等因素，协调双方利益，通过设计应对解决问题。我们在规划设计的同时，必须结合当地文化资源、自然资源进行多方考量，才能有更深层次的思考，设计出优秀的作品。

希望通过本案例的设计能够对少数民族地区相关旅游开发提供独特的视角和值得借鉴的研究思路。但文中仅涉及初步的分析与探讨，是带有实践形式的方案，有待日后做进一步研究。

参考文献：

[1] 周大鸣．人类学与民族旅游：中国的实践 [J]. 旅游学刊 ,2014(2).

[2] 孙九霞，苏静．多重逻辑下民族旅游村寨的空间生产——以岜沙社区为例 [J]. 广西民族大学学报（哲学社会科学版）,2013(6).

[3] 许黎，曹诗图．乡村旅游开发与生态文明建设融合发展探讨 [J].2017(6).

[4] 覃巧华．广东连南瑶族村落文化景观解析与利用研究 [D]. 广州：华南理工大学 ,2017.

[5] 仝晓晓，褚兴彪．少数民族古村落景观保护与发展研究——以富川瑶族自治县为例 [J]. 湖北民族学院学报（哲学社会科学版）,2016(5):71-75.

[6] 冯智明．南岭民族走廊传统村落的多维空间实践及其演化——以瑶族传统村落为例 [J]. 西南民族大学学报（人文社科版）,2018(10):36-41.

[7] 庞春林．广西历史文化名村景观规划与建设研究 [D]. 广西：广西大学 ,2013.

乡村景观设计介入高校设计教学方法研究

梁 轩 重庆工商大学艺术学院 / 讲师

摘 要：当下景观设计市场中乡村景观设计正逐渐成为景观设计方向业务主流，而科班院校目前的景观设计教学体系与市场主流存在脱节的现象。本文以高校景观设计方向课程教学为始点，探讨时代主流乡村景观设计介入高校设计专业教学的重要性和方法，希望由点及面，最大程度做到高校设计教学契合社会实际需求，培养的设计人才能游刃有余地融入社会实践，创造自身价值。

关键词：高校设计教学 乡村景观设计 介入 方法研究

1 重要性

设计学是一门应用性极强的学科，时代发展下的社会当中正在发生的主流设计对于高校人才培养具有很大程度的导向作用。在当下国内新时代乡村振兴战略[1]和生态设计国际大背景下，国内广大面域的乡村景观设计因其问题杂、少开发、刚起步等特征正逐渐取代时下景观设计方向城市景观设计业务的主体地位。国内各艺术院校目前的景观设计教学体系仍大部分停留在城市景观设计领域，乡村景观教学暂且只作为课题研究导入高校教学，少有乡村景观设计专类课程体系，直接或间接产生社会人才缺失的现状。

2 介入方法

以下方法的提炼是基于本人高校专业教学教师身份和在业余生活中作为设计师与设计公司合作设计项目之后，结合两者实际经验思考总结而出的，一己之言，望抛砖引玉，引人入思。

（1）系企平台共享，互惠机制联合培养人才

“对我来说，最美丽的曲线就是销售上涨的曲线。”——雷蒙·罗维[2]。企业这一存在对于时代潮流是最为敏感和反应速度最快的，只有对时下潮流、趋势、新动态做到最先的掌握和及时反应，才能在随时出现的商机中拔得头筹。上述所言，背后都需要人员的推动，此时，高校作为人才孵化的基地，恰如其分地出现在了企业需求的对面。

在校内培养学生更多的是创新思维、设计流程、设计史论等偏理论性的能力，而对于施工现场的技术、构造、工种、预算等在社会中最为实际需要的技能，高校难以下手。这时企业手里掌握的大批量施工现场成为高校人才培养提供实践教学的最为重要的一个环节。

综上，二者有先天的互补互惠优势。

1）企业：工地现场

“我从第一天开始，8点就站在现场，夜里12点一起下班，度过了10年的光阴。我要看清楚这个工地上，每一根钉子是怎么钉进去的，要全部看清楚。所以我到今天为止，做任何（建筑的）事情底气十足”。——王澍[3]

乡村景观设计须与土地为伴，参观这样的施工现场对于高校注重培养概念性思维的学生来说是一副效用极大的营养剂。在这个实践学习参观的过程中，学生可直接零距离看到施工图纸到现场成品的转变，了解到施工技术对于设计方案的干预和互相妥协，学习到材料的选择对于图纸效果和造价控制的重要性，以及与真实的甲方接触洽谈，了解人们的需求，提升自我的沟通能力，同时也了解到时下最流行的造型、款式、工艺、艺术品等。在这个环节就相当于学生由受教者到职业人的一个身份和思维的直接转变，意义重大。

2）院系：人才输送

实践类学科人才培养需要高校人才培养模式加企业实践环节，具体到企业各部门所需也要根据高校各人才专长、爱好、择业方向的不同而定。

以景观设计方向为例，如手绘能力强的可在企业培养方案设计师；对技术有偏好的可培养驻现场设计师；专业功底稍差的可在企业从施工图设计师做起，锻炼基础能力；创意思维活跃、接受外界事物强的可进入研发部工作；沟通能力强、外向、善交友的可进入企划部等。做到物尽其用也是呼应高校教育理念：因材施教，发挥自家所长，每个人做自己擅长和喜欢的事。

通过高校理论和创意方向的培养，外加之企业实践和社会方面的教导，这样的学生能贴合市场实际需求、适应社会，也是企业最需要的员工，学生的自信也会在这个过程中逐步建立起来，对以后的人生能形成良好的生态循环。

（2）教师队伍多元化、市场化，不以学位界定授教资格

无须赘言：企业中有相当一部分成熟的设计师其专业造诣强于高校专业老师，但目前高校外聘制度的最低硕士甚至博士学历的要求让大部分此类校外人才无法进入课堂教学，这实为设计类课堂教学的一大损失。景观设计中施工方法、驳岸护坡处理手段、专业乡镇规划章程条例以及不同客户如何沟通等各设计重要细节，在高校课堂上由于种种条件限制无法由专业老师来一一作讲解说明，也无法详细言说却又都切中方案实施要点，而校外专业人士则可以承担此类课程的讲授。本人通过在综合设计中从最初概念到具体实施完成的流程和学生在学习过程中目前暴露的短板，认为以下两类人员亟须引入高校外聘制度中做一定的教学课时量，以补充教学。

1）经验长者

乡村景观设计中诸如水田驳岸、林地复垦等内容，由于其占设计范围比重大、兼具当地重要生产资料载体，与本地居民生产生活有着千丝万缕的联系。在成年累月的劳作关系中，土地与劳动者形成了特殊的关联纽带，土地像人也认人，只有跟土地打交道的人对于它的处理才最有发言权。

对于已经习惯了多媒体屏幕授课的学生来说，这类人员的景观设计课堂的引入无疑导入了一股新潮的“旧风”。在这类经验长者的讲授下：以乡村景观要素中的水田驳岸为例——水田的形成、效用，营养物质的涵养，春耕秋收的季节劳作轮换，害虫益虫的种类及使用防范措施，田埂常备植物的故土养护作用，立体水稻植栽及经济收益，甚至涉及一定内容的国家大政策方针宣讲等，都是乡村景观设计中的第一手设计干货，也是高校框架内教师无法全面讲授的。

2）人际沟通能力强者

设计是带着镣铐的舞蹈。[4]

真实的项目设计中，高校讲授的创意和理论部分都属于高层建筑，最终落地的绝大部分内容需要人与人之间具体协商解决，如工程造价、形式样貌、设计周期、施工过程、效果把控等。

绝大部分设计成果都是甲乙双方经过多轮协商后的过程，而双方间唇枪舌剑的这种本事严格来说不属于知识，但却至关重要。对于实践类专业景观设计方向的学生进入职场来说尤为重要。首先，通过批量对象的沟通，能充分了解到市场的需求是什么，把握设计方向，在方案过程中衍生出市面上能够支撑设计方案的材质属性及相关性价比，亦可筛选出优秀的施工队伍。其次，在参与如此纯商业的运作环节中，人际之间沟通交流节奏比较快、不拖沓、直入主题，甚至针锋相对。这样的过程训练对于人的发展是全方位的锻炼。因此，职场是检验能力的直接手段。

（3）教学方式由感性艺术设计授课转向数据理性化授课

以前景观方案设计更多的是设计师自我的“感觉”加之甲方的认可即可将方案设计完成。因为是做美的东西，而“美”，是无法定量、因人而异、纯粹主观性质的存在，这就让设计方案有很大的伸缩性和人为决定因素。

大数据时代已然到来，“科学正逐渐聚合于一个无所不包的教条，因此所有生物都是算法，而生命则是进行数据处理。智能正与意识脱钩。无意识但具备高度智能的算法可能很快会比我们自己更了解自己”[5]。大量数据化设计软件的出现，使得当下的景观设计可以真正做到为大众解决问题而设计，同时兼顾美感。

现状的景观设计，尤其是大片地域的景观规划设计，在初步设计阶段就会导入电脑计算出热力图数据模型（“热力图是利用获取的手机基站定位该区域的用户数量，通过用户数量渲染地图颜色，实现展示该地区人的密度”[6]），以人流量为参考，规划道路等级、走向、宽度，大的地域斑块划分之后，在流程中需要三款软件综合使用：① Arcgis 软件，对该区域地形坡度、坡向分析、可视域分析以及适宜性评价分析。② Rhino 软件结合插件 Grasshopper，对数据的逻辑化处理，与大数据相结合，做高程分析、风力分析、日照分析、雨水径流等。③ WMM 暴雨洪水管理模型，用于动态地模拟城市降雨与地表径流和水质污染情况。

用上述软件分析之后的数据作为设计参考，规划出最科学、最符合本地域风土的景观。将实际设计流程中已规范的数据化、理性化地域参数分析导入高校课堂，结合高校优势做到艺术与科学的融合，更好地为乡村景观设计铺路垫石。

3 介入意义

（1）延长知识的保质期

知识确实有它的保质期，很容易也很快就会过时，在拼创意的设计领域更是如此。很矛盾，年长者经验丰富，新入职者思维敏捷，需要在互相学习中找一个平衡点。主流设计下乡村景观设计就是那个平衡点，年长者可从那里接触到最新的设

计思维，新入职者可从那里学到最新的技术和设计可行性。面对在校大学生参差不齐的专业水平，每个学生都可从那里得到自己想要的那一部分知识维持己用。新潮的事物，其本身变质就会比已经存在的要慢，辅之学生能动转变为自己的东西，就会大大延长现有知识的保质期。

（2）设计思维的多样性

世界扁平让很多行业失去了它原来的神秘。各专业间互相学习、互相影响、互相借鉴已成为当下学科发展的新态势。这就要求高校教学不能再局限于本专业范围之内，通过主流设计的教学介入将专业间的间隔缩短，让学生建立多维度思考本专业的观念模式，他山之石，可以攻玉，长此以往，设计思维的多样性就会不自觉地产生。

（3）无限可能

只是一个引子，投到水里会产生什么样的涟漪不可预估。只是从目前的教学来看有几点是完全可以确定的：①学生的接受能力超出预想。具体而论是他们能充分利用自己的发散思维在作业表达上呈现更丰富的结果，超出预期。②善于结合自身学识综合作用于新事物上。有时候学生提出来的观点就是他们这一代人所独有的语言和创意手法，隔代根本想不出来，时代变化太快，新事物目不暇接，而他们用自己的语言结合我们所传授的知识能衍生出各种可能。

4 结语

当下都在建设特色学科、特色专业，同理，如果一门学科或专业的同质性太强就有可能面临被淘汰的命运。作为一门实践性非常强的设计学科，将主流设计介入高校设计教学是一种存在下去的必然，只是介入程度的深浅和启动时间早晚的问题。实践之前，理论先行。这对于介入的具体方法研究显得举足轻重。

参考文献：

[1] 中华人民共和国中央人民政府．中共中央国务院关于实施乡村振兴战略的意见 [EB/OL].https://baike.baidu.com/reference/22168400/a084bqlpeQTx8T1Zo35fXF7K1jJdXGPsxPU3x2AQ0-OErBaQaaRgn9auz-KsjKncrdNO760TbX0nTc7INCf8wxw6YFwUffmzHf9mJaeZwgcDxHQD6Q.

[2] 彭泽勇．析“罗维设计”与“为人设计”[J]. 文学界（理论版）,2010(5):240.

[3] 狂人王澍．中国大数据．[EB/OL],2016(06).https://chuansongme.com/n/366445751090.

[4] 梁永标．设计是带着镣铐的舞蹈 [EB/OL].https://www.shejiben.com/sjs/6207/log-674-1957.html.2009(03).

[5][以] 尤瓦尔·赫拉利．未来简史 [M]. 北京：中信出版社.2017,359.

[6] 百度词条 [EB/OL].https://baike.baidu.com/item/%E7%83%AD%E5%8A%9B%E5%9B%BE/2663612?fr=aladdin.

西南传统民居营造对生态乡村建设的启示

刘耀霖 广西艺术学院 / 研究生

摘 要：乡村建设在全国正在如火如荼地进行，广西是一个多民族聚居的自治区，区域内有着丰富的民居资源，各种传统建筑在其生存的特定环境中衍变出各种应对环境的方法，其方法必然是对自然环境气候尊重的结果。基于此，本文将浅析广西传统民居建造理念对打造当代乡村建筑宜居环境的启示。

关键词：传统民居 生态乡村 营造

1 引言

在城市化不断推进的背景下，广大乡村正吸引着越来越多的目光。国家与社会层面的大量资金也投入到了乡村改造当中。依照相同的图纸与模板在广大的乡村进行标准化建造造成了“千村一面”的现状。“千村一面”这种模式通常因标准化而忽视了当地的气候环境，从而导致居住主体的乡民宜居指数大为降低，如何在进行改造的同时提升宜居环境？历史为镜，探讨传统民居建筑，无疑会得到启发性的答案。

2 传统民居营造案例

广西壮族自治区地处华南西部，是华南片区与西南片区的交汇之地，民族成分复杂，其民居类别也是不可枚举。想要比较系统地分析民居类型首先需要引入“文化圈”理念，文化人类学家莱奥·弗罗贝纽斯首先提出了这一概念，其对圈内的各个“文化”群体进行了高度总结，抽取了共同的文化特质。在广西可分为桂西百越土著文化圈与桂东汉族移民文化圈。两种文化发展程度不一，其主要体现在自然力、社会力的宏观层面以及宗法礼教、营造理念、技术和材料等微观层面。本文将主要以壮、苗、侗族干栏建筑的共同特点与在广西汉族地居最具有代表性的广府建筑作为参照对象展开探讨。

3 传统民居营造技术与理念

在历史长河中，人与自然协调的过程中依据实践而总结出来的技术称为传统技术。自然环境对传统乡土建筑文化具有决定性影响，即气候、地形、材料都对传统乡土建筑产生了综合影响。因此，传统民居是生产力对于在地环境做出的必然历史选择与回应，各民族在不同的自然条件下都有其不同的发展轨迹。笔者认为无论是干栏式建筑还是广府建筑，其建造技术与理念都对当代乡村生态建设具有启发性意义。传统乡土建造技术对当代民居来说，最具启发性意义的必然是被动式生态技术与低技策略。

首先，笔者从西南山区建筑的代表干栏式建筑分析，干栏式建筑的自然条件确定了该建筑类型的合理性，干栏式建筑所处气候通常以湿热为主，温差较大，地形多为山地。正因为处在山地地形，所以决定了干栏建筑的底部多为全架空或平地半架空组合，这种架空手法一是为解决房屋在地形不平整无法建造的问题，二是可以有效隔离地气潮湿又加强通风，同时通过悬挑的手法处理，具体表现为挑楼、挑檐、挑台等一系列“挑”技术解决上层空间较为狭窄与建筑底部坡度较大的问题（图 1）。其次，干栏建筑的主要问题就是如何解决夏季温度过高所导致的闷热，其常见的解决方法就是加强房屋的整体“通风”。解决问题的手段就是通过，增强室内外的风压差从而加快空气流通的转换，保证通风渠道的畅通。因为干栏式建筑或半干栏式建筑是使用穿斗木构架体系，这种以木为主的框架以木柱为称重支柱而墙体并不承重，所以在女儿墙的顶端可以大范围地留空从而形成出入风口和照射入口，不但能解决一般照明问题，同时能保证风道的畅通，加大房屋整体的“拔风”效果，在有限的条件下尽可能降低人体表层皮肤受夏季高温闷热所造成的不适感（图 2）。最后是如何减少太阳的直接照射，百越先民通过设计形式各异的坡屋顶和加大屋顶的横向长度来解决，在干栏建筑中还经常使用歇山顶和二叠歇山顶，屋脊以祥鸟为主题，整体生动灵逸美观的同时进而解决太阳直射室内的问题（图 3）。通过增设阁楼减弱太阳辐射进入室内主要居住空间的强度

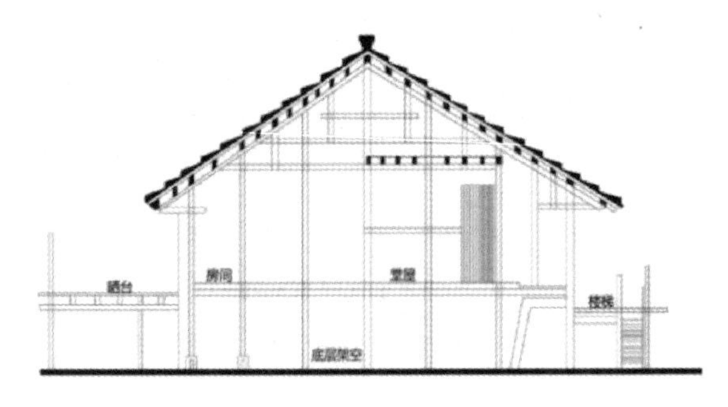

图 1 干栏式民居剖面

（图片来源：笔者自绘）

图 2 干栏式民居

（图片来源：百度图片）

从而降低室内温度。在相对封闭的条件下，百越先民创造性地使用了灰空间的处理手法，通过利用敞廊与檐廊等房屋构建物的半遮蔽作用实现了堂屋与外部的有机联结，成功地将室外景致引入内部，扩充视野，并极大地延续和拓展了房屋功能，使其成为干栏建筑中日常休闲活动的重要场所之一。

另一代表性民居则是位于广西东南部以汉族聚居为特点的广府建筑，其也具有特殊的建造技术。以汉族移民为主的广府民居较世居民族为代表的干栏式民居在建筑布局表现上更为注重宗教礼法，因平民无法使用三间布局以上的房屋，所以导致了纵向发展的多进式规则布局（图 4），而每进的连接枢纽则是进与进之间的天井。天井之于广府民居具有极其重要的两大作用：其一，天井作为最重要的阳光照射入口为室内提供基础照明，天井放置恰当与否直接影响其最重要场所大厅的照明；其二，以天井为中心的空间与半开敞式布局的合院地居形成有效的通风系统，有利于建筑整体的通风，使得较为封闭的广府民居不至于过于闷热和潮湿（图 5）。随着家庭人口数量的变化，广府民居建筑数量也处于相对运动的状态。广府建筑的大型民居中，主体建筑与附属建筑或后来规划的建筑之间还留有冷巷，既是人行通道又是风道，这一设计使得冷巷与民居后部的庭院形成循环风，进一步解决湿热问题，改善居住小气候（图 6）。

殊途同归，作为在类似自然环境气候下的两大文化圈所衍生的建筑类型，干栏建筑与广府建筑在建筑营造理念上存在高度的相似性。世居的百越民族与外来的汉族建造技术在各自轨迹上发展又不约而同地选择适应气候的地域化道路。依笔者的对比分析来看，两种民居建造方式都充分利用了被动节能与低技理念进行建造，而这些技术都体现在建筑材料、处理日照、风向的细节中，虽然这两种建筑类型都是在生产力较为低下的古代发展而来，但正因如此才体现出了建筑地域性。以今人的眼光看，两种民居类型虽然都存在不一的缺陷，但在一定的历史和生产力条件下都是最适应广西风土环境的产物，体现出两大族群的生活智慧。在乡村振兴的背景下，其中的营造核心理念必然要被如今社会所传承并运用在乡村生态建设中。

4 当代乡村建设的存在问题

乡村建设模式主要由政府主导和村民被动配合。在规划时，行政意志的过多干扰和不尊重乡村地区建设发展的客观规律的做法带来的后果就是在广大乡村开始出现规模化的混凝土楼房，外表统一，具有很强的“秩序感”，而作为历史印记的传统民居大部分将被“消失”，“千村一面”的说法也由此而来（图 7、图 8）。笔者并不反对这种模式对于迅速改变乡村落后环境的重要性和必要性。但通过走访发现，统一的新建楼房并不是包治百病的灵丹妙药，它也会存在重大的缺陷。首先，新建楼房中光线照射不足，其最直接的表现就是房屋室内潮湿而产生墙壁霉变。其次，夏季室内温度闷热，风道堵塞，在大部分的乡间楼房分布密集，处于一种“封闭”状态，有限的开窗根本无助于闷热问题的解决，加之房屋外立面直接曝晒于阳光之中，使得房屋无法减少对太阳辐射的吸收。最后，灰空间的部分丧失，缺少了室内外空间的过渡地带，使得传统民居中室内延续功能消失。不顾乡村实际盲目进行“更新”或许可以得到短期的功利效果，但是这种与以往民居甚至乡村营造截然相反的做法必然不能经受时间的考验。建筑是承载乡民生活居住的载体，而载体的质量直接影响到当地的生态环境。如今的乡村建设已经走进误区，缺乏实际数据而又过度追求模板化且不根据实际情况做出调整，甚至桂南地区出现了徽派建筑的所

图 3 坡屋顶变化

图 4 灵山县苏村 – 建筑布局

图 5 灵山县大芦村三达堂 – 天井

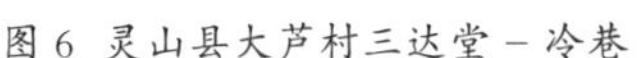

图 6 灵山县大芦村三达堂 - 冷巷

图 7 农村建设模式化房屋

图 8 密集的建筑楼房

谓“文化移植”现象（图 9），这对乡村生态宜居的营造带来了极大破坏。问题的根源在于现有的建设模式显得急躁，一切都想快速呈现。相反，碍于生产力的限制，以前的传统民居建设者往往着眼于长久的生活，认真运用千百年流传下来的传统建造技术营造自己的住所。

5 启示

针对乡村建设中出现的问题，想要寻找到适合本地区最优的解决方法无疑需要从本土“历史”中寻找答案。随着生产力的高速发展，建造技艺的不断更新，在技术现代化的当下，

图 9 “文化移植”房屋

从“历史”中寻找并不是单纯复刻旧有的传统民居，而是要精炼其技术核心理念。在漫长的历史长河中干栏式建筑与广府建筑都大量使用了被动式生态技术和低技策略，尽管是对生产力低下背景做出的回应，但是其依然暗含了当代生态的相关理念。生态宜居就是充分利用环境资源，对物资和能源进行最大效益的利用，最后使作为主体的乡民舒适地居住。所以说，被动式生态技术和低技必然与生态宜居环境的打造实现有机联动。而如何使已在传统民居上得到认证的被动式生态技术运用到现代民居的建造上，就需要上位者理性思考和规划者根据实时实地的考察与梳理的数据结果结合现实生活使用相对简单易用的技术进行规划。同时，作为居住主体的广大乡民需要发挥主人翁精神，要拾起优秀传统营造的理念，对于如何营造自己的居室需要拿出一定的耐心，正如旧时传统村落建设理念一样。如何打造生态宜居环境从来就没有统一的模式，笔者相信即使在遥远的未来同样不会存在放之四海而皆准的理论。作为建设者、规划者需要运用批判性的地域主义思维从先辈流传下来的营造技法与理念入手并结合现代先进技术才能对乡村建设进行正确的改造。倘若能从传统民居宝库中凝练出相关的理念，那么对打造乡村生态宜居必大有裨益。

参考文献：

[1] 熊伟．广西传统乡土建筑文化研究 [D]. 广州：华南理工大学 ,2012:163-169.

[2] 杨宇振．中国西南地域建筑文化研究 [D]. 重庆：重庆大学 ,2002:64-64.

[3] 曹璐，谭静，魏来，卓佳，华传哲，蒋鸣，冯旭．我国村镇规划建设管理的问题与对策 [J/OL]. 中国工程科学 :1-7[2019-0330]:2.

[4] 雷翔．中国民居建筑丛书广西民居 [M]. 北京：中国建筑工业出版社 ,2009.

关于多元文化视角下的乡村环境保护与发展的探究——以重庆市北碚区王家湾乡村环境改善设计为例

龙国跃 四川美术学院 / 教授 / 硕士研究生导师
孙旖旎 四川美术学院 / 研究生

摘 要：随着城市化进程的发展，中国乡村出现了一系列问题，大量青壮年外出务工，导致出现房屋农田闲置、空巢老人、留守儿童、基础设施薄弱等现象。另外，出于实用的目的村落老旧建筑被拆毁改建，完全破坏了乡村原有的田园风光。而王家湾也不例外，作为20世纪二三十年代乡村教育运动的试验地之一，它有着独特的文化意义，但因时代的变迁与发展，王家湾逐渐没落，亟须对王家湾乡村环境做出保护与发展策略。本文从乡村环境保护与发展的研究现状出发，对王家湾乡村环境的保护与发展进行了思考，从而提出了乡村环境的保护与发展应该是保留原乡原色，从鲜活的原乡现场和原始的感官刺激中发现问题，继而以开放的形式，依托设计的手法，从亲情、家园、生活这三点出发，开创基于中国本土乡村文化，且具有多元文化视角的乡村环境建设新思维。

关键词：乡村环境 保护与发展 亲情 家园 生活

王家湾村落名称由其姓氏和地势所决定，居住在此的人多为王姓，并且该地位于黑水滩河河湾，因此得名王家湾。柳荫镇王家湾距离重庆市区只需一个半小时车程，交通便利；现有农户 20 余家，农舍 30 余栋，有王、朱、林、饶等姓氏，王姓为大姓，宗族谱系传承清晰；仍保留有建于清康熙年间的王氏祠堂，距今已有 300 余年，另有建于清末的学堂堡旧址，距今已有 100 多年；清朝古墓两座；村落依山湾而建，湾内美景如画，稻田纵横，荷塘散布，瓜果蔬菜种植繁茂，山坡多为坚硬的青石。稻田、荷塘、鱼池、竹林、山坡、学堂、祠堂、农舍等较为完整地呈现出巴渝原乡独特的地域风貌、乡村形态和文明秩序，传统线索清晰可见，历史遗存有迹可循，在快速城镇化的中国难能可贵。王家湾作为 20 世纪二三十年代著名教育家晏阳初在重庆发起的乡村教育运动的试验地之一，在提倡乡村文化振兴的当下有着特殊的历史和文化意义（图 1）。基于此，王家湾顺理成章地成为以保护乡村环境与文化产业又发展特色产业带动经济为目的的研究对象。

图 1 王家湾原貌

1 乡村环境保护与发展的研究现状

（1）国内的研究现状

相关文件提出：“良好的生态环境是农村的最大优势和宝贵财富。必须尊重自然、顺应自然、保护自然，推动乡村自然资本加快增值，实现百姓富、生态美的统一。”随着景观设计行业的不断发展和进步，乡村环境建设中的文化、历史等相关问题越来越受到人们的关注，人们也愈发了解到保护和发展具有地域性特色的乡村环境的重要性。

近年来，各地乡村环境建设都有着积极的发展，如江西婺源被打造成中国最美的乡村，以其绿色生态的自然条件为优势，因其春天万亩梯田油菜花海而闻名遐迩；安徽宏村以保护古村落为载体，深入研究徽文化，从而改善乡村面貌，带动旅游、经济的发展。

（2）国外的研究现状

德国乡村环境的保护与发展主要是修缮、改造、保护和加固老建筑物，改造闲置农房，以及改善与增加乡村公共基础设施。

日本和韩国等国家城乡环保实现一体化。由于乡村旅游休闲业的发展，乡村环境涉及全民范围，对乡村环境的保护更为重视。以良好的乡村环境为基础，结合农业和旅游业，形成了多功能性的休闲农业，不仅是单纯的观光形式，还结合购、食、游、住的商业模式，在保护乡村环境的同时又发展了乡村经济。

2 对北碚区王家湾乡村环境保护与发展的思考

新近出台的《乡村振兴战略规划（2018-2022年）》指出：我国乡村差异显著，多样性分化的趋势仍将延续，乡村的独特价值和多元功能将进一步得到发掘和拓展。正是基于这种思考，在20世纪中国乡村建设的发源地北碚，我们将目光锁定在重要路标中一个常常被忽略的地方，静观和偏岩之间的柳荫镇，选取了其具有独特文化魅力的百余年学堂犹在的王家湾作为研究对象，对其进行乡村环境保护与发展的意义则更加重大与深远。

（1）保护与发展并重

保护，是保存场所记忆，保留某些功能健全的建筑片段。在尊重建筑原材料，遵循建筑原建造工艺的前提下，置入新功能，进行结构上的加固，基础设备的更新等一系列的现代化设计。这样做的目的，就是为了更好地尊重历史文化的同时，展现当代文化。常常在设计中，运用新旧材料的并置，老空间赋予新功能，老形象换代新工艺，粗糙与光滑的对比质感，封闭与透明的对比氛围，笨重与轻盈的对比重量等的一系列传统材料与现代材料的复合运用。

发展，是在保护它原乡原味的基础上，而去开发出一些新的内容，适当地发展旅游经济，改善乡村现有的空心村、房屋农田闲置、基础设施薄弱、丢失独特文化魅力等没落局面。以片区的效应激活区域文化，带动乡村经济发展。同时，也增强了村民们对于该村的独特文化自豪感，让村民自觉投入建设乡村，打造美丽乡村环境的队伍之中，最终能够让王家湾在发展中重塑价值（图2）。

图2　王家湾规划总平面图

（2）乡村环境的保护策略

1）读亲情的故事——重拾乡土记忆

亲情，使人联想到血脉相承，世世代代，此项目选址于单一姓氏构成的村落王家湾，其中具有代表性的学堂堡建筑作为切入点，此建筑是历史的产物，文化历史特性非常鲜明，但同时也存在着问题，主要表现为：①建筑外立面破损严重，未得到较为完善的保护与修复；②建筑虽保留着传统建筑的结构特点，但部分建筑内部缺乏设计，导致存在一定的安全隐患且居住使用功能性较差。在尊重原建筑样貌的前提下，为有效地进行建筑的改造，以学堂堡建筑为中心点的20米范围内的乡村环境与建筑一并进行设计。首先，从结构上，充分尊重学堂堡建筑的穿斗结构，保留了传统乡村民居的建筑风格；其次，从功能上，在保留了原建筑风格特征的情况下，对破损较为严重的建筑体，进行了加固设计，并赋予了其宜人又适合居住等新功能，以改善建筑及其周边的乡村环境；其三，从材料上，青砖、灰瓦与玻璃、钢架的结合运用，组成了似曾相识的建筑意象。新材料、新结构、新形式的植入并非意味着标新立异，而是与周边环境相协调，接受其中的文化和气息。新与旧并置而立，和而不同，既延续了场所的血脉和基因，又有跨时代的突破和创新，体现了当下文化的包容与多元，去解读乡村，从而实现乡村文化振兴（图3、图4）。

图3　学堂堡改造示意图

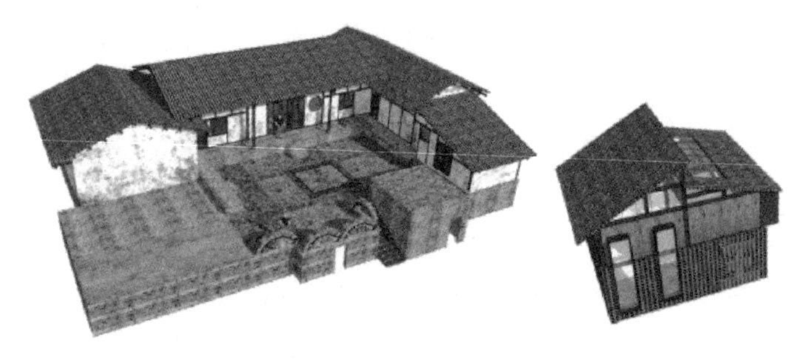

图 4 学堂堡改造建筑单体示意图

2）读家园的故事 —— 趣味乡土环境

王家湾，在外人看来，或许只是一个地方名字，而对于当地人来讲，这是他们的家园，这更可以理解为农田、果园、青山、绿水的乡村生活环境（图 5）。因此，在最初的规划过程中，结合了当下的美丽乡村建设，需要去考虑乡村景观所附属的多功能性，打造“农 + 旅 + 艺”的整体效果，最终想要实现“农田 +”的立体展示区及农作民俗文化体验区。农田 + 观景、农田 + 景观小品、农田 + 果园、农田 + 鱼塘等多种空间组合，展示立体农耕系统，策划农作体验、民俗体验等不同类型的体验活动，同时引导村民积极参与其中，实现旅游富民，使农田变景观，村庄变乐园（图 6）。

图 5 王家湾乡村环境改善示意图

图 6 王家湾乡村环境地形剖面示意图

（3）设计与乡村环境共生的发展策略

读生活的故事 —— 改善乡村生活

细化到一个小点，小环境范围是体现整个乡村生活与乡村环境的点睛之笔。它能时刻体现着乡村环境的发展面貌。同时，小环境的营造也至关重要，好坏关系同样关系到王家湾村民的生活幸福感。乡村生活，其幸福度的提升，离不开公共设施的建设。比如，在王家湾片区放置的唯一一个乡村公厕，存在诸多问题：①放置公厕的位置与周边乡村环境十分不协调；②公厕的建筑形式与美感脱离了乡村的独特韵味；③公厕的功能单一，未能考虑到适用人群范围（图 7）。

图 7 王家湾乡村公厕示意图

针对场所内突出问题，以乡村公厕作为设计点，以乡土化营造为手段，营构差异化的在地公厕（图 8）。

图 8 王家湾乡村公厕立面示意图

首先，在材料上，主要以山石、竹木、砖瓦等地产材料为主，就地取材，既节约成本，又突出乡土风貌的形象特征，土生土长，原汁原味，使公厕与环境相融（图 9）。其次，从功能上，厕所问题作为城乡差距的侧面体现，粪便污水的处理问题受到极大的关注。设计中考虑可持续发展理念，重塑具有地域特色的外观形式和生态技术的乡村公厕形象。公厕顶部安置有太阳能板将光能转化为电能，并为厕所内的照明系统提供能源；屋顶斜面将雨水收集进行净化后，为洗手提供水源；将粪便污水通过处理，为绿地灌溉；剩余的粪便污水融入有机分解剂，混合后可作为有机肥料（图 10）。其三，从结构上，提取川东传统民居坡屋顶的建筑形式，使得乡村公厕在乡村环境中显得较为和谐与自然（图 11）。 这样既将当地的特色风貌融入了乡村公厕建筑中，又增加了现实的功能需求。 所以，让设计介入乡村厕所，改变的不仅仅是环境，而是生活。

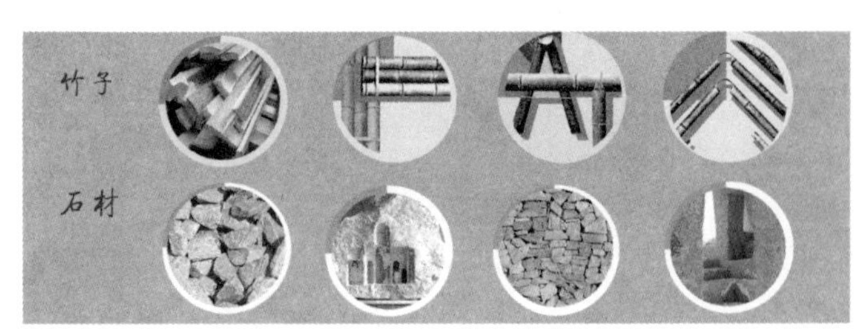

图 9 乡村公厕材料示意图

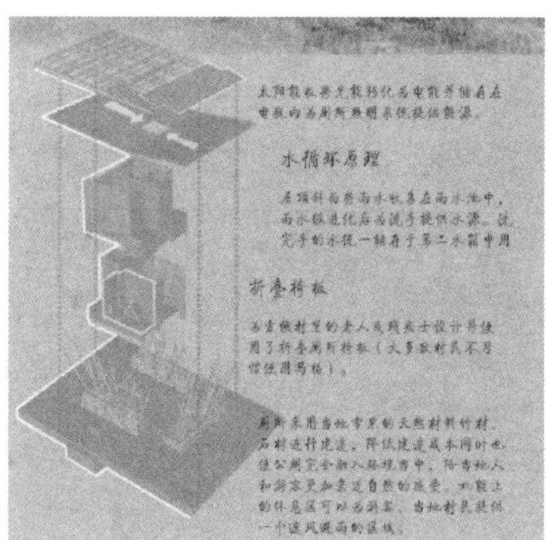

图 10 乡村公厕功能示意图

图 11 乡村公厕构造示意图

3 总结

亲情与家园，家园与生活，是中国人的原乡之本。乡村景观是土地上的人们无意识地、不自觉地、又耐性地适于环境与冲突的产物。对于王家湾而言，进行乡村环境保护与发展以及设计项目实践，其目的主要是使广大民众能够产生内生动力，参与设计，享有设计，创造具有地方精神、强调本土的文化创意型乡村景观。

乡村在巨变，乡村也不变。以“亲情与家园”主题为依据，因地制宜地实现乡村生态环境的保护与发展并借景田园风光展现可视景观，利用有限的乡土空间再创造，运用传统文化再设计方法，对话传统与现代，真正回归乡土景观中“当地人生产生活投影”的本质，最终形成“亲情与家园，家园与生活”相呼应的情感性乡村环境。

参考文献：

[1] 安蓓，董峻．绘就乡村振兴宏伟蓝图——国家发展改革委负责人解读《乡村振兴战略规划(2018-2022年)》[J]. 新农村（黑龙江），2018(28).

[2] 谭小雄．从20世纪二三十年代乡村教育运动看当前中国农村教育改革[D]. 中南大学，2007.

[3] 祝莉莉．认清乡村文化振兴瓶颈，做好乡村文化振兴大文章——“推动乡村文化振兴专家座谈会”会议综述[J]. 人文天下，2018, No.119(09):7-12.

[4] 范书畅．城郊乡村旅游新规划与发展研究[J]. 建材与装饰，2017(52).

[5] 胡瑶，章波．基于地域精神塑造的乡土景观设计研究[J]. 重庆工商大学学报（自然科学版），2018, 35(06):124-129.

[6] 王成．基于地域性的乡村景观保护与发展策略研究[J]. 艺术与设计（理论），2018, 2(09):70-72.

[7] 宿鑫．基于地域文化重塑的乡村景观规划设计研究[D],2018.

元阳哈尼族传统村落概貌及保护的几点思考
——以阿者科村为例

马 琪 云南艺术学院 / 副教授 / 硕士研究生导师

摘 要：红河元阳哈尼族传统村落有着独特的文化和景观，阿者科村是元阳哈尼梯田遗产区最具代表性的哈尼族传统村落之一。本文概述了阿者科传统村落和传统民居的特征、文化遗产以及现状问题，从原真性原则、整体性原则和可持续性发展的原则几个方面思考阿者科传统村落的保护与发展，希望对元阳哈尼族传统村落的保护与发展提供一定的借鉴。

关键词：哈尼族传统村落 阿者科 文化遗产 保护 可持续性发展

红河哈尼梯田涉及红河县、金平县、绿春县、元阳县，元阳哈尼梯田遗产区于 2013 年 6 月被列入世界文化遗产名录，是我国唯一以农耕文明为特点的世界文化遗产。阿者科村位于遗产核心区，是遗产区内五个申遗村寨之一，2014 年阿者科村被列入第三批中国传统村落名录，“森林、村寨、梯田、水系”四个景观要素互相联系、互相依存，构成了一个完整的、不可分的村落景观，充满了浓郁的乡土气息。近年来，由于社会变化和生活方式的改变、村落建设的进程加快以及人们价值观取向问题等原因，一些乡土遗产渐渐消失或严重异化，如何实现阿者科传统村落的可持续发展，保护梯田文化，并实现经济、生态、社会文化的和谐发展不仅是学术界更是每个相关民众均应思考的问题。

1 元阳哈尼梯田地域特征概述

元阳县地处云南省南部，东接金平，南连绿春，西邻红河县，北边则与建水县、个旧市隔红河相望。元阳县位于哀牢山南段，海拔高、纬度低，山地连绵，无一平川，由于长期受多条水系的侵蚀，形成了中部突起，两侧低下的地形特征，全县地形可概括为“两山两谷三面坡，一江一河万级田”，特殊的地形条件孕育了“一山分四季，十里不同天”的山地垂直气候特征。

遗产区村落大多在海拔 1400~1800 米之间，位于森林与梯田中间，哈尼族人以山体上端的森林、山坡的村寨、梯田和水系为物质载体建立了完整而独特的生态链，也被称作四素同构。山体上端的森林有效地涵养了水源，而水系走向会在山坡位置汇聚成大面积的湿地，村民们依山势造田聚居，由此产生了规模宏大的梯田景观。梯田养鱼种稻的种植养殖手段保障了哈尼族人民的生活需要。这种生态系统完整而典型，体现了农耕文明下人与环境的和谐发展，也给山地环境的保护和资源利用等问题以启发。

2 阿者科村落和民居概述

（1）村落概述

阿者科村寨海拔 1880 米，年平均气温 14℃，年降水量 1370 毫米，气候温和，雨量充沛，没有寒冷的冬天。阿者科村上方为寨神林，寨神林是哈尼族村寨用于举行仪式或者祭祀活动的森林。阿者科村从上至下依次是森林、村寨、梯田三个部分，村落四周有竹林、棕树林，还有以核桃和梨树等经济作物为主的经济林区。阿者科村主要种植水稻、玉米等作物，养殖有猪、牛、鸡、鱼、鸭等。阿者科全村有 60 余户人家，村寨房屋主要为蘑菇房，房屋在充分尊重自然的基础上依据地势变化随机布置，但大致顺等高线呈线性分布，房屋高低错落有致，村内有少量近年修建的与传统民居风貌相异的砖混结构房屋（图 1）。村内水系发达，沟渠内终年不断的流水由山上流下并穿越村寨流向梯田，村内处处可听到潺潺的流水声。村内有数个水量丰富、水质良好的水井，水井建有水房以保护水质，设置讲究，使用规章严格（图 2）。村寨内还有水车、磨碎谷物的水碾房、利用水渠的水流冲走粪便并流入梯田作肥料的公共厕所。水渠、水井、水车、水碾房、公共厕所是哈尼族利用水资源的智慧。村寨祭祀的磨秋场位于村寨下方，设有祭祀房和秋千架，节庆日村民汇集在磨秋场祭祀神灵祈祷丰收（图 3）。在村寨下方则是层层级级通向山谷的气势恢宏的梯田。

图 1 阿者科村

图 2 水房

图 3 磨秋场

（2）民居概述

元阳哈尼族传统民居屋脊较短，四坡屋面茅草顶，形似蘑菇，因而被称为蘑菇房（图 4）。蘑菇房的材料均就地取材，通常为木材、土坯、石材、竹材、稻草等。阿者科村哈尼族传统民居主要是独立型民居，土木石结构，以木结构为支撑。蘑菇房以石块为基，石基上为土坯墙，也有的民居外墙全用石头砌筑，墙体局部开少量小窗用来通风采光。阿者科村蘑菇房平面接近方形，内部用木柱和木梁支撑楼面和屋面，房屋分为三层：一层圈养牲畜和堆放农具、柴草、料草，较为低矮；二层住人，这是蘑菇房的重要组成部分，是一个集饮食、会客、休息、祭祀的复合空间，通常用木板分隔空间以便于使用，方形的火塘位于中部，这是哈尼族家庭活动的中心；房屋三层即顶层，楼面一般在竹篱上铺设泥土，这样既可防火，又可用来储藏粮食，外有露台，可晾晒作物。蘑菇房最具特色的是房屋的屋顶，屋顶支架用大型竹材构成，水稻收获后的稻草和田间地头易得的野草，晒干后一层一层地绑在屋架上作为屋面。屋顶斜度大于 45°，这样利于雨水快速滑落。阿者科村哈尼族蘑菇房不仅外形美观独特，还具有冬暖夏凉的特点。

图 4 阿者科村蘑菇房近景

3 阿者科村落的文化遗产

阿者科传统村落不仅仅包含着村落所在地域的村落格局和建筑艺术，还蕴藏着丰富的文化遗产信息，有着特殊的历史文化价值。

（1）物质文化遗产

梯田是哈尼族人勤劳智慧的结晶，当地独特的地形、气候和丰富的水资源，让哈尼族人创造了举世闻名的梯田景观。森林、村寨、梯田、河流，以及独具特色的红米，共同构成了凝聚着灵气的“梯田文化”，这种人与自然高度和谐发展的古老文化特征，正是现在人类所追求的一种精神。阿者科村充分体现出了元阳哈尼族传统村落特征，从村落选址、村落布局、寨神林、独特的蘑菇房到寨门、水渠、水井、水碾房、独特的公共厕所、磨秋场等充分显示着丰富的物质文化遗产。

（2）非物质文化遗产

阿者科村保存着较为完整的非物质文化遗产。哈尼族为自然崇拜的民族，信奉“万物有灵”。在阿者科村的节日中有祭龙和祭寨神“昂玛突”活动，哈尼族人会在村寨的附近选一棵高大、茂盛的树作为寨神树，对其进行祭拜，寨神树所在的树林被视为寨神林，是神圣不可侵犯的。哈尼族人为庆祝“昂玛突”，还形成了在寨子里用桌子排成一条“长龙”的长街宴这一传统习俗。哈尼族还有如祭祀山神的“普秋图”，“普秋图”是磨秋场祭祀仪式，此外有哈尼葬礼唱哈巴，婚礼时的哭嫁习俗等，隆重的有如汉族春节一般的砲扎扎节。除祭祀和节日外村落中还有哈尼传统服饰、刺绣、手工艺等。

村内有摩匹和咪咕，“摩匹”是智慧的长者，掌握哈尼族传统文化，负责主持宗教活动、指导农业生产、传播文化、主持人生礼仪。"咪咕"是由村落中男性选举出的首领，负责主持重大的祭祀节庆和各种事务。

4 阿者科村现存问题

阿者科传统村落是一定历史时期的社会和经济背景下哈尼族人与自然环境、社会环境、生活方式相匹配的产物，反映出一定历史时期哈尼族人民对自然资源的利用和技术手段。随着社会的进步，传统蘑菇房存在诸多不适应现代生活的问题，如蘑菇房开窗小、层高低，采光和通风较差，火塘燃烧及炊烟产生的烟尘不利于室内卫生（图5）。蘑菇房空间狭小，随着人口增加，原有蘑菇房空间满足不了生活需求。民居底层饲养牲畜，牲畜的粪便和气味影响了居住卫生等。阿者科村大多数村民均有愿望建新居改良居住环境。

图5 阿者科村蘑菇房昏暗的室内

阿者科村属于贫困型村落，在大环境上虽然政府加强了对元阳传统村落的管理和惠农扶持政策，也初步取得了成效，元阳哈尼梯田生态种养经济价值逐步提高，稻、鱼、鸭和梯田红米得到发展，并取得了良好的经济收益，但阿者科村的平均收入仍较低。多个研究团队对阿者科村的保护进行了研究，村落环境得到了一定程度的改良，但因政府财政困难，投入不足，仍存在诸多问题。旅游业得到较大发展，但以往阿者科村民并没有实质性地参加旅游业，无法从中获益。阿者科村外出务工人员仍较多，年轻人除农忙季节外，其余时间难以留在村里，且普遍在民族语言、服饰、民族文化上淡化、异化。随着旅游业的发展，阿者科村游客数量迅速增加，人口负重加重，村落也迫切需要新建房屋，并希望增加收入。阿者科村民普遍文化水平较低，孩子们的教育存在较大问题（图6）。2018年中山大学旅游学院保继刚教授团队编制了"阿者科计划"，希望通过良好的利益机制调动村民参与旅游开发的积极性，强化遗产保护的责任意识，相信能得到较大改良。

图6 阿者科村可爱的哈尼族儿童

5 对阿者科传统村落保护的几点思考

阿者科村是元阳保存较完好的哈尼族传统村落，蕴含着丰富的历史信息和文化信息。蕴含着哈尼族人生产、生活中对自然环境的应答，体现出了丰富的历史价值、文化价值、科学价值、审美价值、旅游价值等多方面的价值，保护最重要的就是合理地利用其价值。当前传统村落与旅游相结合的开发与保护模式以及为适应现代生活方式改良村落环境和民居环境，因处理不当导致诸多传统村落原生态景观和文化的流失或异化，大大损害了传统村落的特征和文化。怎样对阿者科村进行保护，合理利用又不损害其多方面的历史信息和文化信息是必须认真思考和对待的。下面从几个方面进行论述和探讨：

（1）原真性原则

1999年国际古迹遗址理事会通过了《关于乡土建筑遗产的宪章》，指出在社会、经济、文化转型的背景下，乡土建筑遭受经济、文化和建筑趋同化的威胁，宪章提出"对乡土建筑、建筑群和村落所做的工作应该尊重他们的文化价值和传统特征"，也是保护乡土遗产的原生态。阿者科村蕴含着丰富的历史文化信息，一旦原生态破坏了，其无法反映出真实的历史信息和文化信息，价值也就无法体现。如元阳箐口村位于元阳梯田遗产的核心部位，同样反映了四素同构和梯田文化，景观具有代表性。但随着哈尼族民居的更新，推翻了原有的蘑菇房，建造了砖混结构的现代房屋，虽然从外观上采取了传统蘑菇房的一些形式，进行了"穿衣戴帽"的协调处理，但已不是原生态的民居建筑，破坏了真实性，其传统民居的历史信息和文化信息无从显现，丧失了传统民居的价值，更因村落更新破坏了传统村落环境，使村落文化遭到极大破坏（图7）。

（2）整体性保护的原则

只有整体保护，才可能完整而充分地体现出村落的历史信息和文化信息的真实性。对阿者科村的保护不仅仅只是对传统蘑菇房的保护，还应保护森林、村落环境、水系、梯田、村落道路、树木、池塘、水井、磨秋场、水碾房、寨门等方方面面，除物质文化遗产外，应尽可能保护非物质文化遗产，因其是传统村落文化的重要组成部分，也是传统村落真实性文化的整体显现。

图 7　箐口村蘑菇房

（3）可持续性发展的原则和思考

对阿者科村的保护并非是原封不动的保护。社会向前发展，人们都向往舒适、方便、富足的生活，要使包括阿者科村在内的哈尼传统村落得到保护，最根本的就是能够让原住民尽可能多地在村落安居乐业，只有原住民安居乐业，才能让传统村落的文化得到保存，村落的整体价值才能得到更好地利用，怎样才能使村民安居乐业，这是哈尼族传统村落保护的关键。世界环境与发展委员会在《我们共同的未来》中提出了可持续性发展包括两个重要的概念，“需要”和“限制”，其中 “需要的概念，尤其是世界上贫困人民的基本需要，应将此放在特别优先的地位来考虑”，可持续性发展为阿者科传统村落的保护指明了方向。

阿者科传统村落的保护首先应提高村民居住的方便、舒适度与幸福感。村落应在不损坏外部环境原真性的前提下进一步改良和完善工程设施、医疗设施、教育文化设施、商业服务设施等，一些设施可利用原有蘑菇房进行改良，传统村落发展不得将新建构筑物尽可能控制在极少量的范畴，并应控制其体量和位置，风格应与原蘑菇房协调具有可识别性。村内传统蘑菇房不适应现代生活方式的地方，应尽可能在不改变原貌的基础上从内部加以整治并完善内部功能，解决安全隐患，设置基本的卫生设施，应充分利用当地传统技术手段进行改良。村内可保留几栋原生态蘑菇房作为村落展览馆一类的建筑作为历史的记忆，供村民回忆和游客参观。阿者科村传统蘑菇房的空间已不能满足人口发展的需要，可于阿者科村不远的地方开辟新村，以解决当前存在的问题，又不与老村落割断血缘关系，维护老村落的活力，新村风格应尽量考虑当地材料并与老村落风格协调，应努力提高原住民的受教育程度和文化水平。

旅游业的发展所带来的经济收入应使村落原住民充分受益，并能够使村落环境和传统民居得到良好的修缮和维护，应使文物保护管理机构、政府、村民和旅游开发公司共同管理和推广旅游业，在共同受益的同时增加原住民的保护意识，在旅游开发的同时应尽量减少对原住民生活方式的不良影响。旅游必要的相关设施如住宿、服务等应与原村落保持一定距离且联系方便，并应优先考虑当地材料、当地建筑风格等，尽可能减少对传统村落自然、生态以及文化特征的影响。应使游客能得到充分的传统村落和自然遗产的旅游愉悦感，增加民众的保护意识，同时，控制高峰期的访问人数。

6 结语

元阳哈尼族传统村落独特的文化和景观不仅是云南的，也是世界的。阿者科传统村落的保护是我们应关注的问题，阿者科村能够实现可持续性发展，必定为元阳哈尼梯田遗产区域哈尼族传统村落的发展起到积极的推动作用。

图片来源：均自摄。

参考文献：

[1] 杨大禹，朱良文．云南民居 [M]. 北京：中国工业建筑出版社，2009.

[2] 云南省设计院云南民居编写组．云南民居 [M]. 北京：中国建筑工业出版社，1986.

[3] 陈志华．乡土建筑遗产保护 [M]. 安徽：黄山书社，2009.

[4] 云南阿者科研讨会．贫困型传统村落保护发展对策 [J]. 新建筑，2016(04):64-71.

[5] 杨大禹．对云南红河哈尼族传统民居形态传承的思考 [J]. 南方建筑，2010(06):18-27.

[6] 孙娜，罗德胤．哈尼民居改造实验 [J]. 建筑学报，2013,(12):38-43.

[7] 中共元阳县委党校课题组．元阳哈尼梯田保护与开发问题探究 [J]. 红河探索 2012 年第 1 期，2012(01):47-53.

[8] 红河人大网．红河哈尼梯田保护管理现状及问题调查研究 [EB/OL]. 2019-01-07.

[9] 国际古迹遗址理事会．关于乡土建筑遗产宪章 [EB/OL].1999-10.

[10] 国际古迹遗址理事会，国际文化旅游委员会．国际文化旅游宪章 [EB/OL].1999-10.

住区内儿童户外活动场地的舒适性设计研究

欧林杰 西南交通大学建筑与设计学院 / 研究生

摘　要：本研究成果旨在为住区内儿童户外活动场地提供一套舒适性的设计方法（目的）。通过实地调研、问卷、文献研究、跨学科综合研究等方法，收集并分析了儿童看护人和住区设计工作者对 12 个舒适性影响因素评价的问卷（方法），提出了住区内儿童户外活动场地的舒适性设计应从以下 4 个方面着手的建议：身体舒适性设计、感官舒适性设计、心理舒适性设计、可持续性生态设计（结论）。

关键词：住区　儿童　户外活动场地　舒适性　设计

关于住区内儿童户外活动场地的相关研究，国外最早可以追溯到 18 世纪 60 年代，国内最早开始于 20 世纪 20 年代[1]。目前国内外在住区内儿童户外活动场地的舒适性设计研究基本处于空白，仅仅只有 1 篇相关的研究论文，其主要是从儿童户外活动场地微观层面中的地面铺装和游戏器械来体现舒适性设计。除此之外，目前的国内外相关研究对儿童户外活动场地的舒适性也没有一个量化标准。本文研究对象的年龄界定参考之前的相关研究，为 0~12 岁的儿童，在研究过程中把儿童分为 0~3 岁的婴儿期、3~6 岁的幼儿期、7~12 岁的童年期，这 3 个不同的年龄段。通过对儿童户外活动场地 12 个舒适性影响因素的问卷结果分析 3 个不同年龄段儿童的生理、心理、行为特征等内容（图 1），总结出一套关于住区内儿童户外活动场地的舒适性量化标准及设计方法。本研究成果希望能够为以后从事儿童户外活动场地的设计及研究者们提供一定的参考，也希望通过本文能让人们加强对住区内儿童活动场地舒适性的关注。

年龄段	分期	生理特征	心理特征	行为特征
0-1 周岁	乳儿期	6、7 个月会坐和匍匐爬行，8 个月手膝爬行	6、7 个月后开始学会认生、恋母	6、7 个月后婴儿开始喜欢看、听、触摸各种物体，色彩鲜艳且会发光的物体更能提起他们的兴趣
1-3 周岁	婴儿期	1 周岁站立行走，2 岁掌握行走技巧，2-3 岁时，逐渐学会跳、跑、攀登台阶等较为复杂动作	出生后一年，感觉迅速发展，知觉开始出现，注意力和初步记忆里得到增强，能初步理解周围事物	1 周岁以后开始初步的游戏活动，游戏离不开实物或玩具，想象成分低
3-6 周岁	幼儿期	3 岁体力大增能直立行走和操作物体，有能力进行一些初步的游戏活动	开始模仿成人的行为，心理过程带有明显的具象性和不确定性，开始形成自己的个性	游戏为主导活动，喜爱创造性游戏，模拟实践性游戏、活动性游戏
7-12 周岁	童年期	能进行较长时间的行走和较大强度的体力活动，运动技巧、自控能力和平衡能力增强	具有明显的无意性和重视具体形象性，初步掌握读写算等基本知识技能和抽象逻辑思维能力	儿童入学后，活动形式以学习为主，参与集体活动的意识逐步增强，游戏兴趣偏向体育活动，竞争意识加强，更加喜好智力活动

图 1　不同年龄段的儿童生理、心理、行为特征

1　研究地点与研究方法

（1）研究地点

考虑到成都・麓湖生态城的云朵乐园和红石公园在整个成都甚至全国的儿童公园设计中表现得较为突出，故以此作为调研对象进行研究。实地调研过程中主要对整个儿童户外活动场地的空间布局、安全性、交通路线、通风日照、色彩、材质、设施尺度等多个因素进行实地的考察和调研。

（2）研究方法

除了实地调研观察外，还采用问卷、文献研究等方法，分别向住区内儿童的看护人、住区相关设计工作人员发放纸质问卷共 52 份，有效问卷 43 份，网络问卷发放 63 份，有效问卷 56 份。对问卷结果进行分析，结合实地调研的反馈，归纳总结出相关的舒适性设计策略。

2 问卷调查结果分析和实地调研总结

通过初步调研和文献收集整理，将儿童户外活动场地的舒适性影响因素主要归纳为以下 4 个准则层：身体舒适性、感官舒适性、心理舒适性、可持续性生态设计。4 个准则层又可以分为 15 个舒适性评价因子（图 2）。针对前 3 个准则层的 12 个舒适性评价因子设计调查问卷。

准则层	评价因子
身体舒适性	交通流线
	安全性
	设施尺度
	通风日照
感官舒适性	视觉舒适
	听觉舒适
	嗅觉舒适
	味觉舒适
心理舒适性	环境心理
	色彩心理
	造型心理
	材质心理
可持续性生态设计	原有地形的利用
	自然材料的运用
	雨水收集与循环利用系统设计

图 2 舒适性影响因子

（1）儿童看护人对住区内儿童户外活动场地的 12 个舒适性影响因素评分结果

由于儿童户外行为存在一定的依赖性，儿童看护人的行为意向对活动场地的评价具有重要的影响。为探讨 12 个舒适性影响因素在住区内儿童户外活动场地中的设计情况，首先要了解看护人对 12 个舒适性影响因素的质量评分。根据调查问卷的评分结果，绘制出看护人对各项影响因素的 3 个舒适性质量评价图。根据身体舒适性质量评价图（图 3）可以看出，儿童户外活动场地的交通流线可达性较强，道路便捷，通风日照条件好，但场地的安全性和设施尺度较差；根据感官舒适性质量评价图（图 4）可以看出，儿童户外活动场地的视觉舒适和听觉舒适设计质量较高，嗅觉和味觉的舒适设计质量较低；根据心理舒适性质量评价图可以看出（图 5），儿童户外活动场地色彩心理舒适性质量评价较高，环境心理和材质心理上性较强，造型心理上的舒适性质量较差。

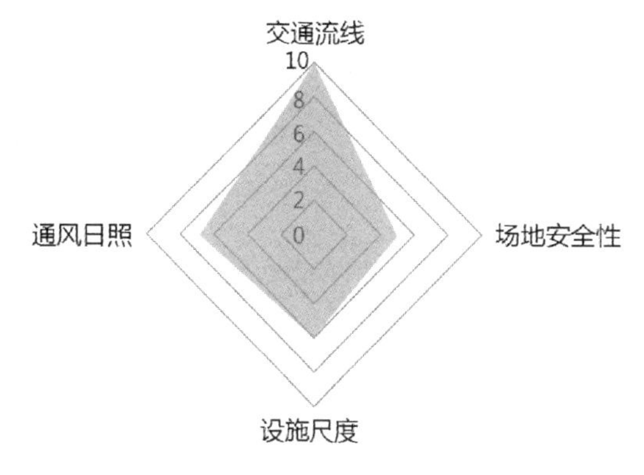

图 3 身体舒适性质量评价图

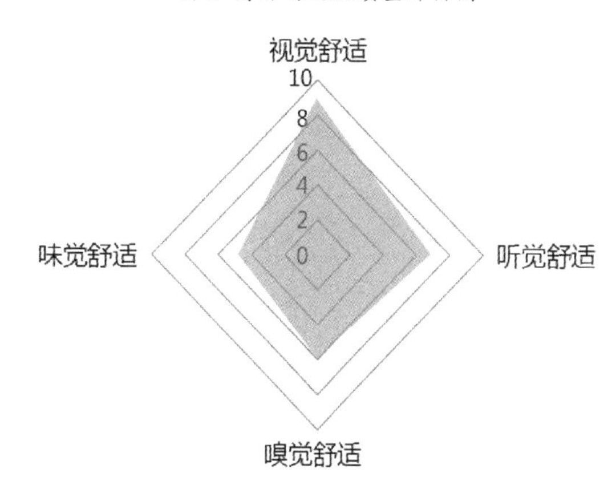

图 4 感官舒适性质量评价图

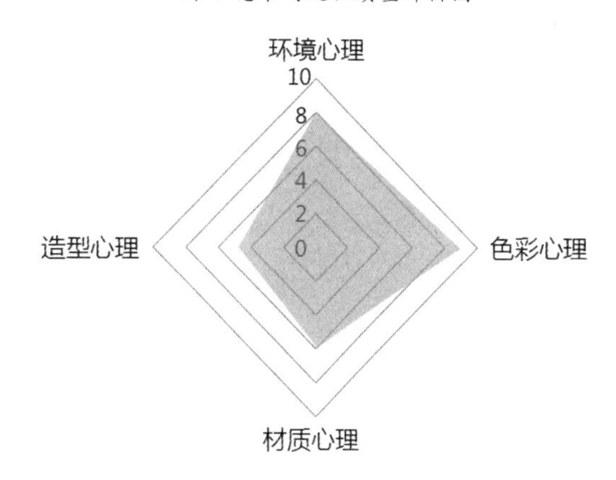

图 5 心理舒适性质量评价图

（2）住区设计工作者对住区内儿童户外活动场地的舒适性影响因素的重要性排序

根据身体舒适性影响因素排序的柱状图可以看出（图 6），30.4％的住区设计工作者认为场地的安全性影响因素最重要，其 4 项影响因素的重要性依次排序为：安全性、通风日照、交通流线、设施尺度。根据感官舒适性影响因素排序的柱状图可以看出（图 7），31.6％的住区设计工作者认为场地的视觉舒适影响因素最重要，其 4 项影响因素的重要性依次排序为：安全性、通风日照、交通流线、设施尺度。根据感官舒适性影响因素排序的柱状图（图 7）可以看出，31.6％的住区设计工作者认为场地的视觉舒适影响因素最重要，其 4 项影响因素的重要性依次排序为：视觉舒适、听觉舒适、嗅觉舒适、味觉舒适。根据心理舒适性影响因素排序的柱状图（图8）可以看出，33.7%的住区设计工作者认为场地的环境心理影响因素最重要，其4项影响因素的重要性依次排序为：环境心理、色彩心理、造型心理、材质心理。

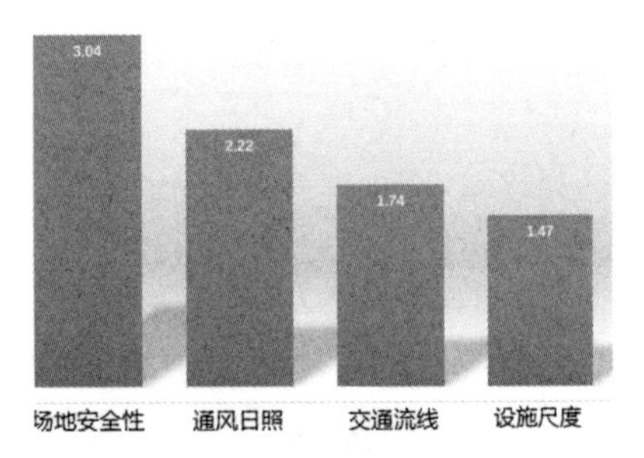

图6 身体舒适性影响因素排序

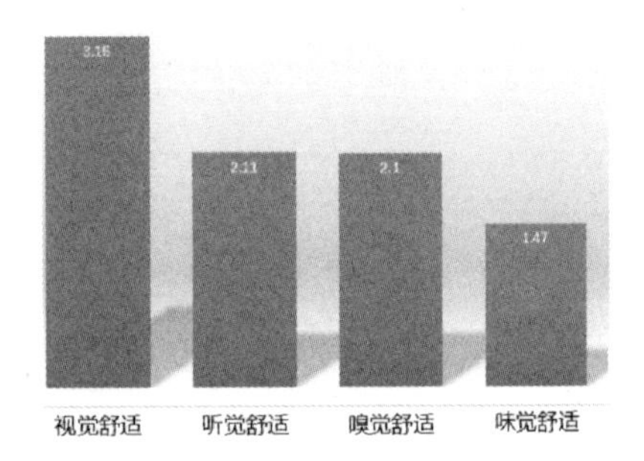

图7 感官舒适性影响因素排序

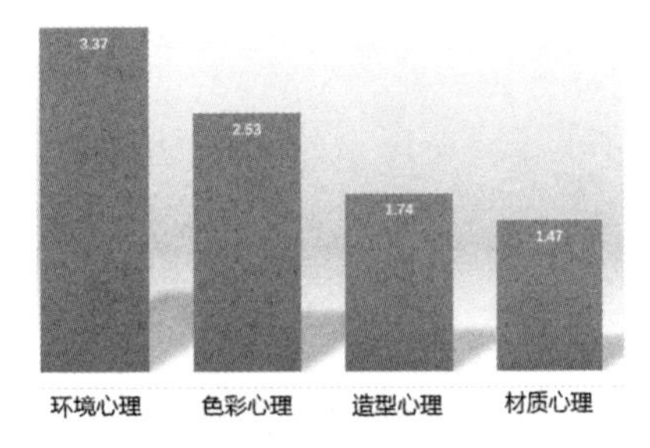

图8 心理舒适性影响因素排序

在对成都·麓湖生态城的云朵乐园和红石公园的儿童活动场地进行实地调研后得出以下结论：

1）原有地形的利用。红石公园和云朵乐园对原有地形进行保留和利用，充分协调低洼空间与社区之间的高差关系，利用坡地、谷地等不同地形创造丰富的空间感受。

2）自然材料的运用。红石公园利用当地地貌独特的红砂岩自然材料，将红砂岩作为场地的铺装材料，与植物和石材穿插运用，形成红石公园独一无二的景色。

3）注重场地的雨水收集与循环利用。红石公园利用系统化的雨洪设计，创造了雨水收集与循环利用系统[2]。

总的来说，无论是对原有地形和自然材料的利用，还是对雨水进行收集与循环利用，都大量地节约了管理资金和建设资金，对自然生态起到了很好的保护作用，符合我国的可持续发展战略。因此，儿童户外活动场地的舒适性设计除了要注重身体舒适性、感官舒适性、心理舒适性等因素外，还应该要注重自然生态资源的保护，为人们创造一个符合可持续发展战略，及具有极高舒适性的场地环境。

3 住区内儿童户外活动场地的景观舒适性设计策略

通过现场调研总结以及对看护者、住区设计工作者的问卷调查分析，结合不同年龄段儿童活动特征，从身体舒适性设计、视觉舒适性设计，心理舒适性设计、可持续性生态设计等方面提出设计策略。

（1）身体舒适性设计

在身体舒适性设计要素上，要把重心放在儿童户外活动场地的安全性上，目前儿童户外活动场地的安全性和设施尺度存在较大的问题。安全性要从活动场地的选址、空间布局、游戏设施、绿植和铺装等多个方面综合考虑。首先，选址要尽可能远离行车道路以及环境杂乱的公共场地，同时也不能让游戏场地与周围环境失去连接，避开视线的死角。其次，场地布局要考虑动静分区，针对不同年龄阶段的儿童进行多角度、多方面的设计，并进行分离。为了避免误撞伤，活动场地入口需与田园间设置安全过渡空间，并且设施周边要设置安全红线和警示牌[3]。在植物种植方面，严禁种植有毒植物，不宜种植有刺、有虫害、有汁液、有飞絮的植物，在地面铺装材料上要选择硬质小、弹性好、抗滑性好的铺装材料来铺设全区[4]。

（2）感官舒适性设计

在感官舒适性设计的四个要素中，要把设计重心放在视觉舒适性设计上。儿童户外活动场地的视觉舒适性设计可以从场地的空间布局、色彩视觉、材质视觉、自然视觉等多个方面综合考虑。在空间布局上，要求活动场地的空间要开敞，视野要开阔，规模要足够大，除此之外还要考虑光线、人文视觉等视觉舒适性设计因素。色彩的视觉设计要求色彩要符合儿童的身心健康成长，而明亮欢快的色彩则可以促进儿童身心健康成长（图9）。儿童户外活动场地常用的地面铺装材料有塑料地垫、沙地、草坪、天然石材/砖等，各有优缺点，要根据不同的游戏场地类型来选择地铺材料，材质视觉要符合儿童的心理生理特征。在自然视觉设计上，要求儿童可以便捷地与自然接触，将私密空间、半私密空间、半公共空间以及公共空间这四类环境空间做到既层次分明又能融合为一体，使人工环境与自然环境可以协调发展，同时迎合儿童崇尚自然、回归自然的心理。在心理舒适性设计要素上，要把重心放在儿童户外活动场地的环境心理和造型心理上。在环境心理舒适性设计上，场地的环境心理舒适性设计要依据环境心理学来对整个儿童户外活动场

年龄（周岁）	喜欢颜色	不喜欢颜色
0-3	黄色、白色、桃红色	绿色、蓝色、紫色
3-6	红色、紫红色、粉红色	黑色、深棕色、白色
6-10	红色、碧绿色、黄色	黑色、深棕色、灰色、浅绿色
11-12	红色、黄色、绿色、蓝色	无色调、橄榄色、紫色、雪青色

图9 不同年龄段儿童的颜色喜好

地的环境进行优化设计，比如道路设计上要考虑人“抄近路”的环境心理，通过遵循环境心理学原则的基础下，塑造一个环境心理舒适性质量高的环境。在造型心理舒适性设计上，设施要避免锋利的边角和突出，游戏设施造型以弧线形设施为主，同时游戏设施造型上要具有创造性和艺术性。

（3）可持续性生态设计

“可持续发展思想的本质，就是以生态环境良性循环的原则，创建人类社会未来发展的生态文明[5]。”

住区内儿童户外活动场地的舒适性设计要遵循节约资源、保护自然生态、充分挖掘地域性文化的原则，充分利用场地记忆塑造独特的场所精神。同时要充分利用雨水收集与循环利用系统为生态环境服务，为儿童户外活动场地打造一个生态性、舒适性强的环境。

4 结语

住区内的儿童户外活动场地作为儿童娱乐的重要场所之一，具有极其重要的地位，特别是在二胎政策的放开和儿童友好型城市概念提出的大背景下，仅仅满足于基本的安全性设计要求已经不能满足当代需求。作为一名研究者，在其相关研究论文极少的情况下，必须着眼于儿童户外活动场地的舒适性设计研究，希望为往后从事该研究领域的学者提供一个参考。实践已经证明，一个足够安全且舒适的儿童户外活动场地，才能更有益于儿童的身心健康成长。

参考文献：

[1] 张慎娟，黎家卫，洪林枫，梁选，黄成辉．住区儿童户外活动场地调查研究——以桂林市为例 [N]. 桂林理工大学学报 .2018(02).

[2] 陈跃中，张妍妍，徐思婧．成都麓湖红石公园的设计思考与实践 [J]. 风景园林实践 .2017(02).

[3] 谈舒雅．住宅区儿童活动空间景观设计探索 [J]. 明日风尚 .2017(23).

[4] 裴晓燕．广州城市住区儿童户外活动场地的景观安全性设计研究 [J]. 华南理工大学 .2017.

[5] 王铁城．北京住宅小区舒适性设计探究 [J]. 装饰 .2011.(04).

认识论语境下的壮族“三月三”民俗活动场景重构之探讨

欧阳普志 广西艺术学院 / 研究生

摘 要：作者试图将壮族“三月三”民俗活动中的传统活动场景“江边饮宴”、“山歌对唱”和“祭祀龙母”赋予新的文化含义——在认识论的语境下，“江边饮宴”解读为人对本心的认识、“山歌对唱”解读为人对他人及他物的认识、“祭祀龙母”解读为人对天地的认识。将民俗文化活动置于认识论语境下进行场景重构，是一次多元文化的融合与碰撞过程，也是创作文化景观的一次探讨性的尝试。

关键词：传统民俗活动 认识论 场景重构

1 引言

壮族“三月三”民俗活动是我国西南地区传统文化活动内容，能充分反映西南地区壮族人民的生活习性与传统习俗。结合认识论观点，以“观照”、“解蔽”及“破障”立意，对民俗活动场景重构，既是对儒、道、释的认识论观点的解读与延伸，也试图赋予“三月三”民俗活动更多层次的文化内涵，以此促进西南地区壮族传统民俗文化的多元化发展。

2 重构场景之观照：江边独饮，与心对话

观照，源于释家术语，以心灵照见万物。观照，即发现自我，直面自我的过程。天地广阔，静水流深，独畔江水，从心出发，找寻最真实、最纯粹的自己。

三月三，壮族历来具有举办江边饮宴活动的传统。众人饮宴是活动的序幕，热闹过后留下的寂静总是能让人心生感触，携一壶酒，趁着朦胧的醉意快意破浪。独畔江水，静寂观照，审视本心，观心得道，乃至虚无，周遭的人、事、物都不再重要。潜入精神世界，盘膝而坐，浅听风吟，举杯摇曳，以一酌敬明天，斟一酌敬过往，念初心，如是观照。

场景意在营造虚无、禅意的氛围，江水、凉亭、坐垫、酒杯、人物构成整个场景空间（图 1），在精神世界中，身边的一切只有变得简单朴素，人才有空间安然入定、审视内心。人需要这样极致简单、安宁的环境，去抛弃生活中的羁绊与忧思，忘却功名富贵。入简，得真。此意在阐释的认识论观点是——正确认识自己，直面自我，看淡身边的琐事，念初心。

图 1 场景重构之观照

3 重构场景之解蔽：山歌对唱，与人对话

解蔽，源于儒家代表荀子的认识论观点。

山歌对唱，是壮族三月三男男女女彼此交换心意、相互认识的过程。在这样一场对他人他物产生认识的过程当中，要如何做到不被外象蒙蔽呢？荀子有言：“凡以知，人之性也；可以知，物之理也”，能够认识事物，是人之本性；可以被认识，是事物自然之理。

但凡人之患，蔽于一曲而暗于大理[1]。人之通病，正是在认识事物的过程中容易被片面认识所局限，此即“蔽”也。

何以解蔽，荀子有方——虚壹而静。世间万物普遍联系、发展变化、既对立又统一，故只有保持虚心、专一、冷静，“知”“行”结合，才能真正看清事物之理。

场景的重构最初由莫比乌斯环衍化产生（图 2）。莫比乌斯环，由一张纸条旋转一百八十度并首尾相连即可，其形成过程阐释了一种哲学辩证思维。如果纸条的两面寓意为永远对立的两个极端，非对即错，

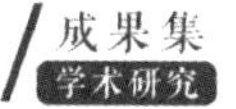
成果集
学术研究

莫比乌斯，提供了一种哲学辩证思维。如果带的两面代表了两个对立面，非黑即白，那莫比乌斯带则让原本对立的二元做到了对立与统一的动态发展变换。
场景生成

图 2 莫比乌斯环衍化

非黑即白，其为二元对立逻辑的代表，那么莫比乌斯环的形成即可阐释为两个对立的极端其实是动态发展变化的，所谓的对与错、好与坏都不是绝对的，在某种程度上两者最终会相互转化，其为马克思主义认识论与辩证发展观的代表。

人，不是只有好与坏两种极端；事物，也处在好与坏的莫比乌斯环上，不断变换。打破简单的二元对立逻辑，踏上莫比乌斯环，我们便能以辩证思维、动态发展的眼光认识人与物。在场景空间中，“蔽”不仅存于正反两面，而转向多维度的发展，“蔽”就在你的脚下，也在你的前方。何以解蔽呢 —— 虚壹而静，以辩证思维看清脚下的路与远方，认清眼前的人与万物（图 3）。

山歌对唱
与人对话

图 3 莫比乌斯环衍化

4 重构场景之破障：祭祀龙母，与天对话

破障，即破除固有思维，打破规则壁垒。

三月三，壮族素有祭祀龙母的风俗。据民间传闻，古时一位老妪救助了一条名叫“特掘”的小蛇，并善心收养它，后老妪去世，葬于大明山，“特掘”化龙守护在大明山尽孝报恩，人们便称这位老妪为龙母，三月三祭祀龙母的风俗由此形成。在浪漫主义色彩的掩映下，龙母祭祀活动折射出了壮族仍保留着对蛇图腾信仰的传统，同时也存在部分地区崇尚巫术的迷信思想。巫，似乎上通天意，下达地旨；似乎也是“试图追求实用的伪技艺”[2]。

一叶障目，不见泰山。其善或伪，应当慎思。

辩证观之，神话、图腾及巫术，是源于初民的民间创作，以及在对自然力量和未知世界的畏惧意识影响下衍生出的三种文化形态。而巫术存留至今，多少反映了部分落后地区在思想上的偏执与迷信，此即“障”，亟待破除。

从“巫”的象形字释义，“巫”由“工”和“人”构成，“工”的上下两横分别代表天和地，中间的“1”代表巫能通达天地。巫术真能通天地旨意吗？实则不然，现国内大量专家学者认为巫术实为迷信。

场景重构的过程，从打破“巫”的象形壁垒开始，“巫”中间的“1”抽象为打破屋顶束缚的建筑构件（图 4）。民族图腾信仰不止，信仰的种子便会生根发芽。信仰向上生长的态势便是建筑场景往上生成的过程。三生万物，生生不息[3]，由小及大，故“三”代表信仰的种子，是万物之始。而古代把一、三、五、七、九单数称为“阳数”，又叫“天数”，因此，在重构的场景中，台阶数始于“三”、可为“五”、终于“七”、但不过“九”，因为九为天、为极 —— 极高、极广、极深。对天与大道的认识便是如此，其可以无限接近，但不能最终抵达（图 5）。

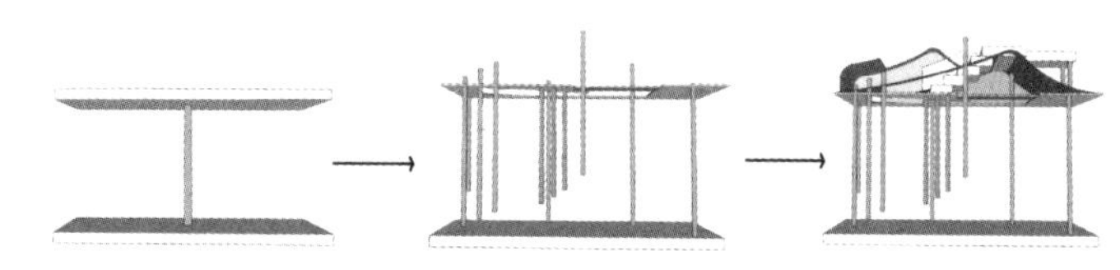

图 4 “破障”演变图

祭祀龙母
与天对话

图 5 场景重构之破障

5 结语

将壮族三月三民俗文化活动场景放置在认识论语境下进行景观重构，既是表达作者对人与万物以及对天与大道的认识论观点，也是希望通过将一种地域性文化融入新的文化体系的方式来激发文化景观及建筑的创作思维，不失为一种可行的、充满趣味性的尝试。

参考文献：

[1] 荀子 . 荀子 [M]. 北京：中华书局 ,2016.

[2] 王振复 .“信文化”：从神话到图腾与巫术 [N]. 文汇报 ,2018-01-19.

[3] 老子 . 道德经 [M]. 武汉：崇文书局 ,2015.

环境设计专业《综合场地设计》课程的改革与实践

彭　谌　云南艺术学院 / 讲师
杨　霞　云南艺术学院 / 副教授 / 硕士研究生导师

摘　要：云南艺术学院设计学院环境设计专业景观设计方向《综合场地设计》课程自 2006 年创立景观设计方向以来，从未经过较大的课程改革，课程大纲老旧，存在不合理与行业前沿结合度较差的问题。本文通过对环境设计专业的背景和课程体系的阐述，引出对景观设计方向《综合场地设计》课程大纲调整的缘由和方向。经修订和调整，课程有了较大改变，文章提出专题式的授课方法，并在 2013 级景观班的授课中进行了实践，收效较好。

关键词：云南艺术学院设计学院　《综合场地设计》课程　改革与实践

1 云南艺术学院设计学院环境设计专业的背景

云南艺术学院设计学院于 1985 年创办室内设计专业，后更名为环境艺术设计系，是云南省最早设置的环境艺术设计类专业本科。当时的教学体系包含了室内外环境，但是基本以室内为主。在社会分工越来越细的大环境下，2006 年，云南艺术学院设计学院环境艺术设计系增设了景观设计方向，包括室内设计方向在内，共两个专业方向。

2011 年国家进行新一轮学科调整，"艺术"上升到门类，"设计学"成为一级学科，"环境艺术设计"更名为"环境设计"并上升成为二级学科，正式授予"艺术学"学士学位。相较于建筑学、城市规划、风景园林等工科专业，环境设计专业更加关注视觉形象的艺术效果，有对合理使用功能的研究，更有对从空间整体视觉形象到空间组成的局部界面材料、细节等艺术处理上的把握，起到提高空间环境品质的重要作用，弥补了建筑学、城市规划、风景园林等专业在创造宜居环境中的缺项。[1]

2 云南艺术学院设计学院环境设计专业景观设计方向的课程体系

云南艺术学院设计学院环境设计专业景观设计方向的课程由六个大模块组成：

公共基础必修课是本科教育必修的通识性课程。

专业基础必修课主要是为了让学生具备景观设计相关的基本知识并锻炼其基本技能。比如《设计初步》，是学生进入大学后的第一门课程，其目的在于让学生了解什么是设计，理解设计是艺术与技术的结合。再

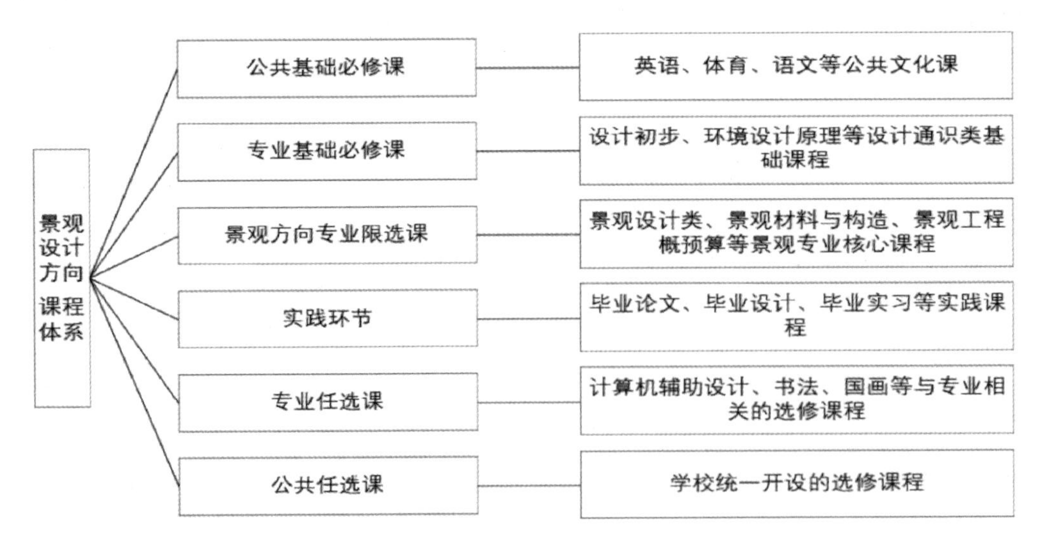

图 1　云南艺术学院设计学院环境设计专业景观设计方向课程体系

比如《人体工程学》，使学生初步了解人体的各种尺寸与环境的微妙关系。

景观方向专业限选课是体现专业特色的专业类课程。大概可以分为两大类，第一类为理论型的非设计类课程，比如《城市规划设计基础》、《景观材料与构造》、《景观工程概预算》等。第二类是设计类课程，如《景观建筑设计》、《景观设施设计》、《庭院设计》、《社区景观设计》、《综合场地设计》等。其中，《庭院设计》（原名《景观设计 1》）、《社区景观设计》（原名《景观设计 2》）、《综合场地设计》（原名"景观设计 3"）是景观设计方向除毕业设计之外的核心设计课程"三部曲"。这三门课程由浅入深，尺度由小及大，循序渐进地让学生们掌握景观的设计方法和思维方式。

专业任选课是设计学院面向全院开设的选修课程，其目的是扩展学生专业知识面，培养学生全面发展。

公共任选课是云南艺术学院面向全校开设的选修课程，其目的是培养学生广泛的兴趣爱好，横向扩展学生知识面，为社会培养具备综合素质的人才。

3 云南艺术学院设计学院环境设计专业景观设计方向《综合场地设计》课程的改革

《综合场地设计》课程是景观设计方向核心设计课程"三部曲"的最后一门课程，开设时间是三年级下学期，共 5 个学分，90 学时。所涉及的设计内容最为复杂，尺度最大，也最难掌握。其后直接进入本科阶段最大的《毕业设计》环节。

2006 年景观设计方向增设之初，《综合场地设计》课程定名为《景观设计 3》，在初稿教学大纲的基础上逐年调整。直至 2013 年更名为《综合场地设计》，其教学大纲都未有质的变化。教学大纲里主要包括四块内容：城市绿地系统规划、城市景观设计与城市规划、城镇景观特色调查与特色设计、城镇公共环境景观设计。授课内容偏重规划，与《城市规划设计基础》、《民族居住环境分析》和《民族居住环境与再生设计》课程有重复知识点，设计实践所占比重不足，课程逻辑性、时效性和扩展性较差。但其较为重视地域资源与民族文化特色相关知识的讲授，能够突出云南艺术学院设计学院的办学特色。

2016~2017 年，云南艺术学院进行了一次全校范围内的针对教学计划和大纲的整体调整，要求各个专业梳理和调整教学计划和大纲，在符合全校标准规范的前提下，突出二级学院特色。在这样的背景下，环境设计专业组织全体教师，对每一门课程都进行了调整和校订。每门课程由一名教师执笔，三名教师审查校对，最后由专业负责人和系主任进行最后审核。

由此，笔者承担了《综合场地设计》教学大纲的修订工作。在多轮讨论和审核之后，课程大纲最终定稿，课程的组织和结构如下：

（1）课程开设的意义

在景观设计更强调多元属性的时代，社会属性、美学属性、生态属性、文化属性等都是评价一个设计作品是否成功的关键。在全方面的理论教授基础上，充分利用民族文化资源，培养学生在设计时除了围绕着形式、功能等内容外，还要着重从场地所处的综合环境中去学习和体会，感悟场地的自然环境、人工环境、历史、民俗等因素的文化内涵，以及它们对景观设计在不同尺度上的影响。越来越大的人才和市场需求对景观人才专业素质的要求也越来越高，《综合场地设计》课程实训着重于景观设计的进阶知识传授和设计方法的学习，对学生形成良好的学科综合知识体系和技能方面具有重要意义。

（2）课程在专业人才培养中的作用

《综合场地设计》是景观设计的重要组成部分，也是环境设计专业景观设计方向的主干课程。通过本课程的教学和实训，能强化学生对综合性场地属性的认知，挑战具有不同地域特色与文化的城市现状，并学会在规划设计中有所表达和创造。在完成了前几学期的专业基础课程教育的基础上，利用课程设计实训环节，培养学生对各类景观设计的方法、原则、步骤的深入理解和技能养成，并在实训中学习体会景观设计与场地周边环境的联系。此门课程知识和技能的掌握，直接关系到环境设计专业学生将来设计能力的发展和提高。

（3）课程在专业人才培养中的地位

《综合场地设计》是一门建立在自然科学和人文科学基础上的综合课程，针对有关土地和人类室外空间的综合问题进行分析，结合地域特色与文化探讨解决问题的方案和方法。作为环境设计专业景观设计方向人才培养计划的重要环节，《综合场地设计》是学生在结束了前几学期的"专业基础教育阶段"转而进入"专业拓展与深化教育阶段"所面对的第一个综合性景观规划设计课程，其教学起到了承上启下的作用，为后续的《民族居住环境与再生设计》和《毕业设计》课程的开展做准备。[2]

（4）课程的教学目标

《综合场地设计》课程以常见的综合性场地——公园为讲授的切入点，使学生了解景观设计的多元属性，以及场地周边环境对景观设计的影响；掌握景观设计的专业知识和设计方法。其后，以设计实训的方式展开对地域性景观设计的探索，地域特色景观设计不是抛弃传统，而是对地域文化、传统和历史的共同延续，是一种创新设计。通过本课程的学习，培养学生景观设计的综合性思维方式，学会整合与提炼景观与周边环境的关键元素，能对不同类型的景观场地进行适当的分析和研究，并运用相应的设计方式独立做出合理的设计方案。

理论讲授（32学时）	1.公园绿地规划设计： （1）公园绿地的布局形式；（2）公园绿地规划设计的理论；（3）公园绿地规划设计的步骤；（4）公园绿地规划设计的规范
	2.综合性公园规划设计： （1）综合性公园设计的方法步骤；（2）综合性公园的功能分区规划；（3）综合性公园的交通体系规划；（4）综合性公园的节点布局规划；（5）综合性公园的竖向设计；（6）综合性公园设计的规范；（7）综合性公园的种植设计
课程设计实训（58学时）	结合实际项目进行综合场地课程设计实训，并进行多轮设计辅导。课程设计中要求学生完成以下步骤： （1）踏查现场（2）现状和背景分析（3）提出设计理念，形成初稿方案（4）完成多轮方案修改（5）绘制正图，并上交成果 根据教师确定的课程设计实训的场地性质，针对学生设计该场地所缺知识点，进行相关专题讲授，并结合实际案例进行分析。专题讲授可包括但不局限于以下内容：生态景观规划设计、历史文化区域景观规划设计、小城镇旅游规划、村落景观规划设计、城市废弃地景观规划设计、滨水景观规划设计、商业区规划设计、校园景观规划设计、主题公园规划设计、森林公园规划设计等

表1 《综合场地设计》课程教学内容

（5）课程的教学内容

课程教学内容的构架由理论讲授和课程实训两大部分组成，理论讲授32学时，课程实训58学时。

（6）课程的考核方式

课程的成绩由平时成绩（40%）和期末考试成绩（60%）组成，平时成绩为教学课堂表现、考勤和教师布置的平时作业。期末考试成绩则为课程实训的成绩，从设计立意、方案合理性、方案深度、图面综合表达能力、工作量等方面来评价。

本次《综合场地设计》课程教学大纲调整后，课程的教学组织、结构和内容总结如下：

1) 相较旧版的教学大纲，绿地系统规划的知识点被移除，并与《城市规划设计基础》课程的内容合并。绿地系统规划属于规划的范畴，不应出现在设计类课程里，因此将其内容整合到《城市规划设计基础》课程中。

2) 城镇景观特色调查与特色设计的授课内容也被移除，其内容与《民族居住环境分析》和《民族居住环境与再生设计》课程合并。云南艺术学院设计学院环境设计专业有关于云南民居的两门特色课程，涵盖了调研分析及再生设计的内容，在《综合场地设计》课程中不应再出现关于民居的内容，因此将其内容整合到两门民居的课程中。

3) 在前修课程《庭院设计》、《社区景观设计》的基础上，增加了关于大尺度景观——公园设计的内容。《庭院设计》作为入门的景观设计课程，主要关注小尺度景观，其理论讲授部分涵盖了景观要素和景观设计方法的讲解。《社区景观设计》关注人居环境和设计理念的贯穿，尺度中等。至于景观史、景观构筑物、构造预算、植物配置等，都有专门课程覆盖其知识点，关于景观的基本知识点在《综合场地设计》之前都已经涵盖，唯有对大尺度景观——公园的设计，没有任何课程有讲授，所以在本门课程中加入公园设计的相关内容，让学生熟悉大尺度景观的设计思考方式，为课程实训环节做准备。

4) 课程实训环节要求尽量结合实际项目进行，与行业前沿看齐，具有时效性。设计类专业是实践性较强的专业，书本知识往往赶不上行业的发展，所以要求授课教师尽量结合实际项目来安排课程实训，如果教师不能找到实际项目，可以以真题假作的形式安排课程实训。

5) 课程实训环节根据场地性质，针对学生设计该场地所缺知识点，进行相关专题讲授，具有较强的专业扩展性。教学大纲不会频繁调整，但是行业却天天都在变化，因此将专题讲授加入教学大纲中，且不限定专题的内容，由授课教师根据课程实训和行业动态来把握专题内容，给这门课程带来了较强的延展性。

6) 调整学时。应教务处要求，课程总学时由100学时调整为90学时，课程实践由之前的40学时调整为58学时。

4 云南艺术学院设计学院环境设计专业景观设计方向《综合场地设计》课程的实践

基于新的大纲调整，从2013级景观班开始实行新的教学大纲。课程安排由三部分组成：

（1）理论讲授

理论讲授部分主要完成了关于公园绿地规划设计相关知识点的讲解。授课主要从设计理论、设计步骤、设计方法和规范方面来进行，是完成任何一个大尺度景观设计都必须掌握的知识点。由于艺术类学生重表现，不重功能，所以课程注重景观功能分区和交通系统规划布局的讲解，关注方案的合理性，并结合具体案例来组织教学，做到理论联系实习，避免理论知识的空洞生硬。

（2）专题讲授

本次课程的实训场地定为昆明871文化创意工场的改造与再生设计，是一个真实的项目。871文化创意工场原名昆明重机厂，是基本处于废弃状态的旧工厂。基于这个背景，课程里专门组织了两次关于城市废弃地景观规划设计的专题讲授，课程以德国鲁尔工业区等案例讲解为主，理论为辅，总结归纳关于城市废弃地景观规划设计的相关要点，同时融入历史文化景观规划设计和生态景观设计的相关内容，让学生能够有所启发和借鉴。

（3）课程实训

昆明重型机械厂的历史可追溯到清光绪末年。1907年建成云南龙云局后改设为云南造币厂。1908年设立的劝工总局，经发展演变于1958年合并组建成立昆明重型机械厂（以下简称“昆重”），其工业产品曾一度引领世界先进水平。2000年开始，受国家经济形势、行业特点及其他原因影响，昆重开始亏损，订单数量锐减，无法维系工厂运作。2013年，昆重将西生产区的125亩土地租给昆明市文投集团，开始尝试文创产业转型，并于2015年开始招募文化、艺术和体育等相关企业入驻昆重厂房。现除了几个车间还在正常运转外大部分厂房已经废弃闲置，大量的车间生产器械和零部件散落在工厂各个地方，给人一种强烈的历史、沧桑和荒废感（图 2）。

图 2 昆明重型机械厂现状

基于这样的场地背景，笔者带领 2013 级景观班的学生们，展开了现场调研，并邀请相关公司人员进行讲解。其后，学生分为 5 个小组完成设计作业。每个小组按照设计任务书的要求，完成两个阶段的作业：第一阶段规划，第二阶段设计。厂区面积较大，要在 90 学时内完成整个场地的改造设计基本不可能，所以对于整个厂区只需要做到规划的深度，完成功能分区规划及交通系统规划、项目策划和设计风格定位。第二阶段则要求学生挑选场地内的一个地块（不小于 10000 平方米）在规划的基础上进行详细设计，内容包括整体景观设计、景观构筑物设计和标识系统设计。

2013 级景观班其中一个小组的作业，如图 3 和图 4 所示：

昆重有着较为厚重的历史渊源，这成为厂区改造绝不能

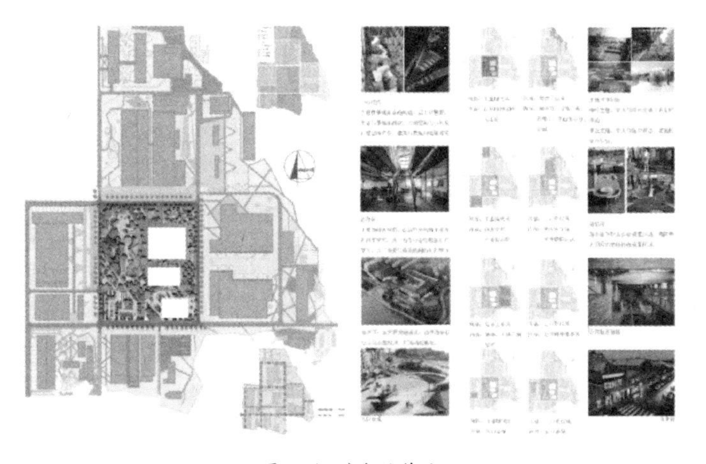

图 3 规划阶段作业

忽视的一个重要方面。该组学生基本把握住了这个要点，在尊重原场地的基础上展开规划设计。在规划中将厂区分为了创意文化区、工业主题休闲区、展演区、商业区和中心花园等几个

图 4 设计阶段作业

大块，并选择了中心花园作为设计地块。在设计阶段，风格定位为现代工业风，利用场地中原有的废弃物进行景观再生设计，充分延续和诉说了场地的历史，也体现了现代生态景观的设计理念。专题讲授课程的效果在学生最终作业中得以展现。

5 结语

云南艺术学院设计学院环境设计专业景观设计方向《综合场地设计》课程的教学改革，充分体现了课程与行业相结合的现代教学目的。理论讲授部分将大尺度景观设计的相关理论进行了讲解，弥补了其他课程所缺的知识点。专题讲授部分赋予了这门课程极强的时效性和扩展性。课程实训部分让学生们接触实际项目，综合体会项目实操的过程，对景观设计的要点和方法形成良好把握。对于授课老师来说，备课工作再也不能“一劳永逸”，专题讲授部分必须根据设计场地的性质而改变，督促教师勤加学习，关注行业前沿设计动态，不断自我进步。2013 级景观班的教学，收效良好，相信经过几轮课程安排的调整，本门课程能够达到更好的效果。

参考文献：

[1] 史明，过伟敏 . 从“环境艺术设计”到“环境设计”——环境设计专业转型发展与建设的思考 [J]. 设计教育与探索 ,2016,14(3):87-91.

[2] 吕琳，刘晖，杨建辉等 . 历史文脉环境中的景观设计创作途径——对高年级“公园设计”教学的思考 // 中国风景园林学会 2011 年会论文集 [M]. 北京：中国建筑工业出版社 ,2011.

反思与辩驳：浅谈乡村聚落中的节点式设计

谭人殊　云南艺术学院 / 讲师
邹　洲　云南艺术学院 / 副教授 / 硕士研究生导师

摘　要：通过对乡村聚落在当下所面临的境遇进行解析，针对现行的乡村改造策略进行了反思与辩驳，并引入了“节点式设计”和“艺术介入”等概念，期望以此为契机，来重新探讨乡村聚落如何在设计师们的指导下进行自我迭代和良性演化等命题。

关键词：乡村聚落　节点式设计　艺术介入

1　乡村聚落在当下所面临的境遇

中国的乡村到底会变成怎样的一番情形？这是一个非常值得探讨的问题。在过去的 30 年里，中国的城市化进程发展迅速，而城市文明对于乡村世界的影响也异常显著，并因此形成了两种对立的模式。

第一种模式是由于城市化进程的扩张和浸润所触发的乡村演化，这是一种完全自发形成的现象，其结果便是出现了类似于“农民型城市社区”的聚落形式。[1]“农民型城市社区”有一个较为明显的特征，那就是它在建筑布局和建筑形态上兼具着“传承”与“包容”的特点。譬如，类似于城中村这样的“农民型城市社区”，其中的大部分建筑其实都是在原来的村落肌理上生长和迭代而成的，新建房屋的地块边界与曾经的传统院落如出一辙，且村落中的寺庙、公社、晒场、磨坊等场所至今都仍然扮演着原本的角色。这便是所谓“传承性”的表达。此外，由于村落里各家各户修建新房的时间不一，且村民们对于建筑风格的诉求也因人而异，所以大多数村庄都会呈现一种新老建筑共存的状态。风貌混杂，建筑形态各异，却又共存在同一个社区中，这又是一种“包容性”的体现。（图 1）

■ 传统的乡土建筑风貌

■ 演化为“农民型城市社区”之后的建筑风貌

图 1　云南省大理市风翔村的建筑风貌演化（图片来源：云南艺术学院“乡村实践工作群”）

第二种模式是由城市作为主导来进行的开发，一般会通过土地征收、拆除、土地性质扭转、土地拍卖、重新规划、重新建设、回迁等流程，最终将原有的乡土聚落彻底变成一个城市社区。这种模式的主要特点是“清除”和“重建”。地块上原有的聚落肌理和房屋建筑基本都会被“清除”，以便于地块的重新规划。而在新的规划中，所有的基础设施和建筑形式也都会尽可能地按照城市的需求来进行设计和“重建”。

如此一来，村落的未来似乎陷入了一个困局。城市周边的村落因为城市扩张和开发，大多难逃被拆迁的命运；而那些远郊的村落，虽然暂时得以保存，但仍然因为受到了城市文明的影响，进而自我演化成为“农民型城市社区”，传统的村落风貌消失殆尽。这就是当下乡村聚落所要面临的境遇。

2 反思：常规的设计与改造策略

以城市为代表的设计力量也曾思考过当下乡土聚落的境遇，并进行了一系列的改造措施。譬如，在对一个原生村落进行改造的时候，设计师们首先会对其现有的建筑群进行基础设施的提升和风貌控制：提倡增加或改良市政设施，保护和修缮传统民居，并尽可能地提炼出地域性的符号和元素，用于装饰那些被认为已经异化的新建房屋。此外，设计师们还会运用现代设计的手法，根据原生村落的地域性特色，创作出一些新民居的户型，期望以此来改善村落的人居环境，并实现传统文化与现代文明的融合。

这样的设计与改造策略虽然出发点是好的，但在实际的运行中却产生了诸多问题。以风貌控制的措施为例：对于传统民居的强制性挂牌保护，虽然留下了传统建筑的躯壳，但这种保护却是静态的和博物馆式的。由于无法真正实现对于老房子使用功能的更新，大多数的原住民最终还是会搬离，从而使得这些传统民居被空置，最终破败。此外，村民们新建的异化房屋在经由设计师们程式化的风貌改造以后，大多变成了"穿衣戴帽"工程。地域性装饰符号的简单堆砌与原有建筑本身的体量和尺度关系格格不入，这又形成了另一种尴尬的局面。[2]

新民居户型在设计之初固然是考虑周全的，无论从建筑结构还是建筑风貌层面，都会尽可能地兼具现代性和传统美学。但事实上，村民们却很难根据设计师们所预设的户型样式在自家的地块上进行修建。究其原因，预设新民居户型原本就是一种城市化的设计手法，很难在复杂而多变的村落肌理中得以实现。更多的时候，设计师们会尽量避开村落的原有肌理，重新寻找一块空旷的新村用地，然后按照城市别墅区的规划方法来重新布局。但这种做法其实并没有真正解决原生乡土聚落所要面临的问题。

3 介入：节点式设计的教化意义

原生乡土聚落在当下的时代背景中到底应该怎样发展？其理想的状态或许可以归结为以下两点：首先，要保留聚落的原始肌理和原住人群，这是乡土聚落的根本；其次，聚落中的建筑必须要更新，这种更新既要满足原住民与时俱进的人居诉求，又要传承地域性建筑的形象和风貌，这就需要设计师们摒弃常规的那种程式化的改造策略，真正将关注点引入聚落内部，直面村落中的各种复杂性问题。

乡村建设与城市开发有一个很大的不同，那就是个体差异。而这也是设计师们凭借着一己之力无法逾越的难关。原生的乡土聚落是由若干个独立个体与其所修建的房屋建筑构成的。每一个家庭都拥有独立的地块，且形态各异，而他们对于居住环境和建筑风貌的诉求也因人而异，很难统一。习惯了运用程式化手法进行统一规划的设计师们几乎不可能针对每一个乡村个体来进行特定的设计。而这也是一个困局。

"介入"是一个医学中的词汇，原指"介入式疗法"。与传统的外科手术不同，对于异物，"介入式疗法"并不主张大面积的手术和清除，而是采取了微创或低损伤的方式来处理病灶，从而将副作用最小化。对于原生的乡村聚落而言，如果有一种方法，可以采取"针灸式"或者"节点式"的策略，在乡村内部的一些关键位置进行设计试点，并通过这些节点的示范作用来影响周边，从而使得乡村世界自发产生一种纠错机制，可以自我认知和自我识别乡村建设中的各种问题与缺陷，最终良性演化，达到理想的状态，那么这种借用于医学和生物学的概念并充满着教化和诱导意味的方法或许值得一试。

4 前车之鉴：艺术介入

近年来，有一种试验性的方法在乡村改造与重构等环节中大放异彩，这便是"艺术介入"。[3] 对于乡村而言，"艺术介入"不再是大规模简单而粗犷的"穿衣戴帽"工程，而是将艺术的创作及表现形式作为一种针剂，节点式地注入乡村聚落中。这种方式带来了两个层面的效应：首先是作为磁体，能够吸引外界的目光，从而有利于乡村文化的对外传播；其次是作为示范，能够将一种新的营造理念在乡村中予以推广，对于村民而言也是一种潜移默化的教育。

就建筑创作而言，"艺术介入"在我国的乡村建设中其实已经留下了很多的印记。无论是"碧山计划"①中那些充满知识分子情调的改建与营造，还是东梓关村中那俨如"水墨江南"一般的回迁房建筑群②，抑或腾冲高黎贡山脚下的造纸博物馆③，这些建筑的设计带有明显的现代艺术的痕迹（图 2）。它们的空间精髓和风貌特质虽然来源于本土，但却在使用功能和营造技术上进行了迭代，通过艺术家或者建筑师的干预，成功地在现代设计与传统风貌之间找到了平衡点。在这一类节点式案例的影响和示范作用下，聚落周边的村民也会自发效仿，并最终完成整个村落的良性演化与更新。

特别值得一提的是，"艺术介入"的方式不但在原生的乡土聚落中有所体现，就连在矛盾最为突出的城中村里，也有类似的成功案例得以实施。深圳的大梅沙村是一个规模极其庞大的城中村，而建筑师俞挺的作品《欲望之屋》就在这里落成④。这个作品的改造对象是当地的两幢普通民宅，属于村民们的自建房。这种"城中村"里的建筑，其本身早已摒弃了传统建筑的美学与风貌，仅以粗陋的"水泥方盒子"来呈现，常常为世人所诟病。俞挺在设计的过程中保留了原有建筑的主体结构，但在空间的连接方式上却做了相应的改变。"欲望之屋"的外立面被纯净的色彩重新粉饰，而一些颇具现代艺术气息的装置也被植入建筑空间之中。[4] 这样的改造理念其本质是一种对于现状的尊重，并在认可其存在意义的基础上进而再做出的设计优化。与城中村改造中常见的大规模拆迁不同的是，这样的改

图 2

1. “碧山计划”之“碧山书局”

2. 高黎贡造纸博物馆

3. 东梓关村农民回迁安置房

（图片来源：筑龙图酷）

造仅仅是节点式的提供了一个示范样本和策略，期望以此来引导村民们实现民宅的自我更新，以符合功能和美学的双重标准，最终能够与城市文明所共存（图 3）。

图 3 深圳市大梅沙村“欲望之屋”（图片来源：筑龙图酷）

5 一种尝试：海晏村里的节点式设计

海晏村地处昆明市呈贡区的大渔乡，紧邻滇池湖畔，曾经是一个古老的渔村。海晏村里的传统民居是典型的滇中“一颗印”。这种老房子由土坯来砌筑外墙，木头的柱子和房梁搭建起整个屋架，房顶上铺设着整齐的小青瓦，正房和厢房的格局主次分明，宽敞的内院采光充盈。因为这种周正的院落式民居从平面格局上看很像一枚方形的印章，所以民间的老百姓们才将它形象地称之为“一颗印”。但随着时代的变迁和社会的发展，如今海晏村里的大多数村民都不再以渔猎和农耕为生，他们外出打工，而后返乡盖起了钢筋混凝土的新房子。村里边虽然还保留着一些传统的“一颗印”民居，但却早已破旧不堪，鲜有人居住。因此，如今的海晏村其实已经逐渐变成了一个类似于城中村的聚落。

云南艺术学院的“乡村实践工作群”[⑤]在针对于海晏村的设计改造时，便尝试着运用“节点式设计”的手法来进行。首先，设计师们并没有在海晏村进行大规模的重新规划，而是尽可能地对其现有的空间肌理和交通体系进行认可，保全了村落的大局（图 4）。其次，设计团队在海晏村中选择了一些节点，通过改造或二次创作的方式赋予了这些节点全新的功能。在创作的过程中，设计师们保留了“一颗印”建筑的基本格局和构成方式，但在建造技术、空间连接、立面效果和局部形态上，却将现代造型艺术与传统风貌进行了融合，从而呈现一种既符合传统审美，又颇具现代气息的建筑形式（图 5）。按照设计师们的期望，这些节点式的新建筑最终会成为承接海晏村与外部世界的平台，并以潜移默化的姿态影响海晏村中的原生建筑，最终使得整个村落循序渐进地完成自我迭代。

图 4 昆明市海晏村设计改造（图片来源：云南艺术学院“乡村实践工作群”）

图 5 昆明市海晏村中的节点式建筑设计（图片来源：云南艺术学院“乡村实践工作群”）

6 结语

每一个乡村聚落都有着必然的生成因果，无论其现在的风貌如何，其自我演化所呈现出来的结果都值得尊重。正确看待和认可乡村聚落的自然更新，以“介入”和节点式的策略来引导乡村聚落的良性发展，通过设计的示范性作用来对乡村聚落中的原生建筑进行潜移默化的影响，将“尊重”和“保护与发展”等理念辩证地融合起来，并付诸实施。对于当下复杂而棘手的乡村问题而言，这样的设计和改造策略或许又是一种尝试。

注释：

①“碧山计划”由中国当代诗人欧宁和安徽大学的佐靖教授于2011年发起，选址于安徽省黟县的碧山村。其策划团队意在反思中国乡村的现有发展模式，并邀请国内外的诸多建筑师、艺术家、设计师和学者等共同参与乡村营造，期望为社会提供一种全新的乡村发展思路。

②东梓关村坐落于浙江省富阳县的场口镇，其回迁房建筑群由“GAD建筑设计”于2016年设计完成，被誉为“再现了吴冠中笔下的水墨江南。”

③高黎贡山造纸博物馆由建筑师华黎于2012年设计完成，坐落于云南省保山市腾冲县界头乡。

④“欲望之屋”由建筑师俞挺于2017年设计完成，坐落于广东省深圳市盐田区的大梅沙村，是一幢由城中村自建房改造而成的展陈类建筑。亮相于2017年第七届深港城市，建筑双城双年展。

⑤云南艺术学院“乡村实践工作群”由云南艺术学院环境艺术系邹洲副教授于2014年创立。其集学术研究和设计实践为一体，致力于探讨云南本土的乡村聚落和地域性建筑创作。

参考文献：

[1] 黄安心．“城中村”城市化问题研究[M]．武汉：华中科技大学出版社,2016.

[2] 卢世主．城镇化背景下传统村落空间发展研究[M]．北京：中国文联出版社,2016.

[3] 王春辰．“艺术介入社会”：新敏感与再肯定[J]．美术研究，2012（4）.

[4] 张顺圆．城市共生——2017深港城市\建筑双城双年展（深圳）综述[J]．新建筑,2018(2).

基金项目：本文为云南省教育厅科学研究基金项目，课题名称“乡村复兴视野下的云南原生院落式民居营造背景及演化趋势研究”，项目编号：2018JS361。

谈云南合院民居建筑中的“方与圆”——武家大院为例

王 锐 云南艺术学院 / 副教授 / 硕士研究生导师
丁 艺 云南艺术学院 / 研究生

摘 要：合院式民居建筑是中国古人建造的主要建筑形式，是建筑文化中的瑰宝，其中包含了各种文化内涵。“方与圆”的观念从宇宙自然中而来，并成为重要的传统思想文化被广泛应用在合院式民居建筑中，是研究合院式民居不可忽略的一部分。本文以位于云南省楚雄州黑井古镇的武家大院为例，列举了在武家大院这一清代合院式建筑中体现方圆之说的一部分，来说明“方与圆”观念在合院式民居建筑中思维实际应用。

关键词：民居建筑 方与圆 合院式

1 云南传统合院式民居建筑分析

（1）云南传统合院式民居建筑概况

民居建筑是人类建筑发展的起源，它直观地反映了人类生存文化、生活文化和观念。中国幅员辽阔，不同的自然环境和人文导致形成了各地各式的民居建筑类型，典型的有北京的四合院、陕西的窑洞、内蒙古的蒙古包、福建的土楼……而合院式建筑是民居建筑中的重要类型。合院式民居被定义为东、西、南、北四面或三面围合，形成的内院式住宅。

云南省地处我国西南边陲，毗邻西藏、四川、贵州和广西，对外与缅甸、老挝、越南接壤。特殊的地理位置，使得多种文化在云南地区相互交汇，总的来说有北部的青藏文化、南部的东南亚文化以及中国内陆的中原文化。经过多年融合，在云南的土地上形成了形式多样又层次丰富的文化格局。云南合院式建筑的形成与发展过程中，汉文化在很大程度上起到了推进作用，特别是“丝绸之路”和“茶马古道”的发展。

最有代表性的就是“一颗印”合院式建筑，其是云南比较有特色的建筑形态，通常分布在昆明至滇南建水一带。“一颗印”在发展过程中受到彝族土掌房构筑形式的影响，有类似的传承特点，使用民族包含汉族、白族、回族、彝族等。大理地区的白族合院式建筑也是极具特点的建筑形式之一，与“一颗印”不同的是，在其发展的进程中受到中原文化的影响，吸取了汉文化发展。除了以上所说“一颗印”和白族合院建筑外，云南省内还有移民所带来的中原合院式民居建筑。相对来说，云南省内合院式建筑形式是较为丰富的。

（2）云南传统合院式民居建筑的现状

工业上的革新给人类带来的巨大变化体现在生活的方方面面，建筑建造技术取代传统建造技术，随之而来的是新的建筑、新的生活方式。

一个地区的民居建筑出现之初就以本土的材料和本土的环境为根本，是“建筑的使用者、建造者和设计者三者合一”的体现。而到了现在，传统民居建筑在心理上被使用者摒弃，去追求新的、适应现代生活方式的居住建筑。大批的传统民居建筑被拆毁，特别是城市中的传统民居建筑。大批的传统民居建筑被遗弃，早已无人居住，年久失修破败不堪，或者被新式建筑包围，又或大面积出现空村落。只有少量的民居建筑因其文化、美学、历史等价值被开发保护起来，例如大理古城、丽江古城。云南境内民族众多，建筑形式也是各有特点，丽江纳西族、大理白族民居“三坊一照壁”，干热河谷地区彝族土掌房，亚热带傣族干栏式建筑……可是现在就建筑形式、建筑材料来说也是趋于相同，失去了特色。

2 建筑装饰中“方与圆”观念的形成

“方与圆”实质上就是人们常说的“天圆地方”观，在东西方的文化概念中都曾出现过，是人们在探知未知宇宙和自然界的过程中，衍生出的一种世界观的表现形式，对宇宙的具象表达，是对天地形状的认识。

在早期，人们站在广袤的土地上，举头看天觉得天是罩在大地上的穹顶，日月星辰周而复始地运动，而地是平的，承载着人们的生活空间，“天圆地方”最初就是人们朴素的、直观的对世界的概括。早在先秦时期，就有“天圆地方”的文字记载，楚国诗人宋玉就在《大言赋》中有道：“方地为车，圆天为盖。”《吕氏春秋·序意》：“大圆在上，大矩在下上揆之天，下验之地”等。可见，当时对宇宙的探索人们大致已有了共识。

随着时代发展，“天圆地方”说不断加入新的文化元素，有了更多的含义。从宗教上来说，道教是中国的一种本土宗教，距今已有1800年历史。众所周知，太极图是道教文化的哲学符号，黑白的强烈对比，代表了阴阳两个极端，在两者互相追逐中表现了互相融合，阳吸收着阴的同时阴也吸收着阳，两者相辅相成，但又代表了两个极端。这其中表现了道教文化中不把世界看成是单一的组成，是相互对立而存在的，这是二元论的范畴。“方与圆”的形态对立，却又常常同一出现，正是阴阳双方的体现。《易经》中八卦图的绘制，就是在四方形的九宫格上建立起了八卦分野，逐渐细分下去就得到了圆形，还暗藏了“天人合一”的寓意。

从古印度起源的佛教，经丝绸之路传到了中原，中原地区宗教文化因此也有了佛教的一席之地，带来了新鲜的外来文化。古印度的一种传统图案名为曼陀罗，图案中由圆形和方形组成，许多佛教建筑都运用了曼陀罗的组合形式，在整个建筑空间构成上方形和圆形蕴藏在其中。位于印尼的婆罗浮屠佛教建筑，佛塔的顶端为一座巨大的钟形，直径9.9米。佛塔底座是方形的，长123米，基础上五层方形台，面积逐渐减少。方形台上又有面积依次递减的三层圆形平台，形成了下方上圆的形态，即佛教的最高数字9。中国大乘佛教中莲花的图样也是方形与圆形的构成，圆形的莲花底座上布满了方形，体现了对大千世界的包容，这与道教的阴阳之说有异曲同工之感。

自秦代起，中国的封建王朝就开始实行中央集权制度，王权高度集中在一个或者几个人的手中，是一种独裁政治组织形式，这样单独的一个人自称为“皇帝”，权力机关再层层下放，依次统治。皇帝们将自己比作天之骄子，一直在天地之间寻找自己的位置，在这样皇权高度集中的政治形式下，建筑形式也随之表现出皇家的特点。

首当其冲的就是祭祀建筑，祭祀建筑被人们认为是人与天地对话的地方，通常有着严苛的建造规范制度和讲究，以体现统治者至高无上的地位。天坛就是祭祀的典型建筑，形式大多为象征天的圆形。天坛是明清两代帝王祭天的神圣之地，有着绮丽的建筑装饰、严谨的建筑规划和奇特的建筑结构。天坛坛墙有两重，形成内坛和外坛，主要的建筑集中于内坛。圜丘坛是每年冬至帝王祭天大典的场所，坛形圆而似天，坛上有三层，每层四面分别出九级台阶。上层最中央为一块圆石，外侧有九个扇形石块，内侧则有九个圆，再以九的倍数依次往外延展，护栏和望柱都是以象征“天”的九或九的倍数来建造。可见“天圆地方”的观念在政治高度集中的皇家建筑和祭祀建筑中体现得淋漓尽致。

3 以黑井古镇武家大院为例

（1）关于武家大院的介绍

武家大院位于云南省楚雄彝族自治州的黑井古镇，建于清代。清代的各项建造工艺已达到了顶峰，作为黑井最富庶的氏族，这处建筑院落占地2187.85平方米，依山势而建。进入大门，左侧是一片锦绣斑斓的花园，右侧则是巍峨矗立的三层楼房，门窗雕梁画栋，瓦片均有飞禽走兽、花鸟虫鱼及各式图案。整座院落据说由99间房屋组成，暗含着武氏家族的雄心壮志，九九为尊之说；整座院落分明二层、暗两层、三横竖，构成一个完整的“王”字。院落整体坐西向东，院子的大门开向北方，正好对着黑井古镇西南角上的一处元代修建的风水塔。从院南厢房三楼远眺，可鸟瞰黑井古镇的全部面貌。院落的平面布局采取“六位高升、四通八达、九九通久”说法，从院落上方看似乎是一个“王”字，有着“王隐其中”的含义。

据说院子的主人，曾经邀请当时京城最著名的建筑师，在设计上不仅有中式传统的样式，主人的三个儿子都曾在法国学习，所以还加入了些许法式风格。院落不论是格局还是装饰修建得极为奢华，建筑和内部装饰都十分张扬，负责石雕、砖雕和木雕的工匠工艺精良，使得整座大院富丽堂皇又充满文化韵味。在院子背靠的山中还设有两条隐蔽的逃命暗道，可见院落主人在设计上费尽心思，武家大院整体设计规划上可谓云南地区中民居建筑的翘楚。黑井古镇的雕刻技艺可谓堪称一绝，不论是柱脚石，还是石像、砖雕、瓦当，都称得上是精致的艺术品，由此可知，当年黑井盐业兴盛和当地经济的繁荣状况。如今落寞后，只留下这一座老宅独自诉说着当年主人的荣光和院落的辉煌。独自游走在武家大院的会客大厅、小姐的闺房绣楼、装饰精美的戏台以及当年存放金银珠宝的仓库之间，仿佛可以看到昔日武家大宴宾客、杯光酒影、杯盘交错的景象。最有代表性的黑井古镇武家大院，在历史上是黑井古镇上规模最大、最瑰丽的民居建筑，也是黑井古镇曾经富庶的见证，也是黑井古镇因盐而发达表现的最典型的例子。

（2）武家大院建筑装饰中的“方与圆”分析

武家大院与其他传统建筑院落一样，在门、窗、梁、斗栱处附有许多装饰纹样及装饰木雕。门、窗作为墙体里嵌入的框，并没有承重的功能，匠人们喜欢在门、窗上做文章。常用到的就是吉祥图案，武家大院的门装饰，用矩形做框，中部圆形内有“裕”、“喜”、“寿”、“禄”、“福”、“丰”六个吉祥文字，圆形外是四个蝙蝠围绕，谐音"福"字；矩形上还有一矩形，是木雕的梅兰竹菊图。整扇门下来，装饰手法、寓意统一，细细揣摩又能体会其中作为商贾人家的寄予。

除了门上的木雕样式，门窗上的格眼同样丰富，《营造法式》中就介绍了几种格眼：四斜毬文上出条桱重格眼、挑白毬文格眼、四混出双线方格眼、四直毬文上出條桱重格眼、通混出双线方格眼。从形态上看来，这几种格眼都在方形与圆形的基础上变化，武家大院的格眼形态上与挑白毬文格眼最相近，方形的框中圆形整齐排列，上下左右之间的圆形互相挤压，没有重叠的部分为镂空。

柱础，无论是在宏大的皇家建筑中还是在普通的民居建筑中都十分常见，柱础是放置在建筑柱子下面的石料。柱础的主要功能有两种，一是为了避免木制的柱体直接接触地面，从而减少土地中潮湿的水分直接侵蚀木柱，达到保护柱体的效果，延长柱子的使用寿命；二是可以将柱子所承受的房屋重量均匀地传导给地面，增加房屋建筑的稳固性。柱础从总体造型上看，除了规范的基座式和圆鼓式之外，大都是采用上下两层或更多层的组合样式，在武家大院比较常见的就是圆鼓式加方座组合而成的形式，也就是圆形与方形的结合，一般在圆鼓下面的方形底座上稍做一些改动。圆鼓形的石料上会雕刻上精美的图案，石雕造型走向椭圆鼓形状变化而变化，圆鼓造型的石雕放置于方形石料的上方，不仅起到了装饰的作用，也体现了中国传统文化中"天圆地方"的文化内涵。

武家大院可以说是黑井古镇最有特色的建筑，其有一处与众不同的地方是瓦片的下方附有黑白彩绘，瓦片中部有组合形式的绘制图样，武家大院见到最多的是双龙的图案，框在圆形中。每片瓦片上都有一个小的圆形图案，纹样种类图案丰富多样，如动、植物图案以及几何图案中的万字纹。根据当地的老人所讲，瓦片下的图案一是为了美观，根据当地的特色绘制图案；二是为了使下雨天瓦片减少松动。从只言片语中，不得不敬佩古人的智慧，在方寸之间都能融入方圆的概念。

4 结语

合院式民居建筑作为人类长久生活以来智慧的结晶，其蕴含的生活哲理和文化现象就像是一个有待发掘的宝藏。方圆之说成为研究传统合院式民居建筑设计的其中一个方面，在一定程度上解释说明了千百年来的造物之法，值得我们更加深入研究。武家大院建筑院落作为成熟建造技艺集大成者，其在建造方式、布局结构、建筑构件中都是一个好的研究对象。

参考文献：

[1] 汪华丽 . 论建筑中的"天圆地方"观 [J]. 大众文艺 ,2011(20):285-286.

[2] 刘永红 . 创世神话与古代"天圆地方"宇宙观的形成 [J]. 青海师范大学民族师范学院学报 ,2007(02):18-20,27.

[3] 那瑛 ."天上人间"的同构——中国传统文化中的空间观念与社会秩序的建构 [J]. 学术交流 ,2007(07):116-121.

[4] 许边疆 ."天圆地方"观与传统造物设计 [J]. 肇庆学院学报 ,2013,34(03):49-53.

[5] 张璐 . 中国传统合院式住宅空间形式研究 [J]. 艺海 ,2018(11):127-129.

[6] 何佳佳 . 传统合院式民居形式与文化的初探 [J]. 怀化学院学报 ,2016,35(08):8-10.

[7] 尹艳琼 . 云南楚雄黑井古镇建筑景观研究 [J]. 安徽农学通报 ,2016,22(02):105-109.

透光混凝土在公共艺术中的应用

王　锐　云南艺术学院 / 副教授 / 硕士研究生导师
李睿琦　云南艺术学院 / 研究生

摘　要：透光混凝土是匈牙利建筑师阿隆·罗索尼奇（Aron Losonczi）于2001年发明的，由玻璃纤维与浇筑混凝土构成。透光混凝土在使建筑本身具有固若金汤的特性下，同时也打破了混凝土建筑刻板的沉闷印象。而建筑混凝土运用于公共艺术设计，也是非常不错的选择。既可以增加公共艺术设计必要部分材料的坚固性，同时也可以增加公共艺术的观赏性。透光混凝土在公共艺术中的使用，可以增加景观的实用性，同时也可以增加公共艺术的交互性，可以更好地表现沉浸式公共艺术。

关键词：透光混凝土　公共艺术　树脂　光纤

1 透光混凝土历史沿袭

（1）透光混凝土的发明

根据考古发现早在公元前12000年，埃及人就用混凝土建造了金字塔。而后在古罗马的掠夺中这一技术传到了古罗马，古罗马人在此基础上进行了改良，将生石灰、火山灰和碎石混合浇筑在手工制作的垫板之中，并在上面覆盖石头或者砖块。18世纪50年代约翰·史密顿发现水硬石灰遇水会凝结，于是约翰·史密顿将水硬石灰和鹅卵石石灰相混合研制出一种新的混凝土材料。19世纪20年代波兰特水泥诞生，波兰特水泥是由阿斯谱丁用产于波特兰岛的石灰石构成，则用其所在地区名称命名。1840年左右约瑟夫·路易斯·拉姆发明了钢筋混凝土，为现代主义的设计奠定了良好的材料基础，使现代主义的理念可以在现实中得以实施。21世纪开始，世界各地都在对混凝土的透光性进行研究，目前透光混凝土的制作有两种方式，一是将平行光纤维均匀地放置于浇筑的混凝土材料之中。而另一种方式则是将半透明或者透明的材料放置混凝土当中进行混合。这些技术的研发成功打破了刻板的混凝土材料沉重、压抑的感受，使混凝土材料更加灵动。将透光混凝土运用在建筑中和景观中，既满足了建筑或者景观本身承重的需求，同时使空间更加灵动、透气，从而增加了建筑的呼吸感和轻薄度。与此相较，公共艺术中虽然并没有太多的承重需求，但透光混凝土材料本身所有的呼吸感和可塑性在公共艺术运用中也有不可多得的优势。

（2）透光混凝土的工艺

自透光混凝土于2001年在匈牙利诞生后，透光混凝土技术飞速发展，平行排布法制作光纤混凝土和光纤维生产模具都获得了专利。透光混凝土较为成熟的技术目前有两种：一种是光纤维混凝土，另一种是树脂混凝土。

光纤维的传递原理为：一根超细纤维玻璃在经过多次的能量折射后，最终将能量从光纤的一端传导致另一端。因为光的折射耗能较少，所以传递中能量损耗极低。因为光纤有这样良好的传导特性，所以光纤在通信当中被广泛应用。由光纤维构成的透光混凝土有两种制作方式第一种是由预设好的图形、文字刻在模块上，放置在墙体两边然后插入一定数量的光纤，再进行混凝土的浇筑，称为“先植法”；第二种是在浇筑好的混凝土当中打孔放置光纤维，而后再浇筑固定，称为“后植法”。由于光纤维的造价较高，且工艺复杂，所以，透光混凝土在建筑的发展受到了一定的制约。

树脂混凝土相较于光纤维混凝土成本更低，并且大大增加了混凝土的透光性。树脂透光混凝土源于意大利，是意大利的水泥集团2008年研制出来的。树脂类透光混凝土制作简易，可采用如纤维类透光混凝土“先植法”、“后植法”，也可直接作骨料进行制备，树脂球在透光的同时还可以聚光。

（3）透光混凝土的特性

透光混凝土具有艺术性、透光性、抗压性、抗渗透性、抗冻融性。

艺术性，透光混凝土可以美化公共艺术，增加公共艺术与周围环境共生的效果。如在室内的公共艺术，在对承重和透光性都有需求的情况下，可以更好地表现公共艺术。

透光性，无论是采用光纤维制作还是树脂制作，光的折射损失都非常小，所以，透光混凝土浇筑的墙体厚度不受透光性能的限制。通过混合当中放置的光纤数量和树脂球的数量可以人工调整透光混凝土的透光性。与此同时，透光混凝土还能吸收太阳所产生的大部分热量。

抗压性，对于透光混凝土影响抗压程度的主要因素是透光纤维和树脂球的体积占透光混凝土的百分比，经过反复地实验后发现当透光混凝土中的光纤维或树脂球的体积与混凝土的体积比不大于百分之三时，透光混凝土的抗压强度损失不超过百分之五，可基本忽略透光材质对抗压性的影响。

抗渗透性，透光混凝土为多孔性材质，当透光混凝土的两侧存在不同压力差的物质，压力差大的一侧则会向另一侧渗透，光纤在与混凝土相结合时连接处会产生缝隙，从而使渗透加快，但可以在不影响透光性的前提下覆盖树脂膜，来提高混凝土的抗渗透性。覆盖树脂膜的做法虽然可以提高透光混凝土的抗渗透性但与此同时也会增加透光混凝土的建造成本和建造难度。树脂透光混凝土中的树脂球与混凝土的连接并不存在界面，主要导致透光混凝土腐蚀的氯离子极少能进入混凝土中，所以树脂透光混凝土的抗渗透性更强。

抗融冻性，混凝土在外部环境接触时容易受到极端天气的影响，如暴晒和雨雪侵蚀，所以透光混凝土的抗溶冻性也是其非常必要的特性之一。与此同时，透光混凝土可能也会成为建筑外立面，同时平衡室内外的温度，透光混凝土的外面会接受高温，而内侧则是平均温度。光纤和树脂的存在不会影响透光混凝土的融冻性。在透光混凝土的光纤和树脂球的含量不超过百分之三时，融冻性的损失微乎其微。

2 公共艺术中的透光混凝土应用

（1）透光混凝土在公共艺术中应用的优点

首先，透光混凝土具有较强的可塑性。透光混凝土便于制作曲面墙体、异性雕塑、球形透光体，以适用于不同的场合，不仅仅是室外的公共艺术，半室外、室内的公共艺术也可以很好地配适。如制作透明混凝土墙，采集外界的光线，也可以让公共艺术在有艺术性的同时具有实际的作用，如在公共空间内采用透光混凝土来制作逃生标志等。

其次，透光混凝土可以让公共艺术更加具有交互性。透光混凝土的工艺决定了其半透明的质感，透光混凝土制作的墙体仿佛一层透光的纱布，可以映衬出人的形状，从而减弱了混凝土本身的厚度和重量。改变光纤的位置和色彩，可以变换出不同的效果，配以不同的灯光色彩，可以达到梦幻的效果。行人可以穿插其中，感受光线照射方式的改变，能更好地体验材质带来的乐趣。触摸材质而不会损坏作品，感受透光混凝土与艺术设计相互交融的感受。

最后，透光混凝土还有节能环保的效能。在室内，或者半室内的公共艺术中采用透明混凝土，可以聚集自然光或外界光，节约大量的人工光能，从而达到绿色环保的效果，也使公共艺术在小空间中可以放大，而不感到压抑。在必要的室内空间，透光混凝土也可以作为承重材料，透光混凝土在具有透光性的同时抗压性只损失了普通混凝抗压性的百分之五不到，抗压性的减弱微乎其微。

（2）透光混凝土在公共艺术中应用的缺点

光纤制作的透光混凝土，制作工序复杂，无论是先植法还是后植法的局限性很高，有相当大的一部分成本来自于人工成本，光纤的布置效率也很低。而且光纤布置时会产生废弃的泡沫塑料，对环境造成了一定的破坏。光纤混凝土在生产时会排放出对环境空气质量有影响的气体，例如大量的二氧化碳、一氧化碳和粉尘，且在透光混凝土失去效能达到寿命后，透光混凝土产生的废弃物不可降解和利用。在制作混凝土时会不可避免地对环境产生一定的污染。

树脂类制作的透光混凝土，需要添加导光树脂材料，不但会提高透光混凝土的制作成本，透光混凝土的寿命也会相应减少。用骨胶配置透光混凝土，虽然延长了透光混凝土的寿命，也降低了透光混凝土的环境污染可能，但其前期配比研究的成本较大，工业残渣还原的成本也较大。亚克力棒为有机玻璃的一种，在制作产品中会产生大量的废弃材料可以成为代替光纤的材料，但亚克力水胶会受到空气中湿度的影响而开裂，会影响透光混凝土的抗压性和透光性。

3 透光混凝土在公共艺术中的可行性分析

随着绿色环保概念的深入人心，建筑装饰行业的着力点开始逐步转移到环境友好型材料的研究当中。透光混凝土在公共艺术中的应用也更加合情合理。建筑师马里奥·博塔提出：关于建筑，喜欢的并非建筑本身，而是建筑成功地与其环境构成一种和谐的关系。公共艺术也是如此，公共艺术应该更加重视环境和公共艺术交融的感受。材料对公共艺术的影响是非常直接的，不同的材料给予观者的感受是不一样的。透光混凝土进入公共艺术当中是非常有必要的，位于美国路易斯安那州首府巴吞鲁日的伊贝维尔郊区的退伍军人纪念馆就是透光混凝土应用在公共艺术中的成功案例。伊贝维尔郊区的退伍军人纪念馆采用了I.LIGHT透光水泥制造了发光混凝土预制板块。板块采用塑料树脂。双面布有具有透光性能的树脂，树脂的直径只达到几毫米。纪念碑全部采用透光混凝土制作，对墙体投射不同颜色的光线。顺光望去，墙体本身与普通实心混凝土无差别，但逆光看过去，墙体为半透明的状态，并显示出斑驳的光纤穿插其中，这是树脂光球对太阳光线产生了聚集和折射的效果，在墙体上形成了一个个“闪光点”。伊贝维尔郊区退伍军人纪念馆建造的主要目的是为了纪念参加越南战争的美国退伍军人。白天太阳光在纪念碑中穿插，半透明的墙体表现出斑驳的质感。在傍晚时分，夕阳穿过透光混凝土，红色的光晕在纪念碑上闪闪发光，仿佛让人置身于腥红的战场。夜晚降临时，透光混凝土闪烁着点点星光，照亮了后人的归途。虽然国外已经有许多成功的案例，透光混凝土的制作工艺也在不断提升，但是国内制作透光混凝土的工艺还有待进步。如果想要将透光混凝土应用在国内公共艺术中，造价是首要问题。光纤的成本过于高昂，而量化生产的树脂透光混凝土，需要从国外进口才可以。国内的部分实验室已经研制出了树脂透光混凝土的水胶配比，在性能测试方面的数据还不够完善。大部分的公共艺术设计者还没有认识到透光混凝土材料的优势，随着透光混凝土材料的技术进一步推广，相信透光混凝土在公共艺术中可以很好地展现材料本身的特性，也为公共艺术设计者拓展更多的可塑空间。

4 结语

透光混凝土是混凝土的衍生品，自21世纪以来，随着透光混凝土的制造工艺和建造技术的飞速发展，透光混凝土的应用范围也在逐步扩展。透光混凝土主要分为树脂透光混凝土和光纤透光混凝土。对于这种新型的材料在公共艺术中的应用，既有优势也有劣势，优势是在更加节能的同时，也可以增加公共艺术的可塑性、交互性。当然，透光混凝土在公共艺术中的应用也存在着一定的劣势，造价和技术会限制公共艺术的效果。我们应该辩证地看待透光混凝土材料在公共艺术中的应用。希冀透光混凝土能够焕发公共艺术新的活力与生机，让透光混凝土在介入公共艺术后其可塑性和艺术性都能够得到更好的提升。

参考文献：

[1] 梁振学 . 建筑入口形态设计 [M]. 天津：天津大学出版社 ,2001.

[2]（挪威）诺伯格·舒尔茨 . 存在·空间·建筑（尹培桐译）[M]. 北京：中国建筑工业出版社 ,1990.

[3] 刘永德 . 建筑空间的形态、结构、涵义、组合 [M]. 天津：天津科学技术出版社 ,1998.

[4] 吴裕成 . 中国门文化 [M]. 天津：天津人民出版社 , 2004.

[5] 彭一刚 . 建筑空间组合论 [M]. 北京：中国建筑工业出版社 ,1998.

[6] 史永高 . 材料呈现——19 和 20 世纪西方建筑中材料的建造－空间双重性研究 [M]. 南京：南大学出版社 ,2008.

[7] 大师系列丛书编辑部 . 安藤忠雄的作品与思想 [M]. 北京：中国电力出版社 ,2006.

[8] 清水模灰的极致：毛森江的建筑工作 [M]. 台北：三彩文化出版事业有限公司 ,2013.

[9]（美）布朗奈尔 . 建筑设计的材料策略（田宗星，杨轶译）[M]. 南京：江苏科学技术出版社 ,2014, 1.

壮族村寨民居的改造探索

肖振萍 大理大学艺术学院 / 副教授

摘　要：文章通过分析壮族民居建筑特征以及发展难题，提出改造性解决方案，以期通过探索传统建筑精髓与当代生活方式的融合形式激活传统壮族建筑在当代乡村的生命力，为美丽乡村的改造建设提供可实行的思路。

关键词：乡村建设 少数民族建筑 壮族村寨 改造

据秦汉时期史籍记载，壮族起源于岭南的“西瓯”、“骆越”等地，目前在全国31个省、自治区、直辖市中均有分布，范围东起广东省连山壮族瑶族自治县，西至云南省文山壮族苗族自治州，北达贵州省黔东南苗族侗族自治州从江县，南抵北部湾，主要集中在中国的南方，而广西壮族自治区是壮族的主要分布区[1]。壮族先民为了适应亚热带炎热、多雨、潮湿的气候，以及猛兽横行的地区环境，创造了具有地域特色和民族风格的干栏建筑，其优良的使用功能在南方民族的建筑史上占有重要的地位，并对周边民族建筑产生影响。然而，由于文化全球化对乡村文化观念的影响，加之壮族青年对都市生活的向往，使得本族人对文化的认同度低，同时传统建筑隔音效果差、防火效果不理想等种种弊端让壮族人倾向于接受钢筋混凝土材料和现代建造技术，而来自民族生活方式的改变也让传统建筑的特有形式失去功能意义，以上诸多因素使壮族建筑的原始风貌遭到极大的破坏。因此，即便在乡村地区，壮族建筑的保存和发展也遭受了极大的考验。虽然“保护文化”的号召已不是标新立异的呼声，但是真正的难点却是：如何对待传统建筑风貌与现代生活需求的矛盾？如何解决传统材料与现代施工技术的矛盾？本文主要针对广西壮族自治区讨论村寨民居的改造更新策略以期解决上述问题。

1 壮族民居建筑特征分析

（1）建筑形式

壮族干栏式建筑类型有全楼居高脚干栏、半楼居高脚干栏、低脚干栏（包括横列式干栏）、地居式干栏四种形式[2]，建筑采用穿斗构架，以瓜柱支撑和抬高擦椽。伴随不同时期发生的问题以适应不同的需求变化，渐次经历了从全楼居高脚干栏到低脚干栏形式的演变，最后发展成为地居式的过程。据考证，全楼居高脚干栏为形态较为原始的建筑类型[3]，仍保存古代干栏的风格特征，在此结构上又发展出利用鲁屋后部地面居住的半楼居高脚干栏式，而低脚干栏式则在半楼居高脚干栏式基础上将底层高度降得更低，这一形式的底层高度已不适应用来圈养牲畜和堆放杂物，仅有隔潮通风的功能，地居式干栏建筑沿用干栏式主体结构但直接以地面为居住面，前廊保留干栏建筑的风貌特征，牲畜另在旁侧结栅圈养。

（2）建筑材料

从历时性角度对壮族建筑进行分析，壮族古老的建筑无一例外地采用全木结构[4]，以后逐渐出现用石块垒砌成墙和房屋两侧基脚的木石结构，再发展到用夯土筑成房屋两侧山墙但梁架和楼板仍为全木的木土结构。由于粮食采集方式和社会关系的变化，壮族居民的居住环境形成由高处向低处乃至平地移动的趋势，因此在交通不便的深山、高坡、半山腰村寨多为高楼干栏和半楼干栏房屋，山岭坡上的村寨多为地居式干栏，山岭脚下的村寨多为低干栏房屋的立体建筑景观。

（3）建筑空间特点

广西壮族村寨的干栏房占地多，较宽大，一般多为五柱，一侧有披厦，面阔约为20米，进深约为10米，房屋底层一侧设进屋的入口，并建有长约7米、宽2.5米的望楼，望楼旁搁置木凳用来挂放工具或休息使用，入口木梯与二层相连，沿木梯向上可到达二层居住层。

火塘是传统壮族人生活的核心，传统的火塘采用双层梁或穿梁加下吊，再用木板围坑，坑里埋泥土，上铺青石板与模板隔离，起到防火保暖的作用。火塘一般设在屋内厅堂两侧，一家室内生活最温馨的记忆都和火塘相关，家人炊煮通常使用右侧火塘，婚丧及其他喜庆之日宴请宾客则使用左侧火塘，常用火塘一侧的壁面上设有壁龛，用来放置炊器和饮食器具，功能相当于橱柜。

卧室或储藏室在火塘后侧和左侧，以木板隔开。平面布局因区域文化不同稍有差异，但布局都有严格的规矩。以龙胜地区为例，从前厅进入堂屋与祖宗神位形成三点一线，卧室安排在神位背面用隔板隔开的空间内。父辈居正中，其余按照女性居右男性居左的传统思想布置，右边房住母辈，左面房住儿媳。未婚子女则儿子居左，女儿居右，女儿结婚后回娘家仍可居住。而百色一带干栏房的布局稍有不同，仍然以中间为厅，但厅的后半部作厨房，左右厢房作卧室。居住空间的安排仍然沿袭男左女右的思想，左厢房前半部为父辈居住，左右厢房的后半部为儿孙住 。

壮族干栏式建筑围绕居民生活起居习惯作为空间功能布局的核心思想，住屋旁侧增建披厦、望楼和回廊，供家人乘凉，相对的一侧前设木竹建成的晒台，满足晒谷、舂米、饮水、炊煮、饮食、宴客、集会等乡村活动的多种需求。

2 壮族民居发展现状分析

（1）现代砖瓦房取代正取代传统壮族建筑语言

近年来广西大多数壮族村寨新修建的房屋多为砖混结构，铝合金材料和大面积玻璃广泛使用，追溯缘由可能与村民外出务工的经历有关，文化的劣势和社会地位的差距让他们否定自身文化，且意识中认为欧式元素代表富贵与成功[5]，因此，即使与周围环境不协调，他们也仍然愿意建造，并互相攀比。在一些政策的影响下，本民族文化的价值得到了有效的修正，但又在模式化、规范化的要求下，壮族传统建筑失去了自由发展的意趣。

（2）新的生活方式对建筑及室内提出新的功能要求

如今的壮族年轻人因为读书或务工等因素，很多都走出过自己的土地，见证过世界发生的变化，也了解城市中舒适的居住环境，外来文化对壮族村寨文化产生了相当大的冲击[6]。在这样的文化对比中，壮族民居木结构隔板不隔音、不防火，人畜混住、不卫生等弊病让壮族建筑面临淘汰的现状，而煤、煤气、天然气以及沼气等新能源方式优于柴草等传统能源，村民们已经不再满意传统的住宅环境。在调查中还发现：如今壮族民居，原本典型的 “干栏式” 吊脚楼在新建中有 90% 以上把底层用红砖砌实。由此可见，他们对自己的新建房从外观到内部设施都提出了新的功能要求。

3 壮族民居改造的实验探索

对于壮族居民来说，改变居住空间的舒适性比保留建筑的民族风貌更为重要，保持自己生活的先进性比守护自己文化传统更重要，建造的成本比老房子里的乡愁更重要，如果改造的建筑不能改变这些问题，那么对于壮族居民来说方案是无意义的。在这样的前提下实施和倡导单纯的“保护”和“保持”方案就显得很苍白，因而通过优化设计来重新考虑壮族民居生活空间的改进与功能空间的改善是必要的。

（1）传统技术材料融合现代生活观念

地域文化是在特殊地形、当地材料、当地工匠、当地技术、当地文化逻辑的多重限制的局限条件下形成的，但是新生活方式的融入才能给传统建筑新的活力。因此，应避免盲目排除大窗户采光取景的建筑结构和现代化的铝合金门窗，确保在解决了房屋结构稳定性、夏季阳光直晒、蚊虫鼠患等因素的前提下采用大窗户，这会带给室内居住者与自然产生更多的互动，透明玻璃材料在村落环境中形成最小的视觉污染，与建筑整体以及村落整体的风格相协调。另一方面，在考虑降低成本、稳固建筑结构的前提下采用本地木材以及传统工匠用传统施工工艺完成建筑外立面的结构造型和肌理，形成景观语言与建筑形式的统一。

（2）传统建筑形式融合现代生活方式

壮族传统的“干栏式”木质吊脚楼在村民自建新房过程中多数用木板或红砖填实，不但在功能上降低了原本底层作为通风与防潮的作用，而且在视觉效果上与传统风貌发生了视觉冲突。侧面反映了这一形式与当前生活方式的冲突，失去了干栏式造型的建筑就失去了传统风貌，为了保留传统壮族建筑的文化逻辑又改善居住体验，在方案中还原底层架空的形式并虚化建筑底层的视觉效果，以出挑的晒台和水景调节房屋空间的小气候，以现代造景形式为壮族居住空间阐释新的生活方式。

（3）传统生活需求融入现代建筑空间

厨房与卫生间的改造是改善壮族民居居住体验的重点，传统壮族民居在卫生间设置的问题上受地形和建筑结构等因素局限，防臭防污效果糟糕。改造后卫生间的污水经过进出水管道排泄到沼气池中转换为能源，既解决了传统壮族建筑防污防臭的问题又解决了情节能源的问题，而且由于设置管道，卫生间位置不受局限，可以更合理地安放在背阴等不理想的位置，有效避免因采风、采光等因素而带来的种种问题。

另一方面，火塘是传统壮族生活的中心，炊事也占据着乡村生活大部分时间，一家人除取暖聊天聚会之外，煮食烧饭炒菜都围绕火塘边进行。火塘承担了厨房的功能但又比厨房具有更多的社会功能和文化意义，而且乡村中使用柴火的家庭比例很高，因此壮族厨房的设计要考虑更宽大的空间满足传统生活方式对炊事延伸功能的需求，方案采用大尺度厨房空间以新的空间形式定义传统生活方式。

（4）现代建造形式重释生活新方式

考虑到壮族居民的生活习惯和对晒台的依赖，为满足休息或聊天的生活需求，设计出挑的平台将二层平面结构与传统民居廊结构和堂屋相结合，增加沙发、茶几等会客功能，宽大的会客厅和宽敞的观景窗满足居民对城市生活的向往。三层采用抽象的坡屋顶结构，从而获得了独特的空间造型与外观效果，非常规的空间在使用上带来心理上的疏离感[7]，明亮的采光环境和高挑的景观效果成为理想的观景区域，也具有打造成为民宿或客房的空间优势，创造乡村创收的新形式。

诚然，在改造过程中新形式会不可避免地与当地村民风俗发生观念上的冲突，设计师要做的是在尊重壮族的风俗和民族禁忌的前提下，以环保和可持续的设计推进壮族农村民居的改造和建设，改善居住质量，以新的生活方式和建造形式重释壮族建筑文化，从而让更多的人接受、认同壮族建筑文化，并开展壮族乡村建筑的讨论和探索。

参考文献：

[1] 中华人民共和国国家民族事务委员会 . 壮族 [EB/OL].http://www.gov.cn/guoqing/2015-07/23/content_2901594.htm 2015.07.23.

[2][3][4] 覃彩銮 . 壮族传统民居建筑论述 [J]. 广西民族研究 ,1993(03).

[5] 陶雄军 , 何奕阳 . 论艺术设计中的印象“再现” [J]. 艺术科技 ,2015(03).

[6] 王成 , 莫敷建 .“互联网 +”时代传统聚居村落的保护与开发研究 [J]. 建筑与文化 ,2018(09).

[7] 玉潘亮 , 唐孝祥 . 中国传统城市营建艺术与围棋的审美共通性 [J]. 规划师 ,2018(09).

浅析仫佬族传统民居建筑
——以罗城仫佬族自治县四把镇为例

徐　卓　广西艺术学院 / 研究生

摘　要：在传统的中国文化中，民居作为人类日常休息交流的场所，也因其在生活中占据的重要地位，使传统民居转化为一种符号语言，反映着建筑的功能性、地缘性及发展性等。仫佬族建筑在其四百余年的发展历史中，逐渐形成了自然、和谐、开放、包容的建筑风格。

关键词：仫佬族　民居　土墙　地炉

1 罗城仫佬族自治县四把镇概括

罗城仫佬族自治县，位于 108° ~109° E，24° ~25° N 之间，隶属于广西壮族自治区河池市，位于广西北部，河池市东部，云贵高原苗岭山脉九万大山南麓。传说因四周群峰环绕，罗列如城而得名；又传因县城建于先之罗义村，遂定名罗城。

四把镇坐落在九万大山南麓苗岭山脉脚下。全镇总面积约 212 平方公里，共辖 1 个社区和 14 个行政村，43280 余人，其中仫佬族人口占 70% 以上，素有“仫佬山乡”之称。

2 四把镇仫佬族建筑探析

（1）仫佬族基本概括

仫佬族是我国西南地区的少数民族，长期以来，国内学术界普遍认为南方壮侗语族为侗水语支民族之一。仫佬族只有自己本民族的语言，没有文字。

从民族学宗源的角度分析，有一种关于仫佬族来源的说法，即通过对仫佬族民间的族谱等整理。仫佬族的祖先来自于湖南、广东、江西、山东、河南、浙江等省份，外来的文化冲击与当地风俗习惯相互融合进而发展出了如今仫佬族灿烂的民族文明。

图 1

（2）罗城仫佬族传统民居特征

在传统的中国文化中，民居作为人类日常休息交流的场所，也因其在生活中占据的重要地位，使传统民居转化为一种符号语言，它反映着建筑的功能性、地缘性及发展性等。仫佬族建筑在发展历史中，逐渐形成了自然、和谐、开放、包容的建筑风格。

在仫佬族传统民居的空间布局中，寻找地势平坦、依山傍水的开阔空间进行村落建设，在村落建设的过程中也同样重视植被的种植，这种看似超前的环保意识也蕴藏着中国古代天人合一的建筑哲学。

广西地处中国南部，此地就纬度而言，属于热带，但北面被南岭山脉环绕，东南临海，故气候温暖，土地肥沃。此地建筑大量使用木材，而仫佬族的传统民居采用大量砖石。笔者认为，形成这种原因分为两方面，一方面是因为仫佬族所居住的环境有丰富的石材，另一方面是因为采用石材可以防止虫害并达到良好的隔热保温功能。

仫佬族民居与其他临近的民族村落的民居之间最大的不同在于仫佬族民居并没有采用西南民族常见的干栏式建筑，而是以土墙、悬山仰瓦屋面、矮楼为建筑的主要构成部分。土墙是构建仫佬族民居的主要组成部分，它是在固定夹板的基础上逐层填充、夯实加高后形成的。

在厅堂一侧或厨房中设置地炉是仫佬族民居的特点，依托于罗城丰富的矿产资源，使仫佬族拥有了不同于其他民族的取暖方式，即在地面挖坑，制作地炉，地炉旁放置一个大水坛作为储蓄热水的器具，地炉和水坛都略高于地面以防止污水进入，这体现了仫佬族人民极高的劳动智慧。地炉既是一家人围坐取暖休憩的场所也是烹饪的场所。

（3）仫佬族传统民居的精神内涵

中国作为一个包容性极强的国家，许多外来的宗教都在华夏这块丰饶的土地上得到了发展。中国人对于建筑灵魂的理解，是建立在山川、土地及祖先等崇敬之上的。

在中国，以祭祖先的宗庙为例，其与普通住宅并无差别，宗庙内供奉牌位，摆列贡品，朗诵祭文，所有作为亦如祖先仍在世一样。仫佬族的传统民居中，也充满了尊老敬老的精神内涵，在民居的平面布置上，将神龛和地炉作为平面中心进行布局，而采光最好、距离地炉最近的主屋通常是老人房，把最好的房间留给老人。

中国建筑的平面布置，不论建筑是何种类，常常选择轴对称的左右均齐布局，同时在布局中考虑把生活上最实用的空间作为主要空间，依次向下递减。仫佬族传统民居在形制上十分类似于四合院，左右对称，但没有中间最大的主房。仫佬族民居多为三间两层的泥砖房，根据长幼辈分划分，一家一般为三代同居，若一家超过三世，则要分家。

中国自古所固有的建筑花纹，最早始于周汉，装饰花纹来源的根据是阴阳五行说和吉祥意义。花纹根据其来源的不同，大致可分为自然和人工两类，自然更可分为植物、动物、天文地理等，而人工类则可以分成几何纹、人字纹等。动物类的纹样中，中国人最常用的是龙凤纹、灵鸟纹、狮子纹及灵兽纹。龙凤是中国固有的神话物种，自汉朝起就有了龙凤纹的使用痕迹，龙为鳞虫之长，凤为百鸟之王，都是祥瑞之物。

在仫佬族民居建筑中，经常采用龙、凤等具象符号作为吉祥意义的象征，多以雕刻绘画的手法展示在门窗、屋脊上。凤凰作为仫佬族崇尚的精神图腾，也是仫佬族的族徽。这些具有美好祝愿的传统装饰纹样，既是仫佬族人观察并崇拜大自然的真实写照，也表现了仫佬族人民对于美好生活的向往。

屋顶是中国建筑最重要的部分，所以中国人对于屋顶的处理方法也非常注意，使大面积、大容积的屋顶不至于过分单

图 2

调。对于其轮廓周围的边界线以及与屋顶接触的界线，应该极力装饰。仫佬族屋顶呈"人字形"，这种设计利于屋顶的排水，特别是在雨水充沛的西南地区。屋脊正中间以瓦片拼合而形成的民族符号或吉祥造型，寓意着仫佬族对美好生活的展望。

3 结语

仫佬族自宋代开始发展，在泱泱的历史长河中始终焕发着崭新的生命力。仫佬族的村寨民居是仫佬族人与自然环境相互适应相互征服的见证。仫佬族人尊崇礼制，以老为先的孝道思想凝结在与他们生活息息相关的民居建筑里，渗透着民族崇拜的图腾也在民居装饰中找到了属于自己的一席之地。民族的迁徙、融合往往会带来新事物，也会对原生的民族特色带来影响。在罗城县，对于历经风雨且不再满足现代人日常需求的古老民居，有许多住户选择了推倒重建。曾经见证过历史，凝聚着族人技艺与匠心的民居越来越少。如何在传统与现代之间寻找一个平衡点，如何解决传统建筑与传统营造技术传承的现实环境，也许需要更多手段来保障和传承。

参考文献：

[1] 伊东忠太．中国建筑史 [M] 陈清泉译补．长沙：湖南大学出版社，2014.

[2] 于瑞强．仫佬族传统民居建筑符号特色及文化再生价值 [J]．广西民族大学学报（哲学社会科学版），2016,38,(1),92-96.

[3] 潘琦．仫佬族通史 [M]．北京：民族出版社，2011.

[4] 孙艺匀，王艳晖．罗城大勒罗仫佬族民居遗存考察 [J]．城市建筑，2017(23).

环境设计专业主题创意毕业创作教学研究

杨　霞　云南艺术学院 / 副教授 / 硕士研究生导师
彭　谌　云南艺术学院 / 讲师

摘　要：主题创意活动为云南艺术学院与云南沧源县委、县政府合作的项目。毕业创作主题为“创意沧源”，设计者围绕此进行了一系列各个专业方向的主题设计。学生对沧源的真实场地进行勘察和调研，毕业创作基于沧源县城市的佤族民族特色，包括色彩、民居、传说、节日等基础资料全面展开。本文列举了环境设计专业中两个毕业创作作品的实践，旨在以研究毕业创作实践的教学，不断培养学生的专业应用能力为目标，不仅反映了学生的专业能力和综合素质，也促进了环境设计专业的良好发展。

关键词：创意沧源　主题创意活动　环境设计　毕业创作

毕业创作教学是环境设计专业人才培养计划的重要组成部分，是对综合性空间设计、理论知识结合实践的一次全面学习和提高。环境设计教学根据其专业的特点和定位，要求专业教育与市场设计实践紧密联系，人才培养的主要目标是适用型环境设计专业技术人员，同时注意其技术性、实用性和创新性的培养。环境设计专业的毕业创作教学能使学生增强对空间尺度感的把控、合理布局空间功能的能力以及方案中艺术美学的修养。该环节的所有知识点都反映了室内和景观学科的专业设计和教学特点，在环境设计本科教育体系中占有非常重要的地位。通过毕业创作实践教学，不断培养学生的专业应用能力，反映出学生通过对本专业课程学习后的专业能力和综合素质，推动环境设计专业的良好发展[1]。

1 基于“主题创意活动”的毕业创作选题

针对主题创意活动模式的毕业创作，学生对云南城乡的真实场地进行调研，关注云南地域文化和民族特色设计的发展趋势和新应用，重点关注云南的城乡环境。挑战具有不同民族特色和文化的城乡环境，从当地实际出发，大胆探索，大胆实践，运用所学专业知识，结合实际场地，做出具有实践意义和地域特色的设计[2]。

2017 届毕业创作主题创意活动与云南沧源县委、县政府合作，毕业设计主题为“创意沧源”，由此进行了一系列各个专业方向的主题设计。选择此毕业设计主题是因为县委、县政府制定了沧源县要以佤文化为品牌，以文化旅游业为龙头的发展目标，提出了“旅游强县、文化名县”的发展战略。在未来必须以佤文化为引擎，形成当地旅游的多重吸引力、多元素、多层次、多形态的特征。而沧源县现阶段对于佤文化和城市特色的现代旅游城市表现较弱，与新时代背景下旅游城市发展的要求不能匹配[3]。基于以上原因，确定了 2017 届毕业创作的选题。

基于“主题创意活动”的毕业创作培养了学生的空间系统分析、总体规划、节点详细设计、成果制作等各方面的综合能力，使学生在图纸表达方案把控方面有显著的提高，并形成良好的学科综合知识体系和技能。在毕业创作教学过程中，学生将逐步培养全面应用知识的能力，提高学习积极性，增强理论知识的理解和应用。

2 毕业创作教学方法及内容

（1）毕业创作教学原则

毕业创作教学首先必须遵循整体原则，包括教学任务和教学活动的完整性。 其次，毕业创作教学应坚持启发创作原则和师生合作原则。 还应该以毕业生为主体，分散思维，积极创新，完成毕业设计的全过程。 这个阶段需要创作团队具备空间规划和设计能力，其中，同学之间的团队合作尤为重要。 对于每个学生的设计思路，应逐一汇报，然后进行设计团队的内部讨论。最后理论联系实际原则要贯穿于整个毕业创作的教学过程，本阶段教学活动要在一定的深度上，强调理论结合实际，即教学结合实践的教学理念及方式，并结合云南所蕴含的、能激活原创设计的丰富的民族文化艺术资源，及本省特有的民族资源与人文资源，将毕业创作教学环节与地域文化、民族特色、自身专业相结合。

（2）毕业创作教学方法

1）任务驱动法。指导教师为学生分配毕业创作任务，学生查阅资料，整理知识体系，然后分别汇报，最后由教师总结。过程中分小组进行，教师应布置具体任务，学生提出问题，以达到学习的目的。任务驱动的教学方法使学生在完成“任务”的过程中培养分析和解决问题的能力，培养学生的独立探索和合作精神。

2）互动讨论法。注重师生之间的讨论及讲解、指导的互动阶段，在双方详细研究设计方案后，学生积极提出问题或决定保留与否，以及修改或添加，以激发学生的积极性和自学能力。设计阶段成果采取汇报和讨论的方式，学生自觉主动地展示设计成果，指导教师以讨论的方式引导学生在功能性、创意性和艺术性方面思考他们的创作利弊。对于学生的设计思路，应该指出设计中存在的问题，并鼓励学生以自己的方式找到解决途径。

3）自主学习法。教师指导激发学生学习的主动性，培养勤奋学习、热烈讨论、独立自觉解决问题的能力。 鼓励每个学生尽可能地突破设计的惯性思维，使毕业创作体现创新性。此方法充分拓展了学生的视野，培养了学生的学习习惯和自主学习能力，锻炼了学生的整体素质。

（3）毕业创作教学内容与要求

毕业创作属于教学环节，安排在本科第 8 学期，总学时数为 240 学时，6 学分，其中，讲授学时为 60 学时，实践学时为 180 学时，前修课程为民族居住环境与再生设计。教学内容

教学内容	教学要求	教学重点	教学难点
前期准备阶段	1.场地考察调研与分析 2. 深入调研分析及案例研究 3.设计目标与计划确定	分析地域文化、基础自然资源、现状等，收集整理各类资料和图纸	结合国内外优秀案例，分析比较场地的优缺点、重点和难点。通过系统分析研究分项，最终确定设计目标和设计计划
中期展开阶段	1.空间规划设计 2.节点详细设计	完成子课题，地域特征及元素、文化的传承、场地改造与现有资源的利用、旅游开发以及功能设置等	从微观层面，研究和探索室内外元素地域特征的具体应用，以及在功能划分中的具体空间形式
后期完善阶段	1.成果制作 2.展示设计与布置 3.成果梳理总结	将前期准备阶段提出的问题与思考用特定形式清晰表达出来，使理念及构思在作品中得以实现	毕业创作成果用简短、准确、直观的表达方式，从二维、三维上完整展示作品。在现有的毕业创作上提出新的问题和思考，并在日后的学习工作中寻找答案和改进

表 1 毕业创作教学内容及要求

共分为三个阶段：前期准备阶段、中期展开阶段、后期完善阶段，各个阶段的教学要求及教学重点、难点分配详见表 1。

3 “创意沧源”主题创意活动的毕业创作实践

沧源佤族自治县位于云南省临沧地区西南部，是全国仅有的两个佤族自治县之一，佤族人口占县总人口的 85.1%，是一个以佤族为主体的多种民族杂居的边疆民族自治县 [3]。

“创意沧源”主题创意活动基于沧源县城市现状、佤族民族特色，包括色彩、民居、传说、节日等基础资料全面展开。本文列举了环境设计专业其中两个毕业创作作品的实践，“摸你黑”文化创意园区规划设计和“永克洛”生态园区规划设计。“摸你黑”文化创意园区规划以“沧源历史、佤族文化”为设计线索，以“阿佤秘境”为设计主题，充分利用地域特色和民风民俗，并与现代元素相融合，营造独具佤族特色的文化创意园区（图 1）。整体规划为主入口、河流、景观生态区、民宿、室外表演区、民艺馆、夜市、入口迎宾区、手工体验区、滨水

图 1 “创意沧源”毕业创作实践成果一

餐饮区、水上剧场、特色商品区和文化产业研究基地十三个功能区。

“永克洛”生态园区选址于沧源县新城区，规划的目的是为沧源县城的居民以及游客打造一个休闲、娱乐的生态公园。园区主要以民族特色为主，并利用园区内独有的自然优势，将园区主要分为酒店和城市公园两大片区（图 2）。在整个园区的规划设计过程中，利用自然生态环境，将沧源独特的民族特色融入园区内的景观与建筑，创作出独具佤族特色的度假酒店。

毕业创作成果最后通过图纸、漫游、实物等形式进行了

图 2 “创意沧源”毕业创作实践成果二

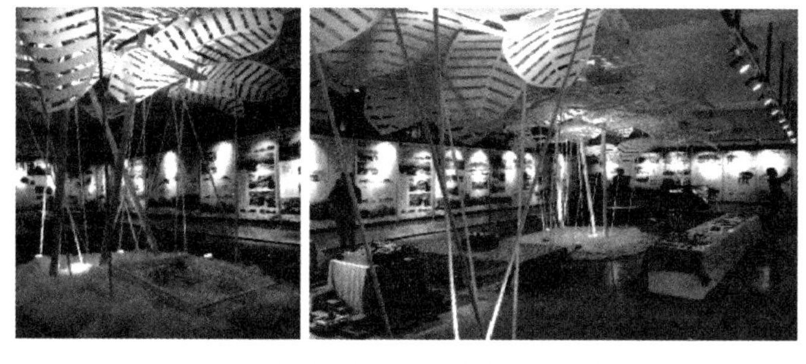

图 3 “创意沧源”毕业创作实践成果展览三

展览（图 3）。学生把毕业设计成果展示的作品用简短、准确、直观的表达方式传递给参与参观者，让人们充分理解学生的设计理念与创作思维，通过毕业创作实践成果展示实现学校与实践、社会的接轨。

4 毕业创作的教学评价

毕业创作教学评价从设计选题、学生毕业创作工作态度、基本理论及专业知识掌握情况、设计综合表现及完成工作量的多少五个方面进行评定，最终成绩分为优秀、良好、中等、及格、不及格。

（1）毕业创作选题独特，创意新颖；学生工作态度好，能独立提出设计可行性方案；设计表现完整，图面综合表达能力优秀，展示效果好；工作量饱满，能按照学校要求很好地完成创作进度及提交相关资料。符合以上评定标准的毕业生评定为优秀，成绩为 90~100 分。

（2）毕业创作选题比较有新意，创意较新颖；学生工作态度较好，能独立提出部分设计可行性方案；设计表现较完整，图面综合表达能力良好，展示效果较好；工作量较饱满，能按照学校要求较好地完成创作进度及提交相关资料。符合以上评定标准的毕业生评定为良好，成绩为 80~90 分。

（3）毕业创作选题明确，创意一般；学生工作态度一般，指导下能独立提出部分可行性设计方案；设计表现完整性一般，图面综合表达能力及展示效果一般；工作量一般，能按照学校要求完成创作进度及提交相关资料。符合以上评定标准的毕业生评定为中等，成绩为 70~80 分。

（4）毕业创作选题比较明确，创意较差；学生工作态度较差，指导下能确定部分设计方案；设计表现完整性、图面综合表达能力及展示效果较差；工作量不够饱满，能基本按照学校要求完成创作进度及提交相关资料。符合以上评定标准的毕业生评定为及格，成绩为 60~70 分。

（5）毕业创作选题不明确；学生工作态度差，未能提出设计方案；未能按照学校要求按量、按时完成创作进度。符合以上评定标准的毕业生评定为不及格，成绩为 0~60 分。

5 结语

通过毕业创作实践教学来培养学生的实际操作能力，也是环境设计这个应用性学科培养“高素质、高能力”人才的重要环节。不仅可以增强毕业生的文化传承性，还可以及时学习设计趋势，掌握设计技巧。这种的毕业创作教学模式可以整合当地特色资源，结合当地民族特色，最终鼓励学生研究和创作具有地域特色的环境设计作品。

参考文献：

[1] 杨霞，彭谌．艺术院校环境设计专业毕业设计实践的改革思考 [J]. 艺术教育 ,2017(09)：172-173.

[2] 杨霞．探索基于“校地合作”的毕业设计指导方法 [J]. 山西建筑 ,2015,41(2):239.

[3] 云南省城乡规划设计研究院、中国西部规划研究院．沧源佤族自治县城市总体规划修改 [R]. 沧源：沧源县人民政府 ,2010,8.

建筑符号对空间情感的传达探究
——以布里昂墓园为例

杨湘灵　西安美术学院 / 研究生

摘　要：符号作为"人化社会"的产物，在标牌、语言、建筑等方面均有所展示。建筑符号作为符号的一种，反映了时代的变迁和印记，展现了历史外貌并寄托了情感。文章通过对布里昂墓园的实地考察和对墓园中建筑符号的深入分析，发现其中特殊的建筑符号带给空间的情感延伸，也提供给人们情感的传达，希望借此对现代社会应用建筑符号去表达空间情感和展现人文关怀有所启发。

关键词：符号　建筑符号　情感传达　空间

谈起符号，人们首先想到语言，但语言符号只是符号中的一种。关于符号的研究最早起源于古希腊哲学辩论言词。在 20 世纪的结构主义运动中，克劳德・列维・斯特劳斯提到如图腾、习俗、故事等"语言"元素，皆通过塑造框架来表现社会文化。列维・斯特劳斯认为，社会由文化构建而成，常见的文化活动皆是精神转至物质上的交流，而承载精神交流的物质载体便是符号，由此演化出现在通说的符号学 。

当然，现代的符号已经不满足于语言，而更多地加入了现代社会的美学、心理、艺术、宗教等各种因素。这与我们接下来所谈的建筑符号的关系更加紧密。

1　符号与建筑的关系

首先建筑是一个独立的符号研究方向，它并不是僵硬的符号而是人类的结晶，它与人相交甚密，作为人为创造出来的物体，除了为人们提供遮风挡雨的功效外还是承载人类记忆的物体，每个建筑都有自己的特点。而这些特点体现在建筑的符号上。我们常见的那些老房子或多或少都会带有一些独有的符号记忆，这些建筑符号是指建筑上的某一个具有该建筑特征的部件，通常会有明显的空间标记，在整个建筑空间里作为一个信息载体向大家传输着建筑的信息，再经设计师的专业处理赋予它更多的社会价值和艺术价值。在一些建筑大师的设计中也常常带着具有个人色彩情感的符号穿插在建筑实体中，更加高级的是当游览者在该场地中隔着建筑与先人同呼吸共感触，这些都得益于建筑符号传达出的准确情感。

譬如，意大利著名建筑师卡洛・斯卡帕设计的圣维托的布里昂家族墓，这个基地紧邻意大利威尼斯附近的圣维托公墓，是为故去的著名机械电机公司创始人布里昂先生设计的家族墓地，整个场地里的细节都透露出斯卡帕特有的风格。步入场地可以令在你目所能及、耳所能听的范围中，随时随地感受到生与死、

图 1　锯齿状装饰细节　　图 2　双圆装饰细节　　图 3　双喜装饰细节

动与静的区分。

首先，卡洛·斯卡帕设计的圣维托布里昂家族墓有两个独特的建筑符号，分别是锯齿状装饰线条和镂空图形。我们可以看到这些符号在场地中反复出现，空间中这些符号受到光影的移动，所形成的阴影也代表了时空上的阴阳之分，由此产生的阴阳分割空间便成为场地生与死的对话空间，这些都寄托着建筑师的情感及游览者的追思展望之情，这便是建筑符号强大的对话能力，向每一个过客阐述它的感情让你感同身受。

图 4 礼拜堂水池　　图 5 水池装饰细节

其次，进入墓园的入口，通体灰色的混凝土建筑奠定了整个场地的基色，场地中游览者会不自觉地放轻脚步降低声音。一旦跨入场地，斯卡帕设计的细部便徐徐展开。在礼拜堂的外面是一个斜 45° 的礼堂，外围的水池利用锯齿状混凝土如积木一样在水池内外反复叠加。

礼拜堂的入口随处可见这种锯齿状的细部装饰。这些简单的线条反复出现，在整个氛围中营造出生死循环的自然现象，同时带有棱角的装饰线也展现出空间的硬质性，体现出的静谧、肃静和对故人缅怀的气氛。

图 6 礼拜堂内部　　图 7 礼拜堂窗框装饰

图 8 礼拜堂讲台　　图 9 礼拜堂窗户

进入礼拜堂，锯齿状的细部造型延续在窗沿上，还用于划分礼拜区域和建筑外立面的装饰。当阳光从锯齿相叠的礼拜堂天窗进入，正好在天窗下的讲台上形成一道光束。据说讲台在祭祀时是放置棺木的地方，正好体现出西方基督教生死轮回之说，这也解释了此地出现光束的含义。虽然是用同一种手法，但放的地方不一样含义也就不同。

从礼拜堂出来后空间豁然开朗，在开阔的场地正中便是整个墓园最重要的地方——合葬墓。合葬墓在抬高的草坪中

图 10 合葬墓局部　　图 11 合葬墓全景

凹陷下去，如同一只展翅欲飞的双飞鸟，也预示着对生命的敬畏和对墓主人之间相爱相守、至死不渝爱情的颂誉。当然，锯齿状的装饰线条依然沿用在整个墓葬的造型中，一方面表现墓葬造型的艺术性，另一方面也作为排水的功能，具有实用性。

图 12 连接水池细节　　图 13 合葬墓与沉思厅连接水池

整个合葬墓与沉思厅水池相连，可作排水之用， 也可浇灌草坪，同时锯齿状混凝土砖用点线串联的手法将沉思厅与墓葬相连，代表生死连接，动静相宜，生亦死、死亦生的人生哲理。

沉思厅与墓园的连接处架在水池之上，游览者走在长廊上能听到石板的回声，预警着此处的场地是属于长眠之人，而生者应勿打破此界限。正对墓园入口的挡墙上，设计者运用两个空心圆交错，呼应礼拜堂的圆拱门，同时也能通风散热，设计者虽采用混凝土材料，但在空间运用上，让空气尽最大可能

图 14 双圆　　图 15 沉思厅走廊

流通，使整个墓地空气通畅，更加有利于散气。而这两个圆门也可以说是窗，它连接着合葬墓和公墓，是一个通道，也能让从公墓进来人的视野不受阻碍。

在墓园的外围，设计师设置了“不宜人”的围墙隔挡，这个边线向内扣，使正常人通过时不得不弯腰通过，在边角处设置双喜镂空图形，让内外相互隔断又衔接。有人说长眠之人身后会化成风、气、光等这些无形的物体在空间穿行，所以设计者在墓园设置了生死空间，且这些空间相辅相成，通过这些符号来分隔空间属性，输出其情感体受。

图 16 围墙　　图 17 围墙双喜细节

在整个墓园的设计上，设计师巧妙地将他的建筑符号——锯齿状棱条反复出现在空间中，却不会让人觉得繁复导致厌恶，反而成了空间文章里的首尾呼应，让参观者感受符号所塑造的空间氛围，参观者则会牢牢记住由墓地建筑符号引发的空间情感体会，回味无穷。

2 建筑符号的情感传达

把建筑符号切入空间，可以更直观地研究符号对空间的情感注入。建筑与人居文化紧密相连，探究空间要从人入手，而符号可以反映人的七情六欲，是体现我们对空间设计的一个有效方法。通过构建建筑符号我们可以来传达、交流、延伸出对人、空间、社会的影响，主导着整个精神气息和情感传达。

在布里昂家族墓里，我们可以看到设计师在整个空间里延续着同样的建筑符号，但组合起来千变万化，塑造出不同区域不同的情感，就如同老子道德经里的“道生一，一生二，二生三，三生万物”。看似简单的一个建筑符号却演变出千万种形态，让人感叹空间的变化，也让人随空间自由切换着情感。

图 18 礼拜堂水池细节　图 19 礼拜堂附属花园　图 20 合葬墓细节

在整个空间里，我们可以看到水池、座椅、景观台、排水池、窗户等同样的元素符号可以有透气、排水、通风、装饰等各种用途。从没有一个空间可以这么高密度重复，同一个建筑符号

图 21 墓园楼梯　图 22 礼拜堂建筑细节　图 23 沉思厅细节

还不会使空间乏味，反而更加精彩。整个空间充满着符号的魔力，可以让因为各种目的进入墓地的人找到符合自己情绪的需要。

路易·康曾说过这么一句话，在卡洛·斯卡帕的建筑中，“美丽”是第一种感觉，“艺术”是第一个词汇，然后是惊奇，是对“形式”的深刻认识，对密不可分的元素的整体感觉。设计顾及自然，给元素以存在的形式，艺术使“形式”的完整性得以充分体现，各种形式的元素谱成了一曲生动的交响乐。在所有元素之中，节点是装饰的起源，细部是对自然的崇拜。在整个空间里，这个看似相同却又各不相同的建筑符号，让整个空间起伏有致，这就是符号的魅力。

在我们现代社会中新兴的城市里，千篇一律的建筑符号都逃不开空间情感缺失的问题。例如，色彩可以代表氛围，但我们光关注色彩没有考虑实用性就会像上海一家实验幼儿园一样，“性冷淡风”的设计被家长吐槽成“冷冷清清像孤儿院一样”。也许设计师也没错，能够追求变化是思想开放的一大进步，但学习这种风格不光需要视觉上的改变，还需要学习精髓，

图 24 礼拜堂水池细节　图 25 礼拜堂走廊细节　图 26 合葬墓水池细节

开发适宜人的尺度和空间情感，而不是之追求表面的皮相。

现下的中国社会处在较为浮躁的阶段，不论学术、公司、娱乐中都能瞥见其踪影，越来越多的人只关注眼球效益，甚至在威尼斯双年展中也能看到其端倪。相较于大陆很多国外的展览非常质朴，但他们设计的内涵是经得起推敲的。在这方面国内还是略输一筹，大多设计只是表面惊艳，实难做到深于内部的推敲。在很多室内设计公司里，中国风的设计就只是样板图里的硬质木材和统一的颜色，这就是中式设计？真是滑天下之大稽，任何设计没有好的推敲，怎么会有好的体验，这种与社会与人相关的空间，如果不能利用建筑符号去设计空间，去体验空间，如何做到情景交融？这些都足以表明设计要回归本源，

未来的设计需要更多地去探讨本质，届时便不能再仅仅靠面子工程来撑门脸，我们更需要的是里子的填充。在未来我们应该思考如何通过建筑符号这种手法使得空间更加人性化，从而传达出真实的情感。

虽然布里昂家族墓只是一个引子，不一定作为所有空间的范本，但即使使用冰冷的混凝土作为建筑材料，整个设计仍彰显着人性的思考，整个建筑空间充满温情也不失人文的关怀，这种建筑符号所展现的亮点，也是我们在日后设计中所要思考的问题。

3 结语

文章通过对符号中建筑符号的抽茧剥丝，以布里昂家族墓为例展现了经典建筑下建筑符号对空间情感的传达，思考当下社会中用建筑符号去传达空间感情这一独特视角，以小见大，用细节去调动空间情感，而不是用大而空的架构去设计空间，对于社会中感情空间的设计不失为一个好的解决办法。运用这种建筑符号的魅力来影响社会和大众生活，引起人们对于空间的艺术性和细腻性的重视，从而更加提升人们对于生活美的追求，更具人文情怀，体现出以人为本的社会属性，彰显出对建筑符号的思考和对整体空间的认知，为我们提供未来设计的新思路。

参考文献：

[1] 冯钢．艺术符号学 [M]. 上海：东华大学出版社，2013,9.

[2] 王南，黄华青，朱琳．意大利经典建筑 100 例 [M]. 北京：清华大学出版社，2017,12:258.

[3] 陆心星，闫改红，蔡梦璇．建筑漫步之探索卡洛·斯卡帕的布里昂墓园——关于死亡与建筑细节的沉思 [D], 苏州：苏州大学，2015.

[4] 马津．斯卡帕神秘华美的层叠——以建构角度分析布里昂家族墓园中的混凝土线脚 [J],ARCHITECT,2012,2:156.

广西干栏式景观建筑设计策略初探

杨　旭　广西艺术学院 / 研究生
郑智嘉　广西艺术学院 / 研究生

摘　要：本文通过对广西干栏式建筑背景、概念以及功能划分、空间布局与环境适宜程度三种主要特质进行梳理与认知，在相关理论研究基础之上，结合现阶段其面临的主要问题，基于广西地区干栏式建筑景观化改造视角下，提出景观功能置入、外部空间拓展、建筑灰空间利用、建筑单体保护与群体风貌构建以及垂直绿化运用策略的初步探讨，为后续研究实践提供参考。

关键词：广西　干栏式景观建筑　设计策略

1 广西干栏式建筑基本认知

（1）背景梳理与概念认知

1）周边接壤区域

广西（全称"广西壮族自治区"）地区位于我国南部，东部接壤广东、湖南两省，北靠贵州省，西临云南省，西南部与越南相临，其周边地区民族丰富、文化种类多样。这使得广西本地干栏式建筑在基于原有地域环境基础之上生成与发展同时，也会受到来自周边不同地区在文化、习俗等各方面的影响，使之产生自身较为独特的内容与特征。

2）广西干栏式建筑概念界定

干栏式建筑是广西地区较为典型的民居形式，虽然随着时代和社会发展逐渐消失没落，但在靖西、三江等地区仍然保留有不少民族风情较为浓厚的干栏式木结构建筑。有学者认为"干栏"一词是来自于少数民族语言的汉语音译。相关文献记载，巢居、树居、栅居、楼居和水居都与干栏式建筑在诞生、形态演变、居住环境等方面有一定关联。《广西通志・卷三十二・风俗・迁江县》（清・雍正版）所记载的"架板为居，上栖男女，下畜牛豕"就是当时广西地区较为典型的干栏式建筑。通过整理相关文献，我们得知广义层面的广西干栏式建筑主要指分布在广西地区范围内，由古至今使用、留存的一种以居住功能为主的架空式木结构建筑。

（2）广西干栏式建筑基本特质

1）上下空间之分

广西干栏式建筑首先具有一般干栏式建筑的普遍特点，建筑整体采用架空结构，上部为居住空间，下部为饲养牲畜、堆放物品等使用的空间，上下空间在使用功能划分层面较分明。建筑内部空间通常不做较为明确地划分，厨房、晒台等次要使用空间布置比较灵活，上下层皆可设置。

2）公私空间之分

广西干栏式建筑也具有中厅、火塘、廊道与卧室等公私空间之分，其中公共空间部分如厅、廊、火塘空间的划分较为模糊。广西干栏式建筑往往以中厅为核心空间，其他功能空间向心式围绕其四周进行分布。此外，在苗族、侗族分布地区的干栏式建筑，虽然不是典型以中厅为主的向心式空间布局，但也是以中厅为核心空间设计的两翼式、单元式空间布局。

3）干栏式建筑环境适应性

干栏式建筑在环境适应性方面较强，在平地、坡地以及水域环境中都能较好地满足使用者的基本需求。而广西地区现存干栏式建筑主要分布于三江、靖西等地区，存在区域的地势地貌以山地丘陵为主，因而山地、坡地环境中的干栏式建筑现存数量较多，平地上干栏式建筑也有一定的存在数量，相比而言水域环境中干栏式建筑则较少。从整体来看，广西地区干栏式建筑多以当地自然材料进行建造并与当地环境有较高的结合程度。

（3）干栏式景观建筑

景观建筑一般是指在园林、风景区、公园、各种广场等较为典型的景观场所中存在，抑或本身具有景观标识、游赏、休憩等以景观作用为主的建筑，其具有自身为景观整体环境中的一部分，同时也可供人在此观景的两种特征。笔者在本研究中提出在不破坏原有干栏式建筑风貌、结构、主体空间前提下，利用景观化的改造设计手法，将以单纯居住生活功能为主的干栏式建筑，置入观赏、休憩、游览等景观功能，并与其他景观要素适宜地相结合，以此达到在现代社会背景下保护、传承、再利用广西传统干栏式建筑的目的。

2 广西传统干栏式建筑所面临问题与危机

（1）外来文化对其影响

广西地区干栏式建筑自身发展同时，也不断受到外来文化、多民族文化等多元文化的影响，如北部地区的汉文化、本土地区的少数民族——壮、苗、侗族等文化。据相关文献记载，自汉代开始，岭南地区（我国五岭之南，以广东、广西、海南等地区为主）的干栏式建筑开始慢慢被北方地面式建筑所取代，但广西地区的干栏式建筑相对衰退与消失得较缓慢，今日仍有保留，但数量与保存情况都不甚乐观。

（2）功能单一欠缺

随着时代变迁，干栏式建筑单一、混合的居住功能不再能满足人们生活日常所需。广西地区干栏式建筑主要存在于村落当中，但整体干栏式建筑风貌保存良好的村落、村寨已不多见，原住民迁出，房屋自然损坏，不合理的旅游开发，都从侧面印证了广西传统干栏式建筑已不能较好地满足现阶段社会发展所需。

（3）材料限制

广西传统干栏式建筑往往以采用木材原生材料搭建，但易受潮腐坏、不防火，易腐朽受蛀也是它的显著缺点。木构建筑则更不易大规模推广、兴建，这将为自然环境带来不可忽视的生态压力。

3 广西干栏式景观建筑设计策略解析

（1）景观功能置入

我国古典园林四大要素包含“山石、水体、植物与建筑”，建筑作为园林中不可缺少的一环，既可以提供空间满足人们在其中的使用游憩需求，同时自身也成为园林景观中的一部分内容，供人们观赏体会。如果我们将其置入园林景观环境中，如公园、展园、文化广场等，提高其观赏价值、游憩功能与展示功能，在园林景观视角下可以对其进行一定程度的开发再利用与传承发展。在园林景观环境中，可将其改造为具有休憩、眺望、交流等作用的园林建筑，拓展出干栏式建筑的景观功能。

（2）外部空间拓展

广西地区干栏式建筑主要以室内空间为主，对于建筑的室外空间利用较少。因此，在此基础上将部分公共空间如廊、厅进行外立面透明化或外部表皮处理、外部空间扩大延伸处理，使其在干栏式建筑原有空间的基础上形成外部院落空间，扩大内外空间之间的有机联系。尤其是建筑底部架空空间，可结合园林景观其他要素如山石、水体水面、植物，打造别具一格的景观内容，使建筑与周边环境形成协调统一的有机整体。

（3）建筑灰空间利用

广西地区传统干栏式建筑的底部空间主要用以养殖牲畜，堆放部分杂物为主。而牲畜粪便、陈旧杂物都容易造成建筑底部滋生病菌，空气不流通，加之阳光紫外线照射不充足等问题，长此以往会形成对人体健康不利的小气候环境。因此，针对建筑架空的底部灰空间，可将其直接与外部庭院相接通，形成户外庭院供人休憩；也可以在底部设置水池，借助光影变化使水面与原有建筑形成倒映，但需注意在背阴处设置水体景观效果是否容易滋生蚊虫等问题，避免带来不愉快的景观空间体验。最为直观的策略则是种植地域性的地被植物，如龟背竹、八角金盘等植物，利用植物自然边缘柔化建筑与场地的边界。

（4）建筑单体保护与群体风貌构建

随着乡村文旅的持续开发，广西地区的干栏式建筑则可以较好地展现该地区原真性的建筑单体样式与群体风貌。在原有干栏式建筑较为集中的地区，如靖西市、三江县等，则需要对重点干栏式建筑进行保护、修葺与修复，再现其特色的建筑样式，并在重点保护的基础之上，对干栏式建筑群落进行保护，运用“以点促面”的方式和方法，从而使得在干栏式建筑的原生区域依然保有特色建筑群落风貌以及聚落景观。

（5）垂直绿化

最后，针对木构干栏式建筑不防火、不防腐的问题，可以适当地在靠近建筑立面处种植攀缘植物、藤本植物，进行垂直绿化，利用绿色植物不易燃烧的特点，在一定程度上预防火势产生和蔓延。

4 结语

我国广西地区的干栏式建筑不仅仅是人们追求的结果，更是自然环境与社会环境共同作用下的历史产物，是广西地区各民族个性与美好生活追求的表达，干栏式建筑切实反映出了当地原住民朴实、尊重自然、人自和谐的自然观、哲学观与建筑观。这也启示了我们应将此在现代建筑设计中进行合理、适度地传承发展，使得不论是建筑还是景观都具有真正意义上的文化地域价值，创造更生态、更宜人的人居环境。

参考文献：

[1] 蹇庆鸣．传统民居聚落的生态观和形态观及情态观的有机统一[C]. 国际住房与规划联合会（IFHP）第 46 届世界大会中方论文集国际住房与规划联合会(IFHP)第 46 届世界大会中方论文集 ,2002:95-97.

[2] 熊伟．广西传统乡土建筑文化研究 [D]. 广州：华南理工大学 ,2012.

[3] 刘亚男．广西壮族传统建筑的保护与创新发展研究——以百色市那坡县为例 [J]. 当代旅游 ,2016,9:22-23.

[4] 石拓．中国南方干栏及其变迁研究 [D]. 广州：华南理工大学 ,2013.

基金项目：广西艺术学院校级研究生创新计划项目（Postgraduate’s Innovative Education Sponsorship Program，Guangxi Arts Institue）“广西百色少数民族传统木结构建筑在现代景观中的应用与实践”（编号 2018XJ90）。

关于侗族村寨建筑景观保护与旅游开发的协调发展的探究

易亚运 桂林旅游学院 / 教师

摘　要：在传承与保护民族文化的影响下，我国逐步加强了对侗族村寨的专项研究，并获取了丰硕的研究成果。这些研究成果集中表现在侗族村寨的空间结构特征、建筑技术与艺术特征等方面。基于此，本文围绕侗族村寨建筑景观保护与旅游开发的协调发展展开系统探究，对推进侗族村寨建筑景观建设及促进侗族村寨旅游业的创新发展具有重要意义。

关键词：侗族村寨　建筑景观　旅游开发

在漫长的历史发展中，侗族部落频繁迁徙，形成了一个特立独行的建筑文化体系。目前，中国的侗族部落主要集中在西南部地区，受地理环境、气候环境与社会环境等诸多因素的影响，侗族文化逐步呈现与其他种族文化融合的趋势。现阶段，探究侗族建筑景观与特色旅游产业的内在联系，促进侗族建筑景观保护与特色旅游产业协调发展，使得侗族文化作为中华文明不可分割的一部分，继续发扬并传承侗族文化。

1 侗族乡村原始风貌特征

侗族村寨的主要特征是聚族居。由于受到地理环境的限制，侗族聚居区的现代化开发进程相对缓慢，仍保留着诸多历史文化遗迹与浓厚的地域风情。侗族村寨拥有各种建筑景观，如吊脚楼、风雨桥、鼓楼等。侗族的木楼建筑、歌舞表演、民族服饰、美食文化与宗教信仰等，将民族文化立体化地呈现在世人面前。

（1）木楼

侗族人民充分利用自然环境的优势，就地取材，构建适宜区域气候条件的木楼房屋。侗族村寨的木楼民居形式多种多样，大多以干栏式建筑为主，以当地常见的松木与杉木为主框架原料，依山而建，多层设置，由此形成高低起伏、鳞次栉比的民族建筑景观体系，呈现返璞归真的艺术效果。侗族木楼建筑的主要特点如下所述：选择粗细均匀的杉木或松木作为支撑柱子，按照既定的间隔距离设置在平面上，之后在柱子上搭设横直梁形成完整的屋架。最后，通过铺设一定厚度的树皮、杂草等作为天然防水材料，形成屋顶结构。采用木板作为地板，并以此作为功能空间的隔断。侗族木楼房屋的一层矩架较高，形成敞开式空间，通常用作堆放农用机具或圈养牲畜，鲜少作为民居空间。侗族居民的堂屋与火堂一般位于二楼或三楼，整个屋檐结构出挑较深，可以起到较好的排水作用。另外，底层的通透构造热工性能良好，且通风效果理想，可提升室内空间的舒适度。

（2）鼓楼

鼓楼是侗族的代表性建筑，一般位于村寨中央地带。整个建筑不用一钉一铆，由木榫作为结构的连接元件，形状似庞大的杉树，高大挺拔，自然特征明显。鼓楼以民族图腾为媒介，如瓦檐上刻有飞禽走兽、鸟语山川及历史人物等内容，造型迥异，五彩缤纷。鼓楼不仅是具有侗族特色的建筑作品，而且与侗族的历史文化、文学艺术和民族风情息息相关，充分体现了侗族人民对美好生活的希冀。

（3）风雨桥

风雨桥是一种具有民族特征的亭廊式桥梁建筑，多建在河道渡口处，供过路旅客纳凉或避雨，桥上还时常设置免费的茶水点，供过往商旅饮用。桥廊两侧的长坐板可供临时休憩，两头的桥亭极具艺术美感，充分体现出侗族人民热爱自然、亲近自然的情感倾向。

2 侗族建筑景观与特色旅游产业的内在联系

建筑景观是侗族文化火种的延续。若失去具有民族特征的建筑景观，旅游产业也将黯然失色，失去吸引力。此外，侗族村寨旅游业的全面发展也将有助于传承和保护侗族文化。部分学者表示，特色旅游产业开发可增加人口流入量，导致人口基础迅速膨胀，进而加大生态环境的负荷，对传统村寨的文化景观造成不利影响。但是，在经济全球化的背景下，对于经济发展较为落后的少数民族地区来说，通过开发村寨旅游产业，可转变经济格局，带动经济发展，改善生活品质。

3 促进民族建筑景观保护与特色旅游产业协调发展的基本原则

（1）保护性

为了实现侗寨特色旅游产业与民族建筑景观保护的协同发展，我们应当强调保护性原则。在侗寨特色旅游产业开发过程中，受景观改造、人口流动量扩张等因素的影响，必然会对民族建筑景观和民族文化旅游资源产生一定程度的负面影响。民族建筑景观是侗族人民智慧的结晶，同时，也是鉴证侗族文化的重要标志，一旦遭到不可修复性损毁，就会造成无法挽回的文化损失。

（2）适度性

在坚持保护性原则的基础上，侗寨旅游的发展还必须坚持适度性原则，以防止侗族旅游资源过度开发。再者，该原则可维护生态系统平衡，创造宜居的生态环境，符合可持续发展的基本原则。

（3）原真性

原真性原则意味着在侗寨民族建筑景观资源与文化资源开发进程中，保留原始景观体系的文化特征，反映原始的真实性。只有积极保护侗寨资源，才能为特色旅游产业的发展奠定基础，促进区域经济稳定增长。

4 特色旅游产业开发的关键点

大力开发与扶持特色旅游业是促进侗寨经济发展的重要举措，而侗寨经济的繁荣发展也为传承与保护侗寨民族文化提供了充足的资金支持与物质保障。换言之，旅游业是侗寨经济体系的支柱产业之一，而传承与保护侗族景观文化，能够维持特色旅游产业的良好发展，二者具有相互依存、相辅相成的内在联系。

加大对侗族文化的开发力度，将观光旅游转化为休闲旅游，迎合主体市场的供求新趋势。目前，侗族村寨的旅游产业存在旅游产品形式单一、文化挖掘深度不够等问题。为此，建议建立文化村寨景区，定期组织侗族文化艺术品展览与体验活动，传播手工艺，让游客能身临其境地感知民族风情、体验民族文化、欣赏自然风景与领略民族魅力。

此外，要注意保护传统民族建筑，确保人文景观与自然景观的统一协调。建立少数民族建筑文化景观保护体系，完善景观保护措施，对于确保民族文化的完整性、真实性与连续性，具有现实意义。

首先，全面调查侗族村寨的文物古迹与古建筑群等，并将其登记在册，以实际情况为基准，制定切实可行的保护计划。在保护传统文化建筑景观的基础上，还原村寨的本真性，尽可能保留原有的构造格局与民族风貌。再者，调整并修改与古建筑风格不协调的新建筑，在不破坏建筑格局的前提下，进行必要的内部修缮。其次，强化村寨基础设施建设，优化改造村落的环卫设施，实现生活污水的集中处理，以免对水生态系统造成不可逆的损害。同时，保证河道景观品质。由于传统侗族建筑多以木材为原料，具有易燃性、易腐坏性等特征，应当提升消防设施配置水平，成立专门的火灾应急指挥小组，并防止白蚁蛀蚀，消除各类隐患。最后，在保护传统侗族村寨建筑的基础上，满足大多数村民的住房需求。为此，需明确古建保护区与新建居住区的界限，并严抓区域划定审批流程与新建项目审核程序，确保新建筑的整体风貌与传统民族建筑的整体风格相协调。

侗族村寨特色旅游产业，应利用独特的自然景观资源与建筑景观资源，注重传承与保护侗寨特有的原始文化景观，通过创建侗族民俗文化主题展览馆、举办少数民族文化体验活动等方式，将少数民族文化推向世界舞台。

5 结语

综上所述，保护侗族文化景观与建筑景观，不仅有助于传承与保护民族文化，也可以为现代文明建设增添一道靓丽的风景线。因此，研究与改善侗族村寨建筑景观，对当前社会文明的发展具有积极的现实意义。

参考文献：

[1] 安颖 . 试论民族文化保护与民族文化旅游可持续发展 [J]. 黑龙江民族丛刊 ,2006(03).

[2] 孙九霞 . 社区参与旅游对民族传统文化保护的正效应 [J]. 广西民族学院学报（哲学社会科学版）,2005(04).

[3] 马惠娣 . 未来 10 年中国休闲旅游业发展前景瞭望 [J]. 齐鲁学刊 ,2002(02).

[4] 包龙源 .“国家在场”与“侗族大歌身份”重构及符号特征 [J]. 青海民族大学学报（社会科学版）,2015(03) .

[5] 孙九霞，吴韬．民族旅游地文化商品化对文化传承的影响——以小黄侗族大歌为例 [J]. 华南师范大学学报 (社会科学版),2015(02).

[6] 刘欣月，晏鲤波．中外旅游符号学研究综述 [J]. 旅游论坛 ,2015(01).

注：本文为广西壮族自治区教育厅 2019 年度广西高校中青年教师科研基础能力提升项目，项目名称为《基于乡村旅游背景下的广西侗族村寨建设研究》，项目编号：2019KY0842。

大学城艺术文化产业园区初期发展构思

张春明　云南艺术学院 / 副教授 / 硕士研究生导师

摘　要：大学是创意人才的集中培育场所，当代大学生最容易成为创意文化产业的消费者和创业者。“艺术产业基地”的发展模式应该是利用现有村庄与云南艺术学院接壤的地理位置优势，结合云南艺术学院内部完备的专业艺术展演基础设施，二者进行有计划、有步骤的发展过程。依托这样一个平台，进而联合大学城各高校，推出系列文化艺术活动，形成名副其实的“大学城艺术嘉年华”的远景构想。

关键词：艺术文化产业　大学　空间模式

1 缘起

由小及大，由点及面，扩大艺术氛围的影响范围，是一个阶段性的目的，但在初期阶段，应重点培育云南艺术学院周边的艺术氛围，而不急于对外扩张，待氛围营造出来以后，因势利导进而完善“艺术产业基地”的远景构想。“艺术产业基地”的发展模式应该是利用现有村庄与云南艺术学院接壤的地理位置优势，结合云南艺术学院内部完备的专业艺术展演基础设施，二者进行有计划、有步骤的发展过程。而后期的发展应该是在早期规划的前提之下，将周边区域进行有计划地规划，并且规划设计团队需要全程介入并结合实际情况，因时因势地进行调整规划，才能有效地避免后期发展的无序性。规划的策略是当核心区域逐步形成并完善之后，进而逐步着重考虑更大范围的艺术产业基地的健康发展。在产业基地发展的同时，需要考虑的是与艺术产业基地形成互补的消费区应该设定在哪个地方，以作为“生产基地”的有效补充，它们之间应该是一动一静的关系，而且不能太近，但联系要较为方便，其原因有两点：第一，当下昆明地区消费的主要区域还是以主城区为核心对外呈辐射状，而呈贡大学城地区并不是主要的消费地区；第二，正因为呈贡大学城不是主要的消费地区，因此才为其成为主要的生产基地提供了基础。当下昆明在进行的地铁建设，为这个消费基地的选地提供了更多的选择。可以把一些当下沿地铁线、高速路地区发展的死角或者缓慢区纳入考虑范围，进而带动该区域经济的发展，形成艺术产品的消费区，同时与艺术产品的生产形成良性的呼应，达到两个区域良性进步发展的目的。

2 周边环境

大学是创意人才的集中培育场所，当代大学生最容易成为创意文化产业的消费者和创业者。云南艺术学院因为其独特的艺术文化优势，在艺术人才的培养及储备方面，提供了重要的人才保障。一方面艺术展演公共设施完备，为在该地区开展一系列的文化艺术展演提供了必要的硬件设施保障；另一方面紧邻下庄村，为其长久蔓延生长提供了发展的沃土。

云南艺术学院与下庄村共融的发展模式应该是一种独特的发展模式，不同于其他任何一个高校的空间发展模式。二者是交融型的发展。云南艺术学院现状的规划布置形式，正好为这样一种交融的发展模式提供了必要的条件。云南艺术学院整体规划呈现狭长的形式，其主要的展演设施紧邻市政道路——月华街。道路的对面是下庄村，这样的规划布局，为学院将展演设施对外开放提供了必要的保障，而这样一种开放形式，又正好可与下庄村形成很好的呼应，由此为这艺术家之村的形成与成长提供了很好的空间格局保障。

3 空间发展模式

在“艺术产业基地”的周边或核心地带，应该强化公共服务设施的建设，进而提升文化产业园的社会服务“规格”。由于有了必要的发展规划模式，就为艺术家之村的发展提供了重要保障。在开始，正如现在的发展趋势一样，主要是集中体现为“学校—村庄”的模式，学校主要还是以教学为主，而村庄却因为学校学生的生活方式逐步发生了变化——酒吧、商店、小食、餐厅等对外服务设施是现有村庄沿街的主要业态，而进入村庄的第二层面，主要是培训学校和部分简易客栈。而再往里面探究，主要是村庄原有居民的居住场所及部分对外出租用房。在这样一个现状的前提条件之下。为了更好地引导“艺术家之村”逐步成形，首先，学校应该采取一种开放的方式，将一些专业的展演空间对外开放，与之呼应的是街道对面的业态布局形式，进一步完善其公共服务配套设施的建设，适当增加室外公共活动小广场的数量以适应艺术作品或展品室外展示的要求。与此同时，增加街道两边的公共艺术品创作，在空间上制造出不同于一般街区的艺术氛围。表层的氛围营造出来后，在近期规划中，需要考虑在下庄村附近建设一些满足艺术家创作和生活的建筑空间，可以是分隔成若干空间出租的大型厂房类建筑——“艺术工厂”以满足艺术创作的需要。在这样一种布局中逐步形成了街道两侧浓烈的艺术氛围，而村庄提供的不仅仅是一系列的艺术培训学校，另外还有一些与民居夹在一起的“艺术厂房”形式的艺术创作工作室。

4 艺术氛围的营建

以节日促发展，利用云南艺术学院每年的艺术作品毕业展（毕业作品汇报演出），将其主动推向社会，一方面结合社会需求进行艺术创作，另一方面鼓励艺术创作的个性化，并在特定的时间段对外进行展演，进而形成“艺术嘉年华”的构想。政府积极主动介入，加大对“艺术嘉年华”的对外宣传，通过电视、网络等媒体对外进行宣传，积极主动吸引城区市民的注意。呈贡大学城有利的交通优势，是市民参与的重要交通保证。在每年的一个固定时段形成昆明独特的艺术节日氛围，并逐步形成一种传统。同时，一街之隔的下庄村，利用其现有的对外服务设施，并在此基础上进行完善，使得其能够达到满足节日期间（“艺术嘉年华”）的对外服务、展演、休息、餐饮及娱乐等参观者需求的目标。

5 “艺术嘉年华”的设想

每年确立一个艺术活动主题，前几年主要以云南艺术学院的毕业作品展为主，在运行机制逐步成熟的过程中，建立专门的“艺术嘉年华”策展机构，该机构运行机制上是独立的，但同时又必须与学校和政府有着密切的联系，在综合多方意见的基础之上，确定每年艺术节的主题，强调展演的社会责任、展演形式的多样性和展演内容的丰富性，并积极鼓励其与商业相结合，与国际潮流相结合，依托这样一个独立机构的运作，进而联合大学城各高校，推出系列文化艺术活动，形成名副其实的“大学城艺术嘉年华”的远景构想。

以第一年为例：

（1）展演时间：每年五月第一个星期和第二个星期，为期两个星期。

（2）参加展演院系作品方向。

1）设计学院：以“工匠精神”为设计出发点，对大学城周边公共服务设施进行“人性化”、“艺术化”的深度设计，使得区域内每个细微之处都能映射出对人性的关怀和艺术的气息。同时，将作品以汇编的形式报送上级部门，将合理化设计运用到实际之中。

2）美术学院：针对社区建设，运用不同的艺术表现形式丰富社区艺术文化气息，或贴近生活或高于生活，进行作品创作。

3）音乐学院：开展数场露天演唱会，鼓励原创及本土音乐的二次创作；组织规模性的高雅音乐会，提升广大群众的艺术修养。

4）戏剧学院：鼓励将本土文化融入剧目的编排之中，从中寻找出本土戏剧文化新的表现形式，如何将花灯表演形式融入剧目之中等；鼓励积极创作反映当下居民生活的剧目，传播正能量，提升戏剧表演在社会的影响力。

5）舞蹈学院：舞蹈表演，形式和内容以自由发挥为主，彰显艺术表现形式的独立性、自主性和多样性为前提。

6）影视学院。

7）艺文学院。

（3）展演地：云南艺术学院校区及下庄村。

（4）对于毕业作品的确定，可适当引入商业模式，有目的、有意识地进行一些商业创作，对高校教育如何与社会相结合进行一些必要的尝试。

6 政策鼓励措施

政府部门是随着“艺术家之村”的不断发展而扮演越来越重要的作用，包括改善交通、通信等基础设施，营造软环境（投资机制、法律法规等）。在“艺术家之村”形成的初期阶段，政府主要可以从如下几个方面进行政策上的扶持与鼓励：

（1）树立“打造艺术文化核心区域”的信心和决心，利用政府职能优势，加大对外宣传力度。

（2）减免入住工作室或公司、艺术培训机构三年的营业税、企业所得税、个人所得税。

（3）严格限制街道周边的商业服务设施的规模，避免该区域形成商业消费区域，清晰认识该区域为艺术产品生产基地的最初构想，重点加强区域内生产基础设施的配置，而非商业设施的配置。

（4）投入一定的资金完善街道周边的公共服务设施和制作一些有代表性公共艺术作品。

（5）对获得省级和国家级别奖项的作品予以奖励、宣传。

参考文献：

[1] 张晓明，胡惠林，章建刚．北京文化蓝皮书系列 [M]. 北京：社会科学文献出版社 ,2007,2008, 2009.

[2] 吕澎．二十世纪中国艺术史 [M]. 北京：北京大学出版社 ,2009.

[3] 黄锐 .Beijing798— 再造的工厂 [M]. 成都：四川美术出版社 ,2008.

[4] 高名潞．墙：中国当代艺术的历史与边界 [M]. 北京：中国人民大学出版社 ,2006.

[5] 刘健．基于区域整体的郊区发展——巴黎的区域实践对北京的启示 [M]. 南京：东南大学出版社 ,2004.

[6] 于长江．宋庄：全球化背景下的艺术群落 [J]. 艺术评论，2006(11):26−29.

[7] 陈秀珊．我国自由职业者的特性及发展对策分析 [J]. 经济前沿 ,2004(12):56−60.

[8] 郭晟．“自由职业者”另一种创业 [J]. 出版参考 ,2003(02):33.

[9] 徐讲善，崔军强．“自由职业者”探秘 [J]. 记者观察 ,200(04):46−48.

[10] 余丁．从艺术体制看当代艺术——三论中国当代艺术的标准 [J]. 中国美术馆 ,2007(11):67−69.

[11] 高名潞．中国现代美术背景之展开 [J]. 美术思潮 ,1987(1): 40−48.

注：该项目为云南省教育厅科学研究基金社科类重点项目课题，项目编号：2015Z145。

购物中心内部公共空间形态比较研究

张凌瑄 西南交通大学建筑与设计学院 / 研究生

摘 要：消费者在空间形态布局清晰的购物中心能够保持方位感，拥有积极的消费心态，逗留时间更长，购物中心因而能获得更好的经济效益。本文通过实地调研，主要从平面布局和空间序列两个方面对成都大悦城、新世纪环球中心和国际金融中心不同的内部公共空间形态进行分析比较，提出购物空间在强调设计主题完整性的基础上，还应该考虑空间形态布局的合理性，及其对消费者购物行为产生的影响，对购物中心的内部空间设计有一定推动作用。

关键词：空间形态 购物中心 内部公共空间 动线 节点

1 问题的提出

大悦城、新世纪环球中心和国际金融中心是成都具有代表性的购物中心，设计主题鲜明各异，吸引了众多特别是年轻的消费者。大悦城提炼九寨黄龙具有代表性的五彩池等元素，在都市中建造一座立体的“九寨沟”；环球中心的建筑以“海洋”为主题，呈流动形态；国际金融中心则以顶楼的大熊猫为标志。从内部的空间形态布局方面考虑，能否给消费者带来愉快的购物体验有待考证。因此，本文从平面布局和空间节奏两个方面对三个购物中心的内部公共空间形态进行比较分析，总结不同的内部公共空间形态对消费者购物行为产生的不同影响。

2 研究背景

在我国，根据国家标准“零售业态分类”，购物中心的定义是：“企业有计划地开发、管理、运营的各类零售业态、服务设施的集合体。”

购物中心的公共空间一般不直接产生经济效益，但具有交通和休闲的功能，包括门厅、交通厅、中庭、步行街等，是空间的骨架和关节。公共空间的设计最能体现购物中心的特色与内涵。公共空间承载了消费者在购物中心主要的非消费行为，包括停留、休息、交往、感受和行走等。本文主要对购物中心内部公共空间的形态特征进行研究，不包括室外的广场、庭院等。

购物中心在现代社会中不可或缺，集商业购物、娱乐、文化、办公等功能于一体，是人们日常生活中休闲交往、娱乐放松的重要场所。营造出独特而具有吸引力的商业环境，是购物中心必备的竞争条件，要营造良好的空间氛围，不仅应该追求空间的园林化、个性化和地域化，还要注重布置合理的空间形态，满足消费者多样的需求。

购物中心通过布置合理的空间形态，组织商业功能及人流动，从而提升购物中心内部商业空间的质量。购物中心动线清晰、节点明确、空间节奏合理、商业界面辨识度高等，可以使消费者在购物过程中保持良好的方位感、持续的消费热情和停留更长时间，从而获得更好的经济效益，并满足消费者的购物需求。

3 购物中心内部公共空间形态分析比较

（1）平面布局

内部商业步行街与中庭是购物中心内部的主要公共空间，两者结合是购物中心最主要的空间组合方式。中庭是消费者在购物过程中主要的休息、交往、观景场所。公共空间、商业子空间、内部商业步行街、中庭和平面布局等都是影响购物中心空间形态的重要因素。本文以平面布局的视角对购物中心的内部公共空间环境进行比较，因为平面布局是空间形态最直观的体现。本文的三个研究对象虽然都采用内部商业街与中庭结合的空间组合方式，但在平面形式上各有不同，大悦城和环球中心为线性平面，具有较为连续的空间序列，而国际金融中心为环形平面，连贯性较强，以下为三个购物中心的平面布局图（图 1~ 图 3）。

（2）空间序列

1）水平动线

清晰的动线使购物中心内部公共空间具有良好的可见性和可达性。可见性是指在理想的状态下，消费者到达店铺的难易程度；可达性用于评价商业动线中的空间吸引力，是商业动线上的商业铺面在消费者视野范围内的展示程度。

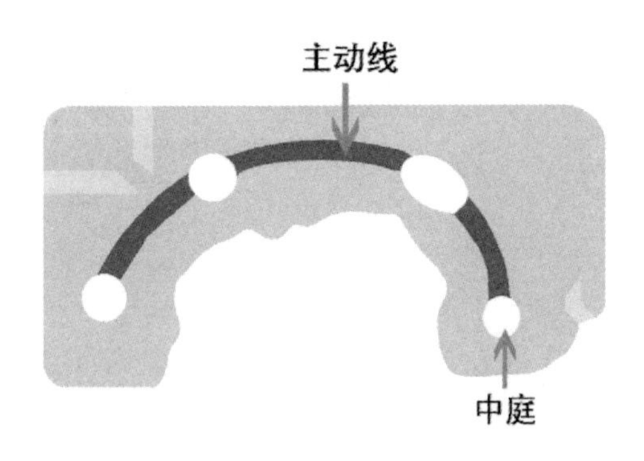

图1 成都大悦城平面布局图

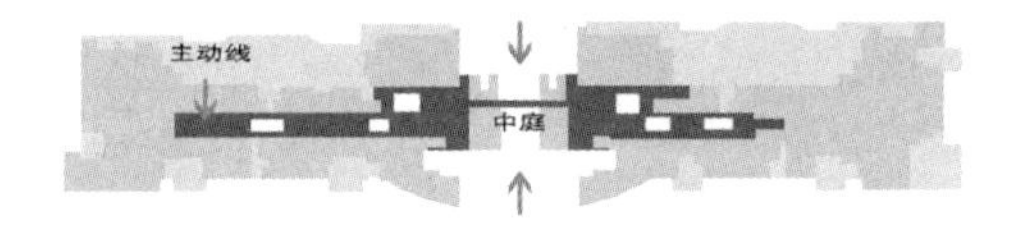

图2 成都环球中心平面布局图

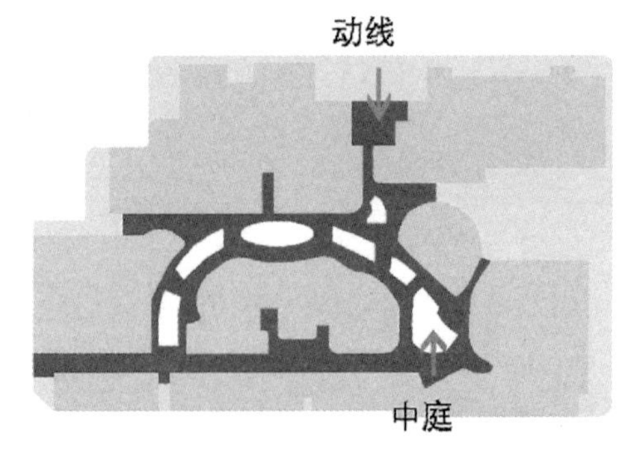

图3 成都国际金融中心平面布局图

成都大悦城和环球中心所有的商业子空间分布在一条线性主动线的两边，动线两端是主要的出入口，空间结构非常清晰，走向明确具有连续性，都具有较好的可见性。环球中心采用直线的动线设计，店铺布置一目了然，购物空间因此显得单调，相比大悦城无法留住更多消费者；大悦城的平面布局为弧形，具有更高的可达性：弧形的购物空间比直线更具探索性，消费者在行走的时候不会一览内部空间全景，人们的视线与店面始终保持着较大的角度，移步异景，不仅没有空间死角，还增加了消费者对店铺的好奇心理。因此，虽然在大悦城和环球中心，消费者均可保持良好的方位感，在购物过程中可以经过更多有效区域，轻松找到目的地，提高购物效率，但大悦城弧形的动线空间比环球中心更具趣味性和探索性，更能达到增加人流动量和消费者停留时间的效果。成都国际金融中心的平面形式为环形，动线设计较前两者缺少逻辑联系，空间可见性不佳，虽然商业子空间沿“回”字形主动线布置，但主要出入口除了主动线还分布在其他次动线上，因此消费者从入口进入购物空间时容易迷失方向，导致消费热情降低；“回”形的子空间具有一定可达性，但空间内存在死角，因此可达性和可见性均不如大悦城和环球中心。

综上，要使购物中心内部空间具有较好的可见性和可达性，在平面布局上应该具有清晰明确的主动线，避免不必要的次动线，让消费者既能快速定位，又不失对购物空间的探索心理。

2）空间节点

节点是动线上的变奏点，人们或在此稍作休息，或转变方向与目标。节点应该与空间的动线结构合理地结合：一个空间如果只有动线，没有节点，会显得封闭和呆板；如果节点过多，会失去连续性，使人们产生厌烦的心理。中庭通常是购物中心的节点，主导着购物空间的节奏感。中庭不仅能够营造购物空间的整体氛围，还起到导识的作用。导识性是指空间形态布局的可辨识性,即节点对人们所在区位和目的区位的引导性。购物空间应该引导消费者正确地选择方向，否则购物过程中人们往往会失去耐心寻找想去的商铺,且不愿意长时间在此停留。

成都大悦城有五个中庭。其中，四个中庭分别以春、夏、秋、冬为主题，以中心的中庭为分界线，分布在弧形动线的两端。各中庭的间距不等，既规则又灵动，营造出活泼轻快的空间节奏感。节点与动线结合得恰到好处，春夏秋冬的主题使整个购物空间在整体上具有连续性，各个中庭又各具特色，因而具有较好的导识性，人们在其中能清楚地知道自己所在，及时找到休息的地方，并感受到充满趣味的空间氛围，从而增加停留的时间。环球中心的节点较多，最具导识性的中庭位于主动线的中间，设计充满热带海洋的气息，起到聚集人流的作用，是空间序列的高潮部分，但较多的节点使空间节奏略显急促，消费者在其中会产生疲劳感。大悦城和环球中心的中庭设计不仅强调主题和营造氛围，还注重自然与生态的体现，符合如今提倡以人为本和生态文明的城市建设理念。大悦城中庭的四季主题较环球中心而言更具次序性和整体性，特色各异且具有关联性的中庭使空间的辨识性更强，节点布置恰到好处，空间节奏感轻快舒适，因此能够吸引和留住更多消费者在此购物。

如果动线和节点布置得当，环形空间本可以具有较强烈的空间节奏感，但国际金融中心“回”字形的弧形动线上中庭数量较多且分散，直线部分则没有布置中庭，动线主次不够分明，节点杂乱无序，同时，内部公共空间的设计缺少主题，中庭不具备特色，因而购物空间缺乏导识性。国际金融中心无序的节点、散乱的动线和单调的空间环境，使空间缺乏节奏感和辨识性，人们在其中容易迷失方向，无法快速找到目的地，同时缺少想要继续探索的欲求，无法吸引更多的消费者。

4 结语

综合比较成都大悦城、环球中心和国际金融中心的内部公共空间形态，得出在以内部商业步行街为空间组合方式的购物中心中，在水平面以弧形动线作为主动线，且主次动线分明，结合规则而灵活的节点布置，保持合适的空间节奏和轻松愉快的空间氛围，能使购物空间具有较好的可见性、可达性和导识性。同时，中庭作为购物中心最重要的节点，应该具有明显的辨识性，增强购物空间对消费者的吸引力，参考大悦城可以使每个中庭的主题设计具有独特性和联系性。

因此，在购物中心内部公共空间形态的设计上，选择较简洁明了的动线结构，以一条具有弧度的主动线为宜，保证较高的可达性与可见性；中庭的布置数量合适且具有关联性，购物空间氛围统一，在中庭的设计上体现变化，增添趣味性，保证较好的导识性。综上，消费者身处其中能够明确方向，找到目标，感受独特而充满乐趣的空间环境，享受购物过程，保持较为高昂的消费热情，购物中心因此可以获得更大的经济效益。

参考文献：

[1] 巢尔康，张健．上海大型购物中心 (Shopping Mall) 空间形态研究 [J]. 华中建筑 ,2009,27(03):38-44.

[2] 王晓，闫春林，现代商业建筑设计 [M]. 北京：中国建筑工业出版社，2005.

[3] 陈岚，曾坚，严建伟．现代购物中心的发展趋势与设计手法探析 [J]. 新建筑 ,2000(04):21-23.

[4] 李小滴，王侃．购物中心内部商业空间量化分析研究 [J]. 华中建筑 ,2013,31(02):45-48.

城市综合公园边界空间开放性景观研究

张越 西南交通大学建筑与设计学院 / 研究生

摘 要：本文以成都市桂溪生态公园以及成都市兴隆湖湿地公园为研究对象，从地势的高程变化、水体处理、植物造景、入口空间处理、内外交通五个方面对城市综合公园边界空间的规划设计进行分析研究。实地调研与分析结果显示，开放性城市公园地势平坦，均匀分布大型出口并且其间穿插小径形式的出入口，多以草坪和低矮灌木为造景方式以保持内外景致的通透，通过边界上的服务设施实现公园绿地和城市公共空间相互融合。对边界空间的开放性设计能够提高城市公园作为公共绿地的使用率和市民参与度，实际设计过程应该在满足审美原则、生态原则、实用性原则的基础上因地制宜，合理利用资源。设计出更多具有活力的综合公园，使之能够更好地为城市提供正向反馈空间。

关键词：城市综合公园 开放式公园 边界设计 边界空间

1 开放性公园边界的背景和意义

随着科技的迅猛发展，伴随工业化和城市化进程的逼近，现在城市生活出现很多环境危机问题。[1] 而公园作为城市公共绿地，可以从生态环境和城市人文精神两方面为城市提供良性的改善。风景园林师奥姆斯特德说：“城市公园建设是社会物质计划的第一步，是消除城市拥挤和重新分配人类财富的手段，公园不是为了与城市分割开来，而是社会伦理和意识形态的集中体现，是与城市生活有机的结合。”[2] 城市综合公园的目的在于让市民能够片刻远离建筑密布、喧嚣繁杂的城市生活状态，因此公园的设计规划应该使其与周边环境密切联系，相互往来从而和城市的物质生活、社会交往相互融合。但是由于历史和传统原因，城市公园更多的是被砖墙和乔木所围合，导致城市公园的绿地景观以孤立的状态存在于城市中心。因此，在城市综合公园景观规划设计中，边界空间的开放性设计法则显得尤为重要。本文将城市综合公园作为研究主体，探讨其具有可行性的开放式边界处理手法。

2 边界空间分析

（1）边界空间的定义

城市综合公园的边界空间指代相邻异质空间之间有一定范围的直接接收到边缘效应作用的边缘过渡地带。[3] 本文探究的边界指公园景观与外部不同功能属性的城市用地的邻接区域，并且特别指代的是以城市人行街道为主的边界空间，使这一区域成为公园内部景观和相邻异质空间的纽带。

（2）城市综合公园开放性边界空间要素分析

根据《城市绿地分类标准》（CJJ/T85-2002）的定义：公园绿地是面向民众开放使用，以游览和休息为主要功能，兼具美化城市、改善生态环境和防灾等作用的绿地。[4] 而在此建设基础之下的边界空间的开放性设计是为了公共绿地向城市公民敞开，与城市其他空间彼此依存，使之成为城市公共空间的另一种表现形式来丰富城市内涵。本文通过对成都市区的三个开放边界设计的公园调研，将公园边界组成方式划分为地势的高程变化、水体处理、植物造景、入口空间、内外交通五个方面，并通过这五个方面的合理规划设计体现城市综合公园边界空间的开放性。

3 开放性边界设计

（1）案例分析

桂溪生态公园位于四川成都南面，分为东区和西区，其中东西区总面积达 94.6 公顷。景观多样，具有百亩开放式草坪，多种树木、花林观赏区，并利用地形设置有排水渠。公园内设施多样，设置有儿童活动区、篮球场、羽毛球场、游客服务、科普教育等设施，是一个规划简洁、美观的城市开放式公园。

兴隆湖位于天府新区兴隆镇境内，天府大道中轴线东侧，占地6400余亩，水面面积4300亩，以湖水为核心作为景观设计理念的生态型城市原则的开放式公园。

本文以成都桂溪生态公园、兴隆湖公园景观设计为例，分析其边界空间和城市外部环境的过渡方式，并以之作为设计参考。根据实地的调研和分析，发现城市公园的开放式边界以平坦的地势为主，铺设草坪，视野开阔能够清晰地看到公园内部景致。出入口的数量远超传统公园，在公园边界均匀地分布大型出入口，在其间穿插小径形式的出入口，使出入公园的方式灵活多样，边界感较模糊。

公园	高程变化	水体处理	街头游园	入口
桂溪公园东区	53% 平坦	2处	3处	大型8处 小型12处
桂溪公园西区	68% 平坦	2处	5处	大型3处 小型19处
兴隆湖公园	97% 平坦	7处	2处	大型1处 小型18处

表1 城市开放式公园边界空间组成要素分析

（2）边界组成要素分析

1）高程变化

景观规划设计应该是因地制宜的，可以利用地势的高程变化来营造不同的边界感。平坦的地势视线广阔，静物不被遮挡，带给游览者舒缓和放松的感觉。这样的边界空间可以通过植被的种植和地面铺装的材质及拼贴方式的改变提示游览者正处于城市环境和公园环境的边界位置。坡地是指有角度的地面，可按照倾斜角度的不同具体划分为缓坡、中坡和陡坡，这三种给人带来不同空间感受的坡地，坡地平缓的时候边界感不清晰，处理方式近似于平路的处理，坡地较大的时候边界感清晰，在植物景观规划的时候种植草坪并配置季节性的灌木花卉作为装饰即可。此外，衔接公园内部的坡地分为抬高和下沉两种方式，抬高的地面使场地空间具有了独立性，加上植物的高度使公园内部环境被遮挡，具有安全感，减小外部城市环境对开放式公园的不良影响；而当公园内部的坡地作为下沉的区域时，使边界空间具有孤立感而起到以心理感受区分空间边界的目的，实现了边界空间和外部街景的自然过渡。

2）水体处理

当城市综合公园有水体作为空间边界的时候，能使得整个公园环境自然而生动，人们也倾向于在具有自然属性的河流，人工属性的喷泉造景周围活动。在面对这样的空间条件的开放性边界设计当中，可按照水体特征规划设计不同的水岸形式。水平面低于道路高度时，并根据综合公园的整体氛围选取自然石材、木材、金属等材料作为防护的围栏，或用桥梁来沟通内外。当水平面和外界高差不大时，处于公园环境内的河流、湖水在边界的处理上自然随意，尽可能按照水体自然走向规划边界空间，可设置过渡进水里的缓斜坡、台阶、间隔踏步等，以增强游人和边界空间的交互性，吸引人们参与到公园中来。

3）植物造景

植物的搭配能够强调或弱化边界空间的线条，通过乔灌木的配合满足城市综合公园边界区域的形象塑造，并且为城市道路增加可随时使用的公共绿地，在开放性设计中的植物可以分别从垂直界面和水平界面两个方向形成空间边缘形态。

垂直界面：连续且种植间距小的乔木灌木会在植物景观形成个竖直的块面从而起到分隔空间的作用，开放性空间边界应保持内外景致的通透性，选择分支点高、叶片细长疏散的植物，从而避免过高和过密的植物群落遮挡游人视线，阻碍边界空间的开放性。

水平界面：在更多的时候，综合公园边缘空间地势平坦开阔，毗邻人行道，在进行植物造景设计的时候多铺设草坪，布置形态柔软的植物群落的小型灌木和色彩丰富的时花。以此通过水平面的植物造景丰富景观的层次性，向外部行人提供进入公园内部的积极暗示。

4）入口空间处理

开放式城市综合公园的服务对象以附近的居民为主，它的出入口不再像传统公园只设置几个大型入口广场，边界区域的开放体现在出入口形式的多样化、出入口数量的增加等。将入口空间的处理方式分为开阔的广场主入口和相对随意狭窄的小径辅入口，总体而言，无论入口形式如何，进入空间的入口在规划设计中都应该是一条垂直于通道路径的块面，这样的块面可以是实际存在的也可以是暗示的心理空间。

空间主入口：入口是城市外部环境和内部园区的过渡区域，这样的过渡是景观建筑带来的视觉感受，同样是规划设计给人带来的心理感受。较大的入口空间可设置为不规则的广场，少用大型牌楼或高大的石砌大门等厚重的方式，而采用地面铺装、花台、台阶设置作为自然流畅的入口过渡，成为综合公园的主要人流集散处。

小径入口：数量较多的小型入口可缓冲公园边界的人流和交通组织，并且增加更多进入公园的渠道，尺度不宜过宽，仅作行人步行穿越。作为连接公园内部与外部的通道，可在两侧布置植物，强调入口的存在，并保持外部和内部视觉空间的连续性，一个简单的高程变化或形式材料的改变都能形成异质感，提示行人识别出从一个场所到另一个场所的过渡。

5）内外交通

和城市街道相邻意味着行人将在此处与边界空间发生一定的关系，人在边界的使用方式分为通过性使用和休憩性使用。前者的功能是边界具有公交站、公共卫生间等服务配套设施，人在此处穿行具有一定的目的性，也不会有长时间的逗留，设计时应保留人行道宽度不低于1.5米。休憩性使用功能是行人暂时不进入公园内部，仅使用边界简单的绿化和座椅设施，可以在边界设置矩形缺口向公园内部凹陷，在矩形空地上安排长凳，不阻碍道路交通的同时提供人休息的场所。当空间充足、地形合适的情况下可布置街头游园，实现公园绿地和城市公共空间相互融合。

4 结语

对边界空间的开放性设计能够提高城市公园作为公共绿地的使用率和市民参与度，在景观规划设计上应该因地制宜，按照空间原有地形起伏布置合理的边界；当城市公园水体资源丰富时，把握好优势并展现其优势；按照边界植物造景的功能性原则和审美性原则进行设计；合理进行出入口的布置。本文从以上几点出发，分析总结城市公园边界空间的一些设计手法和思维方式，希望能促进边界空间开放性设计的进一步发展和成长，从而设计出更多具有活力的综合公园，使之能够更好地为城市提供正向反馈。

参考文献：

[1] 刘源，张凯云，王浩．城市公园绿地整体性发展分析［J］．南京林业大学学报：自然科学版，2013,37(6)：101-106.

[2]（美）F.L. 奥姆斯特德.（王思思译）美国城市的文明化[M]. 北京：译林出版社，2013.

[3] 胡婧．城市公园边缘空间设计探析［D］．北京：北京林业大学，2010.

[4] 苏薇．开放式城市公园边界空间设计研究初探［D］．重庆：重庆大学，2007.

[5] 钟雅妍．广州开放式城市公园边界设计探讨[J]广东园林.2015.

[6] 阳慧．开放式公园景观设计——以杭州市钱江新城市民公园为例 [J]. 河北农业科学．2009(06)．

[7] 张树楠，尚改珍，董英魁，黄涛．开放式公园边界空间设计研究 [J]. 安徽农业科学．2010(28)．

[8]（美）克莱尔·库珀·马库斯，（美）卡罗琳·弗朗西斯．人性场所 [M]. 北京：中国建筑工业出版社，2001.

[9] 杨玉梅．人的行为与城市公园设计 [D]. 北京：北京林业大学.2005.

[10] 张旻．我国开放式城市公园边界空间景观营造途径研究 [J]. 乡村科技．2017(22).

[11] 姜春林，王良增．现代城市公园的现状、存在问题和发展方向 [J]. 设计．2018(09).

园林景观中“如诗观法”的文化传承性研究

赵梦曦　四川大学艺术学院 / 研究生

摘　要：“诗读园林，如诗观法”，自古诗词歌赋中不乏描写园林的佳作，一词一句中尽含“天地江流外，山色有无中”。中国古典园林重“意境之美”，用最少的笔墨尽释山水林泉，表达对自然的向往；每一处园林景观又是大自然的缩影，将“小桥流水人家”融入园林之中，与自然相呼应。成熟时期的“诗画山水园”由早期的缺乏造园主旨升华为对创造进取精神的追求和对自然美认识的深化，这种“文人化”园林是中国古典文化的表现，现代园林追求功能与形式的统一，往往忽略和缺乏的是对传统古典美学精神的传承与发展。以诗入境，现代园林亦可“如诗观法”。

关键词：古典精神　诗词歌赋　园林景观　造园艺术　文化传承

1 园林与意

西方古典园林以对称、规则的理性造园艺术为美，追求“以人为本”，人高于自然；中国古典园林以意境为主，向往浑然天成、山水林泉尽入园中之美，追求“天人合一”；现代园林景观注重功能，海绵城市、雨水花园，都旨在保护生态平衡，注重生态效益。古典造园美学与现代景观理论相结合，既是对传统文化精神的保护与传承，也是对现代景观艺术的一种充盈。从诗词歌赋中寻找古典造园艺术，倾听古代文人对园林美学的阐述，探访园林中一山一水、一树一花的意境之美，挖掘古典美学下的造园手法，在现代景观园林中传承古典精神与文化。

2 诗中之法

从“秋水共长天一色”的自然景象，到“曲径通幽处”的人为修辞造园手法，无不体现古典园林追求的“意、境、气、韵”。诗歌中对空间氛围的营造，“遥看瀑布挂前川”和“疑似银河落九天”的虚实、动静的结合，“已讶衾枕冷，复见窗户明。夜深知雪重，时闻折竹声”中从视听触味嗅角度的描写，“枯藤老树昏鸦，小桥流水人家，古道西风瘦马”的白描化叙事方式，“千里水天一色，看孤鸿明灭”中的点面结合，都在古典造园艺术中有着指导作用。在诗词歌赋中挖掘古典园林美学精髓，探讨古典造园美学在当代的运用，追求功能与美学之间的平衡，继承与发展中国传统文化与美学精神。

3 园林与诗与法

自古园林为“诗画山水园”，顾名思义，以“诗画”入“园中之境”，表达对自然的向往。诗中夸张、拟人、比喻、借代等修辞手法也体现在造园手法中，相辅相成；而借景、对景、框景和漏景的造园手法则在诗词歌赋中一一体现，融情入景，情理交融。这些手法在现代园林中可起到指导作用，使景观与自然和谐发展，既有文化内涵，又具有生态作用。

（1）高高下下天成景，密密疏疏自在花——宋・陆游《题留园》

园林造景艺术中讲究因地制宜，以自然为依靠，做出契合自然的作品。现代园林景观中多使用新技术、新材料，忽略“景到随机”、“得景随形”、“景以境处”。园林中的因地制宜体现在地形的处理、植物造景的搭配、水的合理运用、当地风俗气候特点等方面。

在地形处理方面，靠山得山，靠水得水，在不破坏地形地貌的前提下做园林景观设计，既能顺应地形，又可合理利用地形，追求与自然和谐相处，维护生态平衡，打造“天成”、“自在”的景观。植物造景方面，尊重当地气候条件，合理选取乡土植物，形成良好的生态系统，使整个植物配景组成天然的生态群落，既不需要费心的护理，又能更好地适应自然，可谓“密密疏疏自在花”。水系在景观园林中起到画龙点睛的作用，活水能够调动园林整体氛围，丰富园林生态结构，形成自然生态链，有“桃花流水鳜鱼肥”之美。合理地顺应当地风俗，西蜀园林秉承道家“天人合一”的观念，江南园林小巧精致，注重“写意”之美。皇家园林强调轴线对称，大气磅礴。

人与自然的和谐相处在现代也应该受到重视。日本爱媛县的龟老山展望台以“消隐”为主题，对人造物的弱化，将原有的山顶进行植被复原，和谐化处理自然与人工交界。

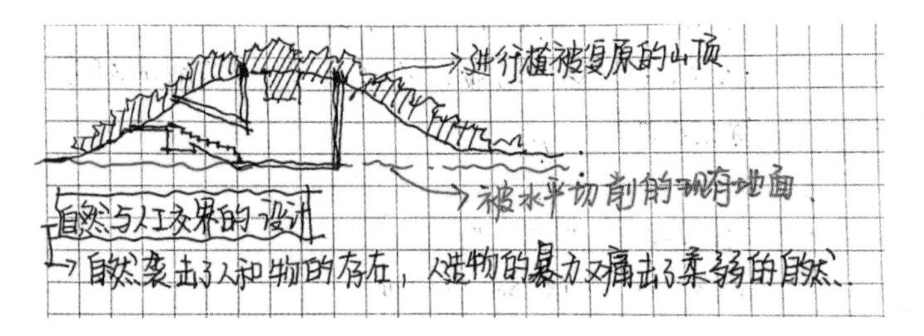

（2）曲径通幽处，禅房花木深 —— 唐·常建《题破山寺后禅院》

“曲径通幽”，古典园林中善用曲轴，打造移步异景的空间观景效果，在有限的空间中营造无限延伸又富有趣味的空间感，吸引人欲求一探究竟。《桃花源记》中，从“初极狭”到“豁然开朗”，既有丰富的空间层次，又有引人探究的趣味性，“豁然开朗”的惊喜感，让空间灵活化，将小巧的空间精致化，从“曲”中寻“变”。

古典园林中常用框景、对景、借景、夹景、障景来体现移步异景。“采菊东篱下，悠然见南山”的对景之妙，“柳暗花明又一村”的障景之奇，“黄鸟数声残午梦，尚疑身属半山园”的借景之雅，无不是在有限的空间中丰富空间的层次感，仿佛置身于无限的自然中。善用园林中的门、窗，窄小的门洞、窗框中透出别样景色。利用庭院屏风抑制人的视线，引导人的视线方向，欲扬先抑，渲染空间氛围，感受移步异景、豁然开朗之美。合理利用园林中的曲折小道，将空间隐形延伸化，每一折都是一处景，每一曲都能带来别样感受。植物是天然的氛围营造者，善于利用植物来渲染不同的景观感受。

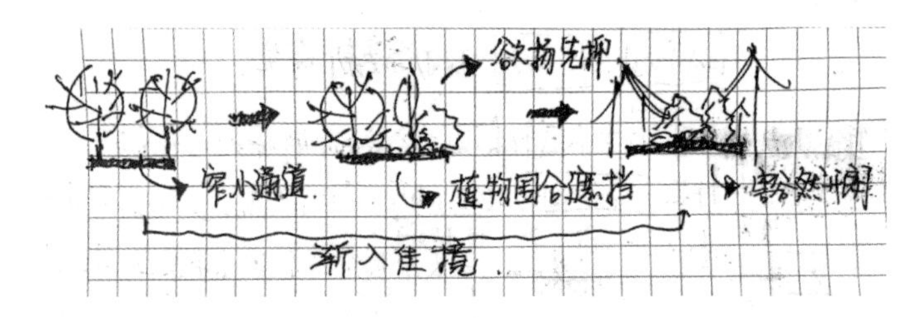

（3）花源一曲映茅堂，清论闲阶坐夕阳 —— 唐·韩翃《题张逸人园林》

园林中动静结合之美，动中含静，静中寓动，在静态的景境中体会动态的万象之变。静置的水池中倒映飞鸟掠过的天空，布满青苔的石阶上观赏夕阳西下，一景一色无不在动静之间变换交织，静观万象，是园林中“意境美”的体现。

庭院景观中的亭台楼阁，是静态的设计，在其中观赏风景，谈笑风生，既是主观上观赏静态风景，又是客观上构成一幅动态景象供人观赏。水系的设计是一种静态之物而具有动态化景观氛围的方式，池中倒映出的山林花鸟，打破池面沉寂，一石漂过，激起千层涟漪，亦是动静之间的摩擦，形成不一样的观景效果。水流声、鸟语声、琴瑟声，声声入耳，婉转动听，植物与构筑物的静态与声音的动态相结合，带来生动的景观感受，从视觉和听觉上给人以动态美。

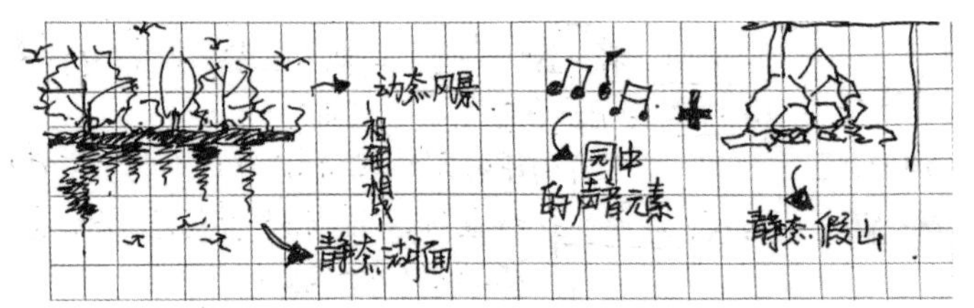

（4）衔山抱水建来精，多少工夫筑始成。天上人间诸景备，芳园应赐大观名 —— 清·曹雪芹《题大观园》

古典园林有人工园与天然园之分，以山水为主。人工园林善用假山堆叠、倒映水波来营造自然山水之感，古典美学中对自然美的追求也充分体现在造园艺术中。造园过程中欲将山水林泉尽收园中，还原自然之美，创造大自然中的“小自然”。

假山造景，还原自然中山的形态，丰富园林结构层次，消隐园林中的“人工感”，追求自然，效法自然；“无山不成景，无水不成园”，山水搭配种植花草树木，植物倒影水中，形成天然华景，“虽由人作，宛若天开”；盆景的设置是造园造景中一妙，若说园林是大自然中的“小自然”，盆景则是“小自然”中的“微缩自然”，体现自然的审美情趣和对大自然的向往，效法自然的造园手法，既能带来自然舒适的景观感受，又能满足心灵上对“意、境、气、韵”的审美追求。

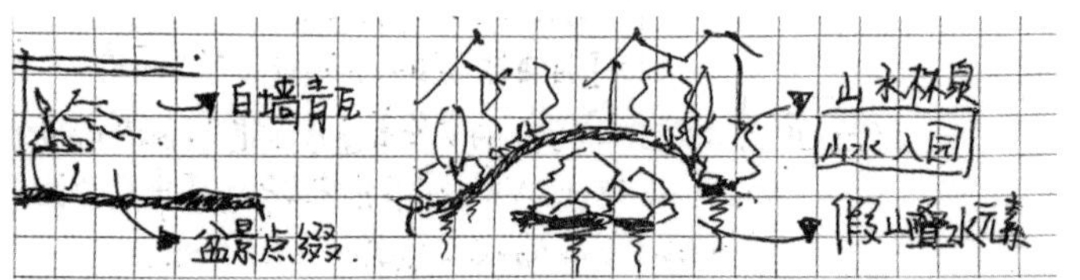

古典园林中的因地制宜、移步异景、静观万象、效法自然的造园艺术，在现代园林中具有一定的指导作用。园林中的“如诗观法”，以诗入园中之境，在诗中寻求园林别样的造园手法和艺术。自古诗歌多咏自然山水之美，而园林是大自然中的“小自然”，诗中不乏对造园艺术的描写，启发现代园林景观对造园造景的思考，既是对中国传统文化的保护与传承，同时又满足追求功能与自然相和谐的心境。

4 如诗观法

"诗读园林，如诗观法"，诗歌中的动静结合、虚实结合，白描化叙事手法以及从五感出发的描写方式，也可与园林造园艺术相结合，用诗歌的方式谱写园林之歌，从另一个角度阐述园林艺术之美，传承追求"天人合一"的传统文化和注重"意境美"的心境，赋予现代园林更多精神方面的内涵，使园林艺术更加丰富饱满，在文化上更具有层次感。在诗歌中寻求造园艺术手法，将其与现代园林景观相结合，在现代社会中注入古典美学精神，是古典造园艺术在现代园林景观中的新生，在全新的环境中去阐释中国文化的博大精深，打造有内涵、有深度的现代园林景观。

参考文献：

[1] 金秋野．王欣．乌有园 [M]. 上海：同济大学出版社 ,2017.

[2] 杜媛媛．中国古典诗歌与园林共通性研究 [D]. 中南林业科技大学 ,2014.

[3] 李姣．因地制宜——园林景观设计基本原则 [D]. 聊城大学 ,2015.

[4] 刘泽颖．论中国传统山水画对江南古典园林的影响 [D]. 河北农业大学 ,2013.

[5] 饶飞．拙政园空间结构解析 [D]. 北京林业大学 ,2012.

[6] 张俊．传统园林设计手法在当代景观设计中的应用 [J]. 现代园艺 ,2012(02):55-56.

[7] 刘长青．移步异景理念在现代园林景观设计中的应用 [J]. 艺术教育 ,2017(Z6):265-266.

[8] 郑晴．浅谈园林造景中因地制宜的设计与应用 [J]. 江西建材 ,2017(15):15.